Philippe Blanchard
Erwin Brüning

Direkte Methoden der Variationsrechnung

Ein Lehrbuch

Springer-Verlag Wien GmbH

Prof. Dr. Philippe Blanchard
Priv.-Doz. Dr. Erwin Brüning
Fakultät für Physik, Theoretische Physik, Universität Bielefeld, Bundesrepublik Deutschland

Ursprünglich erschienen bei Springer-Verlag/Wien 1982
Softcover reprint of the hardcover 1st edition 1982

Mit 7 Abbildungen

CIP-Kurztitelaufnahme der Deutschen Bibliothek

Blanchard, Philippe:

Direkte Methoden der Variationsrechnung: e. Lehrbuch./Ph. Blanchard; E. Brüning. – Wien; New York: Springer, 1982.
ISBN 978-3-7091-2261-7

NE: Brüning, Erwin:

ISBN 978-3-7091-2261-7 ISBN 978-3-7091-2260-0 (eBook)
DOI 10.1007/978-3-7091-2260-0

Vorwort

Dieses Buch ist aus Vorlesungen entstanden, die wir in den Wintersemestern 1978/79 und 1980/81 an der Universität Bielefeld gehalten haben. Dabei wurde deutlich, daß die Vielfalt der Anwendungen der Variationsrechnung die zugrundeliegende einfache Basis oft verbirgt. Zielsetzung dieser Vorlesung war es daher, für Studenten, die nur über Grundkenntnisse der linearen Funktionalanalysis verfügen, einen Überblick über die wichtigsten Problemstellungen und zentralen Ideen der sogenannten direkten Methoden der Variationsrechnung zu geben und einen möglichst elementaren und klaren Zugang dazu anzubieten. Das verlangt eine entsprechende Einführung in die eigentlich nicht-linearen funktionalanalytischen Methoden der Variationsrechnung.

Wir haben in diesem Buch fast immer auf die größtmögliche Allgemeinheit verzichtet, um den Kern der grundlegenden mathematischen Methoden und Ergebnisse einfach und klar darzustellen. Diese Darstellung wird durch zahlreiche, teils klassische und teils moderne Anwendungen der direkten Methoden der Variationsrechnung ergänzt. Unsere Auswahl von Anwendungen beschränkt sich auf die mathematische Physik. Diese Auswahl – zusammen mit den allgemeinen Ergebnissen – wird jedoch dem Leser einen einfachen Zugang zu vielen anderen Anwendungen der Variationsrechnung ermöglichen.

So richtet sich dieses Buch in erster Linie an Mathematik- und Physikstudenten mittlerer bis höherer Semester, die über Grundkenntnisse der linearen Funktionalanalysis (und der Differentialgeometrie) verfügen. Als Kern unseres aus 10 Kapiteln bestehenden Buches haben die Kapitel 0, I, III und IV zu gelten. Die übrigen Kapitel sind Anwendungen, in denen jedoch die allgemeine Theorie fast zu eigenständigen „Theorien" ausgebaut wird (Kapitel VI, VII und VIII). Sätze und Definitionen sind kapitelweise numeriert. Am Schluß jedes Kapitels wird der Leser auf ergänzende Literatur hingewiesen; dabei wird jedoch keine Vollständigkeit angestrebt. Um nicht vom eigentlichen Kern abzulenken, sind etliche technische Einzelheiten aus der Funktionalanalysis in vier Anhängen (Banach-Räume, Stetigkeit und Halbstetigkeit, Kompaktheitsbegriffe in Banach-Räumen, Sobolev-Räume) zusammengefaßt worden.

Zur Entstehung dieses Buches haben viele beigetragen. Unser besonderer Dank gebührt Herrn Professor Dr. Walter Thirring, Wien, für seine Ermutigung zur Veröffentlichung dieses Buches. Unseren Kollegen S. Albeverio, W. Schneider, O. Steinmann und L. Streit möchten wir für eine kritische Durchsicht einzelner Teile des Manuskriptes und für ihre Ratschläge herzlich danken. Frau C. Brüning hat bei den Korrekturen sehr geholfen; dafür möchten wir uns herzlich bei ihr bedanken. Schließlich möchten wir nicht versäumen, Frau E. Bähr, Frau H. Forster und ganz besonders Frau M. Hahn und Frau R. Pludra für ihre große Mühe beim Schreiben des Manuskriptes aufrichtig zu danken. Unser Dank gebührt auch der Druckerei für ihre sorgfältige Arbeit und dem Verlag für eine sehr angenehme Zusammenarbeit.

Bielefeld und Enger, im Juni 1982

Ph. Blanchard
E. Brüning

Inhaltsverzeichnis

0. Einige Bemerkungen zur Geschichte und zu den Zielen der Variationsrechnung

Der Name „Variationsrechnung“ wurde zum ersten Mal von L. Euler im Jahre 1756 benutzt. Damit bezeichnete Euler die von J. L. Lagrange 1755 entwickelte neue Methode, aus der er selbst alle möglichen formalen Folgerungen zog. Heute wird der Begriff Variationsrechnung in einem breiteren Sinne verwendet. Gegenstand der Variationsrechnung sind die mathematisch formulierbaren menschlichen Vorstellungen, etwas zu

a) minimieren,
b) maximieren,
c) „kritisieren“,

das heißt man will die Minima, die Maxima und die kritischen Punkte einer Funktion

$$f: M \to \mathbb{R}, \qquad \mathbb{R} = \{\text{reelle Zahlen}\}$$

bestimmen. In den Anwendungen ist M eine Menge von Zahlen, Funktionen, Wegen, Kurven, Flächen, Feldern ...

Um die Wende vom 17. zum 18. Jahrhundert zeigten Mathematiker ein großes Interesse für die gewöhnlichen Extremalprobleme. Die erste Veröffentlichung von Leibniz über die Differentialrechnung erfolgte 1684 und hatte den charakteristischen Titel „Nova methodus pro maximis et minimis itemque tangentibus“.

Die *kritischen Punkte* einer differenzierbaren Funktion f sind die Punkte, in denen die Ableitung $f'(x)$ der Funktion $f(x)$ verschwindet, das heißt die Punkte, wo $f'(x) = 0$ gilt. Die Funktion $f(x)$ braucht hingegen nicht in jedem kritischen Punkt ein lokales Maximum oder Minimum zu haben. Es kann sich auch um einen *Wendepunkt* mit horizontaler Tangente handeln: Die kritischen Punkte sind also einfach die Punkte, die verdächtig sind, Extrema zu sein, da dafür die Bedingung $f'(x) = 0$ nur notwendig ist.

Anstelle von Ableitung sprach man im 18. Jahrhundert von Variation, und daher stammt auch der Name Variationsrechnung. Anders gesagt ist die Variationsrechnung für alle diejenigen eine sehr menschliche Beschäftigung, die denken, daß das Beste gerade gut genug ist. Im täglichen Leben tauchen fortwährend Probleme über Maxima und Minima (z. B. Minimierung der Kosten und Maximierung der Gewinne) oder über das Beste oder Schlechteste auf. Viele praktische Probleme stellen sich in dieser Form dar. Wie muß man z. B. die Gestalt eines Flugzeuges oder eines Wagens wählen, um seinen Luftwiderstand möglichst gering zu halten? Extremalprobleme spielen auch in der Wirtschaft eine sehr große Rolle (Transportprobleme, Lagerhaltung, optimale Gestaltung von Produktionsprozessen ...) und in der Regelungstechnik (optimale Steuerung). In der Spieltheorie (Theorie der strategischen Spiele) wird der optimale Ausgleich unterschiedlicher Interessen untersucht.

Deshalb ist auch die Variationsrechnung sehr alt. Im alten Ägypten wußte man schon, daß die kürzeste Strecke, welche zwei Punkte verbindet, eine Gerade ist. Mindestens empirisch wußten auch die Ägypter, daß der Kreis die geometrische Figur größter Fläche bei gegebenem Umfang ist.

In Griechenland wurde die moderne Mathematik geboren. Man stellte sich nämlich nicht nur die Frage *wie*, sondern auch die Frage *warum*, und man begnügte sich nicht mehr wie im alten Ägypten mit der Beschreibung gewisser Regeln. Mathematik war für die Ägypter noch keine Wissenschaft, sondern ein Hilfsmittel für Verwaltung und Wirtschaft. Es gelang den Griechen, viele Extremalprobleme zu lösen. Sie *bewiesen*, daß die kürzeste Strecke, welche zwei Punkte A und B verbindet, die Gerade ist.

Archimedes (287? – 212 v. u. Z.) definierte sogar auf diese Weise die Gerade. In der Zeit zwischen 200 vor und 100 nach Christi Geburt bewies Zenodoros, daß die Fläche eines Polygons stets kleiner ist als die Fläche eines Kreises mit gleichem Umfang. Hier findet man auch eine Bemerkung darüber, daß die Zellen einer Bienenwabe gewisse Maximum-Minimum-Eigenschaften besitzen. Es gelang den Griechen auch, die geometrische Figur größter Fläche bei gegebenem Umfang zu bestimmen, und sie lösten damit die erste sogenannte *isoperimetrische Aufgabe*.

Bei der Gründung der Stadt Carthago scheint es, als ob die Königin Dido die Lösung des isoperimetrischen Problems benutzt hätte. Weltberühmt ist die Legende von der levantinischen List Didos, mit der sie dem Numidier-König Hierbas ein riesiges Stück Land abluchste: Sie erbat so viel Boden von ihm, wie eine Rinderhaut umfassen könne, schnitt die Haut in fadendünne Streifen und umgrenzte damit die Bodenfläche von Hadachat, was „Neustadt", exakter „Neue Hauptstadt", heißt. 814 v. Chr. soll das gewesen sein.

Eine andere, sehr bedeutsame griechische Entdeckung wird dem alexandrinischen Gelehrten *Heron* aus dem ersten Jahrhundert n. Chr. zugeschrieben. Es war schon lange bekannt, daß ein Lichtstrahl von einem Punkt P, der einen ebenen Spiegel im Punkt R trifft, so in Richtung eines Punktes Q reflektiert wird, daß die Strecken PR und QR gleiche Winkel mit dem Spiegel bilden: Wenn R' ein beliebiger anderer Punkt des Spiegels ist, dann ist der Gesamtweg $PR' + R'Q$ länger als der Weg $PR + RQ$. Das kennzeichnet den tatsächlichen Lichtweg PRQ als den kürzesten Weg von P nach Q nach Reflexion am Spiegel. Diese Entdeckung Herons kann als einer der Ausgangspunkte der geometrischen Optik angesehen werden.

Newton (1643 – 1727) hatte 1685 das Problem des Rotationskörpers kleinsten Widerstands gestellt und behandelt. Newton glaubte, „daß dieser Satz für die Konstruktion von Schiffen nicht ohne Nutzen sein werde". Der Ansatz von Newton entspricht aber nicht den späteren Erkenntnissen der Hydrodynamik. Das Buch von *Chr. Huyghens* (1629 – 1695) über das Licht enthält Methoden, um Probleme der Variationsrechnung zu lösen. Die Geburt der modernen Variationsrechnung wird trotzdem gewöhnlich auf jenen Tag des Juni 1696 gelegt, als in den Acta Eruditorum Lipsiae das Problem der *Brachystochrone* durch *Johann Bernoulli* gestellt worden ist. Es handelt sich um folgendes Problem: Ein Massenpunkt gleitet ohne Reibung längs einer gewissen Kurve, die einen Punkt A mit einem tieferen

Punkt B verbindet. Für welche dieser Kurven wird die Laufzeit am kürzesten, wenn der Massenpunkt nur unter dem Einfluß der Schwerkraft steht? Die Bewegung des Massenpunktes wird durch das Newtonsche Gesetz beschrieben. Die Resultierende der Kräfte, die auf den Massenpunkt wirken, setzt sich zusammen aus der Gravitationskraft und der Zwangskraft, welche ausdrückt, daß sich der Punkt auf einer festgelegten Bahn bewegen muß. Die Richtung der Resultierenden fällt mit der Richtung der Tangente der Kurve zusammen. Es ist leicht zu sehen, daß das gleitende Teilchen auf verschiedenen Kurven verschieden lange Zeiten braucht und daß weder die gerade Linie noch der Kreisbogen die Lösung liefern, obwohl die Gerade die kürzeste Verbindungslinie dieser Punkte darstellt. In den „Dialoghi" des Galilei wird folgende Frage erörtert: Zwei gleiche Kugeln sollen gleichzeitig zu rollen beginnen, die eine auf einem Kreisbogen, die andere auf seiner Sehne. Welche der beiden Kugeln erreicht schneller das untere Ende der Sehne? Das Experiment lehrt: Diejenige kommt eher an, die sich entlang des Kreisbogens bewegt. Ein Körper, der sich längs einer Geraden bewegt, nimmt verhältnismäßig langsam Geschwindigkeiten auf. Ist die Kurve in der Nähe des Startpunktes jedoch steiler, so nimmt ihre Länge zwar zu, aber in einem größeren Teilstück wird sie mit höherer Geschwindigkeit durchlaufen.

Johann Bernoulli beginnt seine in einem sehr selbstbewußten Ton abgefaßte Ankündigung des Problems der Brachystochrone mit den Worten: „Die scharfsinnigsten Mathematiker des ganzen Erdkreises grüßt Johann Bernoulli, Professor der Mathematik." Johann Bernoulli rühmte sich, eine elegante Lösung gefunden zu haben, die er nicht sofort bekannt zu machen beabsichtigte, um die Mathematiker seiner Zeit herauszufordern, dieses Problem zu studieren. Speziell forderte er seinen 13 Jahre älteren Bruder und Lehrer Jakob dazu heraus, mit dem er bitter verfeindet war.

Beim Problem der Brachystochrone hängt die Laufzeit von der ganzen Kurve ab, und darin besteht ein wesentlicher Unterschied zu den einfachen Problemen, in denen die gesuchten Größen nur von endlich vielen Variablen abhängen. Es scheint, daß man damals nicht sofort erkannt hat, daß das schon erwähnte isoperimetrische Problem von derselben Art war. Im Laufe der Jahre gaben mehrere Mathematiker eine Lösung an: *Leibniz* (1646 – 1716), *Newton*, *l'Hospital* (1661 – 1704). Erst auf Veranlassung von Leibniz, mit dem Jakob Bernoulli eine lebenslang anhaltende wissenschaftliche Verbindung und Freundschaft pflegte, sandte er seinem Bruder eine Lösung, die im Mai 1697 erschien. Newton soll sogar einem Freund die Lösung einen Tag nach Kenntnisnahme des Problems zugeschickt haben! Es stellte sich heraus, und das faszinierte die Mathematiker dieser Zeit, daß die Lösung die *Zykloide* ist, eine Kurve, die erst kurz zuvor entdeckt worden war. Die Zykloide ist eine einfache transzendente Kurve, die durch einen mechanischen Vorgang erzeugt wird: Sie ist die Bahn eines Punkts auf dem Umfang eines Kreises, der, ohne zu gleiten, entlang einer geraden Linie rollt.

Wir haben schon erwähnt, daß Heron von Alexandria erkannte, daß die Reflexion eines Lichtstrahls an einem ebenen Spiegel durch ein Minimalprinzip ausdrückbar ist. Im 17. Jahrhundert bemerkte *Fermat* (1601 – 1665), daß auch das Gesetz der Lichtbrechung in Form eines Minimalprinzips dargestellt werden kann. Fermat bewies, daß das Licht denjenigen Weg nimmt, auf dem die benötigte Zeit minimal ist. Fermat verallgemeinerte die Aussage des Brechungsgesetzes und betrachtete beliebige optische Systeme, in denen die Lichtgeschwindigkeit eine Funktion des Ortes ist, wie es z. B. in der Atmosphäre der Fall ist. Er gelangte zu dem *Fermatschen Prinzip der geometrischen Optik* (1662): In einem inhomogenen Medium durchläuft das Licht einen Weg, für den ein Minimum an Zeit erforderlich ist. Dieses Prinzip ist nicht nur von großer theoretischer Bedeutung. In der Tat liefert es auch die Grundlage für die *praktische* Berechnung von Linsensystemen. Das Fermatsche Prinzip wurde von dem Physiker *Ernst Abbe*, einem der Begründer der Firma Zeiss in Jena, geschickt benutzt, um optische Geräte zu berechnen. Wir werden später sehen, daß Minimalprinzipien auch in anderen Gebieten der Physik eine beherrschende Rolle spielen. *Maupertuis* (1698 – 1759), welcher zu philosophischen und mystischen Spekulationen neigte, sprach sogar von „Gottes Absicht, die physikalischen Erscheinungen nach dem Prinzip der größten Vollkommenheit zu regeln". Maupertuis – Präsident der Berliner Akademie – geriet 1750 in einen lebhaften Streit mit dem Schweizer Mathematiker *Samuel König* (1712 – 1757). Die Ursache des Streits war das Prinzip der kleinsten Wirkung in der Mechanik. Der Name Wirkung stammt von Maupertuis, „denn Gottes Schaffen geschieht mit kleinstem Aufwand". Man nennt seither eine Größe der Dimension Energie × Zeit eine Wirkung. Maupertuis suchte wie Fermat und nach ihm *A. Einstein* (1874 – 1955) nach einem allgemeinen Prinzip, mit dessen Hilfe die Gesetze des Universums zusammengefaßt werden konnten. Die Formulierung von Maupertuis war nicht klar, und er verband damit einen Beweis der Existenz Gottes. Der Streit erreichte seinen Höhepunkt, als *Voltaire* (1694 – 1778) in seinem Stück „Diatribe du Docteur Akakia, Médecin du Pape" (1752) den unglücklichen Präsidenten voll bissigen Humors verhöhnte.

Die zur Lösung des Brachystochroneproblems benutzten verschiedenen Methoden waren Ad-hoc-Methoden. Der nächste Schritt in der Entwicklung der Variationsrechnung ist die Geburt einer allgemeinen Theorie, welche die Lösung allgemeiner Aufgaben ermöglicht. Mit diesem Schritt sind die Namen *Lagrange* (1736 – 1813) und *Euler* (1707 – 1783) verknüpft. Kurz vor 1732 begann Euler, sich systematisch für Extremalprobleme zu interessieren. Es ist nicht sehr wahrscheinlich, daß Euler schon während seiner Studienjahre in Basel von Johann Bernoulli selbst vieles über Variationsrechnung erfahren hat. Denn sonst ist nicht zu verstehen, warum Bernoulli erst 1728 oder 1729 in einem Brief nach Petersburg die Aufmerksamkeit Eulers auf das Problem der *geodätischen Linien* lenkt. Die Methode, die Euler benutzt, ist mehr durch das Werk Jakob Bernoullis als durch dasjenige Johann Bernoullis beeinflußt. Doch ist seine Methode von der seiner Vorgänger sehr verschieden. Diese hatten nur vereinzelte Probleme behandelt; aus den Rechnungen Eulers schälte sich eine richtige Theorie heraus, und die Variationsrechnung wurde durch ihn zu einer gesonderten mathematischen Disziplin erhoben. Nach dem Streit zwischen König und Maupertuis stellte Euler das Prinzip der kleinsten Wirkung auf eine „gesunde" Grundlage, ohne den metaphysischen Auffassungen von Maupertuis nachzugeben. Das Prinzip wurde dann von Lagrange und später von *Hamilton* (1805 – 1865) verwendet. Die grundlegende Bedeutung der sogenannten Hamiltonfunktion in der modernen mathematischen Physik zeigt deutlich den fundamentalen Charakter des Eulerschen Beitrages zu diesem Streit. Die noch heute übliche Bezeichnung „Minimalprinzip" ist nur ein historisches Überbleibsel aus dem 18. Jahrhundert. Von unmittelbarer Bedeutung für die Beschreibung der Naturgesetze ist eigentlich nur eine Forderung für das Verschwinden der ersten Variation.

Die geodätische Linie ist der kürzeste Weg zwischen zwei gegebenen Punkten einer Fläche. Auf einer Kugel sind diese geodätischen Linien die Bögen von Großkreisen. Diese kürzeste Verbindung, die geodätische Linie, spielt in der gekrümmten Welt der Kugeloberfläche die Rolle der Geraden in der flachen Welt. Die *allgemeine Relativitätstheorie* von A. Einstein (1915) ist eine Theorie des Raum-Zeit-Kontinuums und der Gravitation, das heißt die moderne Version der Newtonschen Theorie. Die zentrale Idee Einsteins war es, daß Gravitationseffekte durch die Geometrie der Raum-Zeit-Mannigfaltigkeit verursacht werden. Einstein erklärte die Gravitationskraft durch eine Krümmung von Raum-Zeit. Die Krümmung entspricht gerade dem Einfluß der Masse in der allgemeinen Relativitätstheorie. Im Gravitationsfeld bewegt sich also ein Teilchen auf einer geodätischen Linie; da beim Vorhandensein eines Gravitationsfeldes der vierdimensionale Raum gekrümmt ist, sind diese Extremalen keine Geraden, und die tatsächliche räumliche Bewegung eines Teilchens erfolgt weder gleichförmig noch geradlinig.

Für eine spezielle Klasse von *Funktionalen*, das heißt von Funktionen, deren Argumente Funktionen sind, entdeckte L. Euler eine erste notwendige Bedingung, welche eine minimierende Funktion erfüllen muß. Sie trägt heute den Namen Euler-Lagrange-Gleichung. Seine Bedingung für Funktionale entspricht der Bedingung $f'(x) = 0$ für Funktionen. Euler betrachtete Funktionale der Form

$$\int_a^b F(t, y, y')\,dt.$$

Es wird eine Funktion gesucht, welche dieses Funktional minimiert. Zur Zeit Eulers pflegte man die Infinitesimalrechnung noch als ein Rechnen mit unendlich kleinen Größen anzusehen. Die strenge Begründung des Rechnens mit Grenzwerten verdankt man Cauchy. Eulers Methode besteht darin, das Integrationsintervall $[a, b]$ mit Hilfe von Punkten $a < t_1 < t_2 < \cdots < t_k < b$ in kleine Intervalle $[t_{i-1}, t_i]$ zu zerteilen und die Kurve durch ein Polygon zu ersetzen. Die Ecken dieses Polygons sind die Punkte (t_i, y_i) mit $y_i = y(t_i)$. Er ersetzte auch die Ableitung $y'(t_i)$ durch $\Delta y_i/\Delta t_i$ und erhält anstatt des Integrals eine Funktion der k Variablen $y_1 \cdots y_k$. Er schrieb dann, daß die Ableitungen dieser Funktion bezüglich der y_i verschwinden. Dann ließ er die Anzahl k der Zerteilungspunkte gegen Unendlich streben unter Beibehaltung der Bestimmungsgleichung für die y_i. So wird die berühmte „*Eulersche Bedingung*"

$$\frac{\partial F}{\partial y} - \frac{d}{dt}\frac{\partial F}{\partial y'} = 0$$

für die unbekannte Funktion y begründet. Die Eulersche Gleichung ist im allgemeinen nicht leicht zu lösen, denn Differentialgleichungen zweiter Ordnung sind nur in Ausnahmefällen durch elementare Funktionen integrierbar.

Die Eulersche Methode wurde später von Lagrange wesentlich vereinfacht. Er bemerkte, daß Eulers Methode „nicht durchweg diejenige Einfachheit besitzt, die bei einem Gegenstand der reinen Analysis wünschenswert ist". Anstatt der polygonalen Approximation läßt Lagrange direkt die Kurve selbst variieren und ersetzt $y(t)$ durch eine Funktion $y(t, \tau)$ mit einem zusätzlichen Parameter τ, so daß $y(t, 0) = y(t)$ gilt. Das war die erste Idee, welche später zum *Homotopiebegriff* ausgebaut worden ist.

Die Variation ist dann die Funktion $\delta y(t) = (\partial y/\partial \tau)(t, 0)$, und es gilt $\delta(y') = (\delta y')$. Es genügt also in $\int_a^b F(t, y, y')\,dt$, $y(t)$ durch $y(t, \tau)$ zu ersetzen und zu verlangen, daß die Ableitung dieses Ausdruckes nach τ für $\tau = 0$ verschwindet. Eine partielle Integration liefert dann die Eulersche Bedingung und zusätzliche Randbedingungen, welche von Euler fast immer vernachlässigt wurden. Ohne weitere Begründung fügte Lagrange hinzu, daß aus dem Verschwinden von $\int_a^b [(\partial F/\partial y) - (d/dt)(\partial F/\partial y')]$ $\delta y(t)\,dt$ unmittelbar folgt: $(\partial F/\partial y) - (d/dt)(\partial F/\partial y') = 0$. Daß hier ein Beweis notwendig ist, hat Euler sofort bemerkt. In einem Brief an Euler findet man einen Beweisversuch von Lagrange, den Euler aber zu Recht verwarf. Der notwendige Hilfssatz wurde 1879 von dem Tübinger Mathematiker Du Bois-Reymond bewiesen und später als Fundamentallemma der Variationsrechnung bezeichnet. Dazu benutzte Du Bois-Reymond den Begriff der Stetigkeit, der erst 1820 durch Cauchy eingeführt worden war.

Viel später, gegen Ende des 19. Jahrhunderts, wurde der Begriff der Differentiation auf unendlich-dimensionale Räume verallgemeinert (unter anderem durch Volterra, Hadamard und dessen Schüler Fréchet, Gâteaux, Hilbert), womit die Variationsrechnung eine solide Basis erhielt.

Durch das Aufeinandertreffen von Ideen und Methoden der Algebra, Geometrie, Topologie und Analysis wurde ein neuer Zweig der Mathematik geboren – die *Funktionalanalysis*. Darunter versteht man jene „allgemeine Analysis", die die Verallgemeinerung aller Grundbegriffe der klassischen Analysis (Grenzwert, Konvergenz, Stetigkeit, Differential...) auf den Fall von Räumen unendlich vieler Dimensionen betrachtet. Insbesondere ist die Variationsrechnung, die eine Differentialrechnung über Funktionale darstellt, als ältester Teil der Funktionalanalysis anzusehen.

Lagrange (1736 – 1813) entwickelte eine analytische Theorie der Variationsrechnung, indem er die kurz beschriebene Methode für Mehrfachintegrale verallgemeinerte, und begann die Untersuchung der *Minimalflächen*, das heißt der kleinstmöglichen Flächen, die von einer gegebenen Randkurve begrenzt werden. Dieses Problem wurde auch von dem Physiker *J. Plateau* (1801 – 1883) experimentell untersucht und ist deshalb auch unter dem Namen „Seifenhautproblem" oder Plateausches Problem bekannt. Mathematisch ist diese Aufgabe mit der Lösung einer partiellen Differentialgleichung oder eines Systems solcher Gleichungen verknüpft.

Die „Mécanique analytique" (1788) von Lagrange ist vielleicht sein wertvollstes Werk. Das Buch erschien fast hundert Jahre nach den „Principia" von Newton. Die „Principia" (1687) sind von Newton in der Sprache der klassischen griechischen Geometrie geschrieben. Die Benutzung der Variationsrechnung gab Lagrange die Möglichkeit einer Vereinheitlichung der bis zu diesem Zeitpunkt verschiedenen Prinzipien der Statik und der Dynamik. Newtons geometrischer Standpunkt wurde jetzt völlig fallengelassen. Das war der Triumph der reinen Analysis, und Lagrange kann als der erste reine Analytiker angesehen werden. Lagrange machte die Mechanik, wie Hamilton sagte, zu einer Art „wissenschaftlichem Gedicht". In dem

Vorwort betonte Lagrange: „In diesem Buch findet man keine Figuren, sondern nur algebraische Operationen.“ Diese Wechselwirkung zwischen Mathematik und Mechanik ist für das 18. Jahrhundert charakteristisch: Mathematik wurde hauptsächlich als Hilfsmittel der Naturwissenschaften (Geodäsie, Astronomie und Mechanik) entwickelt.

Die Unterscheidung der verschiedenen stationären Punkte (Maxima, Minima oder Wendepunkte) blieb eine empirische Angelegenheit, bis *Legendre* (1752–1833) seine Untersuchungen der „zweiten Variation“ begann. Mit Hilfe dieser Methode gelang es Legendre, eine zweite notwendige Bedingung für die Existenz eines Extremums herzuleiten (1786). Lagrange bemerkte sofort, daß Legendres Herleitung noch lückenhaft war. Die Methoden der Variationsrechnung wurden erfolgreich in der Mechanik angewandt. Einen vorläufigen krönenden Abschluß bildeten schließlich die Arbeiten von *Jacobi* (1804–1851) zur „Theorie der Variationsrechnung und der Differentialgleichung“ (1837). Es gelang Jacobi, die Legendresche Bedingung einwandfrei herzuleiten und eine dritte notwendige Bedingung für das Auftreten eines Minimums zu beweisen. Auf der Kugeloberfläche ist die geodätische Linie der Bogen des Großkreises, die diese Punkte verbindet. Das war schon im alten Griechenland bekannt. Dieser Bogen ist ein Minimum, falls die beiden Punkte nicht antipodisch sind. Sind die beiden Punkte antipodisch (z. B. der Nord- und der Südpol), dann gibt es eine ganze Familie von Halbkugelkreisen. Man sagt, daß die beiden Punkte *konjugiert* sind. Bei konjugierten Punkten gibt es also eine ganze Familie von Kurven, die die beiden Punkte verbinden. Jedes Mitglied dieser Familie ist ein minimierender oder maximierender Bogen, aber sie sind nicht unterscheidbar bezüglich ihrer Extremaleigenschaften. Die notwendige Bedingung von Jacobi schließt das Auftreten von konjugierten Punkten aus.

Aber, wie schon bemerkt, bedarf die Existenz der Lösung einer Extremumsaufgabe immer noch eines besonderen Beweises, und das ist in den meisten Fällen eine der wesentlichen Schwierigkeiten der Variationsrechnung. Bis weit in das 19. Jahrhundert hinein haben einige der größten Mathematiker, wie *Gauß* (1777–1855), *Dirichlet* (1805–1859), *Riemann* (1826–1866), die Existenz einer Lösung bei Extremalproblemen ohne weiteres angenommen. Gauß (1839 in seiner Untersuchung der Elektrostatik) und Riemann (1851 in seiner Doktorarbeit über die Grundlagen der Theorie der Funktionen) haben sich mit der Lösung des Dirichletschen Problems befaßt. Es handelt sich um das Problem, die sogenannte Potentialgleichung

$$\Delta u = \frac{\partial^2 u}{\partial x^2} + \frac{\partial^2 u}{\partial y^2} = 0 \qquad \text{in } G,$$

$$u\restriction_{\partial G} = f$$

mit gegebenen Daten auf dem Rand ∂G eines gegebenen Gebietes G der Ebene $\mathbb{R}^2$ zu lösen. Diese partielle Differentialgleichung ist die Euler-Lagrange-Gleichung des sogenannten *Dirichletschen Integrals*

$$D(u) = \iint\limits_G \left[\left(\frac{\partial u}{\partial x}\right)^2 + \left(\frac{\partial u}{\partial y}\right)^2\right] dx\, dy.$$

Dieses Problem tritt insbesondere in der Elektrostatik auf, wobei u das elektrische Potential bedeutet. In diesem System herrscht ein stabiles Gleichgewicht, wenn die Energie $D(u)$ minimal ist. Die grundlegende Bedeutung dieses Problems für die Physik wurde zuerst von *W. Thomson* (1824–1907) erkannt.

Weil der Integrand im Dirichletschen Integral nicht negativ ist und damit eine untere Schranke besitzt, welche größer oder gleich 0 ist, schloß Riemann, der Nachfolger Dirichlets in Göttingen, daß es eine Funktion u_0 geben muß, welche das Integral minimiert und deshalb das Dirichletsche Problem löst. Riemann erklärte also als das „Dirichletsche Prinzip", daß eine solche Variationsaufgabe stets eine Lösung besitzt, ohne den geringsten Versuch zu unternehmen, diese Behauptung mathematisch zu beweisen.

K. Weierstraß (1815–1897) kritisierte 1870 die Folgerung von Riemann und zeigte, daß bei Variationsproblemen die A-priori-Existenz einer minimierenden Funktion in keiner Weise evident ist und allgemein nicht angenommen werden kann. Weierstraß gab viele Beispiele, bei denen die untere Grenze des Integrals nicht erreicht werden kann. Durch seine kritischen Ausführungen leistete Weierstraß unter anderem wichtige Vorarbeit für den später hauptsächlich von Hilbert erbrachten Existenzbeweis und somit für die Begründung der direkten Methoden der Variationsrechnung. 1926 hat D. Hilbert über Weierstraß geschrieben: „Wenn heute in der Analysis volle Sicherheit herrscht, so ist dies wesentlich ein Verdienst der wissenschaftlichen Tätigkeit von Weierstraß." In der Tat ist die Kritik von Weierstraß und seiner Schule für die Entwicklung der gesamten Analysis von grundlegender Bedeutung.

Als einfaches geometrisches Beispiel eines Variationsproblems ohne Lösung erwähnen wir das folgende:

Zwei Punkte A und B auf einer Geraden sollen durch eine stetige gekrümmte, möglichst kurze Kurve C verbunden werden, welche zusätzlich in den Endpunkten A und B auf der vorgegebenen Gerade senkrecht steht.

Die Aufgabe hat keine Lösung, weil die Länge einer solchen Kurve immer größer als die der geradlinigen Strecke $\overline{AB}$ ist, aber die Länge der Verbindungsstrecke beliebig angenähert werden kann. Es existiert also eine untere Schranke, aber kein Minimum, das von einer Kurve der zugelassenen Familie angenommen wird. Man setze C etwa zusammen aus zwei kleinen Viertelkreisen vom Radius ε, deren Mittelpunkte auf der Geraden AB liegen, und einer geraden Strecke. Ihre Länge $1(C) = \varepsilon\pi + a - 2\varepsilon = a + (\pi - 2)\varepsilon$ unterscheidet sich dann beliebig wenig von dem Abstand a zwischen den Punkten A und B. Also hat diese sinnvoll formulierbare Aufgabe keine Lösung. In der Frage der Existenz einer Lösung und im Zusammenhang damit in der Aufstellung von hinreichenden Bedingungen liegt die eigentliche und wesentliche Schwierigkeit der Variationsrechnung.

Fünfzig Jahre nach der Veröffentlichung der Riemannschen Ergebnisse wurde das Dirichletsche Prinzip von *D. Hilbert* (1862–1943) in seinem berühmten

Vortrag „Über das Dirichletsche Prinzip" auf der Tagung des DMV gerettet. Was Riemann und Dirichlet geahnt hatten, hat Hilbert ausgeführt. Das war die Rehabilitation des Dirichletschen Prinzips und einer der größten Triumphe in der Geschichte der Analysis und der mathematischen Physik. Dieses Ergebnis von D. Hilbert (1901) und die Arbeit von *H. Lebesgue* (1875 – 1941) über dasselbe Thema (1907) kann man als die Geburtsstunde der modernen abstrakten Variationsrechnung ansehen. D. Hilbert hat 1900 in Paris während des 2. Internationalen Mathematiker-Kongresses 23 mathematische Probleme genannt, darunter das 20. Problem über die Existenz eines Minimums für alle regulären Funktionale mit sinnvollen Randbedingungen. Hilbert beendete seine Aufzählung mit einem Aufruf zur Weiterentwicklung der Variationsrechnung. In seinem Pariser Vortrag versuchte Hilbert, die Strömungen der mathematischen Forschung der vergangenen Jahrzehnte zu beschreiben und einen Umriß künftiger produktiver Arbeit zu skizzieren. Bezüglich des 20. Problems war er davon überzeugt, daß der Beweis des Existenzsatzes durchführbar sein müßte, auch wenn man dabei zu gewissen Verallgemeinerungen (des Begriffes der Ableitung, der Lösung ...) bereit sein mußte. Diese Vermutung stellte sich für das Funktional der Minimalfläche als falsch heraus, obwohl dieses Funktional im Hilbertschen Sinn regulär ist. 1912 lieferte *S. Bernstein* (1880 – 1966) einen Beweis der Nichtexistenz einer Lösung für nicht-konvexe Gebiete in der Ebene. Es spricht für den mathematischen Spürsinn Hilberts, daß diese 23 Probleme die mathematische Forschung angeregt und zum Teil zum Aufbau neuer Disziplinen geführt haben.

Wie schon betont, hat die Variationsrechnung schon immer die Mathematiker angeregt, über viele Begriffe der Analysis nachzudenken. In diesem Zusammenhang sind folgende Begriffe ganz besonders zu erwähnen: Stetigkeit, Halbstetigkeit, gleichgradige Stetigkeit, Umgebung einer Funktion, Kompaktheit. Legendre fragte sich, ob eine Lösung y der Eulerschen Gleichung ein relatives Extremum des Integrals $\int_a^b F(t, y, y')\,dt$ liefert oder nicht. Die erste Lösungsidee besteht darin, einen linearen Grenzwert zu betrachten, indem man y durch $y + \varepsilon u$ ersetzt und verlangt, daß diese Funktion von ε ein relatives Extremum für $\varepsilon = 0$ und das für jede beliebige Variation $\delta y = \varepsilon u$ besitzt. Man bemerkt aber schnell, daß dieses Verfahren nicht hinreichend ist, um sicherzustellen, daß der Wert des Integrals tatsächlich größer (oder kleiner) ist als die Werte, die man mit Hilfe der Substitution von y durch $y + \delta y$ für eine „kleine" Variation δy bekommt. Die entscheidende Rolle bei dieser Überlegung spielt die Festlegung des Begriffes „*kleine Variation*". Ziemlich lange wurde angenommen, daß die Variation $\delta y'$ der Ableitung für eine kleine Variation δy auch klein ist, bis Weierstraß und dessen Schüler bemerkten, daß diese Eigenschaft in Wirklichkeit eine zusätzliche Bedingung ist. Das führte gegen Ende des letzten Jahrhunderts zur Unterscheidung zwischen einem starken und einem schwachen Extremum. Für ein starkes Extremum in einer Umgebung von y_0 wird verlangt, daß $|y - y_0|$ klein ist, und für ein schwaches zusätzlich, daß $|y' - y_0'|$ ebenfalls klein ist. Diese Ideen über die möglichen Umgebungsbegriffe wurden 1906 von *M. Fréchet* (1878 – 1973) allgemein und klar ausgedrückt, als er den Abstandsbegriff in einer beliebigen Menge einführte.

Die Verallgemeinerung der meisten in $\mathbb{R}^n$ benutzten Begriffe und Überlegungen über Grenzwerte, Stetigkeit, Umgebungen, Kompaktheit und Konnexität zu dieser außerordentlich allgemeinen Situation ist sehr bemerkenswert. Fréchet betonte ganz besonders, daß der Begriff der *Kompaktheit* implizit in den von Hilbert 1900 entwickelten direkten Methoden der Variationsrechnung enthalten ist. Wir geben ein einfaches Beispiel: Hilbert bewies unter anderem, daß es auf jeder kompakten, einfach zusammenhängenden glatten Fläche im $\mathbb{R}^3$ geodätische Linien gibt. Fréchet bemerkte, daß man auf der Menge der Kurven, die zwei Punkte A und B auf der Fläche verbinden, einen Abstand definieren kann und daß für diesen Abstand die Menge der Kurvenbögen, deren Länge durch eine positive Zahl beschränkt ist, kompakt ist. Das Ergebnis von Hilbert folgt dann aus einem allgemeinen Satz von *Baire* (1874 – 1932), welcher für Funktionen auf dem $\mathbb{R}^n$ bewiesen hatte, daß eine nach unten halbstetige Funktion auf einer kompakten Menge ihr Minimum annimmt. Die von Fréchet eingeführte Länge ist in der Tat nach unten halbstetig auf der Menge der Kurvenbögen, die A und B verbinden. Die Bedeutung des Begriffs der Halbstetigkeit für die Variationsrechnung wurde von *L. Tonelli* (1855 – 1946) besonders betont.

Sprichwörtlich ist die Verbindung von Carathéodory und der Variationsrechnung. *Carathéodory* (1873 – 1950) wurde von Pringsheim als „Isopérimaître incomparable“ bezeichnet. Carathéodorys Zugang zur Variationsrechnung ist in seinem Buch „Variationsrechnung und partielle Differentialgleichungen erster Ordnung“ (1935) beschrieben.

Der Zusammenhang zwischen der Variationsrechnung und der Theorie der elliptischen partiellen Differentialgleichungen wurde untersucht, wie auch die Frage der Regularität der Lösungen von Variationsproblemen. Neue Theorien, die eng mit der Variationsrechnung zusammenhängen, wie die Theorie der Variationsungleichungen (J. L. Lions, Stampacchia), die der monotonen Operatoren (F. E. Browder) und Minimaxsätze, wurden entwickelt. Variationstheoretische Approximationsmethoden und ihre Anwendungen bei physikalischen Problemen und speziell die Arbeiten von Rayleigh, Ritz, Galerkin, Courant und Hellinger sind hier ebenfalls zu erwähnen. Die Hauptideen der Variationsrechnung sind heute noch eine wichtige und fruchtbare Quelle für die Entwicklung der Mathematik (ganz besonders der Funktionalanalysis, der Differentialgeometrie und der algebraischen Topologie) und deren Anwendungsgebiete (Physik, Wirtschaftswissenschaft, Technologie, Biologie ...).

Variationstheoretische Methoden haben immer eine wichtige Rolle in der theoretischen Mechanik gespielt. Zum Beispiel kann das *Hamiltonsche Prinzip* oft als Ersatz für die Newtonschen Bewegungsgleichungen angesehen werden. Wir werden später auf dieses Prinzip zurückkommen. Die Bedeutung einer variationstheoretischen Formulierung der physikalischen Gesetze geht über die Möglichkeit einer äquivalenten Beschreibung weit hinaus.

Die variationstheoretische Formulierung hat auch einen praktischen Vorteil, nämlich die Möglichkeit, in einem einzigen Funktional alle charakteristischen Eigenschaften des Problems, wie zum Beispiel Randbedingungen, Anfangsbedingungen, Zwangsbedingungen, einzubauen. Endlich – und das ist auch sehr wichtig – liefern die variationstheoretischen Formulierungen die besten verfügbaren Approximationsmethoden, und in vielen Fällen kann man sie benutzen, um obere und untere Schranken für die angenäherte Lösung zu konstruieren.

Wir haben schon das Hamiltonsche Prinzip erwähnt und wollen es jetzt kurz diskutieren. Bekanntlich läßt sich die geometrische Optik auf zwei verschiedene

Arten begründen, nämlich einerseits aus dem Fermatschen Prinzip und andererseits aus dem Huyghensschen Prinzip. Hamilton betrachtete das ganze Bündel der von einem leuchtenden Punkt ausgehenden Strahlen und war in der Lage, den Zusammenhang zwischen diesen beiden Prinzipien zu erklären: Die nach dem Huyghensschen Prinzip sich ausbildenden Wellenflächen sind gerade die Flächen gleicher Lichtzeit, oder anders gesagt, die Lichtstrahlen sind die Extremalen des Variationsproblems der kürzesten Lichtzeit, die Wellenflächen die zugehörigen Transversalen. Die Übertragung dieser Ergebnisse auf die Mechanik führt dann zur Formulierung des seither nach ihm genannten Hamiltonschen Prinzips, das sich als eine wirkungsvolle Methode zur Behandlung physikalischer Probleme zuletzt in der Schrödingerschen Quantentheorie erwiesen hat. Der Hamiltonsche Formalismus ist einer der Pfeiler, auf den man sich bei der Begründung der Quantentheorie stützt. In der statistischen Mechanik ist dieser Formalismus auch unentbehrlich. Wie vor bald 400 Jahren erweist sich die Mechanik noch immer als zentrale Wissenschaft in der theoretischen Physik.

E. Schrödinger (1887–1961) hat in der Tat über die von Hamilton erkannte Analogie zwischen der Mechanik eines Massenpunktes in einem Kraftfeld und der geometrischen Optik in einem inhomogenen Medium nachgedacht. Angeregt durch *de Broglie* erweiterte Schrödinger diese Analogie zu einer Wellentheorie der Materie.

Das Hamiltonsche Prinzip ist in vielen wichtigen Fällen zu der Newtonschen Grundgleichung völlig äquivalent. In der klassischen Feldtheorie, das heißt bei Systemen mit unendlich vielen Freiheitsgraden, wie z. B. in der Maxwellschen Theorie, wird das System auch durch eine Lagrangefunktion beschrieben, die man durch Integration über eine Lagrangedichte erhält. Die zugehörigen Eulerschen Gleichungen liefern die Feldgleichungen. Wie schon erwähnt, besitzt die Formulierung der Newtonschen Bewegungsgleichungen oder der Feldgleichungen als Variationsprobleme verschiedene Vorteile. So kann man die verschiedenen Arten von Nebenbedingungen in einer einfachen und systematischen Weise berücksichtigen. Ferner erlaubt die variationstheoretische Formulierung der Bewegungs- oder Feldgleichungen eine bequeme Herleitung der Erhaltungssätze aus den Symmetrieeigenschaften des Systems, wie *E. Noether* (1882–1935) 1918 gezeigt hat.

Die historischen Verdienste der Variationsrechnung um die Entwicklung der Mathematik und ihre Möglichkeiten beim Lösen mathematischer Probleme aus der Physik, der Technik, der Ökonomie räumen zweifellos der Variationsrechnung eine Sonderstellung unter den Teilgebieten der Mathematik ein. Die neuere Entwicklung der reinen und angewandten Mathematik, der Physik (Relativitäts- und Quantentheorie), der Wirtschaftsmathematik, der Regelungstechnik, der Biologie, der Ingenieurwissenschaften bestätigen diese Rolle und liefern zahlreiche Beispiele für die Vielseitigkeit und die Kraft der variationstheoretischen Methoden.

Nach diesen historischen Vorbemerkungen sollen nun die Grundideen der direkten Methoden der Variationsrechnung erläutert werden.

Gemäß unserer obigen Festlegung des Gegenstandsbereichs ist es die Aufgabe der Variationsrechnung, unter möglichst allgemeinen Bedingungen die Extrema und die kritischen Punkte einer Funktion

$$f: M \to \mathbb{R}$$

zu bestimmen. Dabei wird große Allgemeinheit sowohl bezüglich der Menge M als auch der Funktion f verlangt. Wenn zum Beispiel M ein Intervall in $\mathbb{R}$ oder eine Teilmenge des $\mathbb{R}^n$ ist, so gelingt die Lösung des Problems mit den Mitteln der klassischen Analysis. Der Fundamentalsatz von Weierstraß behauptet einerseits, daß auf einer kompakten Menge K des $\mathbb{R}^n$ jede stetige Funktion $f: K \to \mathbb{R}$ beschränkt ist und ihr Maximum und ihr Minimum annimmt. Andererseits besagt der Überdeckungssatz von Heine-Borel, daß eine Teilmenge K im $\mathbb{R}^n$ genau dann kompakt ist, wenn sie abgeschlossen und beschränkt ist. Wir erklären noch den von Baire in die Theorie der reellen Funktionen eingeführten Begriff der Halbstetigkeit: Eine Funktion $f(x)$ heißt im Punkt x_0 unterhalbstetig, wenn es zu jedem $\varepsilon > 0$ ein $\delta > 0$ gibt, so daß für alle $|x - x_0| < \delta$ $f(x) - f(x_0) > -\varepsilon$ gilt. Beschränkt man sich beim Satz von Weierstraß auf den Beweis der Existenz eines Minimums, so sieht man sofort ein, daß dazu nicht die Stetigkeit, sondern nur die Unterhalbstetigkeit vorausgesetzt werden muß.

In vielen wichtigen Anwendungen der Variationsrechnung jedoch ist M nicht Teilmenge eines endlichdimensionalen Vektorraumes. So ist bei dem sehr alten Problem, die kürzeste Verbindung zwischen zwei verschiedenen Punkten zu finden, für M die Menge aller diese beiden Punkte verbindenden Wege zu nehmen. Wie in diesem Beispiel ist M in den Anwendungen in der Physik Teilmenge eines unendlichdimensionalen Funktionenraumes.

Als angemessene Eingrenzung der „abstrakten Variationsrechnung" erscheint also folgende Festlegung:

Die Variationsrechnung untersucht Bedingungen an einen topologischen Raum X, an eine Teilmenge $M \subseteq X$ und an eine Funktion $f: M \to \mathbb{R}$, welche garantieren, daß ein Punkt x_0 so in M existiert, daß

$$f(x_0) = \inf_{x \in M} f(x)$$

oder

$$f(x_0) = \inf_{x \in M} f(x)$$

gilt. x_0 heißt gegebenenfalls minimierender (maximierender) Punkt. Die Variationsrechnung will also in ihrer abstrakten Version ein Analogon des Weierstraßschen Satzes aufstellen und beweisen. Vor mehr als hundert Jahren hat *B. Bolzano* (1781 – 1848) den Satz bewiesen, daß jede beschränkte unendliche Punktmenge der reellen Geraden $\mathbb{R}$ mindestens einen Häufungspunkt besitzt. Er machte auf die Wichtigkeit dieses Satzes für den Aufbau der reellen Analysis aufmerksam. Die Idee, eine konvergente Folge aus unendlichen Mengen auszuwählen, die nicht aus Zahlen oder aus Punkten im $\mathbb{R}^n$ sondern aus Funktionen oder Kurven bestehen, wurde und wird bei Existenzbeweisen in der Variationsrechnung vielfach benutzt. Allgemein nennt man eine Teilmenge eines topologischen Raumes folgenkompakt, wenn jede Folge von Elementen aus dieser Teilmenge eine konvergente Teilfolge enthält. Dieses führte zur allgemeinen Definition der Kompaktheit einer Teilmenge in einem abstrakten topologischen Raum. Eine Teilmenge heißt kompakt, wenn es zu jeder offenen Überdeckung eine endliche Teilüberdeckung gibt. In normierten Räumen sind Kompaktheit und Folgenkompaktheit äquivalent.

Viele praktische Optimierungsprobleme führen auf die folgende mathematische Aufgabe. Es sei ein stetiges lineares Funktional f auf einem Banach-Raum X gegeben. Dann wird ein Punkt x_0 aus X mit $\|x_0\| = 1$ gesucht, so daß

$$f(x_0) = \|f\| = \sup_{\substack{x \in X \\ \|x\| = 1}} |f(x)|$$

gilt. Man muß also Bedingungen finden, die die Existenz eines solchen x_0 sicherstellen. Wäre die abgeschlossene Einheitskugel

$$\bar{K}_1 = \{x \in X \mid \|x\| \leqslant 1\}$$

kompakt, dann würde die Existenz eines solchen Elements x_0 sofort aus der Stetigkeit von f folgen. Doch *leider* besagt ein 1918 von *F. Riesz* (1880–1956) bewiesener Satz, daß nur in endlichdimensionalen Banach-Räumen, das heißt in $\mathbb{R}^n$ oder $\mathbb{C}^n$, die Einheitskugeln kompakt sind. Also ist $\bar{K}_1$, obwohl abgeschlossen und beschränkt, in einem unendlichdimensionalen Banach-Raum nicht kompakt. Neben der Abgeschlossenheit und der Beschränktheit braucht man in unendlichdimensionalen Räumen eine zusätzliche Bedingung, um die kompakten Teilmengen zu charakterisieren. Wir werden in verschiedenen Banach-Räumen solche zusätzlichen Bedingungen angeben. Man kann sich leicht vom Ergebnis des Satzes von F. Riesz überzeugen, indem man das folgende Gegenbeispiel betrachtet: Aus einer Folge $\{x_n\}_{n \in \mathbb{N}}$ in einem unendlichdimensionalen Hilbert-Raum $\mathscr{H}$ mit $(x_n, x_m) = \delta_{nm}$ (das heißt $\{x_n\}_{n \in \mathbb{N}}$ ist ein Orthonormalsystem in $\mathscr{H}$) kann man keine konvergente Teilfolge auswählen, weil

$$\|x_n - x_m\| = (x_n - x_m, x_n - x_m)^{1/2} = \sqrt{2}\, \forall n \neq m$$

gilt. Als naheliegender Ausweg erscheint zunächst die Idee, im Banach-Raum X eine Metrik so einzuführen, daß einerseits die Einheitskugel $\bar{K}_1$ in der neuen Metrik kompakt ist und andererseits die stetigen linearen Funktionalen auch in der neuen Metrik stetig sind. Doch leider erweist sich diese Idee im allgemeinen Falle als nicht realisierbar. Es bleibt somit nichts weiter übrig, als zu überlegen, ob man nicht zu einem allgemeineren Raumbegriff als dem eines metrischen Raumes übergehen sollte. Dieses führt zur Verwendung der schwachen Topologie: Eine Folge $\{x_n\}_{n \in \mathbb{N}}$ konvergiert schwach gegen x_0, falls für jedes stetige lineare Funktional f auf X (das heißt $f \in X'$) $\lim_n f(x_n) = f(x_0)$ gilt. Wenn man aus jeder Folge von Elementen einer Teilmenge eine schwach konvergente Teilfolge auswählen kann, heißt diese Teilmenge schwach folgenkompakt. Die Einheitskugel $\bar{K}_1$ (und auch jede beschränkte konvexe abgeschlossene Teilmenge in X) besitzt oft eine sehr bemerkenswerte Eigenschaft: Sie ist schwach folgenkompakt. Solche Kompaktheitseigenschaften werden in den verschiedenen Formulierungen des Fundamentalsatzes der Variationsrechnung entscheidend benützt. Das zweite Ingrediens dieser Sätze ist, wie im Falle der klassischen Analysis, eine natürliche Abschwächung des Stetigkeitsbegriffes für Funktionen über einem unendlichdimensionalen Raum, nämlich die Halbstetigkeit. Es ist zu beachten, daß (zum Beispiel in einem Banach-Raum) die Stetigkeit bezüglich der Norm-Topologie nicht die Stetigkeit bezüglich der gröberen schwachen Topologie impliziert. Für konvexe Funktionen läßt sich wenigstens die schwache Unterhalbstetigkeit beweisen.

Eine vollständige Lösung des abstrakten Variationsproblems umfaßt folgende Komplexe

A) Existenz,
B) Eindeutigkeit,
C) Berechnung

des minimierenden Punktes $x_0 \in M$.

Die Teilprobleme A und B können in ziemlicher Allgemeinheit unter brauchbaren Bedingungen leicht gelöst werden. Wir werden uns damit im Kapitel I befassen. Das Problem der expliziten Berechnung der minimierenden Punkte ist wesentlich komplizierter und verlangt schon beträchtlich mehr Struktur. Dazu werden wir im Kapitel II die Differential- und Integralrechnung in Banach-Räumen und insbesondere den Begriff der Fréchet-Ableitung $f'(x_0)$ einer Funktion $f: M \to \mathbb{R}$, M offene Teilmenge eines Banach-Raumes X, besprechen.

Die Lösung des Teilproblems C gelingt dann, wenn wir die minimierenden Punkte in der Menge der kritischen Punkte der Funktion f, das heißt in $\{x \in M \mid f'(x) = 0\}$ finden.

Schließlich werden zahlreiche Anwendungen besprochen, die die vielfältigen Anwendungsmöglichkeiten und die Effektivität der zunächst abstrakt entwickelten Ergebnisse illustrieren. Die Lösung mathematischer Probleme durch Variationsmethoden ist in vielen Bereichen nützlich und hilft oft, viele Überlegungen zu vereinfachen. Hier werden wir uns auf das Gebiet der Analysis und der Mathematischen Physik beschränken.

In mehreren Anhängen werden die notwendigen mathematischen Hilfsmittel (Banach-Räume, Halbstetigkeit, Kompaktheit, ...) eingeführt und diskutiert.

Es gibt sehr instruktive Quellen über die Geschichte der Variationsrechnung. Zum Beispiel:

– „Der Beginn der Forschung in der Variationsrechnung“ von C. Carathéodory (1937), Gesammelte Math. Schriften Vol. II.

– „Variationsrechnung“ von P. Stäckel (Wissenschaftliche Buchgesellschaft Darmstadt 1976) mit Abhandlungen.

– „A History of the Calculus of Variations from the 17th Through the 19th Century“ von Goldstone (Springer-Verlag 1980).

– „A History of the Calculus of Variations in the Eighteenth Century“ von R. Woodhouse (Chelsea Publishing Company), Nachdruck von 1810.

– „History of the Calculus of Variations“ von I. Todhunter (Chelsea Publishing Company), Nachdruck von 1861.

– „History of Functional Analysis“ von J. Dieudonné (North-Holland, Amsterdam 1981).

– „Dirichlet's Principle: A Mathematical Comedy of Errors and its Influence on the Development of Analysis“ von A. F. Monna (Oosthoede, Scheltema und Holkema, Utrecht 1975).

– „The Significance of Variational Principles in Natural Philosophy“ in „Variational Principles in Dynamics and Quantum Theory“ von W. Yourgrau und S. Mandelstam (Pitnam, London 1968).

– „Zur Geschichte des Prinzips der kleinsten Action“ von H. Helmholtz in „Wissenschaftliche Abhandlungen“ Band III (1895).

– „Das Prinzip der kleinsten Wirkung“ von M. Planck in „Kultur der Gegenwart“ (Teil III, Abt. III, S. 692 bis 702) von P. Hinneberg (Teubner, Leipzig 1915).

I. Direkte Methoden der Variationsrechnung

I.1 Der Fundamentalsatz der Variationsrechnung

In der Einleitung hatten wir die Bestimmung von Extrema (etwa Minima) von Funktionen als eine zentrale Aufgabe der Variationsrechnung herausgestellt. In allgemeinster Form verstehen wir unter einem *Extremal-Problem* folgendes:

Es sei M eine Menge und f eine reelle Funktion auf M. Bestimme die *minimierenden* (*maximierenden*) *Punkte von* f *auf* M, das heißt diejenigen Punkte $x_0 \in M$, für die

$$f(x_0) = \inf_{x \in M} f(x), \qquad \left(f(x_0) = \sup_{x \in M} f(x) \right)$$

gilt. Es handelt sich nun darum, ein zum Satz von Bolzano-Weierstraß analoges Ergebnis zu gewinnen. Eine umfassende Lösung dieses Problems wird sich natürlich nicht mit dem Beweis der Existenz minimierender Punkte zufriedengeben, sondern gegebenenfalls auch die Eindeutigkeit beweisen und (oder) einen konstruktiven Weg zur Berechnung der (des) minimierenden Punkte(s) aufzeigen. Natürlich erwartet man nicht, in der obigen Allgemeinheit einen brauchbaren Zugang finden zu können. Man wird genauere Kenntnisse über die Menge M und die Funktion f voraussetzen müssen.

In vielen „klassischen" Anwendungen und speziell bei der Lagrangeschen Formulierung der klassischen Mechanik (siehe Kap. V) etwa ist die Menge M eine Untermannigfaltigkeit eines Banach-Raumes aus differenzierbaren Wegen $q: I = [t_1, t_2] \to \mathbb{R}^n$, $t_i \in \mathbb{R}$, $i = 1, 2$, und die Funktion f hat dann die spezielle Form

$$f(q) = \int_I L(t, q(t), \dot{q}(t))\, dt$$

mit einer „Lagrange-Funktion" $L: I \times \mathbb{R}^n \times \mathbb{R}^n \to \mathbb{R}$.

Da wir das Extremal-Problem in einer für die praktische Anwendbarkeit angemessenen Allgemeinheit angehen wollen, werden wir den betreffenden Hauptsatz unter möglichst schwachen Voraussetzungen formulieren. In den weiteren Ausführungen und in den späteren Anwendungen wird deutlich werden, daß die angegebene Allgemeinheit durchaus angemessen ist und den abstrakten Kern aller Minimum-Probleme herausstellt.

Zunächst haben wir jedoch an einige in diesem Zusammenhang zentrale mathematische Begriffe zu erinnern. In den Anhängen werden die hier zitierten Sätze bewiesen und die eingeführten Begriffe durch Beispiele und Literaturhinweise erläutert.

Es sei M ein Hausdorff-Raum. Eine Funktion

$$f: M \to \mathbb{R} \cup \{+\infty\}$$

heißt *in einem Punkt* $x_0 \in M$ *unterhalbstetig*, falls für jedes $\varepsilon > 0$ x_0 innerer Punkt von $\{x \in M \mid f(x) > f(x_0) - \varepsilon\}$ ist. f heißt *auf M unterhalbstetig*, wenn f in allen Punkten von M unterhalbstetig ist.

Entsprechend heißt eine Funktion f oberhalbstetig, wenn $-f$ unterhalbstetig ist. Ein Beispiel einer in 0 nicht stetigen, aber unterhalbstetigen Funktion ist die Funktion

$$f(x) = \begin{cases} (1 + x^2)\sin 1/x, & x \neq 0, \\ -1 & x = 0. \end{cases}$$

Entsprechend dem bekannten Folgenkriterium für Stetigkeit kann man unter einschränkenden Bedingungen für die Topologie von M auch die Unterhalbstetigkeit mit Hilfe von Folgen charakterisieren:

Lemma I.1: *Es sei M ein Hausdorff-Raum und $f: M \to \mathbb{R} \cup \{+\infty\}$ eine Funktion auf M. Dann gilt:*

a) Falls f in $x_0 \in M$ unterhalbstetig ist, so gilt für jede gegen x_0 konvergente Folge $\{x_n\}_{n \in \mathbb{N}} \subset M$

$$f(x_0) \leqslant \liminf_{n \to \infty} f(x_n).$$

b) Falls M das erste Abzählbarkeitsaxiom erfüllt (das heißt, wenn jeder Punkt von M eine abzählbare Umgebungsbasis besitzt), so gilt auch die Umkehrung von a).

Beweis: siehe Anhang 2.

Bemerkung 1: Wir erinnern an die Definition von lim inf: $a \in [-\infty, +\infty]$ heißt Häufungspunkt einer Folge $\{a_n\}_{n \in \mathbb{N}}$ genau dann, wenn es eine gegen a konvergente Teilfolge $\{a_{n_j}\}_{j \in \mathbb{N}}$ gibt. $\liminf_{n \to \infty} a_n$ ist der stets in $[-\infty, +\infty]$ existierende *kleinste Häufungspunkt* der Folge $\{a_n\}_{n \in \mathbb{N}}$.

Ein weiterer für den Fundamentalsatz der Variationsrechnung entscheidender Begriff ist der der folgenkompakten Menge. Eine Teilmenge K eines Hausdorff-Raumes M heißt genau dann *folgenkompakt*, wenn jede unendliche Folge in K eine Teilfolge besitzt, welche gegen einen Punkt in K konvergiert.

Der Zusammenhang dieses Kompaktheitsbegriffes mit den anderen auch für die Anwendung wichtigen Kompaktheitsbegriffen ist ausführlich im Anhang 3 diskutiert.

Die Aufgabe, das Maximum einer Funktion f zu ermitteln, ist identisch mit der Aufgabe, das Minimum der Funktion $-f$ zu ermitteln. Damit können wir schon den Fundamentalsatz der Variationsrechnung über die Existenz minimierender Punkte formulieren und beweisen:

Theorem I.2: Existenz minimierender Punkte. *Es sei M ein Hausdorff-Raum und $f: M \to \mathbb{R} \cup \{+\infty\}$ eine unterhalbstetige Funktion auf M. Es gebe eine reelle Zahl λ, so daß*

(i) $M_{f,\lambda} = \{x \in M \mid f(x) \leqslant \lambda\} \neq \emptyset$ *und*
(ii) $M_{f,\lambda}$ *ist (folgen)kompakt*

gelten. Dann besitzt f einen minimierenden Punkt x_0 auf M:

$$f(x_0) = \inf_{x \in M} f(x).$$

Beweis: a) Wir zeigen zunächst indirekt, daß f nach unten beschränkt ist. Wäre f nicht nach unten beschränkt, so gäbe es eine Folge $\{x_n\}_{n\in\mathbb{N}}$ aus M so, daß $f(x_n) < -n$ für alle $n \in \mathbb{N}$ gilt. Falls n hinreichend groß ist, etwa $n > n_0(\lambda)$, so folgt $x_n \in M_{f,\lambda}$. Da $M_{f,\lambda}$ folgenkompakt ist, gibt es eine Teilfolge $\{x_{n_j}\}_{j\in\mathbb{N}}$, welche gegen einen Punkt $y \in M_{f,\lambda}$ konvergiert. Da f unterhalbstetig ist, folgt

$$-\infty < f(y) \leqslant \liminf_{j\to\infty} f(x_{n_j}),$$

also ein Widerspruch, denn nach Konstruktion der x_{n_j} gilt

$$f(x_{n_j}) \leqslant -n_j.$$

Also ist f nach unten beschränkt und besitzt somit ein endliches Infimum

$$-\infty < m(f) = \inf_{x\in M} f(x) \leqslant \lambda.$$

b) Nach Definition der Zahl $m(f)$ gibt es eine Folge $\{x_n\}_{n\in\mathbb{N}} \subset M$, so daß $f(x_{n+1}) \leqslant f(x_n)$ und

$$0 \leqslant f(x_n) - m(f) < \frac{1}{n}, \qquad \forall n \in \mathbb{N}$$

gelten. Wiederum gibt es ein $n_0(\lambda) \in \mathbb{N}$, so daß $x_n \in M_{f,\lambda}$ für alle $n \geqslant n_0(\lambda)$ gilt. Die Folgenkompaktheit von $M_{f,\lambda}$ sichert wieder die Existenz einer Teilfolge $\{x_{n_j}\}_{j\in\mathbb{N}}$, welche gegen einen Punkt $x_0 \in M_{f,\lambda}$ konvergiert. Die Unterhalbstetigkeit von f impliziert

$$f(x_0) \leqslant \liminf_{j\to\infty} f(x_{n_j}).$$

Andererseits gilt nach Konstruktion $\liminf_{j\to\infty} f(x_{n_j}) \leqslant m(f)$. Natürlich gilt auch $m(f) \leqslant f(x_0)$ und somit

$$f(x_0) = m(f) = \inf_{x\in M} f(x) = \lim_{j\to\infty} f(x_{n_j}).$$

Mithin besitzt f einen minimierenden Punkt.

Bemerkung 2: Der obige Satz ist als eine Verallgemeinerung des klassischen Satzes von Weierstraß (eine stetige reelle Funktion nimmt auf einem kompakten Intervall ihr Minimum und ihr Maximum an) anzusehen. Man könnte Satz I.2 daher auch den Weierstraßschen Satz der Variationsrechnung nennen.

Bemerkung 3: Es mag als eine natürliche Abschwächung dieses Existenzsatzes erscheinen, wenn man für die zu minimierende Funktion f die Stetigkeit fordert. Das folgende Beispiel zeigt, daß diese abgeschwächte Version selbst für einfache Anwendungen bereits zu schwach ist, daß also die Ausdehnung dieses Satzes auf unterhalbstetige Funktionen wesentlich ist.

Es sei $S^2 = \{x \in \mathbb{R}^3 \mid \|x\| = 1\}$ die Einheitssphäre im $\mathbb{R}^3$, und A und B seien zwei Punkte von S^2. Betrachte nun die Menge

$$M = \{\sigma: [0,1] \to S^2 \mid \sigma \in \mathscr{C}^{(2)},\ \sigma(0) = A,\ \sigma(1) = B\}$$

aller glatten Wege auf S^2 von A nach B und auf dieser Menge M das Längenfunktional

$$L: M \to \mathbb{R}, \qquad L(\sigma) = \left(\int_0^1 \|\dot{\sigma}(t)\|^2 \, dt \right)^{1/2}.$$

Auf der Einheitssphäre S^2 gibt es bekanntlich einen Weg kleinster Länge zwischen zwei Punkten A und B, nämlich die A und B verbindende geodätische Linie σ_0 (siehe Kapitel V), das heißt

$$L(\sigma_0) = \inf\{L(\sigma) \mid \sigma \in M\} \leqslant \liminf_{n \to \infty} L(\sigma_n)$$

für jede Folge von Wegen $\{\sigma_n\}_{n \in \mathbb{N}} \subset M$, welche gegen σ_0 konvergiert. Also ist L in σ_0 unterhalbstetig. L ist aber nicht stetig in σ_0, denn in jeder Umgebung von σ_0 gibt es Wege von beliebig großer Länge, das heißt

$$\limsup_{n \to \infty} L(\sigma_n) = +\infty > L(\sigma_0).$$

H. Lebesgue hat 1902 für ein so einfaches Funktional, wie es die Bogenlänge ist, gezeigt, daß dieses nur halbstetig, aber nicht stetig ist. Bettet man nämlich eine Kurve C in einen schmalen streifenförmigen Bereich ein, so ist klar, daß es in diesem Bereich die Punkte A und B verbindende schlangenförmige Kurven gibt, die beliebig lang sein können.

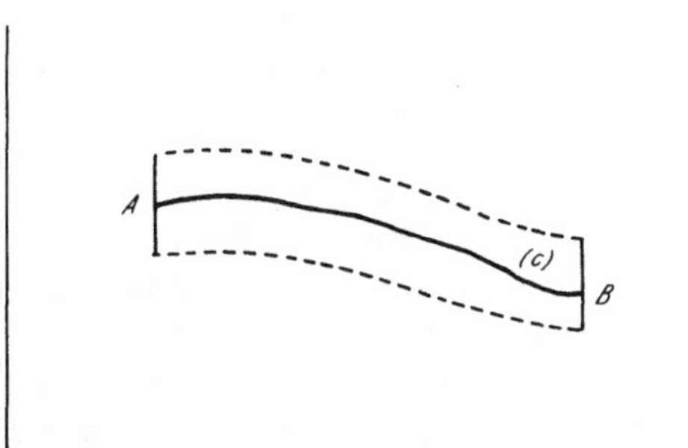

Die Frage der Eindeutigkeit beim Minimum-Problem läßt sich leicht auf der Basis der Veranschaulichung durch den Graphen der Funktion f in geometrischen Termen beantworten.

Theorem I.3: Eindeutigkeit. *Es sei M eine konvexe Menge eines linearen Raumes (das heißt $x_j \in M$, $j = 1, 2$, $0 \leqslant \lambda \leqslant 1 \Rightarrow \lambda x_1 + (1 - \lambda) x_2 \in M$) und $f: M \to \mathbb{R}$ eine strikt konvexe Funktion auf M (das heißt $x_1, x_2 \in M$, $x_1 \neq x_2$, $0 < \lambda < 1 \Rightarrow f(\lambda x_1 + (1 - \lambda) x_2) < \lambda f(x_1) + (1 - \lambda) f(x_2)$). Dann besitzt f höchstens einen minimierenden Punkt x_0 in M.*

Beweis: Gäbe es zwei verschiedene minimierende Punkte $x_0, y_0 \in M$, so hätten wir für alle $\lambda \in (0, 1)$

$$f(x_0) = f(y_0) \leqslant f(\lambda x_0 + (1 - \lambda) y_0) < \lambda f(x_0) + (1 - \lambda) f(y_0) = f(x_0),$$

also einen Widerspruch. Unter den angegebenen Voraussetzungen gibt es höchstens einen minimierenden Punkt.

Die Kombination der Sätze I.2 und I.3 liefert, wie leicht ersichtlich, einen Existenz- und Eindeutigkeitssatz. Die Schwierigkeiten bei der Anwendung dieses Satzes ergeben sich aus dem Umstand, daß es oft recht schwierig ist, alle Hypothesen, das heißt

(1) M konvex,
(2) f: $M \to \mathbb{R}$ strikt konvex,
(3) f unterhalbstetig,
(4) $\exists \lambda \in \mathbb{R}$ mit $M_{f,\lambda} \neq \emptyset$ und $M_{f,\lambda}$ folgenkompakt

gleichzeitig zu erfüllen.

Um (3) und (4) in Anwendungen gleichzeitig zu erfüllen, bedarf es schon einer sehr geschickten Wahl der Topologie auf M, denn die Hypothesen (3) und (4) stellen nicht leicht zu vereinbarende Forderungen an die Topologie von M dar. Man erinnere sich:

(i) Die feinere Topologie auf M liefert mehr unterhalbstetige Funktionen.
(ii) Die gröbere Topologie auf M liefert mehr folgenkompakte Mengen.

Da man in Anwendungen die „Funktion“ f in Form einer konkreten Rechenvorschrift als gegeben ansehen kann, macht die geschickte Wahl des Definitionsbereiches M für die Rechenvorschrift die Forderungen (1) und (2) oft leicht erfüllbar.

I.2 Zur Anwendung des Fundamentalsatzes in Banach-Räumen

Die mit dem Nachweis der Hypothesen (3) und (4) verbundenen Schwierigkeiten wollen wir für den für konkrete Anwendungen sehr wichtigen Fall klären, in dem M Teilmenge eines Banach-Raumes X mit der Norm $\|\cdot\|$ ist. Dazu stellen wir zunächst ohne Beweis einige hierzu wesentliche Ergebnisse aus der Theorie der Banach-Räume bereit. Bezüglich der Grundbegriffe der Banach-Raum-Theorie verweisen wir auf die Anhänge 1 und 3 und die dort zitierten Literaturhinweise.

Der folgende Satz zeigt im Sinne unserer obigen Bemerkung (ii), daß die Normtopologie für unsere Zwecke zu wenige kompakte Mengen liefert, sobald der Banach-Raum unendlich-dimensional ist.

Theorem I.4 (Riesz): *Ein Banach-Raum X ist genau dann endlich-dimensional, wenn die abgeschlossene Einskugel $\{x \in X \mid \|x\| \leqslant 1\}$ (oder jede beschränkte abgeschlossene Menge) kompakt ist.*

Beweis: *Anhang 3.*

Man erinnere sich, daß für die Normtopologie die Begriffe kompakt und folgenkompakt zusammenfallen (Anhang 3).

Bemerkung: Bei seinen Untersuchungen über das Dirichlet-Prinzip hatte Riemann ohne weiteres angenommen, daß die abgeschlossene Einskugel auch in einem unendlich-dimensionalen Banach-Raum kompakt ist.

Obiges Ergebnis von F. Riesz impliziert z. B., daß eine kompakte Teilmenge in einem unendlich-dimensionalen Banach-Raum keine inneren Punkte enthält. Aus Theorem I.4 folgt insbesondere, daß in einem unendlich-dimensionalen Banach-Raum X stets eine Folge $\{x_n\}_{n\in\mathbb{N}} \subset \{x \in X \mid \|x\| \leqslant 1\}$ und ein $\varepsilon > 0$ existieren, so daß $\|x_n - x_m\| > \varepsilon, \forall n \neq m$ gilt. Im Spezialfall eines Hilbertraumes X z. B. hat man für jedes Orthonormalsystem $\|x_n - x_m\| = \sqrt{2}, \forall n \neq m$.

Glücklicherweise hat man auf einem Banach-Raum X eine Topologie zur Verfügung, welche

α) gröber als die Normtopologie auf X ist und
β) im Sinne der obigen Bemerkung ii) genügend viele kompakte Mengen besitzt.

Das ist die sogenannte schwache Topologie $\sigma(X, X')$ auf X (siehe Anhang 2), welche definitionsgemäß die gröbste lokalkonvexe Topologie auf X ist, bezüglich der alle Elemente f des Dualraumes X' von X stetig sind. $\sigma(X, X')$ wird also von dem System $\{q_f(\cdot) \mid f \in X'\}$ von Halbnormen

$$x \mapsto q_f(x) := |f(x)|, \qquad x \in X$$

auf X erzeugt.

Die schwache Topologie $\sigma(X, X')$ auf einem Banach-Raum X besitzt demnach von allen lokalkonvexen Topologien auf X mit demselben Dualraum X' die meisten kompakten Mengen und ist daher für die Zwecke der Variationsrechnung besonders geeignet.

Jedoch ergibt sich eine Komplikation. Die schwache Topologie auf X erfüllt nicht mehr notwendig das erste Abzählbarkeitsaxiom, so daß wir kompakte und folgenkompakte Mengen zu unterscheiden haben. In diesem Zusammenhang ist es notwendig, hinreichende Bedingungen zu kennen, wann Teilmengen eines Banach-Raumes X schwach-folgenkompakt (das heißt folgenkompakt bezüglich der schwachen Topologie) bzw. schwach kompakt sind. Das leistet der folgende Satz.

Theorem I.5 (Eberlein): *a) Jede schwach abzählbar kompakte Teilmenge eines Banach-Raumes X ist schwach kompakt und schwach folgenkompakt.*

b) In einem reflexiven Banach-Raum X ist jede beschränkte Teilmenge relativ kompakt bezüglich der schwachen Topologie $\sigma(X, X')$.

Für den Beweis von a) siehe H. Schäfer [„Topological Vector Spaces", Seite 185, Springer 1971]. Dabei heißt eine Teilmenge K von X schwach abzählbar kompakt, wenn jede Folge in K einen Häufungspunkt in K bezüglich der schwachen Topologie besitzt (oder äquivalent dazu, wenn jede abzählbare Überdeckung von K aus schwach offenen Mengen eine endliche Teilüberdeckung besitzt). Teil b) wird im Anhang 3 bewiesen.

Bemerkung 4: Im Falle eines reflexiven Banach-Raumes X (Anhang 3) wird eine der angenehmsten Eigenschaften der schwachen Topologie deutlich. Die schwache Topologie $\sigma(X', X) = \sigma(X', X'')$ auf dem Dualraum X' von X erlaubt nämlich eine ebenso einfache Charakterisierung der kompakten Mengen, wie sie im Falle endlich-dimensionaler Banach-Räume wohlbekannt ist:

Eine Teilmenge $K \subset X'$ ist genau dann $\sigma(X', X)$-kompakt, wenn sie $\sigma(X', X)$-abgeschlossen und norm-beschränkt ist.

Also besitzt in einem unendlich-dimensionalen reflexiven Banach-Raum X jede beschränkte Folge eine schwach-konvergente Teilfolge; das heißt

$$\{x_n\}_{n\in\mathbb{N}} \subset X, \qquad \|x_n\| \leqslant c < \infty, \qquad \forall n \in \mathbb{N}$$

$$\Rightarrow \exists \text{ Teilfolge } \{x_{n_j}\}_{j\in\mathbb{N}} \qquad \text{und} \qquad x_0 \in X,$$

so daß

$$f(x_0) = \lim_{j\to\infty} f(x_{n_j}) \qquad \text{für alle} \quad f \in X'$$

gilt.

In dieser speziellen Version findet der Satz von Eberlein in den meisten Problemen der Variationsrechnung eine zentrale Anwendung (vergleiche den Beweis von Theorem I.2). Dazu bleibt dann noch sicherzustellen, daß die zu minimierende Funktion folgenunterhalbstetig bezüglich der schwachen Topologie ist, was wir nun diskutieren wollen.

Folgenunterhalbstetige Funktionale

Es sei X ein Banach-Raum und M eine Teilmenge von X. Eine Funktion $f: M \to \mathbb{R}$ heißt genau dann in *einem Punkt* $x_0 \in M$ *schwach folgenunterhalbstetig*, wenn für jede Folge $\{x_n\}_{n\in\mathbb{N}} \subset M$ mit $x_0 = \text{w-lim}_{n\to\infty} x_n$ die Ungleichung

$$f(x_0) \leqslant \liminf_{n\to\infty} f(x_n)$$

gilt. Wenn diese Eigenschaft für jedes $x_0 \in M$ gilt, heißt *f schwach folgenunterhalbstetig auf M*. Entsprechend wird ein schwach folgenoberhalbstetiges Funktional definiert.

Beispiel: Die Norm $\|\cdot\|: X \to \mathbb{R}$ eines Banach-Raumes ist natürlich bezüglich der Normtopologie auf X stetig. Im Falle eines unendlich-dimensionalen Banach-Raumes X ist die Norm jedoch nicht mehr schwach folgenstetig. Wir zeigen nun, daß die Norm jedoch schwach folgenunterhalbstetig ist.

Die Folge $\{x_n\}_{n\in\mathbb{N}} \subset X$ konvergiere schwach gegen einen Punkt $x_0 \in X$. Dann gilt

$$\|x_0\| \leqslant \liminf_{n\to\infty} \|x_n\|.$$

Zum Beweis beachte, daß nach Anhang 1

$$\|x_0\| = \sup_{f\in S_1(X')} |f(x_0)|, \qquad S_1(X') = \{f \in X' \mid \|f\|' = 1\}$$

gilt. $x_0 = \text{w-lim}_{n\to\infty} x_n$ impliziert $f(x_0) = \lim_{n\to\infty} f(x_n)$ und somit $|f(x_0)| = \lim_{n\to\infty} |f(x_n)|$.

Nun gilt aber $|f(x_n)| \leqslant \|f\|'\|x_n\| = \|x_n\|$ und daher

$$|f(x_0)| \leqslant \liminf_{n\to\infty} \|x_n\|$$

für alle $f \in S_1(X')$. Es folgt $\sup_{f \in S_1(X')} |f(x_0)| \leqslant \liminf_{n\to\infty} \|x_n\|$ und damit die Behauptung.

Um den Fundamentalsatz der Variationsrechnung in Banach-Räumen effektiv anwenden zu können, ist es natürlich zweckmäßig, über Kriterien zu verfügen, die für Banach-Räume spezifisch sind und die Hypothesen des Fundamentalsatzes liefern. Aus diesem Grunde werden folgende Punkte diskutiert:

- Wann ist eine Funktion schwach (folgen-)unterhalbstetig?
- Zusammenhang zwischen Konvexität und Halbstetigkeit?
- Begriff der Koerzitivität.

Im Kap. III werden wir mit Hilfe der Differentialrechnung in Banach-Räumen zusätzliche hinreichende Bedingungen angeben können. Die Differentialrechnung in Banach-Räumen hat sich für die Variationsrechnung als ein besonders nützliches Hilfsmittel erwiesen. Mit ihrer Hilfe läßt sich das Problem, Extremalpunkte eines Funktionals zu bestimmen, auf das Problem zurückführen, eine bestimmte Differentialgleichung zu lösen. Auf diese Art, aber ohne eine entsprechende mathematische Begründung, wurde die Lösung vieler variationstheoretischer Aufgaben im 18. Jahrhundert behandelt.

Es sei X ein Banach-Raum, $M \subset X$ eine Teilmenge und $f: M \to \mathbb{R}$ eine Funktion auf M. Ein erstes Lemma charakterisiert die schwache (Folgen-)Unterhalbstetigkeit von f in Termen der Mengen $M_{f,\lambda}$ aller Punkte, die im oder unterhalb des λ-Niveaus $f^{-1}(\lambda) \subset M$ von f liegen.

Lemma I.6: *Es sei X ein Banach-Raum und $M \subset X$ eine schwach (folgen-) abgeschlossene Teilmenge. Eine Funktion $f: M \to \mathbb{R}$ ist genau dann schwach (folgen-) unterhalbstetig auf M, wenn die Mengen*

$$M_{f,\lambda} = \{x \in M \mid f(x) \leqslant \lambda\}$$

für jedes $\lambda \in \mathbb{R}$ schwach (folgen-)abgeschlossen sind.

Beweis: Wir führen den Beweis für Folgen-Konvergenz und Folgen-Abgeschlossenheit explizit vor. Der allgemeine Fall ergibt sich analog, indem man mit schwach konvergenten Netzen (siehe Schäfer) arbeitet.

Zuerst sei f schwach folgenunterhalbstetig. Für beliebiges $\lambda \in \mathbb{R}$ sei $\{x_n\}_{n\in\mathbb{N}}$ eine schwach konvergente Folge aus $M_{f,\lambda}$, etwa $\text{w-lim}_{n\to\infty} x_n = x \in M$, denn M ist schwach folgenabgeschlossen. Mit Lemma I.1 folgt

$$f(x) \leqslant \liminf_{n\to\infty} f(x_n) \leqslant \lambda, \qquad \text{also} \qquad x \in M_{f,\lambda},$$

das heißt $M_{f,\lambda}$ ist schwach folgenabgeschlossen.

Umgekehrt seien alle Mengen $M_{f,\lambda}$, $\lambda \in \mathbb{R}$, schwach folgenabgeschlossen. Wäre f nicht schwach folgenunterhalbstetig auf M, so gäbe es einen Punkt $x \in M$ und eine Folge $\{x_n\}_{n\in\mathbb{N}} \subset M$ mit

(i) $$x = \text{w-lim}_{n\to\infty} x_n,$$

(ii) $$\liminf_{n\to\infty} f(x_n) < f(x).$$

Dann gibt es auch eine Zahl $\lambda \in \mathbb{R}$ mit

$$\liminf_{n\to\infty} f(x_n) < \lambda < f(x)$$

und darüber hinaus eine Teilfolge $\{x_{n_j}\}_{j\in\mathbb{N}}$, welche in $M_{f,\lambda}$ liegt: $x_{n_j} \in M_{f,\lambda}$, $\forall j \in \mathbb{N}$.

Die Bedingung (i) impliziert: $x = \text{w-lim}_{j\to\infty} x_{n_j}$. Da $M_{f,\lambda}$ nach Voraussetzung schwach folgenabgeschlossen ist, gehört der schwache Limespunkt x der Folge $\{x_{n_j}\}_{j\in\mathbb{N}} \subset M_{f,\lambda}$ ebenfalls zu $M_{f,\lambda}$; das heißt $f(x) \leqslant \lambda$. Das aber ist ein Widerspruch zu $\lambda < f(x)$. Also ist f auf M schwach folgenunterhalbstetig.

Als erste Anwendung dieses Lemmas zeigen wir, wie man aus der Stetigkeit einer konvexen Funktion $f: M \to \mathbb{R}$ auf deren schwache Unterhalbstetigkeit schließen kann.

Lemma I.7: *Es sei X ein Banach-Raum, $M \subset X$ eine konvexe abgeschlossene Teilmenge und $f: M \to \mathbb{R}$ eine stetige konvexe Funktion auf M. Dann ist f schwach unterhalbstetig.*

Beweis: Es sei $\lambda \in \mathbb{R}$ beliebig. Infolge der Stetigkeit von f ist $M_{f,\lambda} = \{x \in M \mid f(x) \leqslant \lambda\}$ eine abgeschlossene Teilmenge von X. Da f konvex ist (das heißt $x_1, x_2 \in M, 0 \leqslant t \leqslant 1 \Rightarrow f(tx_1 + (1-t)x_2) \leqslant tf(x_1) + (1-t)f(x_2)$), ist $M_{f,\lambda}$ eine konvexe Teilmenge.

Bekanntlich [Anhang 1] ist eine konvexe Menge eines Banach-Raumes genau dann abgeschlossen, wenn sie schwach abgeschlossen ist. Also ist $M_{f,\lambda}$ schwach abgeschlossen, so daß Lemma I.6 die Behauptung liefert.

Als letzte der entscheidenden Hypothesen des Fundamentalsatzes bleibt die Folgenkompaktheit der Mengen $M_{f,\lambda}$, $\lambda \in \mathbb{R}$, zu realisieren. Wir hatten uns schon klargemacht, daß man den Fundamentalsatz in Banach-Räumen zweckmäßigerweise für die schwache Topologie benutzt. Daher diskutieren wir nun eine Bedingung an die Funktion $f: M \to \mathbb{R}$, welche die schwache Folgenkompaktheit der $M_{f,\lambda}$, $\lambda \in \mathbb{R}$, impliziert.

Es sei X ein Banach-Raum, $M \subset X$ eine Teilmenge und $f: M \to \mathbb{R}$ eine Funktion auf M. Dann heißt f *koerzitiv auf* M, falls $x \in M$ und $\|x\| \to +\infty$ stets $f(x) \to +\infty$ implizieren.

Bemerkung 5: In späteren Anwendungen wird die Bedingung der Koerzitivität oft dahingehend verschärft, daß man eine Spezifikation des Wachstums von $f(x)$ für $\|x\| \to \infty$ mit berücksichtigt. Ferner werden wir einige hinreichende Bedingungen für Koerzitivität besprechen. Es verdient hervorgehoben zu werden, daß sehr viele Lösungen variationstheoretischer Minimumsprobleme über die Realisierung der Koerzitivitätsbedingung erfolgen.

Wenn $f: M \to \mathbb{R}$ eine koerzitive Funktion ist, so sind die Mengen $M_{f,\lambda}$, $\lambda \in \mathbb{R}$ alle beschränkt. Falls X nun ein reflexiver Banach-Raum ist, wie das in den meisten Anwendungen glücklicherweise der Fall ist, so sind die Mengen $M_{f,\lambda}$, $\lambda \in \mathbb{R}$ aufgrund des Satzes von Eberlein also schwach relativ kompakt, womit wir folgende Variante des Fundamentalsatzes der Variationsrechnung erhalten.

Theorem I.8: *Es sei X ein reflexiver Banach-Raum und $M \subset X$ eine schwach (folgen-)abgeschlossene Teilmenge. $f: M \to \mathbb{R}$ sei eine koerzitive schwach* *(folgen-)unterhalbstetige Funktion auf M. Dann ist $m(f) = \inf_{x \in M} f(x)$ endlich und wird in einem Punkt $x_0 \in M$ angenommen: $m(f) = f(x_0)$.*

Beweis: Für geeignetes $\lambda \in \mathbb{R}$ ist $M_{f,\lambda}$ nicht leer. Infolge Lemma I.6 ist $M_{f,\lambda}$ schwach (folgen-)abgeschlossen. Die Koerzitivität von f impliziert die Beschränktheit und damit die schwache (Folgen-)Kompaktheit von $M_{f,\lambda}$. Theorem I.2 liefert die Behauptung.

I.3 Die Minimierung einiger spezieller Klassen von Funktionen

Die Auswahl der Funktionenklassen, für deren Elemente wir hier die Hypothesen des Fundamentalsatzes nachweisen wollen, bzw. auf die wir diesen Satz anwenden wollen, ist durch die Auswahl der zu besprechenden konkreten Anwendungen (Kap. V–IX) bestimmt. In der Literatur [M. M. Vainberg, Variational Methods for the Study of Nonlinear Operators, Holden Day, London 1964; Carrol, Berger] sind noch weitere Resultate dieser Art zu finden.

Ausgangspunkt ist wieder ein reflexiver Banach-Raum X und eine Funktion $f: M \to \mathbb{R}$, welche auf einer Teilmenge M von X erklärt ist. Aus Lemma I.7 ergibt sich sogleich:

Korollar I.9: *$M \subset X$ sei konvex und abgeschlossen; $f: M \to \mathbb{R}$ besitze eine Darstellung der Form $f = f_1 + f_2$ mit*

(i) *$f_1: M \to \mathbb{R}$ ist konvex und stetig.*
(ii) *$f_2: M \to \mathbb{R}$ ist schwach (folgen-)stetig.*

Dann ist f schwach (folgen-)unterhalbstetig.

Beweis: Nach Lemma I.7 ist f_1 schwach unterhalbstetig, und die Summe zweier schwach unterhalbstetiger Funktionen ist wieder schwach unterhalbstetig.

Das folgende Lemma verallgemeinert dieses Ergebnis.

Lemma I.10: *Es sei X ein reflexiver Banach-Raum und $F: X \times X \to \mathbb{R}$ eine Funktion mit folgenden Eigenschaften:*

(i) *Für alle $y \in X$ ist*

$$x \mapsto F(x, y)$$

eine stetige konvexe Funktion auf X.

(ii) *Für alle beschränkten Teilmengen $B \subset X$ ist*

$$\{y \mapsto F(x, y) \mid x \in B\}$$

eine auf beschränkten Teilmengen von X gleichgradig schwach (folgen-)stetige Familie von Funktionen.

Dann ist

$$x \mapsto f(x) := F(x, x)$$

schwach (folgen-)unterhalbstetig.

Beweis: a) Die Hypothese (i) impliziert infolge Lemma I.7, daß

$$x \mapsto F(x, y)$$

für jedes $y \in X$ eine schwach unterhalbstetige Funktion auf X ist. Nun sei $x \in X$ der schwache Limes einer Folge $\{x_n\}_{n \in \mathbb{N}} \subset X$. Wir zeigen

$$f(x) \leqslant \liminf_{n \to \infty} f(x_n),$$

indem wir

$$f(x_n) = F(x_n, x) + \{F(x_n, x_n) - F(x_n, x)\}$$

beachten und

$$\lim_{n \to \infty} \{F(x_n, x_n) - F(x_n, x)\} = 0 \tag{$*$}$$

zeigen.

Dann folgt mittels obiger Feststellung

$$\liminf_{n \to \infty} f(x_n) = \liminf_{n \to \infty} F(x_n, x) \geqslant F(x, x) = f(x).$$

b) Da $\{x_n\}_{n \in \mathbb{N}} \subset X$ schwach konvergiert, ist $\{x_n \mid n \in \mathbb{N}\}$ eine beschränkte Menge in X (Anhang 1). Folglich ist $\{y \mapsto F(x_n, y) \mid n \in \mathbb{N}\}$ nach Hypothese (ii) eine auf beschränkten Mengen gleichgradig schwach (folgen-)stetige Familie von Funktionen auf X. Das heißt für alle schwach konvergenten Folgen

$$\{y_j\}_{n \in \mathbb{N}} \text{ in } X, \qquad y = \text{w-}\lim_{j \to \infty} y_j,$$

gilt:

$$\bigwedge_{\varepsilon > 0} \; \bigvee_{j_0 = j_0(\varepsilon)} \; \bigwedge_{j \geqslant j_0} \; \bigwedge_{n \in \mathbb{N}} |F(x_n, y) - F(x_n, y_j)| < \varepsilon.$$

Spezialisierung auf die gegebene Folge der $\{x_j\}_{j \in \mathbb{N}}$ gibt leicht die Behauptung $(*)$.

Funktionale vom Typ $f(x) = F(x, x)$, wie sie im Lemma I.10 untersucht werden, kommen in Anwendungen recht häufig vor. Dazu verweisen wir insbesondere auf die Kap. VI, VII und VIII, wo unter anderem die weitestgehenden Anwendungen in Form der Ergebnisse von F. Browder über nicht-lineare elliptische Rand- und Eigenwertprobleme besprochen werden. In diesen Anwendungen hat F die Form

$$F(u, v) = \int \sum_{j=0}^{n} \overline{A_j(x, u(x), Du(x))} D_j v(x)\, dx,$$

und unter angemessenen Hypothesen über die A_j läßt sich zeigen, daß F die Hypothesen von Lemma I.10 erfüllt.

Für die Klasse der Funktionen, welche die Hypothesen von Lemma I.10 erfüllen und manchmal [Carroll, I.4] auch *semikonvex* genannt werden, kann man leicht folgende Version des Fundamentalsatzes der Variationsrechnung zeigen:

Theorem I.11: *Es sei X ein reflexiver Banach-Raum und $F: X \times X \to \mathbb{R}$ eine Funktion, welche die Hypothesen* (i) *und* (ii) *von Lemma I.10 erfüllt.*

Dann ist die Funktion $f(x) = F(x, x)$ auf jeder schwach abgeschlossenen beschränkten Teilmenge K von X nach unten beschränkt und nimmt ihr Minimum in einem Punkt $x_0 \in K$ an:

$$\inf_{x \in K} f(x) = f(x_0).$$

Beweis: Gemäß Theorem I.5 ist K schwach kompakt, und gemäß Lemma I.10 ist f schwach unterhalbstetig auf K, so daß der Fundamentalsatz der Variationsrechnung die Behauptung liefert.

Für koerzitive Funktionen ergibt sich in diesem Zusammenhang ein einfaches Korollar.

Korollar I.12: *X und F seien wie in Theorem I.11, $f(x) = F(x, x)$ sei koerzitiv auf X. Dann nimmt die Funktion f ihr Minimum auf X an:*

$$f(x_0) = \inf_{x \in X} f(x).$$

Beweis: $K_R = \{x \in X \,|\, \|x\| \leqslant R\}$ ist eine abgeschlossene konvexe und beschränkte Teilmenge von X und damit schwach kompakt. Nach Theorem I.11 nimmt die Funktion f ihr Minimum auf K_R an. Da f überdies koerzitiv ist, gilt für hinreichend große $R > 0$:

$$\|x\| > R \Rightarrow f(x) > f(0) \geqslant \inf_{x \in K_R} f(x),$$

woraus sogleich die Behauptung folgt.

Eine bei konkreten Anwendungen auf nichtlineare Eigenwertprobleme (Kap. VIII.4) viel benutzte Version von Theorem I.11 ist im folgenden Korollar formuliert.

Korollar I.13: *X und F seien wie in Theorem I.11, $f(x) = F(x, x)$ sei koerzitiv auf X. Ferner sei $g: X \to \mathbb{R}$ eine Funktion, welche auf beschränkten Mengen von X schwach stetig ist. Dann nimmt f auf jeder Niveaufläche*

$$M = g^{-1}(c) = \{x \in X \,|\, g(x) = c\} \neq \emptyset, \qquad c \in \mathbb{R}$$

von g ein Minimum an.

Beweis: Da f koerzitiv ist, gibt es ein $R > 0$, so daß für alle $x \in X$ mit $\|x\| > R$

$$f(x) > \inf_{y \in M} f(y)$$

gilt. Es folgt

$$\inf_{x \in M} f(x) = \inf_{x \in M_R} f(x),$$

wenn wir $M_R = \{x \in M \,|\, \|x\| \leqslant R\}$ setzen. Da g schwach stetig ist, ist M_R eine schwach abgeschlossene beschränkte Teilmenge von X. Damit ist Theorem I.11 auf f und M_R anwendbar.

Quadratische Funktionale

Wir kommen nun zu einer speziellen Klasse von Funktionalen des Typs, wie sie in Lemma I.10 behandelt werden. Es wird nun vorausgesetzt, daß F eine Hermitesche Sesquilinearform auf dem reflexiven Banach-Raum X ist. Dann nennt man

$$x \mapsto f(x) := F(x, x)$$

ein *quadratisches Funktional* auf X. Das Studium der quadratischen Funktionale auf einem Hilbert-Raum ist einer der ältesten und am besten bekannten Bereiche der Variationsrechnung. Das Interesse an diesen Funktionen hat seinen Ursprung in der klassischen „Theorie der zweiten Variation" (Kap. III) und in der Behandlung des Dirichletschen Problems der Potentialtheorie (Kap. VI). Wir besprechen hier eine einfache abstrakte Version, die die Basis für zahlreiche Anwendungen bildet (Kap. VI, VII, VIII).

Theorem I.14: *Es sei X ein reflexiver Banach-Raum und Q eine Hermitesche Sesquilinearform auf X mit folgenden Eigenschaften:*

(i) *Q ist strikt koerzitiv, das heißt es gibt eine Konstante $c > 0$, so daß*

$$Q(x, x) \geqslant c\|x\|^2$$

für alle $x \in X$ gilt.

(ii) *Q ist in einem Argument schwach stetig, das heißt für beliebiges aber festes $x_0 \in X$ ist*

$$x \mapsto Q(x_0, x)$$

eine schwach stetige Linearform auf X.

Dann gilt: Zu jedem $l \in X'$ und zu jedem $r > 0$ gibt es genau ein $x_0 = x_0(l, r) \in \bar{B}_r = \{x \in X \mid \|X\| \leqslant r\}$, so daß die Funktion

$$x \mapsto f(x) := Q(x, x) - \operatorname{Re} l(x)$$

auf der abgeschlossenen Kugel $\bar{B}_r$ ihr Minimum im Punkte x_0 annimmt:

$$f(x_0) = \inf_{x \in \bar{B}_r} f(x).$$

Beweis: Als beschränkte konvexe Teilmenge des reflexiven Banach-Raumes X sind die Kugeln $\bar{B}_r$, $r > 0$ schwach kompakt (Theorem I.5). Die Behauptung ergibt sich also aus Theorem I.2 und Theorem I.3, indem wir nachweisen, daß f

(i) strikt konvex und
(ii) schwach (folgen-)unterhalbstetig ist.

Eine einfache Rechnung zeigt für $x_1, x_2 \in X$ und $0 < t < 1$:

$$f((1-t)x_1 + tx_2) = (1-t)f(x_1) + tf(x_2) - t(1-t)Q(x_1 - x_2, x_1 - x_2).$$

Infolge der Koerzitivität von Q gilt

$$x_1 \neq x_2, \qquad 0 < t < 1 \Rightarrow -t(1-t)Q(x_1 - x_2, x_1 - x_2) < 0.$$

Das impliziert die strikte Konvexität von f.

Wiederum zeigt eine elementare Rechnung

$$Q(x, x) - Q(x_0, x_0) = Q(x - x_0, x - x_0) + Q(x - x_0, x_0) + Q(x_0, x - x_0).$$

Ist nun $(x_\alpha)_{\alpha \in A}$ ein Netz in X (eine Folge $\{x_n\}_{n \in \mathbb{N}}$), welches schwach gegen x_0 konvergiert, so folgt

$$Q(x_\alpha, x_\alpha) \geqslant Q(x_0, x_0) + Q(x_\alpha - x_0, x_0) + Q(x_0, x_\alpha - x_0)$$

und daher

$$\liminf_{\alpha} Q(x_\alpha, x_\alpha) \geqslant Q(x_0, x_0),$$

denn

$$\lim_{\alpha \in A} Q(x_\alpha - x_0, x_0) = \lim_{\alpha \in A} Q(x_\alpha, x_\alpha - x_0) = 0$$

infolge der Hypothese (ii). Also ist $x \mapsto Q(x, x)$ schwach unterhalbstetig. Mithin ist auch

$$x \mapsto f(x) = Q(x, x) - \operatorname{Re} l(x)$$

für jede stetige Linearform l auf X schwach unterhalbstetig.

Bemerkung: Im Zusammenhang mit dem Dirichletschen Prinzip (siehe Kap. VI) werden wir auf dem Sobolev-Raum $H_0^1(\Omega)$, $\Omega \subset \mathbb{R}^n$ beschränkt und glatt berandet (siehe Anhang 4), folgende Bilinearform einführen:

$$Q(u, v) = \int_\Omega \nabla u \cdot \nabla v \, dx.$$

Die Koerzitivität von Q wird aus der Poincaré-Ungleichung, das heißt

$$\|v\|_2 \leqslant C(\Omega) \|\nabla v\|_2, \qquad \forall v \in H_0^1(\Omega)$$

folgen.

Eine etwas konkretere Version dieses Satzes ist Korollar I.15.

Korollar I.15: *Es sei A ein beschränkter Hermitescher Operator auf einem Hilbert-Raum $\mathscr{H}$. A sei strikt positiv, daß heißt es gibt eine Konstante $c > 0$, so daß $\langle x, Ax \rangle \geqslant c \langle x, x \rangle$ für alle $x \in \mathscr{H}$ gilt.*

Für jedes $y \in \mathscr{H}$ nimmt dann die Funktion

$$x \mapsto f(x) = \langle x, Ax \rangle - \operatorname{Re} \langle y, x \rangle$$

auf jeder Kugel $\bar{B}_r = \{x \in \mathscr{H} \mid \|x\| \leqslant r\}$ ihr eindeutig bestimmtes Minimum an; das heißt es gibt genau ein $x_0 = x_0(y, r)$, so daß

$$f(x_0) = \inf_{x \in B_r} f(x)$$

gilt.

Beweis: $Q_A(x, x) = \langle x, Ax \rangle$ ist eine Hermitesche Sesquilinearform auf $\mathscr{H}$, welche strikt koerzitiv ist. Andererseits ist $x \mapsto Q_A(y, x) = \langle Ay, x \rangle$ eine schwach stetige Linearform auf $\mathscr{H}$, denn das Skalarprodukt in einem Hilbert-Raum hat diese Eigenschaft. Damit ist Theorem I.14 anwendbar.

Bemerkung 5: Falls $\mathscr{H}$ ein unendlich dimensionaler Hilbert-Raum und der beschränkte Hermitesche Operator A nicht notwendig strikt positiv ist, so zeigen einfache Beispiele, daß das obige Korollar nicht mehr notwendigerweise gilt.

I.4 Einige Bemerkungen zur linearen Optimierung

Das Grundproblem der linearen Optimierung besteht in seiner „einfachsten" Form darin, das Maximum (oder das Minimum) einer stetigen linearen Funktion f auf einer Teilmenge K eines Hausdorffschen lokalkonvex topologischen Vektorraumes X zu bestimmen. Man macht sich leicht klar, daß man in der allgemeinen Situation nur für beschränkte Mengen K interessante Ergebnisse erhalten kann. Das nicht nur in diesem Zusammenhang fundamentale Ergebnis ist das *H. Bauersche Maximum-Prinzip* (z. B. Theorem 25.9 von Bd. II, Lectures on Analysis by G. Choquet, Benjamin 1969), welches für K die Kompaktheit voraussetzt, aber andererseits im Sinne des Fundamentalsatzes der Variationsrechnung die Hypothesen an f abschwächt.

Theorem I.16: *Es sei X ein reeller Hausdorffscher lokalkonvexer topologischer Vektorraum und $K \subset X$ eine (nicht leere) konvexe kompakte Teilmenge. Dann nimmt jede konvexe und oberhalbstetige Funktion $f: K \to \mathbb{R}$ (also insbesondere jede stetige lineare Funktion $f: X \to \mathbb{R}$) ihr Maximum in einem Extremalpunkt x_0 von K an:*

$$f(x_0) = \sup_{x \in K} f(x).$$

Bemerkungen 5: a) Ein Extremalpunkt x_0 einer konvexen Menge K ist ein Punkt von K, der sich nicht in der Form

$$x_0 = \lambda x_1 + (1 - \lambda)x_2 \qquad \text{mit} \quad x_1, x_2 \in K, \quad x_1 \neq x_2, \quad 0 < \lambda < 1$$

darstellen läßt. Die Extremalpunkte eines Dreiecks etwa sind gerade die Eckpunkte. Die Extremalpunkte einer abgeschlossenen Kreisscheibe in der Ebene sind gerade alle Randpunkte.

b) Aufgrund des Fundamentalsatzes Theorem I.2 ist die Existenz (wenigstens) eines maximierenden Punktes klar: Eine oberhalbstetige Funktion nimmt auf einer kompakten Menge ihr Maximum an! Der schwierige Teil des Beweises von Theorem I.16 ist der Nachweis, daß alle maximierenden Punkte notwendigerweise Extremalpunkte von K sind.

c) Der Beweis von Theorem I.16 ist für den Fall einfach, daß f als strikt konvex vorausgesetzt wird, so daß f nach Theorem I.3 höchstens einen maximierenden Punkt besitzt. Infolge Bemerkung b) ergibt sich, daß f genau einen maximierenden Punkt besitzt. Wir zeigen, daß dieser maximierende Punkt x_0 notwendigerweise ein Extremalpunkt von K ist. Annahme: Es gilt:

$$x_0 = \lambda x_1 + (1 - \lambda)x_2 \qquad \text{mit} \quad 0 < \lambda < 1 \quad \text{und} \quad x_1, x_2 \in K, \quad x_1 \neq x_2.$$

Die strikte Konvexität von f gibt infolge $f(x_i) \leqslant f(x_0), i = 1, 2$:

$$\begin{aligned} f(x_0) &= f(\lambda x_1 + (1 - \lambda)x_2) < \lambda f(x_1) + (1 - \lambda)f(x_2) \\ &\leqslant \lambda f(x_0) + (1 - \lambda)f(x_0) = f(x_0) \end{aligned}$$

und somit einen Widerspruch.

d) Die Aussage des Satzes ist für die Bestimmung des Maximums sehr wichtig, weil dadurch die Menge der potentiellen Extremalpunkte der Funktion ganz stark eingeschränkt wird. Speziell im Falle von konvexen Polyedern, wie er in konkreten

Anwendungen oft vorliegt, braucht man also die Extrema der Funktion nur noch in der endlichen Menge der Extremalpunkte des Polyeders zu suchen.

Beispiel: Bei einer Optimierungsaufgabe ist das Maximum (oder Minimum) einer „Zielfunktion" gesucht. Diese Funktion hängt von Veränderlichen ab, welche nicht beliebig wählbar, sondern Restriktionen in der Form von Ungleichungen und in manchen Fällen auch Gleichungen unterworfen sind. Der einfachste Typ ist die lineare Optimierungsaufgabe: Die Zielfunktion ist eine lineare Funktion $f(x, y) = ax + by$, und die Restriktionen sind lineare Ungleichungen, z. B.

$$cx + dy \leqslant e, \qquad fx + gy \leqslant h, \qquad x \geqslant 0, \qquad y \geqslant 0.$$

Gesucht sind Werte x, y, die die Nebenbedingungen erfüllen und einen möglichst großen Wert von $f(x, y)$ ergeben.

I.5 Das Ritzsche Approximationsverfahren

Es sei $M \subset X$ eine Teilmenge eines topologischen Raumes X und $f\colon M \to \bar{\mathbb{R}} = \mathbb{R} \cup \{\pm\infty\}$ eine Funktion auf M. Jede Folge $\{x_n\}_{n\in\mathbb{N}} \subset M$, für die

$$\lim_{n\to\infty} f(x_n) = \inf\{f(x) \mid x \in M\}$$

gilt, heißt eine *Minimalfolge* (für das Problem, die Funktion f auf der Menge M zu minimieren). Diese Definition setzt nicht voraus, daß die Folge der x_n konvergiert.

Wann existiert eine Minimalfolge? Das ist bereits unter sehr schwachen Voraussetzungen der Fall, nämlich:

(i) Es gebe Punkte $x \in M$ mit $f(x) < \infty$.
(ii) f ist nach unten beschränkt, das heißt

$$\inf\{f(x) \mid x \in M\} = \mu > -\infty.$$

Dann gibt es bereits Minimalfolgen (Definition des Infimums). Aber damit ist das Minimierungsproblem noch lange nicht gelöst: Als eine Lösung dieses Problems sehen wir ja an, einen Punkt $x_0 \in M$ zu finden, für den

$$f(x_0) = \mu = \inf_{x\in M} f(x)$$

gilt. Denn die Minimalfolgen $\{x_n\}_{n\in\mathbb{N}}$, die aufgrund der Hypothesen (i) und (ii) existieren, konvergieren nicht notwendigerweise, und selbst wenn eine von ihnen konvergiert, etwa $x_n \underset{n\to\infty}{\to} y \in M$, muß noch nicht

$$\lim_{n\to\infty} f(x_n) = f\left(\lim_{n\to\infty} x_n\right)$$

gelten.

Um das Minimierungsproblem einer Funktion $f\colon M \to \bar{\mathbb{R}}$ zu lösen, sind also drei Schritte zu leisten:

1. Konstruktion einer Minimalfolge $\{x_n\}_{n\in\mathbb{N}}$.
2. Beweis der Konvergenz dieser Folge gegen einen Punkt $x_0 \in M$.

3. Begründung der Gleichung

$$\lim_{n\to\infty} f(x_n) = f\left(\lim_{n\to\infty} x_n\right).$$

Der Fundamentalsatz der Variationsrechnung gibt hinreichende Bedingungen an, welche die Durchführbarkeit dieser drei Schritte gewährleisten. Aber dieser Satz stellt kein Verfahren bereit, den minimierenden Punkt oder wenigstens den minimalen Funktionswert praktisch zu berechnen, wenigstens näherungsweise. Das leistet in einer speziellen Situation das Ritzsche Approximationsverfahren. Dieses Verfahren besteht in einem unendlich-dimensionalen separablen Hilbert-Raum darin, zum Ausgangsproblem eine Folge entsprechender Probleme in endlich-dimensionalen Teilräumen zu konstruieren, diese endlich-dimensionalen Probleme zu lösen und dann zu zeigen, daß die Folge der Lösungen aller endlich-dimensionaler Teilprobleme eine Minimalfolge ist.

Es sind verschiedene Versionen dieses Verfahrens ausgearbeitet worden, unter anderem auch solche, in denen gezeigt wird, daß die Folge der Lösungen der approximierenden endlich-dimensionalen Probleme gegen eine Lösung des Ausgangsproblems konvergiert. In diesem Zusammenhang ist die sogenannte Galerkin-Approximation [Cea, I.9] zu erwähnen. Wir werden eine spezielle Version der Galerkin-Approximation in einem separablen reflexiven Banach-Raum im Zusammenhang mit den Browderschen Ergebnissen für nicht-lineare elliptische Eigenwertprobleme genauer besprechen. Hier folgt eine einfachere Version für separable Hilbert-Räume.

Satz I.17 (Ritz): *Es sei $\mathscr{H}$ ein separabler Hilbert-Raum, und es sei $f\colon \mathscr{H} \to \mathbb{R}$ ein stetiges und schwach unterhalbstetiges koerzitives Funktional.*

Dann kann man eine Minimalfolge $\{x_n\}_{n\in\mathbb{N}}$ für f durch Minimieren von f auf gewissen endlich-dimensionalen Teilräumen $\mathscr{H}_n$ gewinnen:

$$f(x_n) = \min_{x\in\mathscr{H}_n} f(x), \qquad \textit{das heißt} \quad x_n \in \mathscr{H}_n.$$

Dabei ist $(\mathscr{H}_n)_{n\in\mathbb{N}}$ eine Folge von Unterräumen von $\mathscr{H}$ mit folgenden Eigenschaften:

(i) $$\dim \mathscr{H}_n = n.$$

(ii) $$\mathscr{H}_n \subset \mathscr{H}_{n+1}.$$

(iii) $$\mathscr{H} = \overline{\bigcup_{n=1}^{\infty} \mathscr{H}_n}.$$

Beweis: Da f koerzitiv und schwach unterhalbstetig ist, gibt es für alle $n \in \mathbb{N}$ Punkte $x_n \in \mathscr{H}_n$ mit

$$f(x_n) = \min_{x\in\mathscr{H}_n} f(x),$$

und es gibt einen Punkt $x_0 \in \mathscr{H}$ mit

$$f(x_0) = \min_{x\in\mathscr{H}} f(x)$$

(Theorem I.8). Nun bezeichne $P_n: \mathscr{H} \to \mathscr{H}_n$ den orthogonalen Projektor auf den Unterraum $\mathscr{H}_n$. Die Stetigkeit von f impliziert

$$\lim_{n\to\infty} f(P_n x_0) = f\left(\lim_{n\to\infty} P_n x_0\right) = f(x_0);$$

denn die Hypothesen (ii) und (iii) besagen

$$\lim_{n\to\infty} P_n x = x \qquad \text{für alle} \quad x \in \mathscr{H}.$$

Infolge $f(P_n x_0) \geqslant f(x_n) \geqslant f(x_0)$ gilt auch

$$\lim_{n\to\infty} f(x_n) = f(x_0),$$

das heißt die Folge $\{x_n\}_{n\in\mathbb{N}}$ ist in der Tat eine Minimalfolge.

Bemerkung 1: Der obige Satz behauptet nicht, daß die Folge der x_n konvergiert; er behauptet nur, daß die so konstruierte Minimalfolge eine gute Näherung für den minimalen Funktionswert von f liefert, wenn die Dimension n des Raumes $\mathscr{H}_n$, auf dem die Funktion f näherungsweise minimiert wird, nur groß genug gewählt wird. Des weiteren wird keine quantitative Aussage darüber gemacht, wie groß n zu wählen ist, um einen gewünschten Grad an Genauigkeit der Näherung zu erzielen. Wie groß n zu wählen ist, um eine brauchbare Näherung zu erhalten, hängt zunächst von f ab, aber auch von der geschickten (oder ungeschickten) Wahl der Folge $\{\mathscr{H}_n\}$ der Unterräume. Eine „gute Intuition" über das Problem und damit über mögliche Lösungen wird bei der Auswahl der Folge der Unterräume $\{\mathscr{H}_n\}$ sehr hilfreich sein und kann zu einer schnellen Konvergenz von $\{f(x_n)\}_{n\in\mathbb{N}}$ führen!

Bemerkung 2: In einfachen Spezialfällen stehen algebraische Gleichungen zur Verfügung, um die Punkte x_n der Minimalfolge im Ritzschen Verfahren zu bestimmen. Es sei etwa

$$f(x) = \tfrac{1}{2}Q(x,x) - \langle y, x\rangle$$

mit einer koerzitiven, stetigen, symmetrischen Bilinearform Q auf einem Hilbert-Raum $\mathscr{H}$ und einem festen Punkt $y \in \mathscr{H}$. Die Folge $\{\mathscr{H}_n\}$ der Unterräume sei wie im Satz von Ritz gewählt, und es sei $v_1, \ldots, v_n$ eine Orthonormalbasis von $\mathscr{H}_n$.

$$f(x_n) = \min_{x\in\mathscr{H}_n} f(x)$$

impliziert

$$f'(x_n)(v) = 0 \qquad \text{für alle} \quad v \in \mathscr{H}_n,$$

was genau dann zutrifft, wenn

$$f'(x_n)(v_k) = 0 \qquad \text{für} \quad k = 1, \ldots, n$$

gilt. Nun ist $f'(x_n)(v) = Q(x_n, v) - \langle y, v\rangle$. Somit stehen n algebraische (lineare) Gleichungen zur Bestimmung von

$$x_n = \sum_{j=1}^{n} \alpha_j^n v_j$$

zur Verfügung:

$$\sum_{j=1}^{n} \alpha_j^n Q(v_j, v_k) = \langle y, v_k \rangle, \qquad k = 1, \ldots, n.$$

Bemerkung 3: Die Ritzsche Methode (1908) ist eine Verallgemeinerung einer von Lord Rayleigh (siehe „Theory of Sounds“, 1877–1878) am speziellen Fall der Bestimmung von Eigenwerten angewandten Methode. Ritz hat sein Verfahren auch zur Untersuchung der schwingenden Platte benutzt und die Form der Klangfiguren berechnet, was eine sehr befriedigende Übereinstimmung zwischen Rechnung und Experiment zeigt.

Literatur

[I.1] H. Lebesgue: Sur le problème de Dirichlet. Rend. Circ. mat. Palermo **24**, 371–402 (1905).
[I.2] H. Schäfer: Topological Vector Spaces. Berlin-Heidelberg-New York: Springer. 1971.
[I.3] M. M. Vainberg: Variational Methods for the Study of Nonlinear Operators. London: Holden Day. 1964.
[I.4] R. W. Carrol: Abstract Methods in Partial Differential Equations. New York: Harper and Row. 1969.
[I.5] M. S. Berger: Non-Linearity and Functional Analysis. New York: Academic Press. 1977.
[I.6] G. Choquet: Lectures on Analysis II. New York-Amsterdam: Benjamin. 1969.
[I.7] W. Ritz: Über eine neue Methode zur Lösung gewisser Variationsprobleme der mathematischen Physik. J. reine angew. Math. **135**, 1–61 (1908).
[I.8] R. Courant, D. Hilbert: Methoden der mathematischen Physik, Heidelberger Taschenbücher Nr. 30–31. Berlin-Heidelberg-New York: Springer. 1967 und 1968.
[I.9] J. Cea: Optimisation, théorie et algorithmes. Paris: Dunod. 1971.

II. Differentialrechnung in Banach-Räumen

II.1 Allgemeine Bemerkungen

Der vorige Abschnitt enthält die fundamentalen Existenz- und Eindeutigkeitssätze der Variationsrechnung in recht großer und für die Anwendungen angemessener Allgemeinheit. Jedoch enthalten diese Sätze keine praktische Information darüber, wie denn der minimierende (maximierende) Punkt in einer konkreten Situation zu berechnen ist.

Um dazu eine verallgemeinerungsfähige Idee zu finden, erinnern wir uns an den einfachsten Fall einer reellen stetigen Funktion f auf einem kompakten Intervall $M = [a, b]$. Unser Existenzsatz I.2 (oder der Satz von Weierstraß) besagt, daß in M ein minimierender (und auch ein maximierender) Punkt $x_0 \in M$ existiert. Wenn man etwas mehr über die Funktion $f: M \to \mathbb{R}$ weiß, weiß man auch, wie dieser minimierende Punkt berechnet werden kann, falls er ein innerer Punkt ist:

Falls f auf M stetig differenzierbar ist, so liegt x_0 in der Menge der Nullstellen der Ableitung von f, das heißt in der Menge der *kritischen Punkte* von f

$$x_0 \in \operatorname{Ker} f' = \{x \in M \mid f'(x) = 0\}.$$

In einem kritischen Punkt braucht, wie schon bemerkt, kein lokales Maximum oder Minimum vorzuliegen. Es kann sich auch um einen Wendepunkt mit horizontaler Tangente handeln.

Ist f hinreichend glatt, dann kann man das Verhalten von f in einer geeigneten Umgebung von x_0 mit Hilfe der Taylor-Entwicklung bequem studieren. Hat man zum Beispiel $f'(x_0) = 0, f''(x_0) \neq 0$, dann gilt

$$f(x) = f(x_0) + f''(x_0)\frac{(x - x_0)^2}{2!} + (x - x_0)^2 R^{(2)}(x_0, x)$$

mit $\lim_{x \to x_0} R^{(2)}(x_0, x) = 0$.

Falls f auf M zweimal stetig differenzierbar ist, kennt man sowohl notwendige als auch hinreichende Bedingungen dafür, daß ein Punkt x_0 ein lokal minimierender (maximierender) Punkt ist:

$$f'(x_0) = 0 \qquad \text{und} \qquad f''(x_0) > 0 \qquad (f''(x_0) < 0).$$

Gilt zum Beispiel $f'(x_0) = f''(x_0) = 0, f'''(x_0) \neq 0$, dann ist

$$f(x) = f(x_0) + f'''(x_0)\frac{(x - x_0)^3}{3!} + (x - x_0)^3 R^{(3)}(x, x_0)$$

mit $\lim_{x \to x_0} R^{(3)}(x, x_0) = 0$.

Also liegt in x_0 ein Wendepunkt mit horizontaler Tangente vor, denn f verhält sich lokal wie das Polynom dritten Grades $f(x) - (x - x_0)^3 R^{(3)}$.

Bemerkung 1: Die Untersuchung des Verhaltens von Funktionalen $x \to f(x)$ auf einem Banach-Raum E läßt sich auf die Untersuchung von reellen Funktionen $t \to f_1(t)$ einer reellen Variablen t zurückführen, indem man $f_1(t) = f(x(t))$ setzt, wobei $t \to x(t)$ eine glatte Kurve in E ist.

II.2 Die Fréchet-Ableitung

Wir werden sehen, daß sich die obigen wohlbekannten Resultate auf natürliche Weise auf den Fall verallgemeinern lassen, in dem f eine reelle Funktion auf einer geeigneten Menge M eines Banach-Raumes E ist. Dazu hat man nur die angemessene Verallgemeinerung des Begriffes der Ableitung einer Funktion $f: M \to \mathbb{R}$, $M \subset E$ zu finden.

Für eine differenzierbare Funktion $f: U \to \mathbb{R}$, $U \subset \mathbb{R}$ offen, wird die Ableitung $f'(x_0)$ von f im Punkte $x_0 \in U$ üblicherweise als Steigung der Tangente an den Graphen von f im Punkte x_0 interpretiert. Die Gleichung dieser Tangente T_{f,x_0} ist

$$\mathbb{R} \ni x \to T_{f,x_0}(x) = f(x_0) + (x - x_0) f'(x_0).$$

Definitionsgemäß ist die Tangente diejenige Gerade durch den Punkt $(x_0, f(x_0))$, die den Graphen von f in der Umgebung des Punktes x_0 „am besten" approximiert.

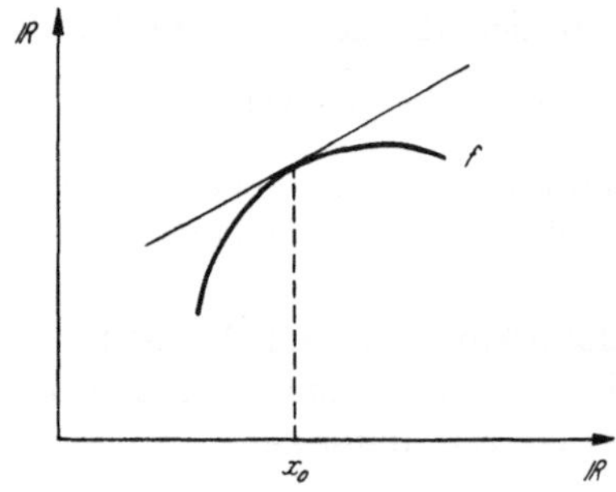

Diese Idee der Approximation wird durch folgende Gleichung präzisiert:

$$f(x_0 + h) - T_{f,x_0}(x_0 + h) = o(x_0, h)$$

(h bezeichnet den Abstand des Punktes x von x_0). Dabei ist o eine Funktion, die die oben angesprochene Approximation beschreibt, das heißt

(i) $o(x_0, 0) = 0$.
(ii) $\lim_{|h| \to 0} |o(x_0, h)|/|h|$ existiert und ist gleich Null.

Die Idee, welche sich leicht auf den Fall von Funktionen auf Banach-Räumen verallgemeinern läßt, ist nun einfach, die Multiplikation von $(x - x_0)$ mit der Ableitung von f im Punkte x_0, das heißt mit

$$D_{x_0}(f) \equiv f'(x_0) \in \mathbb{R},$$

als eine lineare Abbildung des Banach-Raumes $\mathbb{R}$ in den Banach-Raum $\mathbb{R}$

anzusehen. Bei dieser Interpretation bestehen nun keine Schwierigkeiten mehr, die obige Definition der Ableitung auf Funktionen auf Banach-Räumen zu übertragen:

Definition II.1: Es seien $(E_1, \| \ \|_1)$ und $(E_2, \| \ \|_2)$ zwei Banach-Räume und $M \subset E_1$ eine offene, nicht leere Teilmenge. Dann heißt eine Funktion

$$f: M \to E_2$$

genau dann *in einem Punkt* $x_0 \in M$ *differenzierbar*, wenn es eine stetige lineare Abbildung $l: E_1 \to E_2$ gibt, so daß

$$f(x_0 + h) - [f(x_0) + l(h)] = o(x_0, h) \tag{2.1}$$

für alle $h \in E_1$, $x_0 + h \in M$ gilt.

Dabei hat die Funktion $E_1 \ni h \to o(x_0, h) \in E_2$ die Eigenschaften

(i) $$o(x_0, 0) = 0.$$

(ii) $$\lim_{h \to 0} \frac{\|o(x_0, h)\|_2}{\|h\|_1} = 0. \tag{2.2}$$

Falls f in $x_0 \in M$ differenzierbar ist, so heißt die stetige lineare Abbildung $l \in \mathscr{L}(E_1, E_2)$ die *Ableitung der Funktion* f *im Punkte* $x_0 \in M$, und man schreibt demgemäß

$$l \equiv D_{x_0}(f) \equiv f'(x_0) \equiv Df(x_0). \tag{2.3}$$

Falls f in alle Punkte von M differenzierbar ist, so heißt f *auf* M *differenzierbar*; in diesem Fall heißt die Abbildung

$$Df: M \to \mathscr{L}(E_1, E_2), \tag{2.4}$$

welche jedem Punkt $x \in M$ die *Ableitung von* f im Punkt x zuordnet, die Ableitung von f. Falls $Df: M \to \mathscr{L}(E_1, E_2)$ eine stetige Abbildung ist, so heißt f *stetig differenzierbar auf* M oder von der *Klasse* $\mathscr{C}^1$ (das heißt $f \in \mathscr{C}^1(M, E_2)$). Df heißt auch die *Fréchet-Ableitung* von f.

Falls $E_2 = \mathbb{R}$, dann ist die Fréchet-Ableitung $Df(\cdot)$ ein Element aus $\mathscr{L}(E_1, \mathbb{R})$, das heißt aus dem Dualraum E_1' von E_1. Diese Situation kommt in der Variationsrechnung oft vor.

Der Nachweis, daß die obige Definition sinnvoll ist, ergibt sich aus dem folgenden Lemma.

Lemma II.1: *Es gibt höchstens eine stetige lineare Abbildung* $l \in \mathscr{L}(E_1, E_2)$, *so daß die Gleichung* (2.1) *gilt.*

Beweis: Es gelte für $l_j \in \mathscr{L}(E_1, E_2)$, $j = 1, 2$:

$$f(x_0 + h) = f(x_0) + l_j(h) + o_j(x_0, h)$$

für alle $h \in B_r = \{x \in E_1, \|x\|_1 < r\}$, $0 < r$, so daß $x_0 + B_r \subset M$. Dann gilt für $l = l_1 - l_2$:

$$l(h) = o(x_0, h) \equiv o_1(x_0, h) - o_2(x_0, h), \qquad \forall h \in B_r.$$

Infolge (2.2) gibt es zu jedem $\varepsilon > 0$ ein $\delta(\varepsilon) > 0$, so daß für alle $h \in B_r$, $\|h\| < \delta(\varepsilon)$ gilt:

$$\|o(x_0, h)\|_2 \leqslant \varepsilon \|h\|_1.$$

Daraus folgt für die Norm von l unter Beachtung von $\rho B_1 = B_\rho$, $\rho = \inf(r, \delta(\varepsilon))$:

$$\begin{aligned} \|l\| &= \sup_{x\in B_1} \|l(x)\|_2 = \sup_{x\in\rho^{-1}B_\rho} \|l(x)\|_2 \\ &= \sup_{h\in B_\rho} \left\| l\left(\frac{1}{\rho}h\right)\right\|_2 = \frac{1}{\rho}\sup_{h\in B_\rho} \|o(x_0,h)\|_2 \\ &\leqslant \frac{1}{\rho}\sup_{h\in B_\rho} \varepsilon\|h\|_1 = \varepsilon. \end{aligned}$$

Da $\varepsilon > 0$ beliebig war, folgt $\|l\| = 0$, also $l = 0$, das heißt $l_1 = l_2$.

Bemerkung 2: Man kann die obige Definition auf die endlich-dimensionalen Banach-Räume

$$E_1 = \mathbb{R}^n, \qquad E_2 = \mathbb{R}^m$$

spezialisieren. Man überzeuge sich, daß diese Spezialisierung gerade den Begriff der Differenzierbarkeit und der Ableitung ergibt, wie er üblicherweise im Einführungskurs zur Differential- und Integralrechnung (z. B. Grauert-Fischer, Heidelberger Taschenbücher 36, Differential- und Integralrechnung II) behandelt wird. In diesem Fall hat die Ableitung von f in einem Punkt $x_0 \in M \subset \mathbb{R}^n$, das heißt die lineare Abbildung $A = Df(x_0) \in \mathscr{L}(\mathbb{R}^n, \mathbb{R}^m)$, bezüglich der kanonischen Basen des $\mathbb{R}^n$ und des $\mathbb{R}^m$ die Realisierung durch eine $m \times n$ Matrix

$$A = \begin{pmatrix} a_{11} & a_{12} & \cdots & a_{1n} \\ \vdots & \vdots & & \vdots \\ a_{m1} & a_{m2} & \cdots & a_{mn} \end{pmatrix}.$$

Wenn wir die Form

$$f = \begin{pmatrix} f_1 \\ \vdots \\ f_m \end{pmatrix}, \qquad f_j\colon M \to \mathbb{R}$$

von f beachten, folgt

$$a_{ji} = \frac{\partial f_j}{\partial x_i}(x_0) = \text{partielle Ableitung von } f_j \text{ nach } x_i \text{ im Punkt } x_0,$$

das heißt in diesem Fall ist $Df(x_0)$ in kanonischer Weise mit der Jacobi-Matrix der Abbildung f im Punkte x_0 zu identifizieren

$$Df(x_0) = \left(\frac{\partial f_j}{\partial x_i}(x_0)\right)_{\substack{j=1\cdots m\\ i=1\cdots n}}.$$

Beispiele: 1) In der obigen Bemerkung haben wir uns klargemacht, daß die Definition II.1 in der Tat eine Verallgemeinerung des Begriffs der Differenzierbarkeit und der Ableitung darstellt für Abbildungen

$$f\colon M \to \mathbb{R}^m, \qquad M \subset \mathbb{R}^n \text{ offen}, \qquad n, m \in \mathbb{N} \text{ beliebig}.$$

Damit haben wir bereits eine erste große Klasse von Beispielen.

2) Es sei $A \in \mathscr{L}(E_1, E_2)$ eine stetige lineare Abbildung des Banach-Raumes E_1 in den Banach-Raum E_2. Dann gilt für alle $x_0 \in E_1$:

$$Ax = Ax_0 + A(x - x_0).$$

Also folgt: $x \to Ax$ ist in x_0 differenzierbar mit der Ableitung

$$DA(x_0) = A.$$

Also ist A auf E_1 stetig differenzierbar mit der konstanten Ableitung

$$DA = A.$$

3) Es sei $\mathscr{H} = E_1$ ein reeller Hilbert-Raum mit dem Skalarprodukt $\langle\ ,\ \rangle$ und A ein beschränkter linearer Operator auf $\mathscr{H}$. Betrachte die Funktion f:

$$f\colon \mathscr{H} \to \mathbb{R},$$
$$x \to f(x) = \langle x, Ax\rangle.$$

Für beliebige $x_0 \in \mathscr{H}$ zeigt eine kleine Rechnung

$$f(x_0 + h) = f(x_0) + \langle A^* x_0 + Ax_0, h\rangle + \langle h, Ah\rangle.$$

Also ist f in x_0 differenzierbar mit der Ableitung $Df(x_0) \in \mathscr{L}(\mathscr{H}, \mathbb{R}) \cong \mathscr{H}$:

$$Df(x_0)(h) = \langle A^* x_0 + Ax_0, h\rangle, \qquad \forall h \in \mathscr{H},$$

denn $o(x_0, h) = \langle h, Ah\rangle$ hat in der Tat die verlangten Eigenschaften

$$|o(x_0, h)| \leqslant \|A\|\,\|h\|^2.$$

Mithin ist f stetig differenzierbar auf $\mathscr{H}$. Für den Spezialfall, daß

$$A = \mathbb{1}, \qquad \text{das heißt} \qquad f(x) = \langle x, x\rangle = \|x\|^2,$$

hat man

$$Df(x_0)(h) = 2\langle x_0, h\rangle.$$

4) In Anwendungen, insbesondere in der Physik (siehe später Hamiltonsches Variationsprinzip), hat man oft die Differenzierbarkeit von Funktionen der folgenden Form zu untersuchen.

Der Banach-Raum E_1 ist der Banach-Raum aller stetig differenzierbaren reellen Funktionen auf dem kompakten Intervall $I = [a, b]$, versehen mit der Norm

$$\|x(t)\|_{I,1} = \sup_{t \in I} \sup_{0 \leqslant \nu \leqslant 1} |x^{(\nu)}(t)|,$$
$$x^{(\nu)} = \nu\text{-te Ableitung von } x,$$
$$E_1 = (\mathscr{C}^1_{\mathbb{R}}(I), \|\cdot\|_{I,1}).$$

Dann ist noch eine zweimal stetig differenzierbare reelle Funktion $F\colon \mathbb{R}^3 \to \mathbb{R}$ gegeben, und zu untersuchen ist die Differenzierbarkeit der Funktion

$$f\colon E_1 \to \mathbb{R},$$

welche durch

$$f(x) = \int_I F(t, x(t), \dot{x}(t))\, dt$$

erklärt ist.

Wir wollen zeigen, daß f unter den angegebenen Voraussetzungen in allen Punkten $x_0 \in E_1$ differenzierbar ist, und die Fréchet-Ableitung berechnen.

Dazu sei $x_0 \in E_1$ fest, und für alle $h \in E_1$, $\|h\|_{I,1} < \varepsilon$ wollen wir $f(x_0 + h) - f(x_0)$ untersuchen:

Die Taylorsche Formel (siehe z. B. [IV.2]) besagt für F:

$$\begin{aligned} F(t, x_0(t) + h(t), \dot{x}_0(t) + \dot{h}_0(t)) &= F(t, x_0(t), \dot{x}_0(t)) + h(t) F_x(t, x_0(t), \dot{x}_0(t)) \\ &\quad + \dot{h}(t) F_{\dot{x}}(t, x_0(t), \dot{x}_0(t)) + R(x_0, t), \qquad \forall t \in I, \end{aligned}$$

mit dem Restglied

$$\begin{aligned} R(x_0, t) = \int_0^1 (1 - \tau)[&\hat{F}_{xx}(t, \tau)(h(t))^2 + 2\hat{F}_{x\dot{x}}(t, \tau) h(t) \dot{h}(t) \\ &+ \hat{F}_{\dot{x}\dot{x}}(t, \tau)(\dot{h}(t))^2]\, d\tau, \end{aligned}$$

wobei zur Abkürzung

$$\hat{F}_{xx}(t, \tau) = F_{xx}(t, x_0(t) + \tau h(t), \dot{x}_0(t) + \tau \dot{h}(t))$$

gesetzt wurde (entsprechend $\hat{F}_{\dot{x}\dot{x}}$ und $\hat{F}_{x\dot{x}}$). Es folgt:

$$\begin{aligned} f(x_0 + h) - f(x_0) = \int_I &[F_x(t, x_0(t), \dot{x}_0(t)) h(t) \\ &+ F_{\dot{x}}(t, x_0(t), \dot{x}_0(t)) \dot{h}(t)]\, dt + o(x_0, h) \end{aligned}$$

mit

$$o(x_0, h) = \int_I R(x_0, t)\, dt.$$

Eine grobe Abschätzung zeigt

$$|o(x_0), h)| \leqslant C_F \|h\|_{I,1}^2$$

mit

$$\begin{aligned} C_F = |I| \sup_{\substack{|y_1| \leqslant \varepsilon \\ |y_2| \leqslant \varepsilon}} \sup_{t \in I} [&|F_{xx}(t, x_0(t) + y_1, \dot{x}_0(t) + y_2)| \\ &+ 2|F_{x\dot{x}}(t, x_0(t) + y_1, \dot{x}_0(t) + y_2)| + |F_{\dot{x}\dot{x}}(t, x_0(t) + y_1, \dot{x}_0(t) + y_2)|]. \end{aligned}$$

Also ist f in x_0 differenzierbar und hat die Ableitung

$$Df(x_0) \in \mathscr{L}(E_1, \mathbb{R}),$$

welche durch

$$Df(x_0)(h) = \int_I [F_x(t, x_0(t), \dot{x}_0(t))h(t) + F_{\dot{x}}(t, x_0(t), \dot{x}_0(t))\dot{h}(t)]\, dt$$

gegeben ist.

Der zweite Summand des Integranden kann partiell integriert werden; man erhält

$$Df(x_0)(h) = h(t)F_{\dot{x}}(t, x_0(t), \dot{x}_0(t))|_a^b + \int_a^b [F_x(t, x_0(t), \dot{x}_0(t)) - \frac{d}{dt} F_{\dot{x}}(t, x_0(t), \dot{x}_0(t))]\, h(t)\, dt.$$

Schränken wir f nun auf eine Teilmenge $M \subset E_1$ ein,

$$M = \{x \in E_1 \mid x(a) = x_1,\ x(b) = x_2\},$$

in der die Funktion $x: I \to \mathbb{R}$ im Anfangs- und Endpunkt des Intervalls $I = [a, b]$ vorgeschriebene Werte hat, so erhalten wir für die Fréchet-Ableitung der Funktion

$$f: M \to \mathbb{R}$$

in einem Punkt $x_0 \in M$:

$$Df(x_0)(h) = \int_a^b [F_x(t, x_0(t), \dot{x}_0(t)) - \frac{d}{dt} F_{\dot{x}}(t, x_0(t), \dot{x}_0(t))]\, h(t)\, dt,$$

denn aus $x_0 \in M$ und $x_0 + h \in M$ folgt $h(a) = h(b) = 0$.

5) In Anwendungen liegen oft reellwertige Funktionen auf Funktionenräumen vor; dann spricht man gerne von *Funktionalen.* Diese Funktionale sind auch meistens durch Integrale über einen Kern K gegeben. Wir betrachten eine einfache Situation:

E_1 sei der Banach-Raum der stetigen reellen Funktionen auf einem kompakten Intervall $I = [a, b]$, versehen mit der Norm

$$x: I \to \mathbb{R},$$

$$\|x\|_I = \sup_{t \in I} |x(t)|.$$

$K: \mathbb{R}^2 \to \mathbb{R}$ sei eine zweimal stetig differenzierbare Funktion. Dann gilt: Für alle

$$x \in E_1 = (\mathscr{C}(I), \|\cdot\|_I)$$

ist

$$f(x) = \int_I K(t, x(t))\, dt$$

eine wohldefinierte reelle Funktion auf E_1. Wir wollen zeigen, daß f Fréchet-differenzierbar ist, und die Fréchet-Ableitung bestimmen. Dazu sei $x \in E_1$ fest vorgegeben, und $h \in E_1$ erfülle die Bedingung $\|h\|_I < r$.

Betrachten wir den Ausdruck

$$f(x+h) - f(x) = \int_I [K(t, x(t) + h(t)) - K(t, x(t))]\, dt.$$

Die Taylorformel besagt für K

$$K(t, x(t) + h(t)) - K(t, x(t)) = K_x(t, x(t))h(t) + \int_0^1 (1-\tau)K_{xx}(t, x(t) + \tau h(t))h(t)^2\, d\tau.$$

Es folgt:

$$f(x+h) - f(x) = \int_I K_x(t, x(t))h(t)\, dt + o(x, h),$$

$$o(x, h) = \int_I \int_0^1 (1-\tau)K_{xx}(t, x(t) + \tau h(t))h(t)^2\, d\tau\, dt,$$

also

$$|o(x, h)| \leqslant C_K \|h\|_I^2$$

mit

$$C_K = |I| \sup_{t \in I} \sup_{|y| \leqslant \varepsilon} |K_{xx}(t, x(t) + y)| < +\infty;$$

daher

$$\lim_{h \to 0} \frac{o(x, h)}{\|h\|_I} = 0.$$

Mithin ist f differenzierbar mit der Ableitung

$$(Df)(x)(h) = \int_I K_x(t, x(t))h(t)\, dt, \qquad \forall h \in E_1.$$

Insbesondere in Physikbüchern spricht man in diesem Zusammenhang gern von „Variationsableitung" und schreibt

$$Df(x)(h) = \int_I \frac{\delta f(x)}{\delta x(t)} h(t)\, dt;$$

das heißt

$$\frac{\delta f(x)}{\delta x(t)} = K_x(t, x(t)) = \text{Variationsableitung des Funktionals } f.$$

Höhere Ableitungen

Wir kommen nun zur Besprechung der höheren Ableitungen einer Funktion $f: M \to E_2$, $M \subset E_1$ offen, E_1, E_2 Banach-Räume. Nach Definition II.1 ist die Ableitung Df einer stetig differenzierbaren Funktion $f: M \to E_2$ eine stetige Funktion von M in den Banach-Raum $\mathscr{L}(E_1, E_2)$ der stetigen linearen Abbildungen von E_1 in E_2; das heißt wir sind wieder in der in Definition II.1 angesprochenen Situation, wobei jetzt der Banach-Raum $\mathscr{L}(E_1, E_2)$ die Rolle von E_2 übernimmt. Demgemäß sagen wir, daß eine Funktion $f: M \to E_2$ zweimal differenzierbar ist, wenn die Ableitung

$$Df: M \to \mathscr{L}(E_1, E_2)$$

im Sinne von Definition II.1 differenzierbar ist (in einem Punkt, auf M, stetig), und nennen die Fréchet-Ableitung dieser Funktion Df die zweite Ableitung von f:

$$D^2f = D(Df).$$

Vermöge dieser Definition ist die zweite Ableitung D^2f von f also eine Funktion

$$D^2f: M \to \mathscr{L}(E_1, \mathscr{L}(E_1, E_2))$$

von M in den Banach-Raum der stetigen linearen Funktionen von E_1 in den Banach-Raum $\mathscr{L}(E_1, E_2)$.

Nun ist der Banach-Raum $\mathscr{L}(E_1, \mathscr{L}(E_1, E_2))$ natürlich isomorph zum Banach-Raum $\mathscr{L}(E_1 \times E_1, E_2) \equiv \mathscr{L}(E_1^{\times 2}, E_2)$ der stetigen bilinearen Abbildungen des Banach-Raumes $E_1^{\times 2} = E_1 \times E_1$ in den Banach-Raum E_2. Dieser Isomorphismus ist folgendermaßen erklärt:

Für $A \in \mathscr{L}(E_1, \mathscr{L}(E_1, E_2))$ sei $\tilde{A} \in \mathscr{L}(E_1^{\times 2}, E_2)$ durch

$$\tilde{A}(x_1, x_2) = A(x_2)(x_1), \qquad x_j \in E_1$$

erklärt. Für $B \in \mathscr{L}(E_1^{\times 2}, E_2)$ erkläre $\check{B} \in \mathscr{L}(E_1, \mathscr{L}(E_1, E_2))$ durch

$$\check{B}(x_2) = B(\cdot, x_2),$$

$$\check{B}(x_2)(x_1) = B(x_1, x_2).$$

Es folgt $\tilde{\check{B}} = B$. Also ist $A \mapsto \tilde{A}$ bijektiv, und $B \to \check{B}$ ist die dazu inverse Abbildung. Als Übung kann man zeigen, daß $A \mapsto \tilde{A}$ ein isometrischer Isomorphismus der obigen Banach-Räume ist.

Damit haben wir dann für die zweite Ableitung einer Funktion $f: M \to E_2$, $M \subset E_1$:

$$D^2f: M \to \mathscr{L}(E_1^{\times 2}, E_2).$$

Die n-te Ableitung ist entsprechend als Ableitung der $(n-1)$-ten Ableitung

$$D^{n-1}f: M \to \mathscr{L}(E_1^{\times(n-1)}, E_2)$$

erklärt:

$$D^nf \equiv D(D^{n-1}f) \in \mathscr{L}(E_1; \mathscr{L}(E_1^{\times(n-1)}, E_2)).$$

Wie oben ergibt sich die natürliche Isomorphie

$$\mathscr{L}(E_1, \mathscr{L}(E_1^{\times(n-1)}, E_2)) \cong \mathscr{L}(E_1^{\times n}, E_2)$$

und damit dann

$$D^n f\colon M \to \mathscr{L}(E_1^{\times n}, E_2).$$

Das heißt die n-te Ableitung $D^n f$ einer Funktion $f\colon M \to E_2$ ist eine Funktion von M in den Banach-Raum der stetigen n-linearen Funktionen von E_1 in E_2.

Rechenregeln für die Fréchet-Ableitung

Wir beschließen diese Diskussion der Fréchet-Ableitung mit einer kurzen Besprechung der wichtigsten Rechenregeln für die Fréchet-Ableitung.

1) Die Fréchet-Ableitung ist eine *lineare* Funktion, das heißt, sind $f_j\colon M \to E_2$, $M \subset E_1$ offen, zwei (stetig) differenzierbare Funktionen auf M, und ist E_2 ein $\mathbb{K}$- ($= \mathbb{R}$ oder $\mathbb{C}$)-Banach-Raum, so ist für beliebige $\lambda_j \in \mathbb{K}$ auch $\lambda_1 f_1 + \lambda_2 f_2$ eine (stetig) differenzierbare Funktion auf M, und es gilt:

$$D(\lambda_1 f_1 + \lambda_2 f_2) = \lambda_1 Df_1 + \lambda_2 Df_2.$$

Der Beweis ist einfach: Sei $x \in M$, $r > 0$, so daß $x + B_r \subset M$ gilt mit

$$B_r = \{y \in E_1 \mid \|y\|_1 < r\}.$$

Dann gilt $\forall h \in B_r$:

$$f_j(x + h) - f_j(x) = Df_j(x)(h) + o_j(x, h)$$

und daher

$$\begin{aligned}
&(\lambda_1 f_1 + \lambda_2 f_2)(x + h) - (\lambda_1 f_1 + \lambda_2 f_2)(x) \\
&\quad = \lambda_1(f_1(x + h) - f_1(x)) + \lambda_2(f_2(x + h) - f_2(x)) \\
&\quad = \lambda_1 Df_1(x)(h) + \lambda_1 o_1(x, h) + \lambda_2 Df_2(x)(h) + \lambda_2 o_2(x, h).
\end{aligned}$$

Da mit o_1 und o_2 auch $h \mapsto \lambda_1 o_1(x, h) + \lambda_2 o_2(x, h)$ die Eigenschaften (2.2) hat, ergibt sich die Differenzierbarkeit von $\lambda_1 f_1 + \lambda_2 f_2$ im Punkt x, und der Wert der Ableitung ist

$$D(\lambda_1 f_1 + \lambda_2 f_2)(x) = \lambda_1 Df_1(x) + \lambda_2 Df_2(x).$$

2) Die Fréchet-Ableitung erfüllt die *Kettenregel*: E_1, E_2, E_3 seien 3 Banach-Räume, $U_j \subset E_j$ seien offene, nicht leere Mengen, $f\colon U_1 \to U_2$ sei (stetig) differenzierbar, $g\colon U_2 \to U_3$ sei (stetig) differenzierbar. Dann ist auch

$$g \circ f\colon U_1 \to U_3$$

(stetig) differenzierbar, und es gilt für alle $x \in U_1$:

$$D(g \circ f)(x) = Dg(f(x)) \circ Df(x).$$

Beweis: „f differenzierbar in x" heißt

$$f(x + h) - f(x) = Df(x)(h) + o_1(x, h), \qquad \forall h \in B^1_{r_1}, \qquad x + B^1_{r_1} \subset U_1$$

und entsprechend, da g in $y = f(x) \in U_2$ differenzierbar ist,

$$g(y + k) - g(y) = Dg(y)(k) + o_2(y, k), \qquad \forall k \in B^2_{r_2}, \qquad y + B^2_{r_2} \subset U_2.$$

Da f insbesondere stetig ist, können wir zu gegebenem $r_2 > 0$ ein $r_1 > 0$ so wählen, daß die erste Relation und überdies $f(B^1_{r_1}) \subseteq B^2_{r_2}$ gelten. Dann erhalten wir für alle $h \in B^1_{r_1}$:

$$\begin{aligned} g \circ f(x+h) - g \circ f(x) &= g[f(x+h)] - g[f(x)] \\ &= g[f(x) + Df(x)(h) + o_1(x,h)] - g[f(x)] \\ &= (Dg)(f(x)) \circ (Df(x)(h) + o_1(x,h)) \\ &\quad + o_2(f(x), Df(x)(h) + o_1(x,h)) \\ &= (Dg)(f(x)) \circ Df(x)(h) + (Dg)(f(x) \circ o_1(x,h)) \\ &\quad + o_2(f(x), Df(x)(h) + o_1(x,h)). \end{aligned}$$

Eine kleine Rechnung zeigt, daß

$$o(x,h) = Dg(f(x)) \circ o_1(x,h) + o_2(f(x), Df(x)(h) + o_1(x,h))$$

in der Tat die Eigenschaften (2.2) besitzt, weil o_1 und o_2 diese Eigenschaften haben und weil $Dg(f(x))$ und $Df(x)$ stetige lineare Abbildungen sind.

Daher beweist die obige Gleichung die Differenzierbarkeit von $g \circ f$ und bestimmt den Wert der Ableitung zu

$$D(g \circ f)(x) = Dg(f(x)) \circ Df(x) \in \mathscr{L}(E_1, E_3).$$

Die übrigen Aussagen ergeben sich nun recht einfach.

Bemerkung 3: Die Bezeichnungen für die Fréchet-Ableitung sind so gewählt worden, daß bei einiger Vorsicht die klassischen Differentiationsregeln angewendet werden können.

II.3 Die Gâteaux-Ableitung

Die Verallgemeinerung des Begriffs der partiellen Ableitung einer Funktion $f: \mathbb{R}^n \to \mathbb{R}$ führt zum Begriff des Gâteaux-Differentials $\delta f(x_0, h)$, genau wie die des totalen Differentials zum Begriff der Fréchet-Ableitung geführt hat.

Definition II.2: Es seien $(E_1, \|\cdot\|_1)$ und $(E_2, \|\cdot\|_2)$ zwei normierte Räume. Gilt für eine Abbildung

$$f: E_1 \to E_2$$

an der Stelle x_0:

$$\lim_{t \to 0} \left\| \frac{f(x_0 + th) - f(x_0)}{t} - \delta f(x_0, h) \right\|_2 = 0, \qquad \forall h \in E_1$$

mit einer Abbildung $\delta f(x_0, \cdot): E_1 \to E_2$, die bezüglich der 2. Variablen weder stetig noch linear sein muß, so nennt man $\delta f(x_0, h)$ *Gâteaux-Differential von f an der Stelle x_0 in Richtung h.*

Das Gâteaux-Differential $\delta f(x_0, h)$ ist eine homogene Abbildung, das heißt

$$\delta f(x_0, \lambda h) = \lambda\, \delta f(x_0, h), \qquad \forall \lambda \in \mathbb{R}.$$

Ist $\delta f(x_0, h)$ zusätzlich in h linear und stetig, so schreibt man

$$\delta f(x_0, h) \equiv \delta_{x_0} f(h)$$

und nennt $\delta_{x_0} f$ *die Gâteaux-Ableitung von* f *an der Stelle* x_0. Falls f ein Funktional ist, das heißt $f\colon E_1 \to \mathbb{R}$, so ist also $\delta_{x_0} f$ ein Element des Dualraumes E'_1.

Wir haben schon den Begriff der Fréchet-Ableitung $D_{x_0} f$ eingeführt. In endlich-dimensionalen Räumen wird das Fréchet-Differential oft totales Differential genannt, und aus der Existenz aller stetigen partiellen Ableitungen folgt die Existenz des totalen Differentials. Die nächsten Lemmata besagen, wie im allgemeinen Fall Gâteaux-Ableitung und Fréchet-Ableitung zusammenhängen.

Lemma II.2: *Sei* $f\colon E_1 \to E_2$. *Existiert in einer Umgebung* U *von* x_0 *die Gâteaux-Ableitung* $\delta_{x_0} f$ *und ist sie stetig, so gilt*

$$\delta_{x_0} f = D_{x_0} f.$$

Beweis: Wir setzen $\omega(x_0, h) = f(x_0 + h) - f(x_0) - \delta_{x_0} f(h)$. Für alle $y' \in E'_2$ existiert ein $\tau \in [0, 1]$, so daß

$$\langle \omega(x_0, h), y' \rangle = \langle (\delta_{x_0 + \tau h}(f) - \delta_{x_0}(f))(h), y' \rangle$$

gilt. Daraus folgt

$$\|\omega(x_0, h)\|_2 \leqslant \|\delta_{x_0 + \tau h} f - \delta_{x_0} f\| \, \|h\|_1 .$$

Also ergibt sich

$$0 \leqslant \frac{\|\omega(x_0, h)\|_2}{\|h\|_1} \leqslant \|\delta_{x_0 + \tau h} f - \delta_{x_0} f\|,$$

und die rechte Seite strebt gegen Null für $\|h\|_1 \to 0$, weil der Operator $\delta_x f$ als stetig vorausgesetzt ist. Anders gesagt, eine stetige Gâteaux-Ableitung ist automatisch eine Fréchet-Ableitung.

Lemma II.3: *Ist* f *an der Stelle* x_0 *Fréchet-differenzierbar, so ist* f *auch Gâteaux-differenzierbar, und die beiden Differentiale sind gleich.*

Beweis: Aus der Definition des Fréchet-Differentials folgt für $t \in \mathbb{R}$, $t \neq 0$:

$$\frac{f(x_0 + th) - f(x_0)}{t} - \frac{(D_{x_0} f)(th)}{t} = \frac{o(x_0, th)}{t}.$$

Weil $D_{x_0} f$ ein linearer Operator ist, folgt somit auch

$$\lim_{t \to 0} \frac{f(x_0 + th) - f(x_0)}{t} = (D_{x_0} f)(h).$$

Also ist f Gâteaux-differenzierbar, und es gilt

$$\delta_{x_0} f(h) = D_{x_0} f(h).$$

Folgerungen über die Stetigkeit von f sind wie im endlich-dimensionalen Fall möglich; es gilt nämlich das folgende Lemma.

Lemma II.4: *Ist f an der Stelle x_0 Gâteaux-differenzierbar, so ist f an der Stelle x_0 stetig in jeder Richtung h, das heißt*

$$\lim_{t \to 0} \| f(x_0 + th) - f(x_0) \|_2 = 0.$$

Bemerkung 4: Für $\delta_x f$ gelten die Regeln

$$\delta_x(\lambda f) = \lambda \delta_x f, \qquad \forall \lambda \in \mathbb{R},$$
$$\delta_x(f_1 + f_2) = \delta_x f_1 + \delta_x f_2,$$
$$\delta_x(g \circ f) = \delta_y g \circ \delta_x f, \qquad y = f(x),$$

wobei wir in der Kettenregel für die Abbildungen f, g voraussetzen:

$$E_1 \overset{f}{\rightarrow} E_2 \overset{g}{\rightarrow} E_3.$$

Beispiel 6: Als letztes Beispiel wollen wir die Differenzierbarkeit des Funktionals

$$F(f) = \|f\|_p^p = \int_{\mathbb{R}^n} |f(x)|^p \, d^n x$$

auf $M = L^p(\mathbb{R}^n)$, $1 < p < 2$, beweisen.

Dazu zeigen wir, daß die Gâteaux-Ableitung von F in allen Punkten $f \in L^p(\mathbb{R}^n)$ existiert und ein stetiges lineares Funktional auf $L^p(\mathbb{R}^n)$ ist. Mit Lemma II.2 folgt dann die Differenzierbarkeit von F.

Zu diesem Zwecke seien $h, f \in L^p(\mathbb{R}^n)$, $f \neq 0$, gegeben. Wir haben

$$\frac{1}{t}\{F(f + th) - F(f)\}$$

für $t \neq 0$ zu untersuchen. Dazu betrachten wir die reelle Funktion φ,

$$\varphi(\xi) = (|1 + \xi|^p - 1 - p\xi)|\xi|^{-p}.$$

Aus $\lim_{\xi \to \infty} \varphi(\xi) = 1$ und $\lim_{\xi \to 0} \varphi(\xi) = 0$ folgt die Beschränktheit von φ; folglich

$$C_1 |\xi|^p \leqslant |1 + \xi|^p - 1 - p\xi \leqslant C_2 |\xi|^p.$$

In allen Punkten $x \in \mathbb{R}^n$ mit $f(x) \neq 0$ setzen wir $\xi = t(h(x)/f(x))$ in diese Ungleichung ein und erhalten nach Multiplikation mit $|f(x)|^p$:

$$C_1 |th(x)|^p \leqslant |f(x) + th(x)|^p - |f(x)|^p - pth(x)|f(x)|^{p-1} \operatorname{sgn} f(x) \leqslant C_2 |th(x)|^p.$$

Integrieren wir diese Ungleichung, so ergibt sich

$$C_1 t^p F(h) \leqslant F(f + th) - F(f) - pt \int h(x)|f(x)|^{p-1} \operatorname{sgn} f(x) d^n x \leqslant C_2 t^p F(h).$$

Nach Division durch t folgt

$$\lim_{t \to 0} \frac{1}{t}(F(f + th) - F(f)) = \delta F(f, h) \equiv p \int h(x)|f(x)|^{p-1} \operatorname{sgn} f(x) \, d^n x.$$

Da

$$|f(\cdot)|^{p-1}\operatorname{sgn} f(\cdot) \in L^{p'}(\mathbb{R}^n), \qquad \frac{1}{p} + \frac{1}{p'} = 1,$$

ist $h \mapsto \delta F(f, h)$ aufgrund der Hölderschen Ungleichung ein stetiges lineares Funktional auf $L^p(\mathbb{R}^n)$. Es folgt

$$DF_f(h) = p \int_{\mathbb{R}^n} |f(x)|^{p-1} \operatorname{sgn} f(x) h(x)\, d^n x.$$

II.4 *n*-te Variation

Eine bequeme Methode, eine reelle Funktion f auf einem Banach-Raum E_1 zu untersuchen, besteht darin, folgende Funktionen

$$F_h(t) = f(u_0 + th)$$

einer reellen Veränderlichen t für beliebige, aber feste u_0, $h \in E_1$ zu studieren.

Informationen über das Verhalten von $F_h(t)$ in einer Umgebung von $t = 0$ erhält man gegebenenfalls aus dem Taylorschen Satz:

$$F_h(t) = F_h(0) + \sum_{n=1}^{N} \frac{t^n}{n!} F_h^{(n)}(0) + R_N, \qquad \forall t \in (-t_0, t_0), \qquad t_0 > 0.$$

Ist F_h auf $(-t_0, +t_0)$ N-mal differenzierbar, dann gilt für das Restglied R_N

$$R_N = \frac{t^N}{N!}[F_h^{(N)}(\theta(t,h)t) - F_h^{(N)}(0)] = o(t^N), \qquad 0 < \theta < 1,$$

das heißt

$$\frac{R_N}{t^N} \to 0 \qquad \text{für} \quad t \to 0.$$

Definition II.3: Sei $f: M \subset E_1 \to \mathbb{R}$, M offen. Die *n-te Variation von f im Punkt* $x_0 \in M$ *in Richtung* $h \in E_1$ ist definitionsgemäß gleich

$$\Delta^n f(x_0; h) = F_h^{(n)}(0) \equiv \left.\frac{d^n f(u_0 + th)}{dt^n}\right|_{t=0},$$

falls diese Ableitung existiert.

Das nächste Lemma beschreibt den Zusammenhang zwischen der ersten Variation und der Gâteaux-Ableitung:

Lemma II.5: *Es sei E_1 ein Banach-Raum, M eine offene Teilmenge und f eine reelle Funktion auf M. Dann existiert die Gâteaux-Ableitung $\delta_{x_0} f$ von f in einem Punkte $x_0 \in M$ genau dann, wenn die 1. Variation $\Delta f(x_0; h)$ für alle $h \in E_1$ existiert und wenn $h \to \Delta f(x_0; h)$ ein stetiges lineares Funktional auf E_1 ist. In diesem Falle gilt*

$$\Delta f(x_0; h) = \delta_{x_0} f(h).$$

Beweis: Es genügt, die Definitionen II.3 und II.2 zu vergleichen.

Bemerkung 5: Besitzt f zum Beispiel in x_0 ein lokales Minimum, das heißt

$$f(x) \geqslant f(x_0), \qquad \forall x \in U(x_0),$$

dann hat offensichtlich auch F_h in $t = 0$ ein lokales Minimum, das heißt

$$F_h'(0) = 0, \qquad F_h''(0) \geqslant 0,$$

falls diese Ableitungen existieren. Diese Überlegungen zeigen, daß die Untersuchung der $F_h^{(n)}(0)$, $h \in E_1$, eine entscheidende Rolle beim Studium von Extremalproblemen spielen kann. Das begründet die Einführung des Begriffs der n-ten Variation.

Bemerkung 6: Wir haben gesehen, daß folgende Kette von Implikationen besteht:

Existenz der Fréchet-Ableitung $\Rightarrow$ Existenz der Gâteaux-Ableitung $\Rightarrow$ Existenz der ersten Variation.

Bei vielen Problemen in den Anwendungen läßt sich die Existenz der n-ten Variation oft bequemer verifizieren als zum Beispiel die Existenz der n-ten Fréchet-Ableitung. Deshalb ist es vorteilhaft, über Bedingungen für lokale Extrema zu verfügen, die sich mit Hilfe der n-ten Variation ausdrücken lassen. (Siehe Kapitel III.)

Bemerkung 7: Es gibt mehr als 20 verschiedene Differenzierbarkeitsbegriffe in topologischen Räumen. Für eine Besprechung und eine Klassifizierung aller dieser Begriffe siehe zum Beispiel die Arbeiten von V. Averbukh und O. Smolanov (Uspekhi Mat. Nauk. **22**, 6 (1967) und **23**, 4 (1968)).

In den Anwendungen kommt es oft vor, daß die Definitionsmenge M des betrachteten Funktionals f weder ein Unterraum noch eine offene Umgebung ist. In dieser Situation muß die Klasse der Kurven $x(t)$, längst denen man das Funktional in der Form $f(x(t))$ untersucht, entsprechend eingeschränkt werden. Zum Beispiel, falls M konvex ist, wählt man meistens $x(t) = tx_0 + (1 - t)x_1$ mit $x_0, x_1 \in M$ und $t \in [0, 1]$.

II.5 Die Voraussetzungen des Fundamentalsatzes der Variationsrechnung

Im Kapitel I haben wir schon Kriterien angegeben, die uns sagen, wann die Voraussetzungen des Fundamentalsatzes der Variationsrechnung erfüllt sind. Mit Hilfe der Differentialrechnung sind wir jetzt in der Lage, neue Kriterien herzuleiten.

Wir diskutieren noch eine hinreichende Bedingung für die schwache Unterhalbstetigkeit eines Funktionals $f: X \to \mathbb{R}$. Nehmen wir an, daß die Ungleichung

$$f(x) - f(x_0) - Df_{x_0}(x - x_0) \geqslant 0$$

$\forall (x - x_0) \in \bar{B}_r = \{y \in X \mid \|y\| \leqslant r\}$ gilt. Dann gilt für jede schwach gegen x_0 konvergente Folge $\{x_n\}_{n \in \mathbb{N}} \subset x_0 + \bar{B}_r$:

$$f(x_n) - f(x_0) \geqslant f'(x_0)(x_n - x_0).$$

Daraus folgt

$$\liminf f(x_n) \geqslant f(x_0).$$

Anders gesagt, f ist schwach unterhalbstetig. Jetzt zeigen wir, daß die vorausgesetzte Ungleichung aus der Bedingung

$$D^2 f(x)(h, h) \geqslant 0$$

folgt. In der Tat hat man für geeignete τ und $\tau' \in [0, 1]$:

$$\begin{aligned} f(x) - f(x_0) &= Df(x_0 + \tau(x - x_0))(x - x_0) \\ &= Df(x_0)(x - x_0) + [Df(x_0 + \tau(x - x_0))(x - x_0) - Df(x_0)(x - x_0)] \\ &= Df(x_0)(x - x_0) + \tau D^2 f(x_0 + \tau'(x - x_0))(x - x_0, x - x_0). \end{aligned}$$

Das beweist das folgende Lemma.

Lemma II.6: *Es sei X ein Banach-Raum, und $f: X \to \mathbb{R}$ ein $\mathscr{C}^2$-Funktional auf $\bar{B}_r = \{x \in X \mid \|x\| \leqslant r\}$, so daß*

$$D^2 f(x)(h, h) \geqslant 0, \qquad \forall x \in \bar{B}_r, \qquad \forall h \in X$$

gilt. Dann ist f auf $\bar{B}_r$ schwach unterhalbstetig.

Mit Hilfe der Differentialrechnung kann man auch Koerzitivitätskriterien finden. Es gilt zum Beispiel:

Lemma II.7: *Es sei f ein $\mathscr{C}^1$-Funktional auf einem Banach-Raum X. Es gebe eine stetige Funktion $g: (0, \infty) \to \mathbb{R}$* mit

(i) $$\int_{r_0}^{\infty} \frac{g(t)}{t} dt = +\infty,$$

(ii) $$\langle f'(x), x \rangle = (Df)(x)(x) \geqslant g(\|x\|).$$

Überdies sei f auf $S_{r_0}(X) = \{x \in X \mid \|x\| = r_0\}$ nach unten beschränkt. Dann ist f auf X koerzitiv.

Beweis: Gleichmäßig in $y \in X$, $\|y\| = 1$, gilt für $s > r_0$

$$f(sy) - f(r_0 y) = \int_{r_0}^{s} \langle f'(ty); y \rangle dt \geqslant \int_{r_0}^{s} dt \frac{g(t)}{t}.$$

Für $\|x\| \to +\infty$ folgt also unter Beachtung von (i)

$$f(x) \geqslant f\left(r_0 \frac{1}{\|x\|} x\right) + \int_{r_0}^{\|x\|} dt \frac{g(t)}{t} \underset{\|x\| \to +\infty}{\longrightarrow} +\infty.$$

Mithin ist f auf X koerzitiv.

Für schwach unterhalbstetige Funktionale ist ein Ergebnis bekannt, das dem Satz von Rolle der klassischen Analysis entspricht. Es gilt nämlich das

Lemma II.8: *Es sei X ein reflexiver Banach-Raum und $M \subset X$ eine beschränkte offene Teilmenge. Mit $\bar{M}^w$ werde der schwache Abschluß von M bezeichnet und mit*

$\partial M = \bar{M}^w \backslash M$ dessen Rand. Sei dann $f: X \to \mathbb{R}$ ein schwach unterhalbstetiges Funktional auf $\bar{M}^w$, für welches

$$f(x) \geqslant f(x_0), \qquad \forall x \in \partial M \qquad \textit{und ein} \qquad x_0 \in M \qquad \textit{gilt.}$$

Dann besitzt f einen kritischen Punkt in M.

Beweis: Aus dem Fundamentalsatz der Variationsrechnung folgt, daß f sein Minimum auf $\bar{M}^w$ annimmt, und aus $f(x) \geqslant f(x_0)$ schließt man, daß x_0 ein minimierender Punkt von f ist. Damit muß $f'(x_0) = 0$ gelten, das heißt x_0 ist ein kritischer Punkt von f.

II.6 Konvexität von f und Monotonie von f'

Es sei X ein reeller Banach-Raum, $T: X \to X'$ eine Abbildung von X in den Dualraum X', die folgende Ungleichung

$$(Tx - Ty)(x - y) \geqslant 0$$

für alle $x, y \in X$ erfüllt. Ein Operator mit dieser Eigenschaft heißt *monoton*. (Mit „$>$" heißt der Operator (strikt) streng monoton.)

Wir wollen jetzt ein Kriterium für die Konvexität eines Funktionals

$$f: X \to \mathbb{R}$$

beweisen. Es gilt nämlich:

Theorem II.10: *Es sei X ein reeller Banach-Raum und f eine reelle $\mathscr{C}^1$-Funktion auf X. Folgende Aussagen sind äquivalent:*

(i) *f ist (strikt) konvex auf X.*
(ii) *f' ist (strikt) monoton auf X.*

Beweis: Sei f konvex. Für alle x und y aus X und λ mit $0 < \lambda \leqslant 1$ gilt

$$f(y + \lambda(x - y)) - f(y) \leqslant \lambda[f(x) - f(y)].$$

Daraus folgt

$$\langle f'_y, x - y \rangle \leqslant f(x) - f(y)$$

und analog

$$\langle f'_x, y - x \rangle \leqslant f(y) - f(x).$$

Durch Addition erhält man

$$\langle f'_y - f'_x, x - y \rangle \leqslant 0,$$

also ist f' monoton.

Sei jetzt f' monoton. Für x und y aus X betrachte man die Funktion

$$p(\lambda) = f(\lambda x + (1 - \lambda)y) - \lambda f(x) - (1 - \lambda)f(y)$$

mit $\lambda \in [0, 1]$. Um zu zeigen, daß f konvex ist, genügt es zu zeigen, daß $p(\lambda) \leqslant 0$ in $[0, 1]$ gilt. Wäre $p(\lambda)$ nicht negativ oder Null, dann hätte p ein Maximum, und es gäbe einen Punkt $\lambda_0 \in (0, 1)$ mit $p'(\lambda_0) = 0$.

Sei $\lambda \in [0, 1]$ mit $\lambda_0 < \lambda$. Dann gilt

$$
\begin{aligned}
p'(\lambda) - p'(\lambda_0) &= \langle f'(\lambda x + (1-\lambda)y) - f'(\lambda_0 x + (1-\lambda_0)), x - y\rangle \\
&= (\lambda - \lambda_0)^{-1}\langle f'(\lambda x + (1-\lambda)y) \\
&\qquad - f'(\lambda_0 x + (1-\lambda_0)y), \{\lambda x + (1-\lambda)y\} - \{\lambda_0 x + (1-\lambda)y\}\rangle \geqslant 0.
\end{aligned}
$$

Anders gesagt, kann p für $\lambda > \lambda_0$ nicht abnehmen. Daraus folgt $p(\lambda_0) \leqslant p(1) = 0$ und $p(\lambda) \leqslant 0$, $\forall \lambda \in [0, 1]$. Mit anderen Worten: f ist konvex.

Literatur

[II.1] H. Grauert, W. Fischer: Differential- und Integralrechnung II, Heidelberger Taschenbücher Nr. 36. Berlin-Heidelberg-New York: Springer. 1968.

[II.2] H. Cartan: Differentialrechnung. Mannheim: Bibliographisches Institut. 1974.

[II.3] V. Averbukh, O. Smonalov: Uspekhi Mat. Nauk **22**, 6 (1967) und **23**, 4 (1968).

[II.4] E. Zeidler: Vorlesungen über nichtlineare Funktionalanalysis, Teubner Texte zur Mathematik. Leipzig 1977.

III. Extrema differenzierbarer Funktionale

In diesem Kapitel wollen wir untersuchen, wie man einen minimierenden Punkt eines Variationsproblems, dessen Existenz und eventuell auch dessen Eindeutigkeit nach Kapitel I garantiert ist, berechnen kann. Die im Kapitel I bewiesenen Sätze über die Existenz eines Extremums eines Funktionals $f\colon M \to \mathbb{R}$ (M bezeichnet eine offene Teilmenge eines Banach-Raumes E) ermöglichen es nicht, die Punkte zu finden, in denen das Funktional f zum Beispiel sein Minimum annimmt. Das geschieht mit Hilfe der im Kapitel II eingeführten Differentialrechnung in Banach-Räumen nach derselben Strategie wie im bekannten Fall der differenzierbaren Funktionen auf der reellen Achse.

III.1 Extrema und kritische Werte

Wir führen in Analogie zu dieser einfachen Situation die entsprechenden Begriffe ein (welche in der Variationsrechnung eine entsprechende Rolle spielen). Es sei E ein Banach-Raum mit der Norm $\|\cdot\|$ und $M \subset E$ eine offene nicht-leere Teilmenge.

Ein Punkt $x_0 \in M$ heißt ein *lokaler* (*relativer*) *Extremalpunkt* einer Funktion

$$f\colon M \to \mathbb{R}$$

genau dann, wenn es eine offene Kugel $K_r(x_0) = \{x \in E \mid \|x - x_0\| < r\} \subset M$ mit Mittelpunkt x_0 gibt, so daß gilt:

(i) $f(x) \leqslant f(x_0)$, $\forall x \in K_r(x_0)$ lokales Maximum.
(ii) $f(x) \geqslant f(x_0)$, $\forall x \in K_r(x_0)$ lokales Minimum.

Gilt $f(x) > f(x_0)$, $\forall x \in K_r(x_0)$, $x \neq x_0$, dann spricht man von einem strengen lokalen Minimum.

Es ist zu bemerken, daß man jedes Maximumproblem durch Übergang von f zu $-f$ in ein Minimumproblem (und umgekehrt) verwandeln kann. Die Funktion f hat nämlich genau dann ein relatives Maximum in x_0, wenn $-f$ in x_0 ein relatives Minimum besitzt. Von nun an beschäftigen wir uns nur mit dem Fall eines Minimums und überlassen dem Leser, die entsprechenden Aussagen auf den Fall eines Maximums zu übertragen.

Gilt die Ungleichung $f(x) \geqslant f(x_0)$ für alle $x \in M$, dann spricht man von einem *globalen Minimum.*

Ferner werden wir folgende Definitionen benutzen (in dieser Allgemeinheit erst im nächsten Kapitel):

Definition III.1: Es seien $M_j \subset E_j$ offene Teilmengen von Banach-Räumen E_j, $j = 1, 2$ und $\phi\colon M_1 \to M_2$ eine differenzierbare Abbildung von M_1 in M_2. Dann heißt:

(i) $x_0 \in M_1$ ein *kritischer Punkt* der Abbildung ϕ genau dann, wenn die Fréchet-Ableitung $D\phi(x_0)$ von ϕ in x_0 nicht surjektiv ist.

(ii) $x_0 \in M_1$ ein *regulärer Punkt* der Abbildung ϕ genau dann, wenn $D\phi(x_0): E_1 \to E_2$ surjektiv ist.

Bemerkung 1: Die obige Definition ist in der Tat die angemessene Verallgemeinerung der entsprechenden Begriffe in der einfachsten Situation, in der $E_2 = \mathbb{R}$ gilt, denn offensichtlich gilt in diesem Fall:

$x_0 \in M_1$ ist ein kritischer (regulärer) Punkt der Abbildung $\phi: M_1 \to \mathbb{R}$ genau dann, wenn $D\phi(x_0) = 0$ ($D\phi(x_0) \neq 0$).

Ist $E_1 = \mathbb{R}$, dann heißt $x_0 \in (a, b)$ kritischer Punkt von f genau dann, wenn $f'(x_0) = 0$. Der Graph der Funktion f hat in einem kritischen Punkt x_0 eine horizontale Tangente, das heißt in x_0 hat man entweder ein lokales Extremum oder einen Wendepunkt.

Beispiel 1: Es sei $E_1 = \mathscr{H}$ ein reeller Hilbert-Raum und B ein symmetrischer beschränkter Operator auf $\mathscr{H}$ mit beschränkten Inversen $B^{-1} \in \mathscr{L}(\mathscr{H}, \mathscr{H})$. Ferner sei $W: \mathscr{H} \to \mathbb{R}$ differenzierbar. Die Fréchet-Ableitung der Funktion $\phi: \mathscr{H} \to \mathbb{R}$ mit

$$\phi(x) = \tfrac{1}{2}\langle x, Bx\rangle - W(x),$$

wobei $\langle\ ,\ \rangle$ das Skalarprodukt in $\mathscr{H}$ ist, ist gegeben durch

$$D\phi(x) = Bx - DW(x);$$

das heißt $x_0 \in \mathscr{H}$ ist genau dann ein kritischer Punkt der Abbildung ϕ, wenn x_0 die Gleichung

$$x_0 = B^{-1}DW(x_0)$$

löst. Im Falle der Funktion $W(x) = \frac{1}{2}\lambda\langle x, x\rangle = \frac{1}{2}\lambda\|x\|^2$ ist $DW(x) = \lambda x$, das heißt x_0 ist ein kritischer Punkt der Abbildung $\phi(x) = \frac{1}{2}\langle x, Bx\rangle - \frac{1}{2}\lambda\langle x, x\rangle$ genau dann, wenn x_0 Eigenvektor zum Eigenwert λ des Operators B ist.

III.2 Notwendige Bedingungen für ein Extremum

Unser Ziel ist jetzt die Berechnung der Extremalpunkte gewisser Abbildungen. Der erste Satz stellt fest, daß diese Extremalpunkte für differenzierbare Funktionale notwendigerweise in der Menge der kritischen Punkte der Abbildung liegen.

Satz III.1 Die notwendige Bedingung von Euler-Lagrange. *Es sei M eine offene Teilmenge eines Banach-Raumes E und $f: M \to \mathbb{R}$ eine auf M Fréchet-differenzierbare reelle Funktion. Dann ist jeder Extremalpunkt von f ein kritischer Punkt.*

Beweis: Es sei $x_0 \in M$ ein Extremalpunkt von f. Es gibt ein $r > 0$, so daß die folgenden Aussagen

(i) $x_0 + B_r(0) \subset M$,
(ii) $f\restriction_{B_r(x_0)}$ ist in x_0 extremal,

gelten. Sei nun $h \in E$ beliebig, $h \neq 0$, und $\delta = (r/\|h\|) > 0$. Dann ist auf $I_\delta = (-\delta, +\delta)$ eine reelle Funktion

$$F_h(t) = f(x_0 + th), \qquad t \in I_\delta$$

wohldefiniert. Aufgrund der Kettenregel ist diese Funktion differenzierbar in t mit der Ableitung

$$\frac{d}{dt}F_h(t) = Df(x_0 + th)(h).$$

Da x_0 ein Extremalpunkt von f auf $B_r(x_0)$ ist, ist $t = 0$ ein Extremalpunkt von $F_h(t)$ auf I_δ. Ein wohlbekanntes Ergebnis der elementaren Analysis besagt daher

$$0 = \left.\frac{dF_h(t)}{dt}\right|_{t=0} = Df(x_0)(h).$$

Da $h \in E$ beliebig gewählt war, folgt $Df(x_0) = 0$, das heißt x_0 ist ein kritischer Punkt von f.

Beispiel 2: Im Kapitel II haben wir die Fréchet-Ableitung des Funktionals

$$S(q) = \int_I \mathscr{L}(t, q(t), \dot{q}(t))\, dt$$

berechnet. Schränkt man S auf die Teilmenge $M \subset E_1$ ein,

$$M = \{q \in E_1 = \mathscr{C}^1(I = [a, b], \mathbb{R}) \mid q(a) = x_1,\ q(b) = x_2\},$$

in der die Funktion $q: I \to \mathbb{R}$ im Anfangs- und Endpunkt des Intervalls I vorgeschriebene Werte annimmt, so hat man für die Fréchet-Ableitung

$$DS(q_0)(h) = \int_I h(t)\left[\frac{\partial \mathscr{L}}{\partial q}(t, q_0, \dot{q}_0) - \frac{d}{dt}\frac{\partial \mathscr{L}}{\partial \dot{q}}(t, q_0, \dot{q}_0)\right]dt$$

für alle $h \in \mathscr{C}^1(I, \mathbb{R})$, $h(a) = 0 = h(b)$.

Im Kapitel V werden wir zeigen (Lemma von Du Bois-Reymond), daß $DS(q_0)(h) = 0$, $\forall h$, impliziert

$$\frac{\partial}{\partial q}\mathscr{L}(t, q_0(t), \dot{q}_0(t)) - \frac{d}{dt}\frac{\partial}{\partial \dot{q}}\mathscr{L}(t, q_0(t), \dot{q}_0(t)) = 0.$$

Man erkennt die Euler-Lagrange-Gleichungen der klassischen Mechanik.

Bemerkung 2: Aus der obigen Rechnung folgt: Besitzt f in x_0 ein lokales Minimum, dann gilt für die erste Variation die notwendige Bedingung

$$\Delta f(u_0; h) = 0, \qquad \forall h \in E.$$

Eine entsprechende Relation gilt auch für die Gâteaux-Ableitung.

Bemerkung 3: Wir betrachten zwei Punkte P und Q der Kugeloberfläche, die nicht antipodisch sind. Es gibt also zwei Bögen des Großkreises durch P und Q, welche P und Q verbinden. Der kürzere Bogen γ_{PQ} ist die geodätische Linie (das heißt der kürzeste Bogen zwischen zwei Punkten der Fläche). Der längere Bogen Γ_{PQ}, obwohl „kritischer Punkt", ist weder die kürzeste noch die längste Verbindung zwischen P und Q. Anhand dieses sehr einfachen geometrischen Beispiels ist es klar, daß die notwendige Bedingung von Euler-Lagrange nicht hinreicht, um zu zeigen, daß ein Minimum vorliegt.

Bemerkung 4: Oft gelingt es, eine „Operatorgleichung" der Form

$$T(x) = 0$$

mit einer im allgemeinen nicht-linearen Funktion $T: E \to \mathbb{R}$ auf einem Banach-Raum E mit Hilfe der Variationsrechnung zu lösen. Falls nämlich eine Funktion $f \in \mathscr{C}^1(E, \mathbb{R})$ existiert, deren Fréchet-Ableitung gerade gleich T ist, $f' = T$, so sind die Lösungen der obigen Gleichung gerade die kritischen Punkte der Funktion f. In einigen Fällen ist die Bestimmung der Extrema von f und damit die Bestimmung spezieller Lösungen von $T(x) = 0$ recht einfach. Darüber hinaus hat man (im wesentlichen topologische) Methoden entwickelt, die in vielen Fällen zumindest eine untere Schranke für die Anzahl der kritischen Punkte von f und damit für die Anzahl der Lösung von $T(x) = 0$ liefert. Wir werden eine moderne Version dieser Methoden, die auf Ljusternik-Schnirelman zurückgehen, im Kap. VIII besprechen.

In diesem Zusammenhang benutzt man folgende Sprechweise. Ein „Operator" $T: E \to \mathbb{R}$ auf einem Banach-Raum E, der die Fréchet-Ableitung einer reellen $\mathscr{C}^1$-Funktion f auf E ist, heißt ein *Potential-Operator* oder ein *Gradientenoperator*, und f heißt dann das *Potential* von T. Wie im Falle von „Operatoren" auf endlich-dimensionalen Banach-Räumen, sind auch im allgemeinen Fall Kriterien dafür bekannt, wann ein „Operator" T ein Potentialoperator ist. Es gibt ein Integral- und ein Ableitungskriterium. Diese Kriterien verallgemeinern die klassischen Kriterien, die z. B. sicherstellen, daß ein Kraftfeld im $\mathbb{R}^3$ ein Potential besitzt:

- Wegunabhängigkeit der Arbeit: Integralkriterium
- Wirbelfreiheit des Kraftfeldes, Integrabilitätsbedingungen: Ableitungskriterium.

Wir verweisen bezüglich dieser Kriterien auf [I.3].

Bevor wir einige für das Vorliegen von Extremalpunkten hinreichende Bedingungen besprechen, diskutieren wir für 2-mal stetig Fréchet-differenzierbare Funktionen $f: M \to \mathbb{R}$ die entsprechenden notwendigen Bedingungen. Dazu wollen wir uns zunächst eine einfache Form der Taylor-Entwicklung einer $\mathscr{C}^2$-Funktion klarmachen.

Lemma III.2: *Es sei $M \subset E$ offen, E ein Banach-Raum und $f \in \mathscr{C}^2(M, \mathbb{R})$. Dann gilt für alle $x_0 \in M$: Es gibt ein $r = r(x_0) > 0$, so daß $B_r(x_0) = \{x \in E \mid \|x - x_0\| < r\} \subset M$, und für alle $h \in B_r(0)$ gilt*

$$f(x_0 + h) = f(x_0) + Df(x_0)(h) + \tfrac{1}{2}D^2f(x_0)(h, h) + R_2(x_0; h)(h, h).$$

Dabei erfüllt die Funktion $R_2(x_0, \cdot)$ auf B_r die Bedingung:

$$\lim_{\|h\| \to 0} R(x_0, h) = 0 \qquad \textit{in} \quad \mathscr{L}(E \times E, \mathbb{R}).$$

Beweis: Es sei r wie im Lemma gewählt, und es sei $h \in B_r$ beliebig, aber fest. Dann ist

$$F_h(t) = f(x_0 + th) \in \mathscr{C}^2(I, \mathbb{R}), \qquad I = [-1, +1].$$

Für eine solche Funktion wollen wir die Taylorentwicklung in der folgenden Form als bekannt voraussetzen:

$$F_h(t_0 + \tau) = F_h(t_0) + F'_h(t_0)\tau + \frac{1}{2!}F''_h(t_0)\tau^2 + r_2(t_0, \tau)\tau^2$$

mit

$$r_2(t_0, \tau) = \int_0^1 (1 - \xi)[F''_h(t_0 + \xi\tau) - F''_h(t_0)]\, d\xi.$$

Für einen Beweis siehe [IV.2]. Diese Formel wenden wir für $t_0 = 0$ und $\tau = 1$ an und erhalten

$$F_h(1) = F_h(0) + F'_h(0) + \frac{1}{2!}F''_h(0) + r_2(0, 1).$$

Die Ableitungen berechnen wir mit Hilfe der Kettenregel:

$$F'_h(0) = Df(x_0)(h), \qquad F''_h(t) = D^2f(x_0 + th)(h, h).$$

Einsetzen ergibt nun

$$f(x_0 + h) = f(x_0) + Df(x_0)(h) + \frac{1}{2!}D^2f(x_0)(h, h) + R_2(x_0, h)(h, h);$$

denn

$$r_2(0, 1) = \int_0^1 (1 - \xi)[\{D^2f(x_0 + \xi h) - D^2f(x_0)\}(h, h)]\, d\xi$$

$$\equiv R_2(x_0, h)(h, h).$$

Da $D^2f\colon M \to \mathscr{L}(E_1 \times E_1, \mathbb{R})$ stetig ist, hat R_2 in der Tat die Eigenschaft $R_2(x_0, h) \to 0$ für $h \to 0$ in $\mathscr{L}(E_1 \times E_1, \mathbb{R})$.

Als eine erste einfache Konsequenz dieses Lemmas erhalten wir

Theorem III.3: *Es sei $M \subset E$ offen, E ein Banach-Raum und $f \in \mathscr{C}^2(M, \mathbb{R})$. Dann gilt: Besitzt f in einem Punkt $x_0 \in M$ ein relatives Minimum (Maximum), so gilt*

(i) $Df(x_0) = 0$,

(ii) $D^2f(x_0) \in \mathscr{L}(E \times E, \mathbb{R})$ *ist nicht negativ (nicht positiv), das heißt* $\forall h \in E$, $D^2f(x_0)(h, h) \geqslant 0$ (*bzw.* $D^2f(x_0)(h, h) \leqslant 0$).

Beweis: Es sei zum Beispiel $x_0 \in M$ ein relatives Minimum. Dann gibt es ein $r > 0$ mit den Eigenschaften

(i) $B_r(x_0) = x_0 + B_r(0) \subseteq M$,

(ii) $f(x_0) \leqslant f(x)$, $\forall x \in B_r(x_0)$.

Nun wenden wir Lemma III.2 an: Für alle $h \in B_r$ gilt

$$f(x_0) \leqslant f(x_0 + h) = f(x_0) + Df(x_0)(h) + \tfrac{1}{2}D^2f(x_0)(h, h) + R_2(x_0, h)(h, h).$$

Nach Theorem III.1 ist $Df(x_0) = 0$. Also folgt

$$0 \leqslant \frac{1}{2} D^2 f(x_0)(h, h) + R_2(x_0, h)(h, h), \qquad \forall h \in B_r.$$

Insbesondere gilt das für alle εh mit $0 < \varepsilon \leqslant 1$, $h \in B_r$.

$$0 \leqslant \tfrac{1}{2} D^2 f(x_0)(\varepsilon h, \varepsilon h) + R_2(x_0, \varepsilon h)(\varepsilon h, \varepsilon h),$$

also

$$0 \leqslant \varepsilon^2 [\tfrac{1}{2} D^2 f(x_0)(h, h) + R_2(x_0, \varepsilon h)(h, h)];$$

das heißt

$$0 \leqslant D^2 f(x_0)(h, h) + 2R_2(x_0, \varepsilon h)(h, h), \qquad \forall \varepsilon \in (0, 1], \qquad \forall h \in B_r.$$

Beachten wir $\lim_{\varepsilon \to 0} R_2(x_0, \varepsilon h) = 0$, so folgt

$$0 \leqslant D^2 f(x_0)(h, h), \qquad \forall h \in B_r.$$

Ist nun $h \in E$, so folgt für ein geeignetes $\lambda > 0$: $h \in \lambda B_r$; und damit

$$0 \leqslant D^2 f(x_0)\left(\frac{1}{\lambda} h, \frac{1}{\lambda} h\right) = \lambda^{-2} D^2 f(x_0)(h, h);$$

also ist $D^2 f(x_0)(h, h) \geqslant 0$, $\forall h \in E$, was zu zeigen war.

Bemerkung 5: Ist das Funktional $f: M \to \mathbb{R}$ nicht 2-mal auf M Fréchet-differenzierbar, so kann man zum Beispiel mit Hilfe der ersten und zweiten Variation entsprechende notwendige Bedingungen herleiten.

Besitzt $f: M \to \mathbb{R}$ in x_0 ein lokales Minimum, dann gilt

$$\Delta f(x_0, h) = 0, \qquad \forall h \in E.$$

$$\Delta^2 f(x_0, h) \geqslant 0, \qquad \forall h \in E,$$

falls $\Delta^2 f(x_0, h)$ für alle $h \in E$ existiert. Wie schon bemerkt, läßt sich die Existenz der n-ten Variation oft einfacher verifizieren als die Existenz der n-ten Fréchet-Ableitung.

III.3 Hinreichende Bedingung für ein Extremum

Nach dieser kurzen Diskussion der notwendigen Bedingungen besprechen wir nun einige hinreichende Bedingungen. Theorem III.3 besitzt fast eine Umkehrung:

Theorem III.4: *Es sei E ein Banach-Raum, $M \subset E$ eine offene Teilmenge und $f \in \mathscr{C}^2(M, \mathbb{R})$. Für einen Punkt $x_0 \in M$ gelte:*

(i) $Df(x_0) = 0$,

(ii) *$D^2 f(x_0)$ ist strikt positiv, d. h. $D^2 f(x_0)(h, h) \geqslant 0$, $\forall h \in E$ und $D^2 f(x_0)(h, h) > 0$ falls $h \neq 0$.*

Dann hat die Funktion f im Punkte x_0 ein striktes relatives Minimum (das heißt $f(x_0) < f(x_0 + h)$, $\forall h \in B_r$, $h \neq 0$ mit geeignetem $r > 0$.

Beweis: Zu $x_0 \in M$ wähle $r_1 > 0$ wie im Lemma III.2. Dann gilt für alle $h \in B_{r_1}$

$$f(x_0 + h) = f(x_0) + \tfrac{1}{2}D^2f(x_0)(h, h) + R_2(x_0, h)(h, h).$$

Skalieren wir mit $0 < \varepsilon \leqslant 1$, so folgt für alle $h \in B_{r_1}$

$$f(x_0 + \varepsilon h) - f(x_0) = \varepsilon^2[\tfrac{1}{2}D^2f(x_0)(h, h) + R_2(x_0, \varepsilon h)(h, h)].$$

Für hinreichend kleine $\varepsilon > 0$ ist $R_2(x_0, \varepsilon h)(h, h)$ gegenüber $\frac{1}{2}D^2f(x_0)(h, h)$ vernachlässigbar infolge $\lim_{\|h\| \to 0} R_2(x_0, h) = 0$ und Bedingung (ii). Also wird das Vorzeichen von $f(x_0 + \varepsilon h) - f(x_0)$, $h \in B_{r_1}$, $0 < \varepsilon < 1$ schließlich vom Vorzeichen von $\frac{1}{2}D^2f(x_0)(h, h)$ bestimmt. Daraus folgt die Behauptung.

Korollar III.5: *Durch den Übergang von f zu $-f$ beinhaltet Theorem III.4 auch hinreichende Bedingungen dafür, daß f in x_0 ein relatives Maximum hat.*

Bemerkung 6: Entsprechende hinreichende Bedingungen lassen sich ohne Mühe mit Hilfe der ersten und zweiten Variation ausdrücken.

Wie schon bemerkt, gelten besonders starke Aussagen, falls f konvex ist. Es gilt nämlich

Korollar III.6: *M sei eine offene Teilmenge des Banach-Raumes E; ferner gelte*

(i) *M ist konvex,*
(ii) *$f \in \mathscr{C}^1(M, \mathbb{R})$ ist konvex.*

Dann ist jeder kritische Punkt von f auch ein minimierender Punkt.

Beweis: Es sei x_0 ein kritischer Punkt von f, also $Df(x_0) = 0$. Betrachte die Hilfsfunktion

$$g(x) = f(x) - f(x_0)$$

auf M. Sie ist ebenfalls konvex und erfüllt $g(x_0) = 0$ und $Dg(x_0) = 0$. Hätte f in x_0 kein relatives Minimum, so gäbe es ein $x_1 \in B_{r_1}(x_0) \subset M$ so, daß

$$g(x_1) = -A^2 < 0$$

gilt. Betrachte eine weitere Hilfsfunktion G auf $[0, 1]$

$$G(t) = g(x_0 + t(x_1 - x_0)).$$

Nach der Kettenregel ist G auf $(0, 1)$ differenzierbar und hat die Ableitung

$$G'(t) = Dg(x_0 + t(x_1 - x_0))(x_1 - x_0).$$

Also folgt

$$G'(0) = \lim_{t \to 0_+} G'(t) = Dg(x_0)(x_0)(x_1 - x_0) = 0.$$

Aber andererseits gilt

$$G'(0) = \lim_{t \to 0_+} \frac{G(t) - G(0)}{t} = \lim_{t \to 0_+} \frac{1}{t} g(x_0 + t(x_1 - x_0)) \leqslant -A^2 < 0;$$

denn die Konvexität von g impliziert

$$g(x_0 + t(x_1 - x_0)) = g(tx_1 + (1 - t)x_0) \leqslant tg(x_1) + (1 - t)g(x_0) = tg(x_1);$$

also

$$\frac{1}{t} g(x_0 + t(x_1 - x_0)) \leqslant g(x_1) = -A^2, \qquad \forall t \in (0, 1).$$

Bemerkung 7: Sei $\mathscr{H}$ ein reeller Hilbert-Raum und $Q: \mathscr{H} \times \mathscr{H} \to \mathbb{R}$ eine symmetrische koerzitive Bilinearform, das heißt

$$Q(x, x) \geqslant c\|x\|^2, \qquad \forall x \in \mathscr{H}, \qquad c > 0.$$

Dann besitzt das Funktional (Satz I.12)

$$f(x) = Q(x, x) - T(x)$$

für jedes $T \in \mathscr{H}'$ ein eindeutiges Minimum x_0. Aus Satz III.1 folgt

$$Df(x_0)(h) = 2Q(x_0, h) - T(h) = 0,$$

das heißt

$$Q(x_0, h) = T(h), \qquad \forall h \in \mathscr{H}.$$

Im Spezialfall $Q(x, x) = \langle Ax, x \rangle$ und $T(x) = 2\langle x, u \rangle$ bekommt man für den minimierenden Punkt x_0 die notwendige und hinreichende Bedingung

$$Ax_0 = u.$$

Literatur

[III.1] R. Courant, D. Hilbert: Methoden der mathematischen Physik, Heidelberger Taschenbücher Nr. 30 – 31. Berlin-Heidelberg-New York: Springer. 1967 und 1968.

[III.2] W. Velte: Direkte Methoden der Variationsrechnung. Stuttgart: B. G. Teubner. 1976.

[III.3] L. C. Youngs: Calculus of Variation and Optimal Control Theory. Philadelphia: W. B. Saunders. 1969.

[III.4] I. M. Gelfand, S. V. Fomin: Calculus of Variations. Englewood Cliffs, N. J.: Prentice Hall Inc. 1963.

[III.5] P. Funk: Variationsrechnung und ihre Anwendung in Physik und Technik. Berlin-Göttingen-Heidelberg: Springer. 1962.

[III.6] M. Morse: The Calculus of Variations in the Large. Providence, R. I.: American Mathematical Society. 1934.

[III.7] S. Fučik, J. Nečas, V. Souček: Einführung in die Variationsrechnung. Leipzig: Teubner. 1977.

[III.8] A. Jaffe, C. Taubes: Vortices and Monopoles. Boston: Birkhäuser. 1980.

IV. Extrema unter Nebenbedingungen (Methode der Lagrange-Multiplikatoren)

IV.1 Geometrische Interpretation des Extremalproblems unter Nebenbedingungen

In vielen Anwendungen der Variationsrechnung ist nicht einfach das Minimum einer Funktion f auf einer offenen Menge U zu bestimmen, sondern es ist das Minimum von f unter gewissen Einschränkungen an die Punkte $x \in U$ zu bestimmen. Als ein bekanntes Beispiel für diese Art von Problemen führen wir das folgende aus der klassischen Mechanik an: Es ist das Minimum des Wirkungsfunktionals unter der Einschränkung zu bestimmen, daß die Bewegung in einer vorgegebenen Fläche verläuft. In diesem Fall besteht die Einschränkung also darin, daß die Punkte $x \in U$ eine Gleichung der Form $g(x) = 0$, nämlich die Gleichung für die vorgegebene Fläche, erfüllen.

Auch im allgemeinen Fall wollen wir nur solche Einschränkungen an die Punkte $x \in U$ betrachten, unter denen eine Funktion $f: U \to \mathbb{R}$ minimiert (maximiert) werden soll, die sich in Form einer Gleichung $g(x) = 0$ ausdrücken lassen. Wir sprechen dann von einem Variationsproblem mit Nebenbedingungen.

In einer für die Anwendung durchaus angemessenen Allgemeinheit formulieren wir das *Variationsproblem mit Nebenbedingung* daher folgendermaßen:

Es seien E_1 und E_2 zwei Banach-Räume und $U \subset E_1$ eine offene nicht leere Teilmenge. Ferner seien eine differenzierbare Abbildung $\phi: U \to E_2$, ein Punkt $y_0 \in \phi(U)$ und eine Funktion $f: U \to \mathbb{R}$ gegeben. Dann bezeichnen wir das Problem, Extremalpunkte der Funktion $f \upharpoonright M: M \to \mathbb{R}$ auf der Niveaufläche $M = \phi^{-1}(y_0) \subset U$ der Abbildung ϕ zu bestimmen, als das *Extremalproblem für die Funktion $f: U \to \mathbb{R}$ unter der Nebenbedingung $\phi(x) = y_0$*.

In vielen klassischen Anwendungsbeispielen ist U etwa eine offene Teilmenge des $\mathbb{R}^n$ und ϕ eine differenzierbare Abbildung von U in den $\mathbb{R}^m$. Dann ist die Niveaufläche $M = \phi^{-1}(y_0)$ von ϕ zu einem Punkt $y_0 \in \phi(U) \subset \mathbb{R}^m$ die durch

$$\{x \in U \mid \phi_j(x) - y_{0,j} = 0, j = 1, \ldots, m\} = M$$

bestimmte „Fläche“ in U, und das Extremalproblem für eine Funktion $f: U \to \mathbb{R}$ unter der Nebenbedingung $\phi(x) = y_0$ ist dann das Problem, die Extremalpunkte der Einschränkung von f auf diese „Fläche“ M zu bestimmen.

Im allgemeinen wird M keine offene Teilmenge von E_1 sein, so daß die Sätze des vorigen Abschnittes nicht unmittelbar anwendbar sind. Doch die Idee zur Lösung dieses Problems ist recht einfach: Unter geeigneten Voraussetzungen an die Abbildung ϕ kann man mit Hilfe des Satzes über implizite Funktionen derart lokale

Koordinaten auf der Niveaufläche $M = \phi^{-1}(y_0)$ einführen, daß in diesen lokalen Koordinaten die Ergebnisse des vorigen Abschnittes benutzt werden können.

Um die Lösung eines Variationsproblems mit Nebenbedingungen in geometrischen Termen zu illustrieren und um unser weiteres Vorgehen zu motivieren, betrachten wir zunächst einen sehr einfachen Fall und diskutieren dessen heuristische Lösung.

Es sei U eine offene Teilmenge des $\mathbb{R}^2$ und $\phi: U \to \mathbb{R}$ eine differenzierbare Abbildung. Wir wollen überlegen, welche Bedingungen für die Lösbarkeit des Variationsproblems für eine differenzierbare Funktion $f: U \to \mathbb{R}$ unter der Nebenbedingung $\phi(x) = y_0 \in \phi(U)$ notwendig sind.

Dazu stellen wir uns vor, daß die Niveaufläche $\phi^{-1}(y_0)$ von ϕ etwa folgenden Verlauf hat.

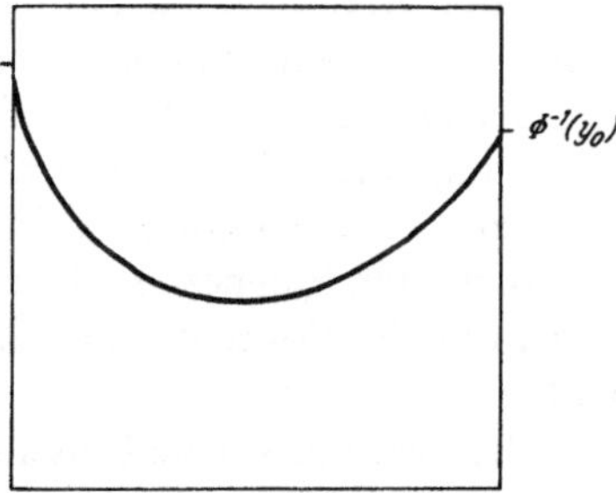

Des weiteren nehmen wir an, daß die Niveauflächen $f^{-1}(c)$ von f in der Umgebung eines Punktes $c_0 \in \mathbb{R}$ in Abhängigkeit von c folgenden Verlauf haben, wobei die folgende „Monotonie" vorausgesetzt ist:

$$c'' < c' < c_1 < c_0 < c_2.$$

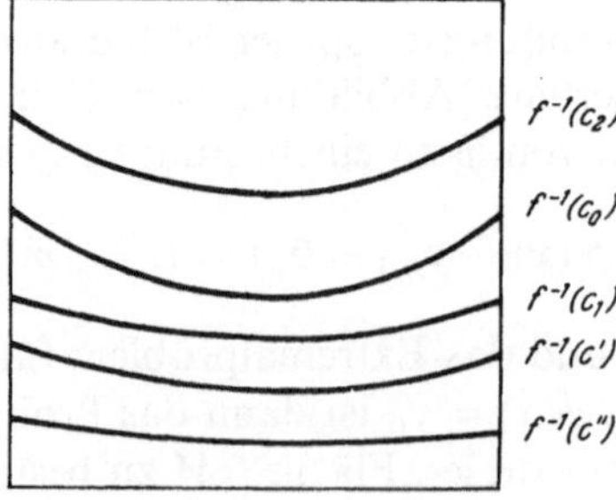

Setzen wir nun beide „Bilder zusammen", so können wir den Lösungsansatz ablesen.

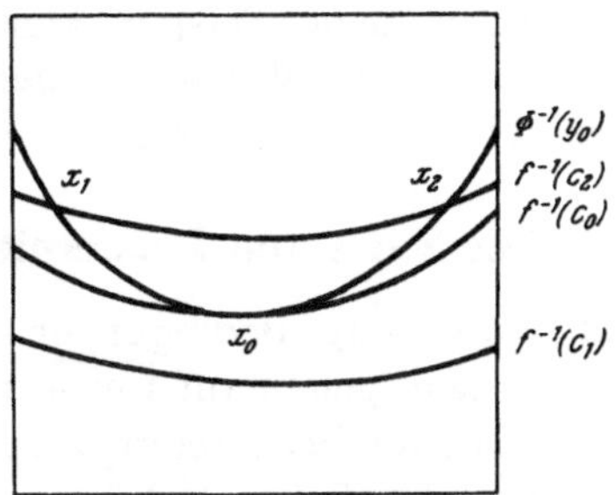

1. In den Punkten x_1, x_2 ist die Nebenbedingung $\phi(x_j) = y_0$ erfüllt, aber da $c_0 < f(x_j) = c_2$ gilt, ist f nicht minimal unter der Nebenbedingung $\phi(x) = y_0$.

2. Die Niveauflächen $\phi^{-1}(y_0)$ und $f^{-1}(c_0)$ berühren sich in einem Punkt $x_0 \in U$.

3. In keinem der Punkte der Niveaufläche $f^{-1}(c_1)$ ist die Nebenbedingung $\phi(x) = y_0$ erfüllt.

In diesem Beispiel ist also der minimierende Punkt gerade der Berührungspunkt x_0 der Niveauflächen $\phi^{-1}(y_0)$ und $f^{-1}(c_0)$ und $c_0 = f(x_0)$ ist der minimale Wert von f unter der Nebenbedingung $\phi(x) = y_0$.

Nun berühren sich die „Flächen“ $\phi^{-1}(y_0)$ und $f^{-1}(c_0)$ in einem Punkt x_0, wenn dieser Punkt zu beiden Flächen gehört und wenn die Tangenten an diese „Flächen“ in diesem Punkt übereinstimmen, das heißt wenn

$$(Df)(x_0) = \lambda(D\phi)(x_0) \tag{$*$}$$

mit einem geeigneten $\lambda \in \mathbb{R} \cong \mathscr{L}(\mathbb{R}, \mathbb{R})$ gilt.

Übung: Man überlege sich mit Hilfe des Satzes über implizite Funktionen, daß die Gleichung $(*)$ in der Tat die Gleichheit der Tangenten im Punkte x_0 charakterisiert.

Aus diesen heuristischen Überlegungen erhalten wir folgende Hinweise für die Behandlung des allgemeinen Falles:

1. Bestimme den Tangentialraum $T_{x_0}\phi^{-1}(y_0)$ der Niveaufläche einer differenzierbaren Abbildung $\phi: U \to E_2$, $U \subset E_1$ offen, E_1 und E_2 Banach-Räume, in einem Punkt $x_0 \in U$, $\phi(x_0) = y_0$.

Für differenzierbare Abbildungen $\phi: U \to \mathbb{R}^m$, $U \subset \mathbb{R}^n$, läßt sich unter gewissen Voraussetzungen zeigen, daß der Tangentialraum einer Niveaufläche $\phi^{-1}(y_0)$ in einem Punkt $x_0 \in U$, $\phi(x_0) = y_0$, durch

$$T_{x_0}\phi^{-1}(y_0) = \{x \in \mathbb{R}^n \mid \exists h \in \operatorname{Ker} \phi'(x_0): x = x_0 + h\} = x_0 + \operatorname{Ker} \phi'(x_0)$$

beschrieben werden kann. Das ist auch hier der Fall. Dabei bezeichnet Ker T (der Kern von T) bei einer Abbildung $T: E_1 \to E_2$ diejenigen Elemente von E_1, deren Bild das Nullelement von E_2 ist.

2. Verallgemeinere die obige Bedingung der Gleichheit der Tangenten zu einer entsprechenden Relation für die Tangentialräume.

Es wird sich

$$T_{x_0}\phi^{-1}(y_0) \subseteq T_{x_0}f^{-1}(c_0)$$

herausstellen; das heißt mit 1.

$$\operatorname{Ker} \phi'(x_0) \subseteq \operatorname{Ker} f'(x_0). \tag{$**$}$$

Übung: Man mache sich an Hand einfacher Beispiele klar, daß die Relation (∗∗) für die Tangentialräume die angemessene Verallgemeinerung der Gleichheit der Tangenten in unserem obigen einfachsten Beispiel ist.

IV.2 Die Sätze von Ljusternik

Die folgenden Sätze, welche notwendige Bedingungen für ein Variationsproblem mit Nebenbedingungen bereitstellen, gehen auf Ljusternik [IV.1] zurück. Dabei enthält der 2. Satz die gesuchten notwendigen Bedingungen, während der 1. Satz die oben erwähnte Charakterisierung der Tangentialräume liefert.

Theorem IV.1. *Es seien E_1, E_2 zwei Banach-Räume, $U \subset E_1$ eine offene nichtleere Teilmenge und $\phi: U \to E_2$ eine differenzierbare Abbildung. Dann ist die Menge*

$$T_{x_0}\phi^{-1}(y_0) = \{x \in E_1 \mid \exists h \in \operatorname{Ker} \phi'(x_0): x = x_0 + h\} = x_0 + \operatorname{Ker} \phi'(x_0)$$

in einem regulären Punkt x_0 der Abbildung ϕ, in dem Ker $\phi'(x_0)$ *ein topologisches Komplement in E_1 besitzt, ein „echter" Tangentialraum der Niveaufläche $\phi^{-1}(y_0)$ der Abbildung ϕ ($y_0 = \phi(x_0)$); das heißt, es gibt einen Homöomorphismus χ einer Umgebung U' von x_0 in $T_{x_0}\phi^{-1}(y_0)$ auf eine Umgebung V von x_0 in $\phi^{-1}(y_0)$ mit folgenden Eigenschaften*:

(i) $\chi(x_0 + h) = x_0 + h + \varphi(h)$, $\forall x_0 + h \in U'$.

(ii) φ *ist stetig und erfüllt*

$$\lim_{h \to 0} \frac{1}{\|h\|_1} \|\varphi(h)\|_1 = 0.$$

Bemerkung: Zur Definition und zur Charakterisierung der Existenz topologischer Komplemente verweisen wir auf [IV.3].

Beweis: Zur geometrischen Illustration der folgenden Rechnungen ist es hilfreich, eine zweidimensionale Version des Problems vor Augen zu haben:

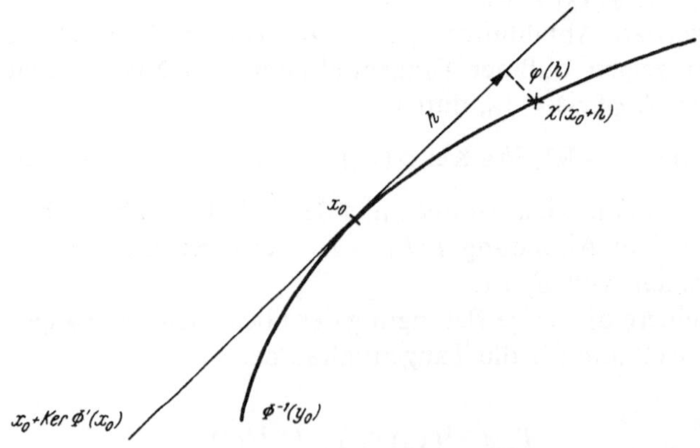

a) In einem regulären Punkt $x_0 \in U$ von ϕ ist $\phi'(x_0)$ eine surjektive stetige lineare Abbildung von E_1 auf E_2. Der Kern $K = \operatorname{Ker} \phi'(x_0)$ dieser Abbildung ist also ein abgeschlossener Teilraum von E_1, der nach Voraussetzung ein topologisches Komplement L in E_1 besitzt, so daß die direkte Summenzerlegung

$$E_1 = K + L$$

von E_1 resultiert. Folglich gibt es stetige lineare Abbildungen p und q von E_1 auf K bzw. L mit folgenden Eigenschaften:

$$K = \operatorname{Ran} p = \operatorname{Ker} q; \qquad L = \operatorname{Ker} p = \operatorname{Ran} q;$$
$$p^2 = p,\ q^2 = q, \qquad p + q = id.$$

b) Da U offen ist, gibt es ein $r > 0$, so daß die offene Kugel

$$B_r = \{x \in E_1 \mid \|x\|_1 < r\}$$

die Relation

$$x_0 + B_r + B_r \in U$$

erfüllt. Erkläre nun eine Abbildung

$$\psi: K \cap B_r \times L \cap B_r \to E_2$$

durch

$$\psi(h, g) := \phi(x_0 + h + g), \qquad \forall h \in K \cap B_r, \qquad \forall g \in L \cap B_r.$$

Nach Wahl von r ist ψ wohldefiniert. ψ hat folgende Eigenschaften:

α) $\psi(0,0) = \phi(x_0) = y_0$.
β) ψ ist stetig differenzierbar, und es gilt
  i) $\psi_{,h}(0,0) = \phi'(x_0) \upharpoonright K = 0 \in \mathscr{L}(K, E_2)$,
  ii) $\psi_{,g}(0,0) = \phi'(x_0) \upharpoonright L \in \mathscr{L}(L, E_2)$.

Da die Abbildung $\phi'(x_0)$ surjektiv und auf dem Komplement L ihres Kernes K injektiv ist, ist $\psi_{,g}(0,0)$ eine bijektive stetige lineare Abbildung des Banach-Raumes L auf den Banach-Raum E_2. Der Satz von der inversen Abbildung [Anhang 1] liefert also, daß auch

$$\psi_{,g}(0,0)^{-1}: E_2 \to L$$

eine stetige lineare Abbildung ist.

c) Die in b) festgestellten Eigenschaften der Abbildung ψ erlauben, den Satz über implizite Funktionen [z. B. Dieudonné] auf das Problem $\psi(h, g) = y_0$ anzuwenden. Dieser Satz impliziert: Es gibt ein $\delta \in (0, r)$ und auf $K \cap B_\delta$ eine eindeutig bestimmte stetig differenzierbare Funktion φ: $K \cap B_\delta \to L$, so daß

$$y_0 = \psi(h, \varphi(h)), \qquad \forall h \in K \cap B_\delta,$$
$$\varphi(0) = 0,$$
$$\varphi'(0) = -\psi_{,g}(0,0)^{-1}\psi_{,h}(0,0)$$

gelten. Es folgt $\varphi'(0) = 0$ und somit

$$\lim_{h \to 0} \frac{1}{\|h\|_1} \|\varphi(h)\|_1 = 0.$$

d) Mit φ ist auch die folgende Abbildung

$$\chi: x_0 + K \cap B_\delta \to M, \qquad \chi(x_0 + h) = x_0 + h + \varphi(h)$$

stetig. Per Konstruktion gilt

$$y_0 = \psi(h, \varphi(h)) = \phi(x_0 + h + \varphi(h)),$$

so daß χ tatsächlich in M abbildet. Da h und $\varphi(h)$ in komplementären Teilräumen von E_1 liegen, ist χ injektiv; folglich ist χ auf

$$V = \{x_0 + h + \varphi(h) \mid h \in K \cap B_\delta\} \subset M$$

invertierbar:

$$\chi^{-1}(x_0 + h + \varphi(h)) = x_0 + h.$$

Da $\operatorname{Ran} p = K$ und $\operatorname{Ker} p = L$ gilt, haben wir auch

$$\chi^{-1}(x_0 + h + \varphi(h)) = x_0 + p(h + \varphi(h)),$$

so daß χ^{-1} ebenfalls stetig ist. Folglich ist χ ein Homöomorphismus von $U' = x_0 + K \cap B_\delta$ auf $V \subset M$.

Mit den in c) festgestellten Eigenschaften von φ ist der Beweis vollständig. Dieser Satz enthält außer der natürlichen Voraussetzung über die Regularität des Punktes x_0 die „technische Voraussetzung", daß der Kern $K = \operatorname{Ker} \phi'(x_0)$ von $\phi'(x_0)$: $E_1 \to E_2$ ein topologisches Komplement in E_1 besitzt. Diese Voraussetzung ist in der allgemeinen Situation nicht so einfach nachzuprüfen. Wir wollen nun zeigen, daß diese Voraussetzung der allgemeinen Situation des Satzes IV.1 durchaus angemessen ist, indem wir beweisen, daß sie für drei wichtige und große Klassen von Spezialfällen „automatisch" erfüllt ist:

Fall 1: $E_1 = \mathscr{H}_1$ ist ein Hilbert-Raum.
Fall 2: E_2 ist ein endlichdimensionaler Banach-Raum.
Fall 3: $\phi: U \to E_2$ ist eine *Fredholm-Abbildung*.

Dabei heißt eine differenzierbare Abbildung $\phi: U \to E_2$ eine *Fredholm-Abbildung* von U in E_2, falls für alle $x \in U$, $D\phi(x) \equiv \phi'(x)$ ein Fredholm-Operator von E_1 in E_2 ist. Definitionsgemäß ist ein linearer stetiger Operator A von E_1 in E_2 genau dann ein *Fredholm-Operator*, wenn

(i) $\dim \operatorname{Ker} A < \infty$,
(ii) $\operatorname{Ran} A = A(E_1) \subset E_2$ ist abgeschlossen in E_2,
(iii) $\operatorname{codim} \operatorname{Ran} A = \dim E_2/\operatorname{Ran} A < \infty$

gelten.

Die wichtigsten Eigenschaften von Fredholm-Operatoren sind zum Beispiel in Hirzebruch, Scharlau, BI 26a auf Seite 107 bis 112 diskutiert und bewiesen.

Wenn E_1 ein Hilbert-Raum ist, so ist $K = \operatorname{Ker} \phi'(x_0)$ ein Unterraum, so daß der Projektionssatz [Anhang 1] die Existenz des topologischen Komplementes $L = K^\perp$ garantiert, und wir haben dann sogar eine Zerlegung von E_1 in eine orthogonale direkte Summe: $E_1 = K \oplus K^\perp$.

Wenn E_2 ein endlichdimensionaler Banach-Raum und $\phi'(x_0): E_1 \to E_2$ eine surjektive stetige lineare Abbildung ist, so gibt es linear unabhängige Vektoren

$e_1, \ldots, e_m$ in E_1, so daß $\{f_1, \ldots, f_m\}$, $f_j = \phi'(x_0)(e_j)$ eine Basis von E_2 ist. Es bezeichne V den von $\{e_1, \ldots, e_m\}$ aufgespannten m-dimensionalen Teilraum von E_1. Ein allgemeiner Satz (Satz 32, S. 107 in [IV.3]) oder einfache direkte Überlegungen zeigen, daß V ein topologisches Komplement in E_1 besitzt. (Für jedes $x \in E_1$ gilt $\phi'(x_0)(x) = \sum_{j=1}^{m} \lambda_j(x) f_j \in E_2$, erkläre $px := \sum_{j=1}^{m} \lambda_j(x) e_j$ und $qx := x - px$ und zeige, daß p und q die erforderlichen Eigenschaften besitzen, dazu können wir annehmen, daß $f_1, \ldots, f_m$ die Standardbasis des $\mathbb{R}^m \cong E_2$ ist.)

Korollar IV.2: *Es seien E_1, E_2 zwei Banach-Räume, $U \subset E_1$ eine offene nichtleere Teilmenge und $\phi: U \to E_2$ eine differenzierbare Abbildung. In jedem der oben erwähnten drei Fälle ist der Tangentialraum der Niveaufläche $\phi^{-1}(y_0)$ in jedem regulären Punkt $x_0 \in \phi^{-1}(y_0)$ durch*

$$T_{x_0}\phi^{-1}(y_0) = x_0 + \operatorname{Ker} \phi'(x_0)$$

gegeben.

Der folgende Satz von Ljusternik enthält notwendige Bedingungen für die Lösung des Extremalproblems unter Nebenbedingungen. Er ist in erster Linie nützlich zur expliziten Berechnung der Extremalpunkte, wenn deren Existenz etwa als Konsequenz der Ergebnisse von Kap. I gesichert ist. Dieser Satz begründet auch die berühmte Methode der Lagrangeschen Multiplikatoren und ist somit als fundamental anzusehen.

Theorem IV.3: *Es seien E_1 und E_2 Banach-Räume, $U \subset E_1$ eine offene Teilmenge, $\phi: U \to E_2$ eine differenzierbare Abbildung und $f: U \to \mathbb{R}$ eine differenzierbare Funktion. f besitze in einem Punkt $x_0 \in U$ ein lokales Extremum unter der Nebenbedingung $\phi(x) = y_0 = \phi(x_0) \in E_2$. Falls x_0 ein regulärer Punkt der Abbildung ϕ ist und falls* Ker $\phi'(x_0)$ *ein topologisches Komplement in E_1 besitzt, so existiert eine stetige lineare Funktion $l: E_2 \to \mathbb{R}$, so daß x_0 ein kritischer Punkt der Funktion*

$$F = f - l \circ \phi : U \to \mathbb{R}$$

ist, das heißt, es gilt

$$f'(x_0) = l \circ \phi'(x_0).$$

Beweis: a) Es sei L das topologische Komplement von $K = \operatorname{Ker} \phi'(x_0)$ in E_1; dann ist $H := \phi'(x_0) \restriction L$ eine injektive stetige lineare Abbildung des Banach-Raumes L auf den Banach-Raum E_2, weil x_0 ein regulärer Punkt von ϕ ist. Der Satz von der inversen Abbildung [Anhang 1] impliziert, daß auch $H^{-1}: E_2 \to L$ linear und stetig ist.

b) Die Hypothesen dieses Satzes erlauben, Theorem IV.1 anzuwenden. Somit können wir die Punkte x der Niveaufläche $\phi^{-1}(y_0)$ in der Umgebung V des Punktes $x_0 \in \phi^{-1}(y_0)$ durch

$$x = x_0 + h + \varphi(h), \qquad h \in K \cap B_\delta$$

($\delta > 0$ wie im Beweis von Theorem IV.1) beschreiben. f habe etwa in x_0 ein lokales Minimum unter der Nebenbedingung $\phi(x) = y_0$. Dann gibt es ein $\delta_0 > 0$, $\delta_0 \leqslant \delta$, so daß

$$f(x_0) \leqslant f(x_0 + h + \varphi(h)), \qquad \forall h \in K \cap B_{\delta_0}$$

gilt. Es folgt

$$0 \leqslant f'(x_0)(h) + f'(x_0)(\varphi(h)) + o(x_0; h + \varphi(h)), \qquad \forall h \in K \cap B_{\delta_0}$$

und so in bekannter Schlußweise $f'(x_0)(h) = 0$, $\forall h \in K \cap B_{\delta_0}$ und damit auch $f'(x_0)(h) = 0$, $\forall h \in K$, das heißt

$$K = \operatorname{Ker} \phi'(x_0) \subseteq \operatorname{Ker} f'(x_0). \tag{$*$}$$

c) Bezeichnen wir mit q die kanonische Projektion von E_1 auf das topologische Komplement L von K, so erlaubt die Relation $(*)$, eine stetige lineare Funktion $\hat{f}'(x_0): L \to \mathbb{R}$ durch

$$\hat{f}'(x_0)q(x) = f'(x_0)(x), \qquad \forall x \in E_1$$

zu definieren, denn $q(x_1) = q(x_2)$ impliziert $x_1 - x_2 \in K$ und so nach $(*)$ $f'(x_0)(x_1) = f'(x_0)(x_2)$.

Nach a) ist somit

$$l: \hat{f}'(x_0) \circ H^{-1}: \quad E_2 \to \mathbb{R}$$

eine wohldefinierte stetige lineare Funktion. Für alle $x \in E_1$ gilt mit $x = px + qx$, $p: E_1 \to K$ kanonische Projektion,

$$\begin{aligned} l \circ \phi'(x_0)(x) &= \hat{f}'(x_0) \circ H^{-1} \circ \phi'(x_0)(x) \\ &= \hat{f}'(x_0) \circ H^{-1} \circ \phi'(x_0)(px + qx) \\ &= \hat{f}'(x_0) \circ H^{-1} \circ \phi'(x_0)(qx) = f'(x_0)(qx) = f'(x_0)(x), \end{aligned}$$

das heißt $l \circ \phi'(x_0) = f'(x_0)$; also ist x_0 in der Tat ein kritischer Punkt der Funktion $F = f - l \circ \phi$, und Theorem IV.3 ist bewiesen.

Falls E_2 ein m-dimensionaler reeller Banach-Raum ist, etwa $E_2 = \mathbb{R}^m$, so ist jede (stetige) lineare Funktion $l: E_2 \to \mathbb{R}$ eindeutig durch ein m-Tupel reeller Zahlen $(\lambda_1, \ldots, \lambda_m)$ charakterisiert und Theorem IV.3 liefert sogleich den bekannten Satz über die Existenz der Lagrange-Multiplikatoren [III.4].

Theorem IV.3′: *Es sei $U \subset \mathbb{R}^n$ offen und $f: U \to \mathbb{R}$ eine differenzierbare Funktion; ferner sei $\phi: U \to \mathbb{R}^m$ eine stetig differenzierbare Abbildung. Die Funktion f nehme in einem regulären Punkt $x^0 \in U$ der Abbildung ϕ (das heißt $\operatorname{rg} \phi'(x^0) = m$) unter der Nebenbedingung $\phi(x) = y^0 \in \mathbb{R}^m$ ein lokales Extremum an. Dann gibt es reelle Zahlen $\lambda_1, \ldots, \lambda_m$, so daß*

$$\frac{\partial f}{\partial x_i}(x^0) = \sum_{j=1}^{m} \lambda_j \frac{\partial \phi_j}{\partial x_i}(x^0), \qquad i = 1, \ldots, n$$

gilt.

Dieser Satz besagt also, daß als Extremalpunkte $x^0 \in U$ der Funktion f unter der Nebenbedingung $\phi(x) = y^0$ höchstens die Lösungen $(\lambda, x^0) \in \mathbb{R}^m \times U$ des folgenden Gleichungssystems in Frage kommen:

$$\frac{\partial f}{\partial x_1}(x^0) = \lambda_1 \frac{\partial \phi_1}{x_1}(x^0) + \cdots + \lambda_m \frac{\partial \phi_m}{\partial x_1}(x^0),$$
$$\cdots\cdots\cdots\cdots\cdots\cdots\cdots\cdots\cdots\cdots\cdots\cdots$$
$$\frac{\partial f}{\partial x_n}(x^0) = \lambda_1 \frac{\partial \phi_1}{\partial x_n}(x^0) + \cdots + \lambda_m \frac{\partial \phi_m}{\partial x_n}(x^0),$$
$$y_1^0 = \phi_1(x^0),$$
$$\cdots\cdots\cdots$$
$$y_m^0 = \phi_m(x^0).$$

Das sind gerade $n + m$ Gleichungen für $n + m$ Unbekannte.

In der Form von Theorem IV.3′ hat der Satz über die Existenz von Lagrange-Multiplikatoren zahlreiche wichtige Anwendungen gefunden [III.4]. Wir erwähnen ein einfaches Beispiel, welches zumindest teilweise die Allgemeinheit von Theorem IV.3 ausnutzt.

Es sei A ein selbstadjungierter beschränkter linearer Operator in einem Hilbert-Raum $\mathscr{H}$ und $x_0 \in \mathscr{H}$, $\|x_0\| = 1$, ein minimierender Punkt der Funktion

$$f(x) = \langle x, Ax \rangle$$

unter der Nebenbedingung

$$\phi(x) = \|x\|^2 = 1.$$

Dann besagt Theorem IV.3: Es gibt ein $\lambda \in \mathbb{R}$, so daß

$$f'(x_0) = \lambda \phi'(x_0)$$

gilt. Nun ist

$$f'(x_0)(h) = 2\,\mathrm{Re}\langle Ax_0, h \rangle \qquad \text{und} \qquad \phi'(x_0)(h) = 2\,\mathrm{Re}\langle x_0, h \rangle, \qquad \forall h \in \mathscr{H}.$$

Das gibt

$$2\,\mathrm{Re}\langle Ax_0, h \rangle = 2\lambda\,\mathrm{Re}\langle x_0, h \rangle, \qquad \forall h \in \mathscr{H}$$

und so

$$Ax_0 = \lambda x_0,$$

das heißt x_0 ist ein Eigenvektor von A zum reellen Eigenwert λ.

Dabei haben wir ausgenutzt, daß jeder Punkt $x \in \mathscr{H}$, $\|x\| = 1$, ein regulärer Punkt der Abbildung $\phi(x) = \|x\|^2$ ist.

Dieses Beispiel deutet an, wie man die Existenz von Eigenwerten gewisser beschränkter selbstadjungierter Operatoren in Hilbert-Räumen beweisen kann. Wir werden das später beim Beweis des Spektralsatzes für kompakte Operatoren ausführlich besprechen.

IV.3 Notwendige und hinreichende Bedingungen für Extrema unter Nebenbedingungen

Theorem IV.3 stellt den Teil der notwendigen Bedingungen für das Vorliegen eines lokalen Minimums einer Funktion $f: U \to \mathbb{R}$ unter einer Nebenbedingung $\phi: U \to E_2$, $U \subset E_1$ offen, fest, der in den Anwendungen am meisten benutzt wird. Jedoch ist es auch in dieser Situation wichtig, hinreichende Bedingungen zu kennen. Diese können relativ einfach aus Theorem IV.1 bzw. aus dem Beweis dieses Satzes gewonnen werden.

Es sei also $x_0 \in M_{y_0} = \phi^{-1}(y_0)$ ein regulärer Punkt der Abbildung ϕ, für den $K = \operatorname{Ker} \phi'(x_0)$ ein topologisches Komplement L in E_1 besitzt. Gemäß Theorem IV.1 existiert eine eindeutig bestimmte $\mathscr{C}^1$-Funktion $\varphi: K \cap B_\delta \to L$, welche in einer geeigneten Umgebung V von x_0 in M_{y_0} lokale Koordinaten der Niveaufläche M_{y_0} liefert:

$$x \in V \subset M_{y_0} \Leftrightarrow x = x_0 + h + \varphi(h), \qquad h \in K \cap B_\delta.$$

Wenn wir nun ϕ als $\mathscr{C}^2$-Abbildung von U in E_2 annehmen, so folgt, daß auch φ eine $\mathscr{C}^2$-Abbildung $K \cap B_\delta \to L$ ist. Aus der Gleichung $y_0 = \phi(x_0 + h + \varphi(h))$, $\forall h \in K \cap B_\delta$ können wir leicht die 1. und 2. Ableitung von φ berechnen. Unter Beachtung von $\varphi(0) = 0$ und $\varphi'(0) = 0$ erhalten wir

$$D^2\varphi(0) = -(\phi'(x_0) \restriction L)^{-1} \circ (D^2\phi)(x_0),$$

wobei natürlich $D^2\varphi(0)$ als stetige Bilinearform von K in L anzusehen ist.

Die Extremaleigenschaften einer $\mathscr{C}^2$-Funktion $f: U \to \mathbb{R}$ unter der Nebenbedingung $\phi(x) = y_0$ sind durch die entsprechenden Eigenschaften der Einschränkung $f_{y_0} = f \restriction M_{y_0}$ von f auf die Niveaufläche M_{y_0} von ϕ bestimmt, das heißt in der Umgebung $V \subset M_{y_0}$ eines regulären Punktes $x_0 \in M_{y_0}$ von ϕ, in dem $K = \operatorname{Ker} \phi'(x_0)$ ein topologisches Komplement besitzt, durch die entsprechenden Extremaleigenschaften der durch

$$F(h) = f(x_0 + h + \varphi(h))$$

definierten Funktion von $K \cap B_\delta$ in $\mathbb{R}$.

F ist nun eine $\mathscr{C}^2$-Funktion auf der offenen Teilmenge $K \cap B_\delta = \{h \in K \mid \|h\| < \delta\}$ des Banach-Raumes K, für die unsere alten Kriterien (Satz III, 3/4.) wieder anwendbar sind. Dazu berechnen wir die 1. und 2. Fréchet-Ableitung von F in $h = 0$. Aus $\varphi(h) = \frac{1}{2}(D^2\varphi)(0)(h, h) + o(h, h)$ folgt

$$\begin{aligned} F(h) &= f(x_0) + Df(x_0)(h + \varphi(h)) + \frac{1}{2!} D^2 f(x_0)(h + \varphi(h), h + \varphi(h)) \\ &\quad + o(h + \varphi(h), h + \varphi(h)) \\ &= f(x_0) + Df(x_0)(h) + \tfrac{1}{2}[D^2 f(x_0) + Df(x_0) \circ D^2\varphi(0)](h, h) + o(h, h), \end{aligned}$$

also

$$\begin{aligned} DF(0) &= Df(x_0) \restriction K, \\ D^2F(0) &= D^2 f(x_0) + Df(x_0) \circ D^2\varphi(0). \end{aligned}$$

Setzen wir nun für $D^2\varphi(0)$ den obigen Ausdruck ein, so erhalten wir aus den Sätzen III.3 und III.4 das folgende Theorem.

Theorem IV.4 Notwendige und hinreichende Bedingungen für Extrema unter Nebenbedingungen: *Es seien E_1 und E_2 reelle Banach-Räume, $U \subset E_1$ eine offene nicht leere Teilmenge und $\phi: U \to E_2$ eine $\mathscr{C}^2$-Abbildung. Für ein $y_0 \in \phi(U)$ bestehe die Niveaufläche $M_{y_0} = \phi^{-1}(y_0) \subset U$ von ϕ nur aus regulären Punkten x von ϕ, in denen der Kern $K_x \subset E_1$ von $D\phi(x): E_1 \to E_2$ ein topologisches Komplement L_x in E_1 besitzt. Dann gilt für jede $\mathscr{C}^2$-Funktion $f: U \to \mathbb{R}$:*

a) Wenn f unter der Nebenbedingung $\phi(x) = y_0$ in einem Punkt $x_0 \in M_{y_0}$ ein lokales Minimum annimmt, so gelten die folgenden Bedingungen:

(i) $Df(x_0) \restriction K_{x_0} = 0$,

(ii) $[D^2f(x_0) - Df(x_0) \circ (D\phi(x_0) \restriction L_{x_0})^{-1} \circ D^2\phi(x_0)](h, h) \geqslant 0, \qquad \forall h \in K_{x_0}$.

b) Wenn umgekehrt (i) *und* (ii) *gelten und wenn in* (ii) *der Fall des Gleichheitszeichens nur für $h = 0$ eintritt, so hat die Funktion f in x_0 unter der Nebenbedingung $\phi(x) = y_0$ ein lokales Minimum.*

Bemerkung: Die Aussage des Theorems IV.3 über die Existenz eines Lagrange-Multiplikators $l \in \mathscr{L}(E_2, \mathbb{R})$ ist eine Verschärfung der Bedingung (i), denn $f'(x_0) = l \circ \phi'(x_0)$ impliziert sogleich $f'(x_0) \restriction K_0 = l \circ \phi'(x_0) \restriction \operatorname{Ker} \phi'(x_0) = 0$.

Die obigen Ausführungen deuten bereits an, daß das, was bisher für Extremalpunkte getan wurde, auch allgemein für kritische Punkte durchgeführt werden kann. Zu diesem Zwecke trifft man die natürliche

Definition IV.5: Es seien E_1, E_2 Banach-Räume, $U \subset E_1$ offen, $\phi: U \to E_2$ eine differenzierbare Abbildung und $f: U \to \mathbb{R}$ eine differenzierbare Funktion.

$x_0 \in U$ heißt ein *kritischer Punkt von f unter der Nebenbedingung* $\phi(x) = y_0 \in \phi(U)$ genau dann, wenn

(i) $\phi(x_0) = y_0$ und

(ii) x_0 ist kritischer Punkt der Funktion

$$f_{y_0} := f \restriction \phi^{-1}(y_0): \phi^{-1}(y_0) \to \mathbb{R}$$

gelten.

Dann folgt in einfacher Weise

Theorem IV.6: *In der in Definition IV.5 beschriebenen Situation ist ein regulärer Punkt x_0 der Abbildung ϕ genau dann ein kritischer Punkt der Funktion f unter der Nebenbedingung $\phi(x) = y_0$, wenn*

a) $f'(x_0) \restriction \operatorname{Ker} \phi'(x_0) = 0$ *oder*

b) $f'(x_0) = l \circ \phi'(x_0)$

mit einer stetigen linearen Funktion $l: E_2 \to \mathbb{R}$ gelten. Dabei ist vorausgesetzt, daß der Kern K von $\phi'(x): E_1 \to E_2$ für $x \in \phi^{-1}(y_0)$ ein topologisches Komplement besitzt.

Beweis: Im Beweis von Theorem IV.4 wurde unter anderem gezeigt, daß in einem regulären Punkt $x \in \phi^{-1}(y_0)$ der Abbildung ϕ

$$f'_{y_0}(x) = f'(x) \restriction \operatorname{Ker} \phi'(x)$$

gilt. Also ist die Bedingung a) notwendig und hinreichend.

Die Bedingung a) folgt natürlich unmittelbar aus Bedingung b). Umgekehrt gelte a); diese Bedingung besagt

$$\operatorname{Ker} \phi'(x_0) \subseteq \operatorname{Ker} f'(x_0).$$

Wir können daraus wie beim Beweis von Theorem IV.3 auf die Existenz eines „Lagrange-Multiplikators", $l \in \mathscr{L}(E_2, \mathbb{R})$, schließen, so daß Bedingung b) resultiert.

IV.4 Ein Spezialfall

Die Methode der Lagrange-Multiplikatoren läßt sich vorteilhaft zur Behandlung von Eigenwertproblemen bei nicht-linearen Eigenwert-Gleichungen anwenden (siehe Kap. VIII). In diesen Anwendungen ist eine $\mathscr{C}^1$-Funktion $\phi: E \to \mathbb{R}$ auf einem reellen Banach-Raum E gegeben, und es ist eine $\mathscr{C}^1$-Funktion $H: E \to \mathbb{R}$ auf einer Niveaufläche $M_c = \phi^{-1}(c)$, $c \in \mathbb{R}$, zu untersuchen, insbesondere möchte man die kritischen Punkte der Einschränkung H_c von H auf M_c charakterisieren. Da in diesem Fall der Banach-Raum E_2 einfach gleich $\mathbb{R}$ ist, können wir unsere bisherigen Ergebnisse leicht detaillierter formulieren.

Theorem IV.7: *Es sei $\phi: E \to \mathbb{R}$ eine $\mathscr{C}^1$-Funktion auf dem reellen Banach-Raum E und $H_c = H \restriction M_c$ bezeichne die Einschränkung der $\mathscr{C}^1$-Funktion $H: E \to R$ auf die Niveaufläche $M_c = \phi^{-1}(c)$, $c \in \phi(E) \subset \mathbb{R}$, von ϕ.*

Dann existiert zu allen regulären Punkten x von ϕ ein Punkt $N(x) = N_\phi(x) \in E$, welcher nicht im Kern K_x von $D\phi(x) \equiv \phi'(x) \in \mathscr{L}(E, \mathbb{R}) = E'$ liegt, so daß

$$\langle \phi'(x), N(x) \rangle = 1$$

gilt. Mit Hilfe dieser Funktion $x \to N(x)$ auf den regulären Punkten von ϕ können folgende Relationen zwischen den Differentialen von H und H_c festgestellt werden:

$$DH_c(x) = DH(x) \restriction \operatorname{Ker} \phi'(x).$$

a) Setzen wir

$$\xi_H(x) = \langle H'(x), N(x) \rangle,$$

so gilt

$$\|H'(x) - \xi_H(x)\phi'(x)\|_{E'} \leqslant (1 + \|\phi'(x)\|_{E'}\|N(x)\|_E)\|DH_c(x)\|_{T_x^*(M_c)}.$$

b) Ein regulärer Punkt x von ϕ ist ein kritischer Punkt von H_c genau dann, wenn

$$H'(x) = \xi_H(x)\phi'(x)$$

gilt.

Beweis: Ist $x \in M_c$ ein regulärer Punkt von ϕ, so ist $\phi'(x) \in \mathscr{L}(E, \mathbb{R}) = E'$ ein von Null verschiedenes Element des Dualraumes E' von E und bestimmt somit eindeutig eine echte Hyperebene $K_x = \operatorname{Ker} \phi'(x)$ in E.

Ferner gibt es ein $y(x) \in E \backslash K_x$, so daß $\langle \phi'(x), y(x) \rangle = 1$ gilt. Damit resultiert die Zerlegung von E in eine topologische direkte Summe

$$E = K_x + \mathbb{R}N(x).$$

wenn wir $N(x) = (id - p(x))y(x)$ setzen, wobei $p(x)$ den Projektor von E auf K_x

bezeichnet. Es folgt

$$\langle \phi'(x), N(x)\rangle = 1 \qquad \text{und} \qquad N(x) \in E\backslash K_x.$$

Setzen wir nun $\xi_H(x) = \langle H'(x), N(x)\rangle$, so folgt für alle $u \in E$

$$\langle \xi_H(x)\phi'(x), u\rangle = \langle H'(x), \beta(u)N(x)\rangle, \qquad \beta(u) = \langle \phi'(x), u\rangle$$

und somit

$$\begin{aligned}\langle H'(x) - \xi_H(x)\phi'(x), u\rangle &= \langle H'(x), u - \beta(u)N(x)\rangle = \langle H'(x), p(x)u\rangle \\ &= \langle DH_c(x), p(x)u\rangle,\end{aligned}$$

also wegen

$$\begin{aligned}&\|p(x)u\|_{T_x(M_c)} = \|u - \beta(u)N(x)\|_E \leqslant (1 + \|\phi'(x)\|_{E'}\|N(x)\|_E)\|u\|_E, \\ &\|H'(x) - \xi_H(x)\phi'(x)\|_{E'} \leqslant \|DH_c(x)\|_{T_x^*(M_c)}(1 + \|\phi'(x)\|_{E'}\|N(x)\|_E),\end{aligned}$$

das heißt gerade die Aussage.

Wenn x ein kritischer Punkt von H_c ist, so gilt definitionsgemäß $DH_c(x) = 0$, und damit folgt die Relation $H'(x) = \xi_H(x)\phi'(x)$ aus a).

Wenn umgekehrt diese Relation gilt, so folgt für alle $u \in T_x(M_c) \cong K_x$ unter Beachtung von $\beta(u) = 0$

$$\begin{aligned}\langle DH_c(x), u\rangle &= \langle H'(x), u\rangle = \langle H'(x), u\rangle - \langle H'(x), \beta(u)N(x)\rangle \\ &= \langle H'(x), u\rangle - \langle \xi_H(x)\phi'(x), u\rangle \\ &= \langle H'(x) - \xi_H(x)\phi'(x), u\rangle = \langle 0, u\rangle = 0,\end{aligned}$$

also $DH_c(x) = 0$, das heißt x ist ein kritischer Punkt von H_c.

Bemerkung: Teil a) dieses Satzes wird wichtig, wenn man hinreichende Bedingungen für die sogenannte Palais-Smale-Bedingung (Kap. VIII) begründen will. In Teil b) ist der Lagrange-Multiplikator explizit bestimmt.

Literatur

[IV.1] L. A. Ljusternik: On conditional extrema of functions. Mat. Sbornik **41**, 3 (1934).

[IV.2] J. Dieudonné: Grundzüge der modernen Analysis. Berlin: Verlag der Wiss. 1972–1976.

[IV.3] A. P. Robertson, W. J. Robertson: Topologische Vektorräume, BI Taschenbücher 164. Mannheim 1964.

[IV.4] J. T. Schwartz: Nonlinear Functional Analysis. New York: Gordon and Breach. 1969.

[IV.5] K. Maurin: Calculus of Variations and Classical Field Theory, Part I, Lecture Notes Series No. 34. Matematisk Institut Aarhus Universitet 1976.

V. Klassische Variationsprobleme

V.1 Allgemeine Bemerkungen

In vielen Anwendungen der Variationsrechnung hat man genaue Information über die Form des zu minimierenden Funktionals f. Praktisch heißt das, daß das zu minimierende Funktional f folgende Form hat:

$$f(\varphi) = \int_I F(t, \varphi(t), \varphi'(t), \ldots, \varphi^{(n)}(t))\, dt, \qquad \varphi^{(p)}(t) = \frac{d^p \varphi}{dt^p}(t),$$

mit einer gewissen Funktion $F: I \times \mathbb{R}^{n+1} \to \mathbb{R}$, $\varphi: I \to \mathbb{R}$ und einem kompakten Intervall $I = [a, b]$, bzw. die entsprechende Verallgemeinerung auf Funktionen φ von mehreren Veränderlichen und Funktionen φ mit Werten in $\mathbb{R}^p$, $p > 1$.

Wir wollen den allgemeinsten Fall in diesem Kapitel nicht explizit behandeln, da er technisch ziemlich kompliziert ist und da die entscheidenden Argumente bereits an einfachen Spezialfällen, die in der Physik Anwendung finden, erläutert werden können. Wir beginnen mit klassischen Beispielen, an denen sich die Variationsrechnung entwickelt hat und die die Art der Probleme andeuten, die typischerweise mit Hilfe der Variationsrechnung gelöst werden können.

A. Die Minimaldrehfläche

In der Ebene seien zwei Punkte A und B mit den Koordinaten (a, a') und (b, b'), $a < b$, vorgegeben. Das Problem der Minimaldrehfläche besteht dann darin, diejenige Kurve C durch A und B mit der Gleichung $y = \varphi(t)$ zu finden, für die der Inhalt

$$f(\varphi) = 2\pi \int_a^b \varphi \sqrt{1 + \varphi'^2}\, dt$$

der Fläche, die durch Rotation der Kurve C um die t-Achse entsteht, minimal wird.

B. Die Brachystochrone

Durch zwei Punkte einer Ebene senkrecht zur Erdoberfläche ist eine Kurve C so zu bestimmen, daß ein Punkt der Masse $m = 1$, der sich längs C unter dem Einfluß der Schwerkraft bewegt, in kürzester Zeit von A nach B gelangt. Bezeichnet man mit $(0, 0)$ und (b, b') die Koordinaten der Punkte A und B (etwa $b > 0, b' > 0$), so ist der Betrag der Geschwindigkeit in einem beliebigen Punkt $(x, q(x))$ von C:

$$v = \frac{ds}{dt} = \sqrt{2gx(t)},$$

falls die Anfangsgeschwindigkeit in A Null war. Um längs der Kurve C von A nach B zu gelangen, benötigt der Massenpunkt die Zeit

$$T(q) = \int_0^b \frac{ds}{v} = \int_0^b \sqrt{\frac{1 + q'^2(x)}{2gx}}\, dx.$$

Mathematisch stellt sich das Problem der Brachystochrone also als Minimierungsproblem für das obige Funktional $T(q)$ dar. In dieser Form erkennen wir dieses Problem als Spezialfall des Fermatschen Prinzips der kürzesten „Lichtzeit", welches in seiner allgemeinen Form die Minimierung des Funktionals

$$T(q) = \int_0^b \frac{ds}{v}$$

verlangt, wenn v die Lichtgeschwindigkeit im betrachteten Medium ist.

C. Die geodätischen Linien

Das Problem der geodätischen Linien besteht darin, durch zwei Punkte A und B der Ebene oder des Raumes die kürzeste Verbindungskurve C zu bestimmen. Etwas allgemeiner besteht dieses Problem darin, die kürzeste ganz auf einer Fläche Σ im $\mathbb{R}^3$ verlaufende Verbindungskurve zwischen zwei vorgegebenen Punkten A und B zu bestimmen. In diesem Fall handelt es sich offensichtlich um eine Variationsaufgabe mit einer Nebenbedingung.

D. Das isoperimetrische Problem

Das Problem verlangt, eine Kurve C durch zwei vorgegebene Punkte $A = (0, 0)$ und $B = (b, 0)$ der Ebene so zu bestimmen, daß

i) die Länge der Kurve C einen vorgegebenen Wert l annimmt und

ii) diese Kurve C zusammen mit der Strecke AB eine Fläche mit möglichst großem Inhalt umschließt.

Anders gesagt, das Funktional

$$f(\varphi) = \int_0^b \varphi(t)\, dt$$

ist zu maximieren, wobei auch die Nebenbedingung

$$l = \int_0^b \sqrt{1 + \varphi'^2}\, dt$$

erfüllt werden muß.

Alle Probleme der Art, daß von zwei gegebenen Funktionalen f_1 und f_2 das eine Funktional einen Extremalwert und das andere einen vorgegebenen Wert annehmen soll, nennt man *isoperimetrische Probleme.*

Die obigen Beispiele zeigen, daß man Funktionale der Gestalt

$$f(\varphi) = \int_I F(t, \varphi(t), \dot{\varphi}(t))\, dt,$$

$\varphi \in \mathscr{C}^1(I), \dot{\varphi} = d\varphi/dt$ mit vorgegebenen Randbedingungen zu betrachten hat. Wie schon mehrfach betont, kann die einfachste Aufgabe der Variationsrechnung als ein unendlichdimensionales Analogon zum Extremalproblem für Funktionen einer reellen Variablen angesehen werden. Gleichzeitig treten aber zusätzliche Phänomene auf. Wir behandeln zwei Beispiele. Das erste Beispiel stammt von D. Hilbert. Es sei

$$f_1(\varphi) = \int_0^1 t^{2/3} \dot{\varphi}^2(t)\, dt, \qquad \varphi \in \mathscr{C}^1([0,1]), \qquad \varphi(0) = 0, \qquad \varphi(1) = 1.$$

Die Euler-Lagrange-Gleichung lautet

$$\frac{d}{dt}(2t^{2/3}\dot{\varphi}) = 0,$$

und die allgemeine Lösung ist

$$\varphi(t) = Ct^{1/3} + D.$$

Durch die vorgegebenen Punkte verläuft die Kurve $\varphi_0(t) = t^{1/3}$, welche jedoch nicht in $\mathscr{C}^1([0,1])$ liegt. In diesem Beispiel existiert also die Lösung der Euler-Lagrangeschen Gleichung. Sie ist sogar eindeutig bestimmt und liefert ein absolutes Minimum, aber sie ist kein Element des zugrundeliegenden Funktionenraumes $\mathscr{C}^1([0,1])$.

Das zweite Beispiel stammt von K. Weierstraß und wurde von ihm als Argument gegen die Riemannsche Begründung des Dirichlet-Prinzips vorgebracht. Man betrachte das Funktional

$$f_2(\varphi) = \int_0^1 t^2 \dot{\varphi}^2(t)\, dt$$

mit den Randbedingungen $\varphi(0) = 0$, $\varphi(1) = 1$. Die Euler-Lagrange-Gleichung lautet in diesem Fall

$$\frac{d}{dt}(2t^2\dot{\varphi}) = 0,$$

und die allgemeine Lösung ist $\varphi(t) = (C/t) + D$. Durch die vorgegebenen Punkte verläuft jedoch keine Kurve dieser Familie. Keine Lösung der Euler-Lagrangeschen Gleichung erfüllt also die vorgegebenen Randbedingungen. In diesem Fall existiert überhaupt keine absolut stetige Lösung des Variationsproblems. Für absolut stetiges φ mit $\varphi \neq 0$ gilt: $f_2(\varphi) > 0$. Die untere Grenze des Funktionals f_2 hat den Wert Null. Um sich davon zu überzeugen, genügt es, die Folge

$$\varphi_n(t) = \begin{cases} nt, & t \in [0, \frac{1}{n}] \\ 1, & t \in [\frac{1}{n}, 1] \end{cases}$$

zu betrachten. Dann gilt nämlich

$$f_2(\varphi_n) = \int_0^{1/n} t^2 n^2 \, dt = \frac{1}{3n}$$

und so $\lim_{n \to +\infty} f_2(\varphi_n) = 0$.

V.2 Das Hamiltonsche Prinzip der klassischen Mechanik

In der klassischen Mechanik wird gelehrt, daß sich das dynamische Verhalten eines physikalischen Systems Σ vermöge der dem System zugeordneten *Lagrangefunktion*

$$L = L_\Sigma = T - V$$

(mit T als kinetischer Energie und V als potentieller Energie von Σ) mit Hilfe des *Hamiltonschen Prinzips* beschreiben läßt. Dieses Prinzip besagt bekanntlich, daß die tatsächliche Bewegung des Systems Σ in einem Zeitintervall $I = [a, b]$ von einem Anfangspunkt q_A nach einem Endpunkt q_E so verläuft, daß das *Wirkungsfunktional* $W = W_\Sigma$ mit

$$W = \int_I L \, dt$$

stationär ist. Dadurch erweist sich also die Bestimmung der Zeitentwicklung eines Systems der klassischen Mechanik als ein typisches Variationsproblem. Das Hamiltonsche Prinzip wird auch *Prinzip der kleinsten Wirkung* genannt, denn es gibt Fälle, in denen das Funktional W nicht nur stationär ist, sondern ein Minimum annimmt. Wir wollen die naheliegende Frage untersuchen, ob und wann der stationäre Wert ein Minimum ist. In vielen Büchern wird mehr oder weniger behauptet, daß das Problem der Bestimmung des Minimums eines Funktionals gelöst ist, wenn man alle kritischen Punkte, das heißt alle stationären Werte dieses Funktionals gefunden hat. Dieser mathematische Unsinn hat oft eine physikalische oder geometrische Begründung: Aus der Problemstellung weiß man a priori, daß als stationäre Punkte nur (lokale) Minima in Frage kommen.

Wir wollen in diesem Abschnitt zeigen, welche Aussagen sich in dieser speziellen Situation aus unseren allgemeinen Sätzen gewinnen lassen. Damit die entscheidenden Argumente nicht hinter zu vielen technischen Einzelheiten verschwinden, besprechen wir zuerst den Fall eines mechanischen Systems mit einem einzigen Freiheitsgrad ausführlich. Der allgemeine Fall mit N Freiheitsgraden läßt sich dann leicht analog behandeln, aber mit größerem technischen Aufwand. Die notwendigen Modifikationen für den Fall $N > 1$ werden wir später erläutern.

Wir diskutieren das Problem, Wirkungsfunktionale der Form (5.1) (und die entsprechenden Verallgemeinerungen für mehrere Freiheitsgrade und für die Feldtheorie) zu minimieren, recht ausführlich, weil:

i) in wichtigen Anwendungen tatsächlich ein minimierender Punkt und nicht nur ein kritischer Punkt von W gesucht wird,

ii) die Minimaleigenschaft für die Interpretation der Lösung oft wesentlich ist.

A. Systeme mit einem Freiheitsgrad

Es sei also $L = L(t, q, \dot{q})$ die Lagrangefunktion eines physikalischen Systems mit einem Freiheitsgrad. Als Standardvoraussetzung an L benutzen wir zunächst nur, daß L zweimal stetig differenzierbar ist, das heißt $L \in \mathscr{C}^2(I \times \mathbb{R}^2)$. Mit Hilfe unserer Fundamentalsätze der Variationsrechnung werden wir später weitere Bedingungen an die Lagrangefunktion erhalten, welche garantieren, daß das Prinzip der kleinsten Wirkung mit der vorgegebenen Lagrangefunktion auch tatsächlich realisiert werden kann.

Es sei $I = [a, b]$ ein kompaktes Intervall und $\mathscr{C}^1(I) = \mathscr{C}^1(I, \mathbb{R})$ der Banach-Raum der stetig differenzierbaren Funktionen $q: I \to \mathbb{R}$ mit der Norm

$$\|q\| = \|q\|_{I,1} = \sup_{t \in I} \{|q(t)|, |\dot{q}(t)|\}.$$

Dabei ist $\dot{q}$ die Ableitung von q. Ferner bezeichne $E_1(I) = E_1(I; q_A, q_E)$ die Menge aller stetig differenzierbaren Kurven $q \in \mathscr{C}^1(I)$ von einem Anfangspunkt q_A nach einem Endpunkt q_E, das heißt

$$E_1(I) = \{q \in \mathscr{C}^1(I) \mid q(a) = q_A, q(b) = q_E\}.$$

Die Elemente von $E_1(I)$ werden als potentielle Bahnkurven des Systems Σ angesehen. Die Wirkungsfunktion W für das Zeitintervall I ist dann die folgende Funktion auf der Untermenge $E_1(I)$ des Banach-Raumes $\mathscr{C}^1(I)$

$$W: E_1(I) \to \mathbb{R},$$

$$W(q) = \int_I L(t, q(t), \dot{q}(t))\, dt. \tag{5.1}$$

Setzen wir nun

$$E_1^0(I) = \{h \in \mathscr{C}^1(I) \mid h(a) = h(b) = 0\},$$

so gilt für beliebige $q \in E_1(I)$ und beliebige $h \in E_1^0(I)$, daß auch $q + h \in E_1(I)$. Damit können wir die Abhängigkeit der Wirkungsfunktion von den Bahnkurven untersuchen.

Bemerkung: Wir wollen diejenigen Bedingungen diskutieren, die dafür *notwendig* sind, daß eine Bahnkurve $q \in E_1(I)$ die Wirkungsfunktion W lokal minimiert. Diese Bedingungen erhalten wir aus Satz III.3.

$$DW(q)(h) = 0, \qquad \forall h \in E_1^0(I), \tag{5.2a}$$

$$D^2 W(q)(h,h) \geqslant 0, \qquad \forall h \in E_1^0(I), \qquad \text{falls} \qquad D^2 W(q) \neq 0. \tag{5.2b}$$

Dabei ist die Fréchet-Ableitung von W im Punkte $q \in E_1(I)$ in Beispiel 5 von Abschnitt II. berechnet worden:

$$DW(q)(h) = \int_I \left[L_q(t, q(t), \dot{q}(t)) - \frac{d}{dt} L_{\dot{q}}(t, q(t), \dot{q}(t)) \right] h(t)\, dt. \tag{5.3a}$$

Die 2. Fréchet-Ableitung von W läßt sich mit Hilfe der Kettenregel (oder unter Benutzung der Taylorschen Formel für die Lagrangefunktion) bestimmen. Man erhält:

$$D^2 W(q)(h,h) = \int_I [L_{qq} h^2 + 2L_{q\dot{q}} h\dot{h} + L_{\dot{q}\dot{q}} \dot{h}^2]\, dt.$$

Dabei gilt die Abkürzung

$$L_{qq} = \frac{\partial^2 L(t, q, \dot{q})}{\partial q^2}$$

und entsprechend $L_{q\dot{q}}, L_{\dot{q}\dot{q}}$. Für $h \in E_1^0(I)$ folgt

$$\int_I 2L_{q\dot{q}} h\dot{h}\, dt = L_{q\dot{q}} h^2 |_a^b - \int_I \left(\frac{d}{dt} L_{q\dot{q}}\right) h^2\, dt = - \int_I \left(\frac{d}{dt} L_{q\dot{q}}\right) h^2\, dt.$$

Damit ergibt sich

$$D^2 W(q)(h,h) = \int_I \left\{ \left[L_{qq} - \frac{d}{dt} L_{q\dot{q}} \right] h^2 + L_{\dot{q}\dot{q}} \dot{h}^2 \right\} dt. \tag{5.3b}$$

Bemerkung: Es läßt sich zeigen, daß $E_1(I)$ eine differenzierbare Untermannigfaltigkeit des Banach-Raumes $\mathscr{C}^1(I)$ ist. Der Tangentialraum von $E_1(I)$ im Punkte $q \in E_1(I)$ ist $q + E_1^0(I)$ (vergleiche Abschnitte IV 1–2). Da $q + E_1^0(I)$ zu $E_1^0(I)$ isomorph ist, faßt man die Fréchet-Ableitung von $W: E_1(I) \to \mathbb{R}$ im Punkte $q \in E_1(I)$ naturgemäß als stetige lineare Abbildung $DW(q)$: $E_1^0(I) \to \mathbb{R}$ auf.

In der Praxis brauchbare Bedingungen für die gesuchte Bahnkurve $q \in E_1(I)$ sollten allein durch die Lagrangefunktion L ausgedrückt werden. Um solche Bedingungen aus den Bedingungen (5.2) zu erhalten, benötigen wir einige einfache Hilfssätze.

Lemma V.1 (Du Bois-Reymond): *Ist $g: I \to \mathbb{R}$ stetig und gilt*

$$\int_I g(t) h(t)\, dt = 0 \qquad \textit{für alle} \qquad h \in E_1^0(I),$$

so folgt $g(t) = 0$, $\forall t \in I$.

Beweis: Der Beweis wird indirekt geführt. Nehmen wir also an, daß es ein $t_0 \in I$ gibt mit $g(t_0) \neq 0$. Da g und $-g$ gleichermaßen die Hypothesen des Lemmas erfüllen, können wir annehmen, daß $g(t_0) = 2r > 0$ gilt. Die Stetigkeit von g impliziert die Existenz eines $\delta > 0$, so daß für $t \in I_1 = I \cap [t_0 - \delta, t_0 + \delta]$ gilt: $g(t) \geqslant r$. Nun gibt es $\mathscr{C}^\infty$-Funktionen h mit kompaktem Träger im Inneren $\mathring{I}_1$ von I_1, welche folgende Eigenschaften besitzen:

i) $h(t) \geqslant 0, \ \forall t \in I_1$,
ii) $\int h(t)\,dt = +1$.

Solche Funktionen gehören insbesondere zu $E_1^0(I)$. Also folgt für eine solche Funktion h

$$0 = \int_I g(t)h(t)\,dt = \int_{I_1} g(t)h(t)\,dt \geqslant r \int_{I_1} h(t)\,dt = r > 0,$$

also ein Widerspruch.

Bemerkung: Dieses einfache Lemma von Du Bois-Reymond (1879) ist von so entscheidender Bedeutung, daß man es oft als Fundamentalsatz der Variationsrechnung bezeichnet hat! Das Lemma gilt auch für mehrfache Integrale und läßt sich dort ganz analog beweisen. Man kann das Ergebnis von Du Bois-Reymond auch in der Sprache der Theorie der Distributionen ausdrücken: Wenn f und g zwei stetige Funktionen auf $\Omega \subset \mathbb{R}^p$ sind, so daß $\partial f/\partial x_k = g$ im Sinne der Distributionen gilt, dann gilt diese Gleichung auch im üblichen Sinne. Dabei ist natürlich $\partial f/\partial x_k$ als Distributionsableitung zu verstehen.

Lemma V.2: *Es seien A und B stetige Funktionen $I \to \mathbb{R}$. Dann folgt aus*

$$J(h) = \int_I [A(t)h^2(t) + B(t)\dot{h}^2(t)]\,dt \geqslant 0, \qquad \forall h \in E_1^0(I)$$

stets $B(t) \geqslant 0, \ \forall t \in I$.

Beweis: Der Beweis wird wieder indirekt geführt, indem wir die Annahme $B(t_0) = -2\beta < 0$ für ein $t_0 \in I$ zu einem Widerspruch führen. Die Stetigkeit von B impliziert die Existenz eines $\delta_0 > 0$, so daß

$$B(t) < -\beta, \qquad \forall t \in I_1 = I \cap [t_0 - \delta_0, t_0 + \delta_0]$$

gilt. Es sei t_1 der Mittelpunkt und $2\delta_1$ die Länge des Intervalls I_1, das heißt $I_1 = [t_1 - \delta_1, t_1 + \delta_1]$. Wähle nun wieder eine nicht-negative $\mathscr{C}^\infty$-Funktion h mit kompaktem Träger im Intervall $(-1, +1)$ (zum Beispiel $h(t) = e^{-1/(1-t^2)}$ für $|t| < 1$ und 0 sonst) und setze für $0 < \varepsilon \leqslant \delta_1$:

$$h_\varepsilon(t) = h\left(\frac{t - t_1}{\varepsilon}\right).$$

Diese Funktionen h_ε, $0 < \varepsilon \leqslant \delta_1$, sind wieder nicht-negative $\mathscr{C}^\infty$-Funktionen und haben ihren Träger im Intervall $(t_1 - \varepsilon, t_1 + \varepsilon) \subset I_1$. Insbesondere gilt $h_\varepsilon \in E_1^0(I)$

für $0 < \varepsilon \leqslant \delta_1$ und folglich unter Benutzung von $M = \sup_{t \in I} A(t)$:

$$0 \leqslant J(h_\varepsilon) = \int_I [h_\varepsilon^2(t)A(t) + \dot{h}_\varepsilon^2(t)B(t)]\,dt = \int_{|t-t_1|<\varepsilon} [Ah_\varepsilon^2 + B\dot{h}_\varepsilon^2]\,dt$$

$$\leqslant \int_{|t-t_1|<\varepsilon} \{Mh_\varepsilon^2(t) - \beta\dot{h}_\varepsilon^2(t)\}\,dt = \int_{|t-t_1|<\varepsilon} \left[Mh^2\left(\frac{t-t_1}{\varepsilon}\right) - \frac{\beta}{\varepsilon^2}\dot{h}^2\left(\frac{t-t_0}{\varepsilon}\right)\right]dt.$$

Dieses impliziert

$$J(h_\varepsilon) \leqslant \int_{|\tau|<1} \left[Mh^2(\tau) - \frac{\beta}{\varepsilon^2}\dot{h}^2(\tau)\right]\varepsilon\,d\tau = \varepsilon M \int_{|\tau|<1} h^2\,d\tau - \frac{\beta}{\varepsilon}\int_{|\tau|<1} \dot{h}^2\,d\tau.$$

Im Limes $\varepsilon \to 0$, $\varepsilon > 0$ wird die rechte Seite dieser Ungleichung negativ. Das ergibt also einen Widerspruch.

Bemerkung: Dieses Lemma nutzt die folgende anschauliche Eigenschaft stetig differenzierbarer Funktionen aus: Eine Funktion h kann in einem Intervall I selbst klein sein, während ihre Ableitung $\dot{h}$ in diesem Intervall groß ist.

Nun ist es einfach, eine erste Gruppe von notwendigen Bedingungen für eine minimierende Bahnkurve der Wirkungsfunktion zu gewinnen.

Satz V.3 (Notwendige Bedingungen von Legendre): *Unter den Standardvoraussetzungen für die Lagrangefunktion L sei $q \in E_1(I)$ eine lokal minimierende Kurve der Wirkungsfunktion W, das heißt*

$$W(q+h) \geqslant W(q) = \int_I L(t, q(t), \dot{q}(t))\,dt, \qquad \forall h \in E_1^0(I), \qquad \|h\|_{I,1} < r.$$

Dann gelten für alle $t \in I$:

a)
$$\frac{d}{dt}\frac{\partial L}{\partial \dot{q}}(t, q(t), \dot{q}(t)) = \frac{\partial L}{\partial q}(t, q(t), \dot{q}(t))$$

(Euler-(Lagrange)-Gleichung der Wirkungsfunktion W).

b)
$$\frac{\partial^2 L}{\partial \dot{q}^2}(t, q(t), \dot{q}(t)) \geqslant 0.$$

Beweis: Wie wir oben festgestellt hatten, sind die Bedingungen (5.2) für eine minimierende Bahnkurve q notwendig. Beachten wir die Form (5.3a) der Fréchet-Ableitung der Wirkungsfunktion W, so folgt die Gleichung a) dieses Satzes mit Hilfe des Lemmas von Du Bois-Reymond leicht aus der Bedingung (5.2a). Ähnlich folgt die Ungleichung b) dieses Satzes mit Hilfe von Lemma V.2 leicht aus (5.2b) und der Form (5.3b) der 2. Fréchet-Ableitung von W.

Bemerkungen: a) Die Formel (5.3a) zeigt, daß die Eulersche Gleichung

$$\frac{d}{dt}\frac{\partial L}{\partial \dot{q}} = \frac{\partial L}{\partial q} \tag{5.4}$$

gerade den Umstand ausdrückt, daß die Fréchet-Ableitung der Wirkungsfunktion $W = \int_I L\,dt$ im Punkt $q \in E_1(I)$ verschwindet. Für $L = (m/2)\dot{q}^2 - V(q)$ erkennt man die Newtonsche Bewegungsgleichung, das heißt

$$m\ddot{q} = -V'(q) = -\frac{dV}{dq}(q).$$

Folglich charakterisiert die Eulersche Gleichung wegen Lemma V.1 die kritischen Punkte der Wirkungsfunktion. Wie wir früher gesehen hatten, ist die Menge $\mathscr{E}(W)$ der Extremalpunkte von W stets in der Menge $K(W)$ der kritischen Punkte enthalten; das heißt $\mathscr{E}(W) \subset K(W)$, und diese Enthalten-Relation kann durchaus echt sein. Unser eigentliches Interesse gilt jedoch der Menge der minimierenden Punkte der Wirkungsfunktion W, weil wir das Prinzip der kleinsten Wirkung realisieren wollen. Die obigen Bemerkungen verdeutlichen also, daß die Gültigkeit der Eulerschen Gleichung, welche in der klassischen Mechanik Lagrange-Gleichung oder auch Euler-Lagrange-Gleichung genannt wird, unter Umständen nichts mit einer minimierenden Bahnkurve der Wirkungsfunktion W zu tun hat. Das Hamiltonsche Prinzip der klassischen Mechanik drückt die Stationarität der Wirkungsfunktion aus: Die Bewegung zwischen den Zeitpunkten a und b verläuft stets so, daß die Funktion $q(t)$ das Wirkungsfunktional W stationär, das heißt $DW(q) = 0$, macht. Die Lösungen der Eulerschen Gleichung werden oft *Extremalen* genannt.

b) Die Standardvoraussetzungen an die Lagrange-Funktion L beinhalten, daß L zur Klasse $\mathscr{C}^2$ gehört. Daher ist die Eulersche Gleichung (5.4) eine Differentialgleichung 2. Ordnung für die gesuchte Bahnkurve q:

$$\frac{\partial^2 L}{\partial \dot{q}^2}\ddot{q} + \frac{\partial^2 L}{\partial q\,\partial \dot{q}}\dot{q} + \frac{\partial^2 L}{\partial t\,\partial q} = \frac{\partial L}{\partial q}. \tag{5.5}$$

Nur in Ausnahmefällen ist eine solche Differentialgleichung durch elementare Funktionen integrierbar!

In diesem Zusammenhang ist es nützlich, die folgende Tatsache zu kennen, welche deshalb wichtig ist, weil Elemente in $E_1(I)$ nur als $\mathscr{C}^1$ vorausgesetzt werden.

Satz V.4: *Erfüllt L die Standardvoraussetzungen und gilt* $L_{\dot{q}\dot{q}}(t, q(t), \dot{q}(t)) \neq 0$ *für eine Lösung* $q \in E_1(I)$ *der Eulerschen Gleichung* (5.4), *so folgt* $q \in \mathscr{C}^2(I)$.

Bemerkung: Der obige Satz ist also eine Aussage über eine gewisse zusätzliche Regularität der Funktion, für die die Wirkung W stationär ist.

Beweis: Der Beweis ergibt sich ähnlich wie der bei der entsprechenden Aussage im Satz über implizite Funktionen und soll daher hier nicht ausgeführt werden. Heuristisch gesagt, können wir unter den angegebenen Voraussetzungen die Gleichung (5.5) nach $\ddot{q}(t)$ auflösen und erhalten auf diese Weise eine wohldefinierte stetige Funktion.

Wir kommen jetzt zur Analyse der wesentlich komplizierteren *hinreichenden* Bedingungen. Nach Satz III.4 sind die folgenden Bedingungen hinreichend dafür, daß die Kurve q aus $E_1(I)$ ein striktes lokales Minimum der Wirkungsfunktion W realisiert:

$$DW(q) = 0 \qquad \text{Eulersche Gleichung,} \tag{5.6a}$$

$$D^2 W(q) \text{ ist } \textit{strikt} \text{ positiv auf } E_1^0(I) \times E_1^0(I). \tag{5.6b}$$

Das nächste Ziel wird sein, diese allgemeinen Bedingungen in konkrete Forderungen an die Lagrangefunktion L zu übersetzen. Legendre versuchte zu zeigen, daß die folgende einfache und natürliche Verschärfung der notwendigen Bedingung b) vom Satz V.3., das heißt

$$L_{\dot{q}\dot{q}}(t, q(t), \dot{q}(t)) > 0, \qquad \forall t \in I, \tag{5.7}$$

bei Gültigkeit der Eulerschen Gleichung (5.6a) auch hinreichend ist, um die Bedingung (5.6b) zu gewinnen. Der Ausgangspunkt seiner Überlegungen war die nachfolgende einfache Umformung von $D^2 W(q)(h, h)$. Gemäß Gleichung (5.3b) gilt für alle $h \in E_1^0(I)$:

$$J(h) \equiv D^2 W(q)(h, h) = \int_I [A(t)h^2(t) + B(t)\dot{h}^2(t)]\, dt \tag{5.8}$$

mit

$$A(t) = L_{qq}(t, q(t), \dot{q}(t)) - \frac{d}{dt} L_{q\dot{q}}(t, q(t), \dot{q}(t)), \tag{5.9a}$$

$$B(t) = L_{\dot{q}\dot{q}}(t, q(t), \dot{q}(t)). \tag{5.9b}$$

Die Legendresche Vermutung war nun, daß man unter der Hypothese (5.7), das heißt $B(t) > 0, \forall t \in I$, die quadratische Form J auf $E_1^0(I)$ stets diagonalisieren kann. Mit anderen Worten, es war seine Vermutung, daß sich J als Summe von Integralen über I von Quadraten von Funktionen schreiben läßt. Zu diesem Zwecke benutzte Legendre folgende zweite Umformung von J: Für beliebige $\omega \in \mathscr{C}^1(I)$ und alle $h \in E_1^0(I)$ gilt

$$0 = \int_I \frac{d}{dt}[\omega h^2]\, dt = \int_I [\dot{\omega} h^2 + 2\omega h \dot{h}]\, dt,$$

und daher auch

$$J(h) = \int_I [B(t)\dot{h}^2(t) + 2\omega(t)h(t)\dot{h}(t) + \{A(t) + \dot{\omega}(t)\}h^2(t)]\, dt. \tag{5.8'}$$

Folglich gilt auch für $B(t) > 0$ auf I:

$$J(h) = \int_I B(t)\left\{\left[\dot{h} + \frac{\omega}{B} h\right]^2 + \left(\frac{h}{B}\right)^2 [B(A + \dot{\omega}) - \omega^2]\right\} dt. \tag{5.10}$$

Aus dieser Darstellung folgt, daß $J(h)$ als ein Integral über ein Produkt nichtnegativer stetiger Funktionen ausdrückbar ist, falls die Ricattische Differentialgleichung

$$B(A + \dot{\omega}) = \omega^2 \tag{5.11}$$

eine Lösung ω in $\mathscr{C}^1(I)$ besitzt. Diese Gleichung besitzt wohl stets lokal eine Lösung, aber nicht notwendigerweise eine Lösung auf ganz I, wie einfache Beispiele zeigen. Um die Lösbarkeit dieser nichtlinearen Gleichung auf ganz I zu garantieren, werden also weitere Bedingungen an die Funktionen A und B benötigt.

Zu diesem Zwecke beachten wir den folgenden einfachen Zusammenhang zwischen Lösungen $\omega \in \mathscr{C}^1(I)$ der Gl. (5.11) und Lösungen u der Eulerschen Gleichung des Funktionals J auf $E_1^0(I)$, das heißt

$$-\frac{d}{dt}[B\dot{u}] + Au = 0, \tag{5.12}$$

welche auf I nirgends verschwinden. Ist $\omega \in \mathscr{C}^1(I)$ eine Lösung von (5.11), so ist

$$u(t) = u(a)\exp\left(-\int_a^t \frac{\omega(\tau)}{B(\tau)}\,d\tau\right), \qquad u(a) \neq 0 \tag{5.13}$$

eine Lösung von (5.12), welche auf I nirgends verschwindet. Ist umgekehrt u eine Lösung von (5.12), welche auf I nirgends verschwindet, so ist

$$\omega = \frac{-\dot{u}}{u}B \tag{5.14}$$

eine Lösung der Gl. (5.11). Unter der Voraussetzung $B \in \mathscr{C}^1(I)$ ist (5.12) eine lineare Differentialgleichung 2. Ordnung, deren Koeffizienten stetige Funktionen auf I sind. Dann besitzt die Differentialgleichung (5.12) stets nicht-triviale Lösungen auf ganz I. In Worten: Das Problem der Existenz einer auf ganz I erklärten Lösung der nicht-linearen Ricattischen Differentialgleichung (5.11) wird auf die Existenz einer auf I nirgends verschwindenden Lösung der (linearen) Eulerschen Gleichung (5.12) des Funktionals $J(h)$ zurückgeführt. Wir erhalten so eine einfache hinreichende Bedingung für die strikte Positivität von $J(h)$:

Satz V.5: *Es sei A eine stetige und B eine stetig differenzierbare reelle Funktion auf dem Intervall $I = [a, b]$. Es gelte*

a) $B(t) > 0$, $\forall t \in I$.

b) Die Differentialgleichung (5.12) *besitzt eine Lösung $u \in \mathscr{C}^2(I)$, welche auf I nirgends verschwindet* (*Jacobi-Bedingung*).

Dann ist das Funktional

$$J(h) = \int_I [A(t)h^2(t) + B(t)\dot{h}^2(t)]\,dt$$

auf $E_1^0(I)$ strikt positiv.

Beweis: Es sei $u \in \mathscr{C}^2(I)$ eine Lösung von (5.12), welche auf I nirgends verschwindet. Damit ist $\omega = -(\dot{u}/u)B$ eine $\mathscr{C}^1$-Lösung der Gl. (5.11) auf I. Mit dieser Funktion ω gehen wir in den Ausdruck (5.10) für $J(h)$ ein und erhalten für alle $h \in E_1^0(I)$:

$$J(h) = \int_I B(t)\left[\dot{h}(t) + \frac{\omega(t)}{B(t)}h(t)\right]^2 dt \geqslant 0,$$

was zeigt, daß J auf $E_1^0(I)$ nicht negativ ist. Nun sei $J(h) = 0$ für ein $h \in E_1^0(I)$; $B(t) > 0$ impliziert $\dot{h} + (\omega/B)h = 0$, also

$$h(t) = h(a)\exp\left(-\int_a^t \frac{\omega(\tau)}{B(\tau)}d\tau\right).$$

Aber $h \in E_1^0(I)$ fordert $h(a) = 0$ und daher $h \equiv 0$. Also ist J auf $E_1^0(I)$ strikt positiv.

Bevor wir zur Diskussion der Umkehrung von Satz V.5 kommen, wollen wir eine gewisse von Jacobi stammende Reduktion der Jacobi-Bedingung erläutern. Das geschieht mit Hilfe einiger elementarer Fakten aus der Theorie der gewöhnlichen linearen Differentialgleichungen 2. Ordnung.

Lemma V.6: *Unter den Voraussetzungen von Satz V.5 an die Funktionen A und B sind die folgenden Bedingungen äquivalent*:

1) *A und B erfüllen auf $I = [a, b]$ die Jacobi-Bedingung.*

2) *Die Lösung $u_{0,1}$ der Differentialgleichung* (5.12) *zu den Anfangsbedingungen $u_{0,1}(a) = 0$, $\dot{u}_{0,1}(a) = +1$ besitzt in $(a, b]$ keine Nullstelle.*

Beweis: Wenn A und B auf I die Jacobi-Bedingung erfüllen, so gibt es eine Lösung v von (5.12) mit der Eigenschaft

$$0 < \delta = \inf_{t \in I} v(t).$$

Es bezeichne $u_{1,0}$ die Lösung von (5.12) zu den Anfangsbedingungen $u_{1,0}(a) = 1$, $\dot{u}_{1,0}(a) = 0$. Die Funktionen $u_{0,1}$ und $u_{1,0}$ sind also linear unabhängig und erzeugen deshalb den Lösungsraum der Differentialgleichung (5.12). Es gibt also reelle Zahlen α und β, so daß

$$v = \alpha u_{1,0} + \beta u_{0,1}$$

gilt. Es folgt $0 < \delta \leqslant v(a) = \alpha$.

Wir führen nun die Annahme, daß $u_{0,1}$ eine Nullstelle $c \in (a, b]$ besitzt, zu einem Widerspruch. Wir können annehmen, daß c die kleinste Nullstelle in $(a, b]$ ist. Die Differentialgleichung (5.12) impliziert, daß die Ableitung von

$$B[u_{0,1}\dot{u}_{1,0} - \dot{u}_{0,1}u_{1,0}]$$

auf I verschwindet. Folglich hat man

$$B[u_{0,1}\dot{u}_{1,0} - \dot{u}_{0,1}u_{1,0}](t) = B[u_{0,1}\dot{u}_{1,0} - \dot{u}_{0,1}u_{1,0}](a) = -B(a),$$

und somit gilt einerseits für $t = c$ wegen $u_{0,1}(c) = 0$:

$$\dot{u}_{0,1}(c) = \frac{B(a)}{B(c)}\frac{1}{u_{1,0}(c)}.$$

Andererseits ist $0 < \delta \leqslant v(c) = \alpha u_{1,0}(c)$, also $u_{1,0}(c) > 0$, das heißt $\dot{u}_{0,1}(c) > 0$. Für die kleinste Nullstelle von $u_{0,1}$ gilt aber: $u_{0,1}(t) > 0$ für $t \in (a, c)$ und $u_{0,1}(t) < 0$ für $c < t < c + \varepsilon$ im Widerspruch zu $\dot{u}_{0,1}(c) > 0$. Umgekehrt habe die Lösung $u_{0,1}$ der Differentialgleichung (5.12) auf $(a, b]$ keine Nullstelle. Da die Lösung $u_{1,0}$ stetig ist, gibt es ein $c \in (a, b)$, so daß $u_{1,0}(t) \geqslant \frac{1}{2}$, $\forall t \in [a, c]$ gilt. Setze nun

$$\gamma = \inf_{t \in [c,b]} u_{1,0}(t),$$

$$\delta = \inf_{t \in [c,b]} u_{0,1}(t),$$

so folgt $\delta > 0$. Für beliebige $\alpha > 0$ setze $\beta > |\alpha\gamma/\delta|$. Dann folgt für die Lösung $v = \alpha u_{1,0} + \beta u_{0,1}$ von (5.12) für $t \in [a, c]$:

$$v(t) = \alpha u_{1,0}(t) + \beta u_{0,1}(t) \geqslant \frac{\alpha}{2} > 0,$$

und für $t \in [c, b]$ hat man

$$v(t) \geqslant \alpha\beta + \beta\delta > 0.$$

Also ist dieses v eine Lösung der Differentialgleichung (5.12), welche auf I nirgends verschwindet. Das impliziert die Jacobi-Bedingung für die Funktionen A und B auf dem Intervall I.

Bemerkung: In diesem Zusammenhang sollte folgende oft benutzte Bezeichnungsweise erläutert werden: Wenn die Lösung $u_{0,1}$ der Differentialgleichung (5.12) in $(a, b]$ eine Nullstelle c besitzt, so nennt man die Nullstelle einen *konjugierten Punkt von a* bezüglich der Differentialgleichung (5.12). Damit läßt sich Lemma V.6 auch so aussprechen:

Lemma V.6': *Die folgenden Bedingungen sind äquivalent*:
1) *A und B erfüllen auf* $I = [a, b]$ *die Jacobi-Bedingung.*
2) *Es gibt in* $(a, b]$ *keinen zu a konjugierten Punkt bezüglich der Differentialgleichung* (5.12).

Wir sind jetzt in der Lage, die Umkehrung von Satz V.5 zu beweisen:

Satz V.7: *Es seien* $A \in \mathscr{C}(I, \mathbb{R})$ *und* $B \in \mathscr{C}^1(I, \mathbb{R})$ *mit* $I = [a, b]$. *Es gelte*:
a) $B(t) > 0$, $\forall t \in I$.
b) Das Funktional $J(h) = \int_I [A(t)h^2(t) + B(t)\dot{h}^2(t)]\, dt$ *ist auf* $E_1^0(I)$ *strikt positiv, das heißt* $J(h) > 0$, $\forall h \in E_1^0(I), h \neq 0$.
Dann erfüllen die Funktionen A und B auf $I = [a, b]$ *die Jacobi-Bedingung.*

Beweis: Auf $E_1^0(I)$ ist das Funktional

$$J_0(h) = \int_I \dot{h}^2(t)\, dt$$

offensichtlich strikt positiv, und folglich ist das Funktional $J_\lambda, \lambda \in [0,1]$ mit

$$J_\lambda(h) = \lambda J(h) + (1-\lambda)J_0(h) = \int_I [A_\lambda h^2 + B_\lambda \dot{h}^2]\, dt,$$

$$A_\lambda = \lambda A, \qquad B_\lambda = 1 - \lambda + \lambda B$$

ebenfalls auf I strikt positiv. Die zugehörige Eulersche Gleichung ist

$$-\frac{d}{dt}(B_\lambda \dot{u}) + A_\lambda u = 0.$$

Da die Koeffizienten dieser linearen Differentialgleichung 2. Ordnung analytisch von λ abhängen, hängt auch die Lösung u_λ dieser Gleichung zu den Anfangsbedingungen

$$u_\lambda(a) = 0, \qquad \dot{u}_\lambda(a) = 1$$

differenzierbar von λ ab. Um den Satz zu beweisen, genügt es zu zeigen, daß die Lösung u_1 in $(a,b]$ keine Nullstelle hat. Das geschieht indirekt, indem man die möglichen Nullstellen von u_1 mit denen der Lösung u_0 in Zusammenhang bringt. Die Lösung u_0 ist aber explizit bekannt, nämlich als Lösung der Differentialgleichung

$$-\frac{d}{dt}(\dot{u}_0) = 0$$

zu den Anfangsbedingungen $u_0(a) = 0$, $\dot{u}_0(a) = +1$; das heißt

$$u_0(t) = t - a.$$

Diese Lösung u_0 hat also in $(a,b]$ keine Nullstelle. Nehmen wir an, $c \in (a,b]$ wäre eine Nullstelle von u_1. Die strikte Positivität von $J_1 = J$ auf $E_1^0(I)$ schließt den Fall $c = b$ aus, denn für $c = b$ ist $u_1 \in E_1^0(I)$, $u_1 \neq 0$, und es gilt

$$J(u_1) = \int_I \left[-\frac{d}{dt}(B\dot{u}_1) + Au_1\right] u_1\, dt = 0.$$

Folglich haben wir notwendigerweise $c \in (a,b)$. Damit ist die Menge

$$I_0 = \{\lambda \in [0,1] \mid t(\lambda) \in (a,b), u_\lambda(t_\lambda) = 0\}$$

nicht leer. Da u_λ stetig von λ abhängt, ist mit $\lambda = 1$ auch eine Umgebung von $\lambda = 1$ in I_0 enthalten, das heißt es gibt ein $\lambda_1 \in (0,1)$ mit $[\lambda_1, +1] \subseteq I_0$. Nun bezeichne $\lambda_0 \in [0,1)$ die kleinste Zahl, für welche $[\lambda_0, 1] \subseteq I_0$ gilt. Wäre $\lambda_0 > 0$, so lieferte der Satz über implizite Funktionen einen Widerspruch. Es gilt nämlich $u_{\lambda_0}(t_0) = 0$ für $t_0 = t(\lambda_0) \in (a,b)$ und $\dot{u}_{\lambda_0}(t_0) = (du_{\lambda_0}/dt)(t_0) \neq 0$, da u_{λ_0} eine von Null verschiedene Lösung einer Differentialgleichung 2. Ordnung ist. Auf einer geeigneten Umgebung von (λ_0, t_0) in $(0,1) \times (a,b)$ können wir also die implizite Gleichung $u_\lambda(t) = 0$ nach t auflösen und erhalten auf diese Weise eine stetige Funktion $\lambda \to t(\lambda)$, welche $u_\lambda(t(\lambda)) = 0$ erfüllt. Mit einem geeigneten $\delta > 0$ folgt $[\lambda_0 - \delta, 1] \subseteq I_0$ im Widerspruch zu der angenommenen Minimalität von λ_0. Also gilt $I_0 = [0,1]$, das heißt u_0

besitzt in (a, b) ebenfalls eine Nullstelle $t_0 = t(0)$. Das ist ein Widerspruch, und folglich besitzt u_1 in $(a, b]$ keine Nullstelle, was zu zeigen war.

Korollar V.8: *Es seien $A \in \mathscr{C}(I, \mathbb{R})$ und $B \in \mathscr{C}^1(I, \mathbb{R})$ mit $I = [a, b]$, und es gelte*

a) $B(t) > 0$, $\forall t \in I$.

b) $J(h)$ ist auf $E_1^0(I)$ positiv, das heißt $J(h) \geqslant 0$, $\forall h \in E_1^0(I)$.

Dann erfüllen die Funktionen A und B auf dem offenen Intervall (a, b) die Jacobi-Bedingung.

Beweis: Wie beim Beweis von Satz V.8 werden Lösungen u_λ, $0 \leqslant \lambda \leqslant 1$ betrachtet. Da jetzt $J_1 = J$ nur positiv und nicht mehr strikt positiv vorausgesetzt ist, können wir den Punkt $t = b$ nicht mehr als Nullstelle von u_1 ausschließen. Die Annahme der Existenz einer Nullstelle $c \in (a, b)$ von u_1 wird dann wie oben zu einem Widerspruch geführt.

Abschließend geben wir eine Zusammenfassung der bisherigen Ergebnisse. Es sei $L(t, q, \dot{q})$ eine Lagrangefunktion, welche die Standardvoraussetzungen, das heißt $L \in \mathscr{C}^2(I \times \mathbb{R}^2, \mathbb{R})$ erfüllt. Die mit L assoziierte Wirkungsfunktion für das Zeitintervall $I = [a, b]$ ist

$$W(q) = \int_I L(t, q(t), \dot{q}(t))\, dt, \qquad \forall q \in E_1(I).$$

Mit Hilfe einer „Bahnkurve" $q \in E_1(I)$ und der Lagrangefunktion L können wir folgende Funktionen berechnen:

$$A^{(q)}(t) = \frac{\partial^2 L}{\partial q^2}(t, q(t), \dot{q}(t)) - \frac{d}{dt}\frac{\partial^2 L}{\partial q\, \partial \dot{q}}(t, q(t), \dot{q}(t)),$$

$$B^{(q)}(t) = \frac{\partial^2 L}{\partial \dot{q}\, \partial \dot{q}}(t, q(t), \dot{q}(t)).$$

Unter Verwendung dieser Bezeichnungsweisen bzw. Größen formulieren wir den folgenden Satz.

Satz V.9 (Prinzip der kleinsten Wirkung). *a) Falls $q \in E_1(I)$ eine Bahnkurve ist, für die die Wirkung W ein lokales Minimum annimmt, und falls die 2. Fréchet-Ableitung von W im Punkt q nicht verschwindet, so gilt:*

i) $$\frac{d}{dt} L_{\dot{q}}(t, q(t), \dot{q}(t)) = L_q(t, q(t), \dot{q}(t)) \qquad (\textit{Euler-Gleichung}).$$

ii) $$L_{\dot{q}\dot{q}}(t, q(t), \dot{q}(t)) \geqslant 0, \qquad \forall t \in I.$$

iii) *Im Falle $A^{(q)} \in \mathscr{C}(I, \mathbb{R})$ und $B^{(q)} \in \mathscr{C}^1(I, \mathbb{R})$ erfüllen die Funktionen $A^{(q)}$ und $B^{(q)}$ auf dem (halboffenen) Intervall $[a, b)$ die Jacobi-Bedingung.*

b) Umgekehrt gelte für eine Bahnkurve $q_0 \in E_1(I)$:

i) $$\frac{d}{dt} L_{\dot{q}}(t, q_0(t), \dot{q}_0(t)) = L_q(t, q_0(t), \dot{q}_0(t)),$$

ii) $A^{(q_0)} \in \mathscr{C}(I, \mathbb{R}), \qquad B^{(q_0)} \in \mathscr{C}^1(I, \mathbb{R}),$

iii) $B^{(q_0)}(t) > 0, \qquad \forall t \in I,$

iv) *$A^{(q_0)}$ und $B^{(q_0)}$ erfüllen auf $I = [a, b]$ die Jacobi-Bedingung.*

Dann hat das Wirkungsfunktional $W(q) = \int_I L(t, q, \dot{q})\, dt$ für die Bahnkurve q_0 ein striktes lokales Minimum.

B. Systeme mit mehreren Freiheitsgraden

Indem wir im wesentlichen den bisher entwickelten Ideen folgen, wollen wir jetzt Systeme mit mehr als einem Freiheitsgrad analysieren. Die notwendigen Änderungen sind in erster Linie technischer Natur.

Für ein Zeitintervall $I = [a, b]$ bezeichne wieder $\mathscr{C}^1(I, \mathbb{R}^n) = \mathscr{C}^1(I, \mathbb{R})^n$ den Banach-Raum der stetig differenzierbaren Funktionen $q: I \to \mathbb{R}^n$ mit der Norm

$$\|q\| = \|q\|_{I,1} = \max_{j=1\cdots n} \sup_{t \in I} \{|q_j(t)|, |\dot{q}_j(t)|\} \qquad \text{mit} \qquad \dot{q}_j = \frac{dq_j}{dt}.$$

Die Lagrangefunktion eines Systems mit n Freiheitsgraden hat im allgemeinen die Form $L = L(t, q(t), \dot{q}(t))$, und als Standardvoraussetzung für L nehmen wir wieder $L \in \mathscr{C}^2(I \times \mathbb{R}^{2n}, \mathbb{R})$. Die Wirkungsfunktion für das Zeitintervall $I = [a, b]$ ist dann bei festem Anfangspunkt $q_A \in \mathbb{R}^n$ und festem Endpunkt $q_E \in \mathbb{R}^n$ eine Funktion auf der Teilmenge

$$E_1(I)^n = \{q \in \mathscr{C}^1(I, \mathbb{R}^n) \mid q(a) = q_A, q(b) = q_E\}$$

des Banach-Raumes $\mathscr{C}^1(I, \mathbb{R}^n)$. Die mit einer Bahnkurve $q \in E_1(I)^n$ assoziierte Wirkung ist

$$W(q) = \int_I L(t, q(t), \dot{q}(t))\, dt.$$

Unter Benutzung der Taylorschen Formel für Funktionen von mehreren Veränderlichen lassen sich die ersten beiden Fréchet-Ableitungen dieser Wirkungsfunktion mühelos berechnen. Es ergibt sich für alle $h \in E_1^0(I)^n$:

$$E_1^0(I)^n = \{h \in \mathscr{C}^1(I, \mathbb{R}^n) \mid h(a) = h(b) = 0\},$$

$$DW(q)(h) = \int_I \sum_{j=1}^n \left(L_{q_j} - \frac{d}{dt} L_{\dot{q}_j}\right) h_j\, dt, \tag{5.15a}$$

$$D^2 W(q)(h, h) = \int_I \sum_{i,j=1}^n \{L_{q_i q_j} h_i h_j + 2 L_{q_i \dot{q}_j} h_i \dot{h}_j + L_{\dot{q}_i \dot{q}_j} \dot{h}_i \dot{h}_j\}\, dt, \tag{5.15b}$$

wobei die Funktionen

$$L_{q_j} = \frac{\partial L}{\partial q_j}, \qquad L_{\dot{q}_j} = \frac{\partial L}{\partial \dot{q}_j}, \qquad L_{q_i q_j} = \frac{\partial^2 L}{\partial q_i \partial q_j}, \qquad L_{q_i \dot{q}_j} = \frac{\partial^2 L}{\partial q_i \partial \dot{q}_j}$$

und

$$L_{\dot{q}_i\dot{q}_j} = \frac{\partial^2 L}{\partial \dot{q}_i \partial \dot{q}_j}$$

zum Argument $(t, q(t), \dot{q}(t))$ und die Funktionen h_i, $\dot{h}_j$ zum Argument t zu nehmen sind.

Eine kompaktere und bequemere Schreibweise ergibt sich mit Hilfe der folgenden Notation. Mit $L_q: I \to \mathbb{R}^n$ wird die Vektor-wertige Funktion auf I bezeichnet, deren Komponenten im Punkte $t \in I$ gerade $L_{q_j}(t, q(t), \dot{q}(t)), j = 1, \ldots, n$ sind.

Entsprechend sei $L_{\dot{q}}$ erklärt. Weiterhin bezeichne

$$L_{qq}: I \to \mathscr{M}_n(\mathbb{R})$$

die Matrix-wertige Funktion auf I, deren reelle Koeffizienten im Punkte $t \in I$ die reellen Zahlen $L_{q_i q_j}(t, q(t), \dot{q}(t))$, $i, j = 1, \ldots, n$ sind. Entsprechend sind $L_{q\dot{q}}$ und $L_{\dot{q}\dot{q}}$ definiert.

Beachte, daß die Menge $\mathscr{M}_n(\mathbb{R})$ aller reellen $n \times n$ Matrizen in kanonischer Weise ein Banach-Raum ist und als Banach-Raum $\mathscr{L}(\mathbb{R}^n, \mathbb{R}^n)$ aller (stetigen) linearen Abbildungen des reellen Hilbert-Raumes $\mathbb{R}^n$ in den Hilbert-Raum $\mathbb{R}^n$ angesehen werden kann. Das Skalarprodukt im $\mathbb{R}^n$ bezeichnen wir mit $\langle \cdot, \cdot \rangle$, also

$$\langle x, y \rangle = \sum_{j=1}^{n} x_j y_j \qquad \text{für} \quad x, y \in \mathbb{R}^n.$$

Damit lassen sich die Fréchet-Ableitungen der Wirkungsfunktion auch so schreiben:

$$DW(q)(h) = \int_I \langle L_q(t) - \frac{d}{dt} L_{\dot{q}}(t), h(t) \rangle \, dt, \tag{5.16a}$$

$$D^2 W(q)(h, h) = \int_I \{ \langle h(t), L_{qq}(t) h(t) \rangle + 2 \langle h(t), L_{q\dot{q}}(t) \dot{h}(t) \rangle$$

$$+ \langle \dot{h}(t), L_{\dot{q}\dot{q}}(t) \dot{h}(t) \rangle \} \, dt. \tag{5.16b}$$

Unter Beachtung von $h \in E_1^0(I)^n$ und unter der Annahme $L_{q\dot{q}} \in \mathscr{C}^1(I, \mathscr{M}_n)$ läßt sich die Formel (5.6b) in die früher benutzte Form bringen. Dazu notieren wir zunächst

$$0 = \int_a^b \frac{d}{dt} \langle h(t), L_{q\dot{q}}(t) h(t) \rangle \, dt$$

$$= \int_I dt \{ \langle h(t), \frac{d}{dt} L_{q\dot{q}}(t) h(t) \rangle + \langle h(t), L_{q\dot{q}}(t) \dot{h}(t) \rangle + \langle \dot{h}(t), L_{q\dot{q}}(t) h(t) \rangle \}.$$

Falls $L_{q\dot{q}}(t)$ eine symmetrische Matrix ist, das heißt $\langle x, L_{q\dot{q}} y \rangle = \langle L_{q\dot{q}} x, y \rangle$,

$\forall x, y \in \mathbb{R}^n$, ergibt sich wie früher

$$D^2 W(q)(h,h) = \int_I \{\langle h(t), A(t)h(t)\rangle + \langle \dot{h}(t), B(t)\dot{h}(t)\rangle\}\, dt \tag{5.17a}$$

mit

$$A(t) = A^{(q)}(t) = L_{qq}(t) - \frac{d}{dt} L_{q\dot{q}}(t), \tag{5.17b}$$

$$B(t) = B^{(q)}(t) = L_{\dot{q}\dot{q}}(t). \tag{5.17c}$$

Diese Formeln zeigen die formale Analogie zum Fall eines Systems mit einem einzigen Freiheitsgrad.

Falls $D^2 W(q) \neq 0$, so gilt notwendigerweise für eine die Wirkung W minimierende Bahnkurve $q \in E_1(I)^n$

$$DW(q)(h) = 0, \tag{5.18a}$$

$$D^2 W(q)(h,h) \geqslant 0 \tag{5.18b}$$

für alle $h \in E_1^0(I)^n$. Setzen wir in die Formel (5.16a) für $DW(q)(h)$

$$h(t) = \chi(t) e_j, \qquad j = 1, \ldots, n$$

ein mit $\{e_i\}_{i=1,\ldots,n}$ als kanonischer Basis des $\mathbb{R}^n$ und $\chi \in E_1^0(I)$, so liefert die Bedingung (5.18a) mit Hilfe von Lemma V.1:

$$L_q(t) - \frac{d}{dt} L_{\dot{q}}(t) = 0,$$

das heißt

$$\frac{d}{dt} L_{\dot{q}_j}(t, q(t), \dot{q}(t)) = L_{q_j}(t, q(t), \dot{q}(t)), \qquad j = 1, \ldots, n. \tag{5.19}$$

Das sind die *Eulerschen* (Euler-Lagrangeschen) *Gleichungen* für die Wirkungsfunktion W.

Die Analyse der Bedingung (5.18b) ist etwas komplizierter als im 1-dimensionalen Fall. Wir beginnen mit dem einfachen Teil, welcher zur notwendigen Bedingung von Legendre führt. Dazu wird folgende (triviale) Verallgemeinerung von Lemma V.2 benützt.

Lemma V.10: *Es seien $A, B \in \mathscr{C}(I, \mathscr{M}_n)$. Das Funktional*

$$J(h) = \int_I \{\langle h(t), A(t)h(t)\rangle + \langle \dot{h}(t), B(t)\dot{h}(t)\rangle\}\, dt$$

sei auf $E_1^0(I)^n$ nicht-negativ, das heißt $J(h) \geqslant 0$, $\forall h \in E_1^0(I)^n$. Dann ist $B(t)$ für alle $t \in I$ eine positiv definite Matrix, das heißt es gilt $\langle y, B(t)y\rangle \geqslant 0$, $\forall y \in \mathbb{R}^n$ und $\forall t \in I$.

Wenden wir Lemma V.10 auf das Funktional (5.17) an, so ergibt sich die *notwendige Bedingung von Legendre* für eine minimierende Bahnkurve $q \in E_1(I)^n$. In

Worten: Die Matrix $B(t) = L_{\dot{q}\dot{q}}(t)$ muß für alle $t \in I$ positiv definit sein, das heißt

$$\langle y, L_{\dot{q}\dot{q}}(t)y\rangle \geqslant 0, \qquad \forall t \in I, \qquad \forall y \in \mathbb{R}^n. \tag{5.20}$$

Aus demselben Grund wie im eindimensionalen Fall nehmen wir zur weiteren Untersuchung der notwendigen und der hinreichenden Bedingungen die natürliche Verschärfung der Legendreschen Bedingung (5.20) an, das heißt $B(t) = L_{\dot{q}\dot{q}}(t)$ sei *strikt positiv definit* $\forall t \in I$, also

$$\langle y, B(t)y\rangle = \langle y, L_{\dot{q}\dot{q}}(t)y\rangle > 0, \qquad \forall t \in I, \qquad \forall y \in \mathbb{R}^n \backslash \{0\}. \tag{5.21}$$

Auf $E_1^0(I)^n$ untersuchen wir allgemeine quadratische Funktionale der Gestalt

$$J(h) = \int_I \{\langle h(t), A(t)h(t)\rangle + \langle \dot{h}(t), B(t)\dot{h}(t)\rangle\}\, dt \tag{5.22}$$

mit

$$A \in \mathscr{C}(I, \mathscr{M}_n), \qquad A(t)^* = A(t), \qquad \forall t \in I \tag{5.22a}$$

und

$$B \in \mathscr{C}(I, \mathscr{M}_n), \qquad B(t) \geqslant b\mathbb{1}_n, \qquad b > 0. \tag{5.22b}$$

Eine Klärung der Frage, wann ein solches Funktional J auf $E_1^0(I)^n$ positiv definit bzw. strikt positiv definit ist, wird dann sowohl notwendige als auch hinreichende Bedingungen (die Bedingungen von Jacobi) für minimierende Bahnkurven der Wirkung W ergeben.

Aus der Bedingung $B(t) \geqslant b\mathbb{1}_n$, $b > 0$ folgt, daß man $B^{-1}(t) = (B(t))^{-1}$ und $B^{+1/2}(t) = (B(t))^{1/2}$ definieren kann. Damit gilt dann

$$B^{-1}(t) \cdot B(t) = B(t) \cdot B^{-1}(t) = B^{-1/2}(t) \cdot B^{1/2}(t) = \mathbb{1}_n,$$
$$B^{1/2}(t) \cdot B^{1/2}(t) = B(t).$$

Für eine beliebige Funktion $\omega \in \mathscr{C}^1(I, \mathscr{M}_n)$ und alle $h \in E_1^0(I)^n$ gilt die Identität

$$0 = \int_I \frac{d}{dt} \langle h(t), \omega(t)h(t)\rangle\, dt$$
$$= \int_I dt \{\langle \dot{h}, \omega h\rangle + \langle h, \dot{\omega} h\rangle + \langle h, \omega \dot{h}\rangle\}.$$

So können wir auch hier das Funktional (5.22) folgendermaßen umformen:

$$J(h) = \int_I dt\, \{\langle B^{1/2}\dot{h} + B^{-1/2}\omega h, B^{1/2}\dot{h} + B^{-1/2}\omega h\rangle$$
$$+ \langle h, [A + \dot{\omega} - \omega^* B^{-1}\omega]h\rangle\}. \tag{5.23}$$

Dabei bezeichnet ω^* die zu ω adjungierte Matrix.

Die Positivitätseigenschaften des Funktionals $J(h)$ können wieder leicht geklärt werden, wenn wir J als Integral über das Quadrat einer reellen Funktion schreiben können, das heißt wenn die Differentialgleichung für die Matrix ω, nämlich

$$A + \dot{\omega} = \omega^* B^{-1} \omega, \tag{5.24}$$

in $\mathscr{C}^1(I, \mathscr{M}_n)$ eine Lösung besitzt.

Da $\omega^* B^{-1} \omega$ symmetrisch ist, ist jede Lösung von (5.24) zur symmetrischen Anfangsbedingung $\omega(a) = \omega^*(a)$ selbst symmetrisch: $\omega(t) = \omega^*(t)$, $\forall t \in I$, denn eine Lösung ω der Differentialgleichung (5.24) erfüllt die Integralgleichung

$$\omega(t) = \omega(a) - \int_a^t A(\tau)\, d\tau + \int_a^t (\omega^* B^{-1} \omega)(\tau)\, d\tau.$$

Wie die Erfahrung mit dem eindimensionalen Fall erwarten läßt und wie sich tatsächlich zeigen wird, kann man die Existenz bzw. Nicht-Existenz einer Lösung $\omega \in \mathscr{C}^1(I, \mathscr{M}_n)$ der Differentialgleichung (5.24) vom Ricattischen Typ mit Hilfe des Begriffs des konjugierten Punktes für die mit dem Funktional $J(h)$ assoziierte Eulersche Gleichung

$$-\frac{d}{dt}(B\dot{u}) + Au = 0, \qquad u \in \mathscr{C}^2(I, \mathbb{R}^n), \tag{5.25}$$

charakterisieren.

Zur Vorbereitung erörtern wir eine Charakterisierung konjugierter Punkte. Es seien $A \in \mathscr{C}(I, \mathscr{M}_n)$ und $B \in \mathscr{C}^1(I, \mathscr{M}_n)$ gegebene Matrix-wertige Funktionen mit folgenden Eigenschaften:

(i) $$A(t)^* = A(t), \qquad \forall t \in I,$$

(ii) $$B(t) \geqslant b\mathbb{1}_n, \qquad b > 0, \qquad \forall t \in I.$$

Die mit dem Funktional J assoziierte Eulersche Gleichung (5.25) wird oft auch *Jacobi-Gleichung* der Funktionen A und B genannt. Dann nennt man einen Punkt $c \in (a, b]$ einen zu *a konjugierten Punkt* bezüglich A und B, falls eine nicht-triviale Lösung der Jacobi-Gleichung existiert, welche in den Punkten a und c verschwindet.

Unter den angegebenen Voraussetzungen besitzt die Jacobi-Gleichung (5.25) $2n$ linear unabhängige Lösungen auf I. Wie im eindimensionalen Fall zeichnen wir die folgenden Lösungen aus:

Es sei $v^j_{0,1}$ die Lösung von (5.25) mit

$$v^j_{0,1}(a) = 0, \qquad \dot{v}^j_{0,1}(a) = e_j, \qquad j = 1, \ldots, n; \tag{5.26a}$$

und es sei $v^j_{1,0}$ die Lösung von (5.25) mit

$$v^j_{1,0}(a) = e_j, \qquad \dot{v}^j_{1,0}(a) = 0, \qquad j = 1, \ldots, n. \tag{5.26b}$$

Dabei bezeichnet $(e_1 \cdots e_n)$ die kanonische Basis des $\mathbb{R}^n$. Wir fassen nun die Lösungen $v^1_{0,1} \cdots v^n_{0,1}$ als Spalten einer $n \times n$ Matrix V_{01} und analog die Lösungen $v^1_{1,0} \cdots v^n_{1,0}$ als Spalten einer $n \times n$ Matrix V_{10} auf. Diese Funktionen

$V_{01} \in \mathscr{C}^2(I, \mathscr{M}_n)$ und $V_{10} \in \mathscr{C}^2(I, \mathscr{M}_n)$ sind dann Lösungen der Differentialgleichung

$$-\frac{d}{dt}(B\dot{V}) + AV = 0, \qquad V \in \mathscr{C}^2(I, \mathscr{M}_n)$$

zu den Anfangsbedingungen

$$\begin{aligned} V_{01}(a) &= 0, & \dot{V}_{01}(a) &= \mathbb{1}_n, \\ V_{10}(a) &= \mathbb{1}_n, & \dot{V}_{10}(a) &= 0. \end{aligned}$$

Die Wahl der Anfangsbedingungen garantiert, daß die Lösungen $\{v^j_{0,1}(t), v^j_{1,0}(t)\}$, $j = 1, \ldots, n$, den Lösungsraum der Jacobi-Gleichung aufspannen. Für eine beliebige Lösung u der Differentialgleichung (5.25) gilt also

$$u(t) = \sum_{j=1}^{n} [v^j_{1,0}(t)u_j(a) + v^j_{0,1}(t)\dot{u}_j(a)]. \tag{5.27}$$

Diese Relation läßt sich für $2n$ Lösungen $u^1 \cdots u^{2n}$ bequem als Matrix-Gleichung schreiben:

$$\begin{aligned} \begin{pmatrix} u^1(a) \cdots u^{2n}(a) \\ u^1(t) \cdots u^{2n}(t) \end{pmatrix} &= \begin{pmatrix} v^1_{10}(a) \cdots v^1_{10}(a) & v^1_{01}(a) \cdots v^n_{01}(a) \\ v^1_{10}(t) \cdots v^1_{10}(t) & v^1_{01}(t) \cdots v^n_{01}(t) \end{pmatrix} \begin{pmatrix} u^1(a) \cdots u^{2n}(a) \\ \dot{u}^1(a) \cdots \dot{u}^{2n}(a) \end{pmatrix} \\ &= \begin{pmatrix} V_{10}(a) & V_{01}(a) \\ V_{10}(t) & V_{01}(t) \end{pmatrix} \begin{pmatrix} u^1(a) \cdots u^{2n}(a) \\ \dot{u}^1(a) \cdots \dot{u}^{2n}(a) \end{pmatrix}. \end{aligned}$$

Nun nennt man

$$\Delta_{u^1 \ldots u^{2n}}(t) = \det \begin{pmatrix} u^1(a) \cdots u^{2n}(a) \\ u^1(t) \cdots u^{2n}(t) \end{pmatrix}$$

die Mayer-Determinante der Lösungen $u^1 \cdots u^{2n}$ und

$$W_{u^1 \ldots u^{2n}}(t) = \det \begin{pmatrix} u^1(t) \cdots u^{2n}(t) \\ \dot{u}^1(t) \cdots \dot{u}^{2n}(t) \end{pmatrix}$$

die Wronski-Determinante der Lösungen $u^1 \cdots u^{2n}$.

Die Relation (5.27) ergibt infolge der Anfangsbedingungen die folgende wichtige Relation:

$$\Delta_{u^1 \ldots u^{2n}}(t) = D_{01}(t) W_{u^1 \ldots u^{2n}}(t) \tag{5.28}$$

mit

$$D_{01}(t) = \det V_{01}(t).$$

Diese Relation ist die Grundlage der Charakterisierung der konjugierten Punkte. Es gilt nämlich:

Lemma V.11: *Unter obigen Voraussetzungen ist $c \in (a, b]$ ein zu a konjugierter Punkt bezüglich A und B genau dann, wenn eine der folgenden äquivalenten Bedingungen gilt:*

a) $D_{01}(c) = 0$.

b) Für ein Lösungssystem $u^1 \cdots u^{2n}$ *mit* $W_{u^1 \ldots u^{2n}}(a) \neq 0$ *verschwindet die Mayer-Determinante* $\Delta_{u^1 \ldots u^{2n}}$ *im Punkte* c, *das heißt* $\Delta_{u^1 \ldots u^{2n}}(c) = 0$.

Beweis: Die Relation (5.28) begründet die Äquivalenz der Aussagen a) und b). Wenn $c \in [a, b]$ ein zu a konjugierter Punkt ist, so existiert eine nicht-triviale Lösung u der Jacobi-Gleichung (5.25), so daß $u(a) = u(c) = 0$ gilt. Außerdem verlangt die Nichttrivialität von u, das heißt $u \neq 0$, daß gilt: $\dot{u}(a) \neq 0$. Die Formel (5.27) besagt, daß

$$u = \sum_{j=1}^{n} \dot{u}_j(a) v_{01}^j = V_{01} \cdot \dot{u}(a)$$

gilt, und demgemäß hat man wegen $\dot{u}(a) \neq 0$:

$$0 = u(c) = V_{01}(c) \cdot \dot{u}(a),$$

$$0 = D_{01}(c) = \det V_{01}(c).$$

Also folgt a).

Wenn umgekehrt a) erfüllt ist, so besitzt die Gleichung $V_{01}(c)\lambda = 0$ wegen $\det V_{01}(c) = 0$ eine nicht-triviale Lösung $\lambda \in \mathbb{R}^n$, $\lambda \neq 0$. Setze

$$u(\cdot) = V_{01}(\cdot)\lambda = \sum_{j=1}^{n} \lambda_j v_{01}^j(\cdot).$$

Es folgt:

$$u(a) = V_{01}(a) \cdot \lambda = 0 \cdot \lambda = 0,$$

$$u(c) = V_{01}(c) \cdot \lambda = 0,$$

$$\dot{u}(a) = \dot{V}_{01}(a) \cdot \lambda = \lambda \neq 0.$$

Also ist $V_{01}(\cdot)\lambda$ eine nichttriviale Lösung der Jacobi-Differentialgleichung (5.25), welche in a und c verschwindet; folglich ist c ein zu a konjugierter Punkt.

Der folgende Satz enthält nun die Charakterisierung der Positivitätseigenschaften des Funktionals (5.22) unter den Voraussetzungen (5.22a) und (5.22b) in Termen der Existenz konjugierter Punkte.

Satz V.12: *a) Das gemäß (5.22) definierte Funktional* J *auf* $E_1^0(I)^n$ *ist strikt positiv definit genau dann, wenn es in* $(a, b]$ *keinen zu* a *konjugierten Punkt bezüglich* A *und* B *gibt.*

b) Wenn das Funktional $J(h) = \int_I dt\{\langle h, Ah\rangle + \langle \dot{h}, B\dot{h}\rangle\}$ *auf* $E_1^0(I)^n$ *positiv definit ist, so enthält das offene Intervall* (a, b) *keinen zu* a *konjugierten Punkt* c *bezüglich* A *und* B.

Beweis: Das Funktional J sei (strikt) positiv definit auf $E_1^0(I)^n$. Durch einen Widerspruchsbeweis wollen wir die Existenz eines konjugierten Punktes ausschließen. Angenommen, die Behauptung ist falsch. Dann gibt es einen zu a konjugierten Punkt c_1 bezüglich der Funktionen A und B. Wäre $c_1 = b$, so gibt es ein $u^1 \in E_1^0(I)^n$, $u^1 \neq 0$, welches die Jacobi-Gleichung löst, was

$$J(u_1) = \int_I dt \, \langle u^1, Au^1 - \frac{d}{dt}(B\dot{u}^1)\rangle = 0$$

impliziert. Falls $J(h) > 0$, $\forall h \in E_1^0(I)^n$, $h \neq 0$, gilt, dann ist $c_1 = b$ als konjugierter Punkt nicht möglich. Daher können wir annehmen $c_1 \in (a, b)$. Wie im eindimensionalen Fall erzeugen wir einen Widerspruch, indem wir das gegebene Funktional $J = J_1$ stetig in das strikt positive Funktional

$$J_0(h) = \int_I dt \, \langle \dot{h}, \dot{h} \rangle$$

deformieren. Dazu betrachtet man die Schar von Funktionalen J_λ, $\lambda \in [0, 1]$, auf $E_1^0(I)^n$:

$$J_\lambda(h) = \int_I \{\langle \dot{h}, B_\lambda \dot{h}\rangle + \langle h, A_\lambda h\rangle\} \, dt$$

mit

$$B_\lambda = \lambda B + (1 - \lambda)\mathbb{1}_n, \qquad A_\lambda = \lambda A$$

und die zugehörige Schar der Jacobi-Gleichungen

$$-\frac{d}{dt}(B_\lambda \dot{U}) + A_\lambda U = 0, \qquad U \in \mathscr{C}^2(I, \mathscr{M}_n).$$

Gemäß Lemma V.11 lassen sich die konjugierten Punkte bezüglich der Funktionen A_λ und B_λ durch die Lösung U_λ dieser Gleichung zu den Anfangsbedingungen

$$U_\lambda(a) = 0, \qquad \dot{U}_\lambda(a) = \mathbb{1}$$

charakterisieren. Diese Lösung hängt stetig differenzierbar von λ ab. Daher erlaubt die Annahme, daß für $\lambda = +1$ ein konjugierter Punkt $c_1 \in (a, b)$ existiert, wie beim Beweis von Satz V.7 zu schließen, daß auch für $\lambda = 0$ ein konjugierter Punkt $c_0 \in (a, b)$ für die Funktionen $A_0 = 0$ und $B_0 = \mathbb{1}_n$ existieren muß. Das ist aber der gewünschte Widerspruch, denn die Lösung U_0 von

$$-\frac{d}{dt}(B_0 \dot{U}) + A_0 U = -\ddot{U} = 0$$

zu den Anfangsbedingungen $U_0(a) = 0$ und $\dot{U}_0(a) = \mathbb{1}_n$ ist

$$U_0(t) = (t - a)\mathbb{1}_n.$$

Damit folgt b) und der erste Teil der Aussage a).

Umgekehrt gebe es in $(a, b]$ keinen zu a konjugierten Punkt bezüglich A und B. Eine kleine Verschärfung unserer heuristischen Betrachtung im Zusammenhang mit den Gleichungen (5.23) und (5.24) erlaubt zu zeigen, daß das Funktional J in diesem Fall strikt positiv definit ist.

Wenn es in $(a, b]$ keinen konjugierten Punkt gibt, so ist die Lösung $V = V_{01}$ auf $(a, b]$ invertierbar, das heißt

$$t \to V^{-1}(t) = V(t)^{-1}$$

ist eine Funktion aus $\mathscr{C}^1((a, b], \mathscr{M}_n)$. Folglich ist

$$t \to \omega(t) = -(B \cdot \dot{V} \cdot V^{-1})(t) \tag{5.29}$$

auch ein Element aus $\mathscr{C}^1((a, b], \mathscr{M}_n)$ mit der Ableitung

$$\dot{\omega} = -A - \omega \dot{V} V^{-1} = -A + \omega B^{-1} \omega;$$

also gilt

$$\dot{\omega} + A = \omega B^{-1} \omega. \tag{5.24'}$$

Wir zeigen nun die Symmetrie der durch (5.29) definierten Lösung der obigen Differentialgleichung (5.24') auf $(a, b]$. Dazu beachte, daß für beliebige Lösungen U, W der Jacobi-Gleichung $(d/dt)(B\dot{U}) = AU$ die folgende Relation gilt:

$$U^* B \dot{W} - \dot{U}^* B W = \text{konstant}. \tag{5.30}$$

Zum Beweis zeigt man, daß aufgrund der Jacobi-Gleichung und der Symmetrie von A und B die Ableitung von

$$\langle Ux, B\dot{W}y \rangle - \langle \dot{U}x, BWy \rangle$$

für alle $x, y \in \mathbb{R}^n$ verschwindet.

Wenden wir nun die Relation (5.30) auf $W = V = V_{01} = U$ an, so folgt

$$V^* B \dot{V} - \dot{V}^* B V = (V^* B \dot{V} - \dot{V}^* B V)(a) = 0,$$

also

$$V^* B \dot{V} = \dot{V}^* B V,$$

und damit

$$(-\omega)^* = (B \dot{V} V^{-1})^* = -\omega.$$

Folglich hat man

$$(\omega(t))^* = \omega(t), \qquad \forall t \in (a, b].$$

Damit ist die durch (5.29) definierte Funktion ω auch eine Lösung der Differentialgleichung (5.24). Die Darstellung (5.23) für das Funktional liefert

$$\begin{aligned} J(h) &= \lim_{\varepsilon \to 0+} \int_{a+\varepsilon}^{b} dt \, \{\langle h, Ah \rangle + \langle \dot{h}, B\dot{h} \rangle\} \\ &= \lim_{\varepsilon \to 0+} \int_{a+\varepsilon}^{b} dt \, \{\langle B^{1/2}\dot{h} + B^{-1/2}\omega h, B^{1/2}\dot{h} + B^{-1/2}\omega h \rangle \\ &\quad + \langle h, [A + \dot{\omega} - \omega^* B^{-1} \omega] h \rangle\} \end{aligned}$$

$$= \int_a^b dt \, \langle B^{1/2}\dot{h} + B^{-1/2}\omega h, B^{1/2}\dot{h} + B^{-1/2}\omega h \rangle \geqslant 0,$$

denn, da $h \in E_1^0(I)^n$, besitzt $\omega(t)h(t)$ für $t \to a$ einen Grenzwert, nämlich $-B(a)h(a)$.

Die Abwesenheit konjugierter Punkte in $(a, b]$ impliziert also, daß das Funktional J auf $E_1^0(I)^n$ positiv definit ist. Nun sei $h \in E_1^0(I)^n$, und es gelte $J(h) = 0$. Die obige Formel, das heißt

$$J(h) = \int_I dt \, \|B^{1/2}\dot{h} + B^{-1/2}\omega h\|^2$$

mit $\|\cdot\|^2 = \langle \cdot, \cdot \rangle$ zeigt, daß h die Differentialgleichung $B^{1/2}\dot{h} + B^{-1/2}\omega h = 0$ erfüllen muß. Im Punkte $t = b$ ist $\omega(t)$ wohldefiniert. Da $h \in E_1^0(I)^n$ gilt, folgt $h(b) = \dot{h}(b) = 0$. Da h Lösung der linearen Differentialgleichung $\dot{h} + B^{-1}\omega h = 0$ ist, ist h die triviale Lösung, das heißt $h = 0$. Mithin ist das Funktional J auf $E_1^0(I)^n$ auch strikt positiv.

Zusammenfassend können wir die folgenden Charakterisierungen für eine minimierende Bahnkurve $q \in E_1(I)^n$ eines Systems mit n Freiheitsgraden formulieren:

Satz V.13 (Prinzip der kleinsten Wirkung): *a) Notwendige Bedingungen: Falls $q \in E_1(I)^n$ eine Bahnkurve ist, für die die Wirkung $W(q) = \int_I L(t, q(t), \dot{q}(t))\, dt$ ein lokales Minimum annimmt, und falls die 2. Fréchet-Ableitung von W im Punkte q nicht verschwindet, so gelten:*

i) *Eulersche Gleichungen:*

$$\frac{d}{dt}\frac{\partial L}{\partial \dot{q}_j}(t, q(t), \dot{q}(t)) = \frac{\partial L}{\partial q_j}(t, q(t), \dot{q}(t)), \qquad j = 1, \ldots, n, \qquad \forall t \in I.$$

ii) *Legendre-Bedingung: Die Matrix*

$$L_{\dot{q}\dot{q}}(t) = \left(\frac{\partial^2 L}{\partial \dot{q}_i \partial \dot{q}_j}(t, q(t), \dot{q}(t))\right)_{i,j=1,\ldots,n}$$

ist für alle $t \in I$ positiv definit.

iii) *Jacobi-Bedingung: Es gibt in (a, b) keinen zu a konjugierten Punkt bezüglich der Funktionen $A^{(q)}$ und $B^{(q)}$, welche durch*

$$A^{(q)}(t) = L_{qq}(t) - \frac{d}{dt} L_{\dot{q}q}(t),$$

$$B^{(q)}(t) = L_{\dot{q}\dot{q}}(t)$$

definiert sind. Dabei wird angenommen, daß $A^{(q)} \in \mathscr{C}(I, \mathscr{M}_n)$ und $B^q \in \mathscr{C}^1(I, \mathscr{M}_n)$ gilt.

b) Hinreichende Bedingungen: Eine Bahnkurve $q \in E_1(I)^n$ möge folgende Bedingungen erfüllen:

i) *q ist eine Lösung der Eulerschen Gleichungen, das heißt*

$$\frac{d}{dt}\frac{\partial L}{\partial q_j}(t, q(t), \dot{q}(t)) = \frac{\partial L}{\partial q_j}(t, q(t), \dot{q}(t)), \qquad \forall t \in I, \qquad j = 1, \ldots, n.$$

ii) *Für die in a)* iii) *durch q definierten Funktionen* $A^{(q)}$ *und* $B^{(q)}$ *gelte* $A^{(q)} \in \mathscr{C}(I, \mathscr{M}_n)$ *und* $B^{(q)} \in \mathscr{C}^1(I, \mathscr{M}_n)$.

iii) $B^{(q)}(t)$ *sei strikt positiv definit für alle* $t \in I$.

iv) *Im Intervall* $(a, b]$ *gebe es keinen zu a konjugierten Punkt bezüglich der Funktionen* $A^{(q)}$ *und* $B^{(q)}$.

Dann hat die Wirkung $W(q) = \int_I L(t, q(t), \dot{q}(t))\,dt$ *für die Bahnkurve q ein striktes lokales Minimum.*

C. *Ein Beispiel aus der klassischen Mechanik*

Für viele Systeme der klassischen Mechanik mit n Freiheitsgraden hat die Lagrangefunktion L die Form

$$L(t, q, \dot{q}) = \tfrac{1}{2}\langle \dot{q}, M\dot{q}\rangle - V(q)$$

mit einer symmetrischen Matrix $M = M^*$, das heißt $m_{ij} = m_{ji}$, $i, j = 1, \ldots, n$, und einer potentiellen Energie V, welche wir als 2-mal stetig differenzierbar voraussetzen. Es folgt dann

$$L_q = -V_q, \qquad L_{\dot{q}} = M\dot{q},$$

$$L_{q\dot{q}} = 0, \qquad L_{\dot{q}\dot{q}} = M \qquad \text{und} \qquad L_{qq} = -V_{qq}.$$

Die zugehörige Eulersche Gleichung ist hier

$$\frac{d}{dt}(M\dot{q}) = -V_q,$$

das heißt gerade die Newtonsche Gleichung.

Wir wollen jetzt diskutieren, wann eine Lösung q der Eulerschen Gleichungen die Wirkungsfunktion

$$W(q) = \int_I L(t, q(t), \dot{q}(t))\,dt$$

für ein Zeitintervall $I = [a, b]$ minimiert.

Die notwendige Bedingung von Legendre verlangt, daß $L_{\dot{q}\dot{q}} = M$ positiv definit ist, und die verschärfte Bedingung von Legendre verlangt zusätzlich, daß M strikt positiv definit, das heißt $M \geqslant m\mathbb{1}_n$, $m > 0$ ist. Da M die quadratische Form der kinetischen Energie T des Systems

$$T = \tfrac{1}{2}\langle \dot{q}, M\dot{q}\rangle$$

festlegt, sind dieses für die obige Lagrangefunktion natürliche Forderungen. Viel schwieriger sind die Bedingungen von Jacobi zu realisieren. Die mit einer Lösung q der Eulerschen Gleichung assoziierten Funktionen $A = A^{(q)}$ und $B = B^{(q)}$ sind in diesem Spezialfall

$$A(t) = L_{qq} = -V_{qq}(q(t))$$

und

$$B(t) = L_{\dot{q}\dot{q}} = M.$$

Die zu A und B gehörige Jacobi-Gleichung, das heißt die Eulersche Gleichung des Funktionals $J(h)$ auf $E_1^0(I)^n$, welches durch

$$J(h) = \int_I \{\langle h, Ah\rangle + \langle \dot{h}, B\dot{h}\rangle\}\, dt,$$

$$J(h) = \int_I \{\langle \dot{h}, M\dot{h}\rangle - \langle h, V_{qq}h\rangle\}\, dt$$

erklärt ist, ist demnach

$$-\frac{d}{dt}(M \cdot \dot{U}) - V_{qq}(q(t))U = 0.$$

Falls die Matrix M zeitunabhängig und strikt positiv ist, läßt sich die obige Gleichung noch als

$$\ddot{U} + M^{-1}V_{qq}(q(t))U = 0$$

schreiben. Ob diese Gleichung eine nichttriviale Lösung $U \in \mathscr{C}^2(I, R^n)$ besitzt mit $U(a) = 0$ und $U(t) \neq 0$, $\forall t \in (a, b]$, das heißt ob es in $(a, b]$ keinen konjugierten Punkt bezüglich der Funktionen $A = M$ und $B = -V_{qq}$ gibt, ist für allgemeine Potentiale nicht einfach zu entscheiden. Wir diskutieren daher ein Beispiel. Es sei

$$V(q) = \tfrac{1}{2}\langle q, Kq\rangle, \qquad K = K^*, \qquad K \in \mathscr{M}_n.$$

Es folgt $V_{qq}(q(t)) = K$, $\forall t \in I$, und so erhält man die Jacobi-Gleichung

$$\ddot{U} + M^{-1}KU = 0.$$

Die Matrix $M^{-1}K \in \mathscr{M}_n$ werde durch die Matrix $G \in \mathscr{M}_n$ diagonalisiert, das heißt

$$GM^{-1}KG^{-1} = D = \begin{pmatrix} \lambda_1 & 0 & \cdots & 0 \\ 0 & \lambda_2 & \cdots & 0 \\ 0 & 0 & \cdots & \lambda_n \end{pmatrix}$$

mit $\lambda_j \in \mathbb{R}$. Für $h = GU$ ergibt sich dann die Gleichung

$$\ddot{h} + Dh = 0$$

oder $\ddot{h}_j + \lambda_j h_j = 0$, $j = 1, \ldots, n$. Die Lösungen zu den Anfangsbedingungen $h_j(a) = 0$ sind

$$h_j(t) = d_j \sin \omega_j(t - a), \qquad \omega_j = +\sqrt{\lambda_j}, \qquad \lambda_j > 0$$

oder

$$h_j(t) = d_j \operatorname{sh} \omega_j(t - a), \qquad \omega_j = +\sqrt{-\lambda_j}, \qquad \lambda_j < 0$$

mit $d_j \in \mathbb{R}$.

Falls also für $j = 1, \ldots, n$ $\lambda_j < 0$ gilt, gibt es in $(a, b]$ keinen zu a konjugierten Punkt, und die Bahnkurve q minimiert die Wirkung W. Falls andererseits $\lambda_j > 0$ für einige $j \in \{1, 2, \ldots, n\}$, so haben wir eine Fallunterscheidung zu treffen:

Falls $(b-a)\max(\sqrt{\lambda_j}\,|\,j\in\{1,\ldots,n\},\ \lambda_j>0)<\pi$ ist, so haben die zugehörigen Lösungen h_j in $(a,b]$ keine weiteren Nullstellen. Dann enthält $(a,b]$ also keinen zu a konjugierten Punkt, und wir erhalten in diesem Fall auch ein Minimum der Wirkung.

Falls jedoch $(b-a)\max(\sqrt{\lambda_j}\,|\,j\in\{1,\ldots,n\},\lambda_j>0)>\pi$ ist, so haben die zugehörigen Lösungen u_j in (a,b) mindestens eine Nullstelle. Folglich gibt es Lösungen $h=(h_1\cdots h_n)$ mit

$$h(a)=h(c)=0, \qquad a<c<b, \qquad h\neq 0.$$

In (a,b) existiert also ein zu a konjugierter Punkt. In diesem Fall minimiert die Bahnkurve q die Wirkung W daher nicht.

Bemerkung: Die Legendreschen Bedingungen, das heißt:

$$L_{\dot q\dot q}\geqslant 0$$

oder

$$L_{\dot q\dot q}>0,$$

sind der Ausdruck einer gewissen partiellen Konvexität der Lagrangefunktion $L(t,q(t),\dot q(t))$ in der letzten Variablen.

Bemerkung: Wir haben alle Sätze nur für ein lokales Minimum des Wirkungsfunktionals W formuliert. Ähnliche Sätze gelten mutatis mutandis auch für ein lokales Maximum.

V.3 Symmetrien und Erhaltungssätze in der klassischen Mechanik

A. Hamiltonsche Formulierung der klassischen Mechanik

Im letzten Abschnitt haben wir ausführlich den variationstheoretischen Zugang zur Lagrangeschen Formulierung der klassischen Mechanik diskutiert. Für die Physik ist jedoch auch die sogenannte Hamiltonsche Formulierung der klassischen Mechanik sehr wichtig – insbesondere, da der Hamiltonsche Formalismus eine der Säulen ist, auf die man sich bei der Begründung der Quantenmechanik stützt. Daher wollen wir hier auch kurz den variationstheoretischen Zugang zu dieser gleichwertigen Formulierung beschrieben. Dazu gehen wir von einer Lagrange-Funktion $L\in\mathscr{C}^2(I,\mathbb{R}^{2n})$ eines Systems mit $n\geqslant 1$ Freiheitsgraden aus. Dann sind die „*kanonischen Impulse*" des Systems durch die Gleichungen

$$p_k=p_k(t,q,\dot q)=\frac{\partial L}{\partial \dot q_k}(t,q,\dot q), \qquad k=1,\ldots,n$$

wohldefiniert. Falls wir zusätzlich

$$\det L_{\dot q\dot q}=\det\left(\frac{\partial^2 L}{\partial \dot q_j\,\partial \dot q_k}(t,q,\dot q)\right)\neq 0$$

annehmen, so können die Gleichungen $p_k=(\partial L/\partial \dot q_k)(t,q,\dot q)$ mit Hilfe des Satzes über implizite Funktionen wenigstens lokal nach den $\dot q_j$, $j=1,\ldots,n$, aufgelöst werden

$$\dot{q}_j = \dot{q}_j(t, q, p).$$

In diesem Falle erhält man die „*Hamilton-Funktion*“ $H(t, q, p)$ durch eine „Legendre-Transformation“ (oder Berührungstransformation) aus der Lagrange-Funktion:

$$H(t, q, p) = \left\{ \sum_{k=1}^{n} p_k \dot{q}_k - L(t, q, \dot{q}) \right\} \bigg|_{\dot{q} = \dot{q}(t, q, p)}$$

Diese Benennung ist nicht ganz berechtigt, weil Lagrange diese Funktion – sogar mit der Notation H! – als erster betrachtet hat.

Unter dieser Transformation gehen die Euler-Lagrange-Gleichungen

$$\frac{\partial L}{\partial q_k} = \frac{d}{dt} \frac{\partial L}{\partial \dot{q}_k}$$

in die sogenannte *Hamiltonschen Bewegungsgleichungen*

$$\dot{q}_k = \frac{\partial H}{\partial p_k}, \qquad \dot{p}_k = -\frac{\partial H}{\partial q_k}, \qquad -\frac{\partial L}{\partial t} = \frac{\partial H}{\partial t}, \qquad k = 1, \ldots, n$$

über. Denn das totale Differential von H ist einerseits

$$dH = \frac{\partial H}{\partial t} dt + \sum_{k=1}^{n} \left\{ \frac{\partial H}{\partial q_k} dq_k + \frac{\partial H}{\partial p_k} dp_k \right\}$$

und andererseits aufgrund unserer Definitionen

$$\begin{aligned} dH &= \sum_{k=1}^{n} \{\dot{q}_k \, dp_k + p_k \, d\dot{q}_k\} - \frac{\partial L}{\partial t} dt - \sum_{k=1}^{n} \left\{ \frac{\partial L}{\partial q_k} dq_k + \frac{\partial L}{\partial \dot{q}_k} d\dot{q}_k \right\} \\ &= \sum_{k=1}^{n} \left\{ \dot{q}_k \, dp_k - \frac{\partial L}{\partial q_k} dq_k \right\} - \frac{\partial L}{\partial t} dt. \end{aligned}$$

Aus

$$\frac{\partial L}{\partial q_k} = \frac{d}{dt} \frac{\partial L}{\partial \dot{q}_k} = \dot{p}_k$$

ergeben sich leicht die Hamiltonschen Bewegungsgleichungen. Anstelle der n Euler-Lagrangeschen Gleichungen 2. Ordnung im Konfigurationsraum haben wir jetzt die $2n$ Hamiltonschen Gleichungen 1. Ordnung im Phasenraum. Im variationstheoretischen Zugang zu diesen Gleichungen hat man die Wirkung als Funktion von Bahnen im „*Phasenraum*“ $\Gamma = \{(q, p) \,|\, q \in \mathbb{R}^n, p \in \mathbb{R}^n\}$ zu untersuchen. Dazu sei $I = [a, b]$ ein Zeitintervall und

$$\mathscr{E}^1(I) = \{(q, p) \in \mathscr{C}^1(I; \mathbb{R}^{2n}) \,|\, q(a) = q_A, \, q(b) = q_E\},$$

$$\mathscr{E}^1_0(I) = \{(q, p) \in \mathscr{C}^1(I; \mathbb{R}^{2n}) \,|\, q(a) = 0 = q(b)\}.$$

Gemäß $L\,dt = \sum_{k=1}^{n} p_k \, dq_k - H\,dt$ läßt sich die Wirkung $W = \int_I L\,dt$ auch als

Wegintegral im Phasenraum schreiben ($(q,p) \in \mathscr{E}^1(I)$):

$$W(q,p) = \int_I \left\{ \sum_{k=1}^{n} p_k(t)\dot{q}_k(t) - H(t,q(t),p(t)) \right\} dt.$$

Die Fréchet-Ableitung der Funktion $W: \mathscr{E}^1(I) \to \mathbb{R}$ ist die durch

$$\begin{aligned} DW(q,p)(h,g) &= \int_I \sum_{k=1}^{n} \left\{ g_k(t)\left(\dot{q}_k(t) - \frac{\partial H}{\partial p_k}\right) + p_k(t)\dot{h}_k(t) - \frac{\partial H}{\partial q_k} h_k(t) \right\} dt \\ &= \int_I \sum_{k=1}^{n} \left\{ g_k(t)\left(\dot{q}_k(t) - \frac{\partial H}{\partial p_k}\right) - h_k(t)\left(\dot{p}_k(t) + \frac{\partial H}{\partial q_k}\right) \right\} dt \end{aligned}$$

definierte lineare Abbildung $\mathscr{E}_0^1(I) \to \mathbb{R}$.

Nach früheren Argumenten ist demnach die Stationarität der Wirkung W für die Bahn $(q,p) \in \mathscr{E}^1(I)$ äquivalent dazu, daß diese Bahn Lösung der Hamiltonschen Gleichungen ist.

B. Koordinatentransformationen und Integrale der Bewegung

Wir beginnen mit einer kurzen Charakterisierung der Bewegungsintegrale eines Systems in Termen der Hamiltonfunktion. Eine Funktion $f: \mathbb{R} \times \Gamma \to \mathbb{R}$ heißt ein *Intregral der Bewegung* oder ein *Bewegungsintegral*, falls f auf allen Bahnen im Phasenraum konstant ist. Längs einer Bahn $(q,p) \in \mathscr{C}^1(\mathbb{R}, \mathbb{R}^{2n})$ gelten die Hamiltonschen Gleichungen. Daher ist eine $\mathscr{C}^1$-Funktion $f(t,q,p)$ genau dann ein Bewegungsintegral, wenn $0 = (d/dt)f(t,q(t),p(t))$ für jede Bahn $t \to (q(t),p(t))$ gilt. Nun ist

$$\begin{aligned} \frac{d}{dt} f(t,q(t),p(t)) &= \frac{\partial f}{\partial t} + \sum_{j=1}^{n} \left\{ \frac{\partial f}{\partial q_j}\dot{q}_j(t) + \frac{\partial f}{\partial p_j}\dot{p}_j(t) \right\} \\ &= \frac{\partial f}{\partial t} + \sum_{j=1}^{n} \left\{ \frac{\partial f}{\partial q_j}\frac{\partial H}{\partial p_j} - \frac{\partial f}{\partial p_j}\frac{\partial H}{\partial q_j} \right\} \\ &\equiv \frac{\partial f}{\partial t} + \{H,f\}, \end{aligned}$$

wenn die *Poisson-Klammer* $\{f,g\}$ zweier Funktionen f, $g: \Gamma \to \mathbb{R}$ durch

$$\{f,g\} = \sum_{j=1}^{n} \left(\frac{\partial f}{\partial p_j}\frac{\partial g}{\partial q_j} - \frac{\partial f}{\partial q_j}\frac{\partial g}{\partial p_j} \right)$$

erklärt wird. Es folgt:

Eine $\mathscr{C}^1$-Funktion $f: \mathbb{R} \times \Gamma \to \mathbb{R}$ ist genau dann ein Integral der Bewegung, wenn

$$\frac{\partial f}{\partial t} + \{H,f\} = 0$$

gilt.

Die variationstheoretische Formulierung der Bewegungsgleichungen als „Punkte“ stationärer Wirkung kann vorteilhaft benutzt werden, um die Invarianz der Bewegungsgleichungen gegenüber gewissen Transformationen zu untersuchen und so gegebenenfalls Integrale der Bewegung zu finden. Das in diesem Zusammenhang zentrale Ergebnis ist der *Satz von E. Noether* [V.1], den wir jetzt diskutieren wollen.

Zunächst erinnern wir daran, daß zwei Lagrange-Funktionen L und L', die sich um einen Summanden der Form

$$\frac{d}{dt}G(t,q)$$

unterscheiden, zu Wirkungsfunktionen $W(q) = \int_I L\,dt$ und $W'(q) = \int_I L'\,dt$ führen, die sich auf $E^1(I)^n$ um eine additive Konstante unterscheiden:

$$L' = L + \frac{d}{dt}G$$

gibt für $q \in E^1(I)^n \equiv E^1(I; q_A, q_E)^n$

$$W'(q) = W(q) + \int_I dt \frac{d}{dt} G(t, q(t)) = W(q) + G(b, q_E) - G(a, q_A).$$

Wie wir früher gelernt hatten, besteht folgender Zusammenhang zwischen den mit einer Lagrange-Funktion L assoziierten Bewegungsgleichungen

$$[L]_j(q)(t) = \left(\frac{\partial L}{\partial q_j} - \frac{d}{dt}\frac{\partial L}{\partial \dot{q}_j}\right)(t, q(t), \dot{q}(t)) = 0, \qquad j = 1, \ldots, n$$

und der Fréchet-Ableitung $DW(q)$ der durch L definierten Wirkungsfunktion:

$$DW(q)(h) = \int_I \sum_{j=1}^{n} [L]_j(q)(t) h_j(t)\, dt$$

für alle $h \in E_0^1(I)^n$.

Damit führen die Lagrange-Funktionen L und L' zu denselben Bewegungsgleichungen.

Wir bereiten nun unsere Untersuchung der Invarianz von Lagrange-Funktionen unter Koordinaten-Transformationen durch einige Anmerkungen über 1-Parameter-Gruppen von Transformationen im $\mathbb{R}^n$ vor. Es sei $(h_s)_{s\in\mathbb{R}}$ eine 1-Parameter-Gruppe von Diffeomorphismen $h_s\colon \mathbb{R}^n \to \mathbb{R}^n$ des $\mathbb{R}^n$ mit $h_0 = id_{\mathbb{R}^n} = \mathbb{1}_n$. $(s, x) \to h_s(x)$ sei eine Funktion in $\mathscr{C}^2(\mathbb{R} \times \mathbb{R}^n; \mathbb{R}^n)$. h_s induziert eine Abbildung

$$H_s\colon E^1(I; q_A, q_E)^n \to E^1(I; h_s(q_A), h_s(q_E))^n$$

gemäß

$$q \to H_s(q) = h_s \circ q.$$

Wir bestimmen die Ableitung dieser Abbildung. Dazu seien $q \in E^1(I; q_A, q_E)^n$ und

$f \in E_0^1(I)^n$. Die Differenzierbarkeit von h_s liefert für alle $t \in I$:

$$H_s(q+f)(t) = h_s(q(t)+f(t)) = H_s(q)(t) + \frac{\partial h_s}{\partial x}(q(t)) \cdot f(t) + o(f(t)).$$

Es folgt: $DH_s(q)$ ist die durch

$$(DH_s(q)(f))(t) := \frac{\partial h_s}{\partial x}(q(t)) \cdot f(t)$$

definierte lineare Abbildung $DH_s(q): E_0^1(I)^n \to E_0^1(I)^n$. Als Diffeomorphismus besitzt h_s in allen Punkten $x \in \mathbb{R}^n$ eine invertierbare Jacobi-Matrix

$$\frac{\partial h_s}{\partial x}(x) = \left(\frac{\partial h_{s,j}}{\partial x_k}(x),\ j,k = 1,\ldots,n\right).$$

Folglich ist $DH_s(q)$ für alle $q \in E^1(I)$ eine invertierbare Abbildung $E_0^1(I)^n \to E_0^1(I)^n$.

Für $q \in E^1(I; q_A, q_E)^n$ sei $Q_s \in E^1(I; h_s(q_A), h_s(q_E))^n$ durch

$$Q_s(t) = H_s(q)(t) = h_s(q(t))$$

erklärt. Es folgt

$$\dot{Q}_s(t) = \frac{d}{dt} Q_s(t) = DH_s(q)(\dot{q})(t),$$

wenn wir die natürliche Erweiterung von $DH_s(q)$ auf $\mathscr{C}(I, \mathbb{R}^n)$ wieder mit $DH_s(q)$ bezeichnen.

Schließlich sei L eine Lagrange-Funktion mit Standardeigenschaften, die unter $(h_s)_{s \in \mathbb{R}}$ „im wesentlichen invariant" ist, das heißt es gebe eine $\mathscr{C}^2$-Funktion

$$\mathbb{R} \times \mathbb{R} \times \mathbb{R}^n \ni (s, t, x) \to G_s(t, x) \in \mathbb{R},$$

so daß für alle $q \in E^1(I; q_A, q_E)^n$ und alle $s \in \mathbb{R}$

$$L(t, Q_s(t), \dot{Q}_s(t)) = L(t, q(t), \dot{q}(t)) + \frac{d}{dt} G_s(t, Q_s(t)), \qquad t \in I,$$

gilt. Dann folgt

$$W(Q_s) = W(H_s(q)) = \int_I L(t, Q_s(t), \dot{Q}_s(t))\, dt = W(q) + G_s(b, Q_s(b)) - G_s(a, G_s(a))$$

und damit für alle $s \in \mathbb{R}$

$$DW(q) = DW(H_s(q)) \cdot DH_s(q).$$

Da wir $DH_s(q)$ oben als invertierbar erkannt haben, folgt die Invarianz der Bewegungsgleichungen unter h_s, $s \in \mathbb{R}$: $DW(q) = 0$ genau dann, wenn $DW(H_s(q)) = 0$ für alle $s \in \mathbb{R}$ oder ausführlicher

$$[L]_j(q) = 0, \qquad j = 1, \ldots, n$$

genau dann, wenn

$$[L]_j(Q_s) = 0, \qquad j = 1, \ldots, n \qquad \text{für alle} \qquad s \in \mathbb{R}.$$

Wir zeigen nun, daß die 1-Parameter-Gruppe $(h_s)_{s\in\mathbb{R}}$ im obigen Fall ein Integral der Bewegung für die Lagrange-Funktion L zu bestimmen gestattet. Aus

$$L(t,q,\dot q) = L(t,Q_s,\dot Q_s) - \frac{d}{dt}G_s(t,Q_s)$$

folgt

$$0 = \frac{d}{ds}L(t,q,\dot q) = \frac{\partial L}{\partial q}(t,Q_s,\dot Q_s)\frac{dQ_s}{ds} + \frac{\partial L}{\partial \dot q}(t,Q_s,\dot Q_s)\frac{d}{ds}\dot Q_s - \frac{d}{ds}\frac{d}{dt}G_s(t,Q_s).$$

Da G eine $\mathscr{C}^2$-Funktion ist, kann die Reihenfolge der Ableitungen im letzten Summanden vertauscht werden. Ähnlich ergibt sich aus der Annahme über h_s:

$$\frac{d}{ds}\dot Q_s = \frac{d}{dt}\left(\frac{dQ_s}{ds}\right).$$

Schließlich beachten wir noch die Euler-Lagrange-Gleichungen für die Bahn q und damit für die Bahnen $Q_s = H_s(q)$, wie wir oben gezeigt hatten. Das liefert

$$\begin{aligned} 0 &= \frac{\partial L}{\partial q}(t,Q_s(t),\dot Q_s(t))\cdot\frac{d}{ds}Q_s(t) + \frac{\partial L}{\partial \dot q}(t,Q_s(t),\dot Q_s(t))\cdot\frac{d}{dt}\frac{d}{ds}Q_s(t) \\ &\quad - \frac{d}{dt}\frac{d}{ds}G_s(t,Q_s(t)) \\ &= \frac{d}{dt}\left\{\frac{\partial L}{\partial \dot q}(t,Q_s(t),\dot Q_s(t))\frac{d}{ds}Q_s(t) - \frac{d}{ds}G_s(t,Q_s(t))\right\}. \end{aligned}$$

Mithin ist

$$\hat H_L(t,q,\dot q) = \left.\left\{\frac{\partial L}{\partial \dot q}(t,q,\dot q)\frac{d}{ds}H_s(q) - \frac{d}{ds}G_s(t,H_s(q))\right\}\right|_{s=0}$$

unter Beachtung von $H_0(q) = q$ ein Integral der Bewegung. Wir haben damit den folgenden Satz bewiesen:

Satz V.14 (E. Noether). *Es sei $h_s\colon \mathbb{R}^n \to \mathbb{R}^n$, $s\in\mathbb{R}$, eine 1-Parameter-Gruppe von Diffeomorphismen des $\mathbb{R}^n$ mit $h_0 = id_{\mathbb{R}^n}$. $(s,x)\to h_s(x)$ sei eine Funktion in $\mathscr{C}^2(\mathbb{R}\times\mathbb{R}^n;\mathbb{R}^n)$. L sei eine Lagrange-Funktion mit Standardvoraussetzungen. Ferner gebe es eine $\mathscr{C}^2$-Funktion*

$$\mathbb{R}\times\mathbb{R}\times\mathbb{R}^n \ni (s,t,x) \to G_s(t,x)\in\mathbb{R},$$

so daß für alle $q\in E^1(I;q_A,q_E)^n$ und alle $s\in\mathbb{R}$ gilt:

$$L(t,Q_s(t),\dot Q_s(t)) = L(t,q(t),\dot q(t)) + \frac{d}{dt}G_s(t,Q_s(t)), \qquad t\in I,$$

($Q_s = h_s\circ q$ und $\dot Q_s$ seien wie oben erklärt). Dann ist

$$\hat H_L(t,q,q) = \left.\left\{\sum_{j=1}^{n}\frac{\partial L}{\partial \dot q_j}(t,q,\dot q)\frac{d}{ds}h_{s,j}(q) - \frac{d}{ds}G_s(t,h_s(q))\right\}\right|_{s=0}$$

ein Integral der Bewegung für die Lagrange-Funktion L.

Bemerkung: Dieser Satz von E. Noether hat viele wichtige Anwendungen gefunden, vor allem in der Physik [VI.7]. Zum Beispiel läßt sich mit Hilfe dieses Satzes leicht zeigen [V.?], daß für die Klasse der Lagrange-Funktionen der Form

$$L(t, q, \dot{q}) = \sum_{i=1}^{n} \frac{m_i}{2} \dot{q}_i^2 - \sum_{1 \leqslant i < j \leqslant n} V(|q_i - q_j|)$$

mit einer glatten Zwei-Teilchen-Wechselwirkung V 10 Integrale der Bewegung existieren. Das sind gerade die 10 klassischen Bewegungsintegrale (Energie, Schwerpunktsatz, Gesamtimpuls und Gesamtdrehimpuls) als Folge der Invarianz dieser Lagrange-Funktionen unter der 10-parametrigen Galilei-Gruppe.

V.4 Das Problem der Brachystochrone

Wie schon im Kapitel 0 erwähnt wurde, ist das Problem der Brachystochrone eines der ältesten Probleme der Variationsrechnung. Die erste Lösung wurde von Johann Bernoulli 1696 angegeben, und wir werden sie am Ende dieses Abschnittes kurz erläutern. Andere Lösungsmethoden stammen unter anderem von Jakob Bernoulli, Leibniz und Newton.

Durch zwei Punkte A und B einer Ebene senkrecht zur Erdoberfläche ist eine Kurve C in dieser Ebene so zu bestimmen, daß ein Punkt der Masse $m = 1$, der sich längs C unter dem Einfluß der Schwerkraft bewegt, in kürzester Zeit von A nach B gelangt.

Zur variationstheoretischen Behandlung dieses Problems wählen wir in dieser Ebene ein Koordinatensystem, dessen x-Achse in Richtung der Schwerkraft positiv orientiert ist. Darüber hinaus können wir für die Koordinaten der Punkte A und B in diesem System annehmen:

$$A = (0, 0), \qquad B = (b, b'), \qquad b > 0, \qquad b' \geqslant 0.$$

Die Bewegung des Massenpunktes wird durch die Gesetze der klassischen Mechanik beschrieben. Wie wir früher gesehen haben, ist das zu minimierende Zeitfunktional T die folgende Funktion $T(q)$ der „Bahn $q \in E^1([0, b]; 0, b')$“:

$$T(q) = \int_0^b \sqrt{\frac{1 + q'(x)^2}{2gx}}\, dx.$$

Die „Lagrange-Funktion“ dieses Problems ist

$$L(x, q, q') = \sqrt{\frac{1 + q'(x)^2}{2g \cdot x}}.$$

Sie erfüllt nicht unsere Standardvoraussetzungen. Da jedoch die Singularität von L bei $x = 0$ integrabel ist, läßt sich zeigen, daß unsere früheren Resultate auf diesen Fall erweitert werden können. Damit ergibt sich

$$DT(q)(h) = \int_I \frac{q'(x)}{\sqrt{2gx(1 + q'(x)^2)}}\, h'(x)\, dx$$

$$D^2T(q)(h,h) = \int_I \frac{1}{\sqrt{2gx(1+q'(x)^2)}} \frac{h'(x)^2}{1+q'(x)^2}\,dx$$

für alle $h \in E_0^1(I)$ und alle $q \in E^1(I;0,b')$, $I = [0,b]$. $D^2T(q)$ ist also strikt positiv definit. Daher ist jeder stationäre Punkt q von T ein lokal minimierender Punkt (Satz III.4). Eine kleine Rechnung zeigt die Konvexität der Funktion T auf $E^1(I;0,b')$. Damit ist ein lokales Minimum gerade das absolute Minimum von $T(q)$, das wir bestimmen wollen (Satz I.3). Es reicht also, einen stationären Punkt von T zu bestimmen.

$$0 = DT(q)(h) = -\int_I \frac{d}{dx}\left(\frac{q'(x)}{\sqrt{2gx(1+q'(x)^2)}}\right)\cdot h(x)\,dx$$

für alle $h \in E_0^1(I)$ verlangt

$$\frac{d}{dx}\left(\frac{q'(x)}{\sqrt{2gx(1+q'(x)^2)}}\right) = 0 \qquad \text{für alle} \qquad x \in I$$

und somit

$$\frac{q'(x)}{\sqrt{2gx(1+q'(x)^2)}} = k = \text{const} \qquad \text{für alle} \qquad x \in I.$$

Es folgt

$$\frac{q'^2}{1+q'^2}(x) = 2gk^2x, \qquad 0 \leqslant x \leqslant b$$

und damit

$$2gk^2b = \frac{q'(b)^2}{1+q'(b)^2} \leqslant 1,$$

also $k^2 \leqslant 1/2gb$. Setzen wir $\mathscr{H} = 1/4gk^2$, so ergibt sich aus

$$q'^2\{1 - 2gk^2x\} = 2gk^2x$$

gerade

$$q'^2\left\{1 - \frac{x}{2\mathscr{H}}\right\} = \frac{x}{2\mathscr{H}}, \qquad \text{mit} \qquad \frac{b}{2\mathscr{H}} \leqslant 1.$$

Da wir Lösungen $q \in E^1(I;0,b)$ suchen, kann der Fall $b/2\mathscr{H} = 1$ ausgeschlossen werden. Im Falle $(b/2\mathscr{H}) < 1$ gibt es genau ein $t_0 \in (0,\pi)$, so daß $b = \mathscr{H}(1-\cos t_0)$ gilt. Die Punkte $x \in [0,b]$ können dann durch

$$x = x(t) = \mathscr{H}(1-\cos t), \qquad 0 \leqslant t \leqslant t_0$$

parametrisiert werden. Diese Parametrisierung liefert auch leicht die Lösung der Euler-Lagrange-Gleichung in Parameter-Form. Setzen wir $y(t) = q(x(t))$, so ist

$$\dot{y}(t) = q'(x(t))\cdot\dot{x}(t) = q'(x(t))\mathscr{H}\sin t.$$

Es folgt

$$\dot{y}(t)^2 = q'(x(t))^2\mathscr{H}^2\sin^2 t = \frac{\frac{x(t)}{2\mathscr{H}}}{1-\frac{x(t)}{2\mathscr{H}}}\mathscr{H}^2\sin^2 t = \mathscr{H}^2\frac{1-\cos t}{1+\cos t}\sin^2 t$$

$$= \mathscr{H}^2(1-\cos t)^2$$

und damit

$$\dot{y}(t) = \pm\,\mathscr{H}(1-\cos t).$$

Mit Hilfe der Anfangsbedingung $y(0) = 0$ erhalten wir die Lösung

$$y(t) = \pm\,\mathscr{H}(t-\sin t).$$

Damit ist die Lösung der Eulerschen Gleichung des Brachystochroneproblems in Parameter-Darstellung gewonnen:

$$x(t) = \mathscr{H}(1-\cos t),$$

$$y(t) = \pm\,\mathscr{H}(t-\sin t), \qquad 0 \leqslant t \leqslant t_0.$$

Diese Gleichungen beschreiben einen Teil einer Zykloide. Eine Zykloide ist die Kurve, die entsteht, wenn ein Kreis vom Radius $\mathscr{H}$ entlang der y-Achse rollt, ohne zu gleiten. Diese Kurve geht genau dann durch den Punkt $B = (b, b')$, wenn

$$b = x(t_0) = \mathscr{H}(1-\cos t_0)$$

$$b' = y(t_0) = \mathscr{H}(t_0-\sin t_0) \qquad (\times)$$

gilt. t_0 läßt sich also aus dem Verhältnis $b' : b$ bestimmen.

$$\frac{b'}{b} = \frac{t_0-\sin t_0}{1-\cos t_0}, \qquad 0 < t_0 < \pi. \qquad (\triangle)$$

$\mathscr{H}$ ergibt sich dann sehr leicht.

Die Funktion

$$t \to f(t) = \frac{t-\sin t}{1-\cos t}$$

ist in $t \in (0, \pi)$ monoton wachsend, und ihr Supremum ist gleich $f(\pi) = \pi/2$. Daher gibt es im Falle $b'/b < \pi/2$ genau eine Lösung von ($\triangle$) und damit genau eine Lösung des Problems der Brachystochrone. Diese Lösung wird durch die obigen Gleichungen als Teil einer Zykloiden durch die Punkte $A = (0, 0)$ und $B = (b, b')$ beschrieben. Im Falle $b'/b \geqslant \pi/2$ besitzt dieses Problem keine Lösung.

Abschließend wollen wir kurz die von Johann Bernoulli vorgeschlagene Lösung des Problems der Brachystochrone erläutern. Wir gehen von der aus der Mechanik bekannten und in der Schule gelernten Eigenschaft aus, daß ein Massenpunkt, der aus der Anfangslage A längs einer beliebigen Kurve C fällt, in jedem Punkt P eine Geschwindigkeit proportional $\sqrt{h}$ hat. Dabei ist h der vertikale Abstand zwischen A und P. Wir zerlegen jetzt den Raum in viele dünne horizontale Schichten der

Dicke d. Wir nehmen dann an, daß sich die Geschwindigkeit in kleinen Sprüngen von Schicht zu Schicht ändert, das heißt in der ersten Schicht ist die Geschwindigkeit $c\sqrt{d}$, in der zweiten $c\sqrt{2d}$ und in der n-ten $c\sqrt{nd}$. In jeder Schicht muß die Bahn eine Gerade sein. Damit die Laufzeit minimal wird, muß das Snellsche Brechungsgesetz der geometrischen Optik gelten. Dieses besagt:

$$\frac{\sin \alpha_1}{\sqrt{d}} = \frac{\sin \alpha_2}{\sqrt{2d}} = \frac{\sin \alpha_3}{\sqrt{3d}} = \cdots = \frac{\sin \alpha_n}{\sqrt{nd}} = \cdots$$

und dabei sind die α_i die Winkel zwischen den Bahnen und der Normalen. Nun stellen wir uns mit Johann Bernoulli vor, daß die Dicke d der Schichten immer kleiner wird. Bei diesem Grenzübergang bleiben die vom Brechungsgesetz gelieferten Bedingungen erhalten. Daher folgt, daß die Lösung eine Kurve C mit folgender Eigenschaft ist: α sei der Winkel zwischen der Tangente und der Vertikalen an einem beliebigen Punkt P von C und h der vertikale Abstand zwischen A und P. Dann bleibt $(\sin \alpha)/\sqrt{h}$ für alle Punkte P von C konstant. Man kann sich sehr leicht überzeugen, daß diese geometrische Eigenschaft die Zykloide charakterisiert. Diese Überlegung von Johann Bernoulli ist keineswegs ein strenger Beweis, aber sie ist sehr geistreich und anschaulich.

Bemerkung: Das Problem der Brachystochrone mit Coulomb-Reibung ist von N. Ashby, W. E. Brittin, W. F. Love und W. Wyss (American Journal of Physics **43**, 902–906 (1975)) untersucht worden. Auch in diesem Fall läßt sich die Lösung der Euler-Lagrange-Gleichungen mit Hilfe elementarer Funktionen ausdrücken.

V.5 Systeme mit unendlich vielen Freiheitsgraden: Feldtheorie

A. Motivation

In vielen Fällen folgen die Bewegungsgleichungen der klassischen Mechanik aus einem Variationsprinzip, nämlich dem Hamiltonschen Prinzip, das auch Prinzip der (kleinsten) stationären Wirkung genannt wird. Die Lagrangefunktion $L(q, \dot{q})$ für ein System mit $n \geqslant 1$ Massenpunkten, das heißt mit $q = (q_1, \ldots, q_n)$, $q_i \in \mathbb{R}^d$, $i = 1, \ldots, n$ hängt von der Lage q_i und der Geschwindigkeit $\dot{q}_i$ jedes Massenpunktes ab. In dieser Formulierung der klassischen Mechanik sind die Bewegungsgleichungen die Euler-(Lagrange-)Gleichungen für die Lagrange-Funktion. Diese Gleichungen drücken die Stationarität des Wirkungsfunktionals

$$W(q) = \int_I L(q, \dot{q})\, dt, \qquad I = [a, b]$$

aus. In der Hydrodynamik, der Elektrodynamik oder der Gravitationstheorie haben wir es mit Systemen zu tun, die eine unendliche Anzahl von Freiheitsgraden besitzen. Die physikalische Situation wird dabei durch ein *Feld* $\phi(x, t)$, $x \in \mathbb{R}^d$, $t \in \mathbb{R}$ oder durch mehrere solcher Felder beschrieben. Eine Feldtheorie ist eine Verallgemeinerung der klassischen Mechanik, in der die Feldvariablen $\phi(x, t)$ die Rolle der dynamischen Variablen $q_i(t)$, $i = 1, \ldots, n$ spielen. Aus dem diskreten Index i, $1 \leqslant i \leqslant n$ wird jetzt die kontinuierliche Variable $x \in \mathbb{R}^d$, dementsprechend wird

$\sum_{i=1}^{n}$ durch $\int_{\mathbb{R}^d} dx$ ersetzt. In dieser Analogie erwartet man für eine klassische Feldtheorie, daß das Wirkungsfunktional W durch ein Integral über Raum und Zeit gegeben wird, koordinatenfrei also das Integral einer $(d+1)$-Form ist:

$$W = \int_{\mathbb{R}^{d+1}} \mathscr{L}.$$

Einer der Vorteile der Lagrangeschen Formulierung besteht darin, daß man zu jeder einparametrigen Gruppe, welche die Lagrangedichte $\mathscr{L}$ invariant läßt, einen Erhaltungssatz bekommt. Das ist der Satz von E. Noether. Ist die Lagrangedichte $\mathscr{L}$ an der Stelle (t, x) nur vom Wert von ϕ und einer endlichen Anzahl partieller Ableitungen $D^\alpha \phi$, $|\alpha| \leqslant p$ an derselben Stelle abhängig, so heißt die *Lagrangedichte lokal.* Entsprechend spricht man in diesem Fall von einer *lokalen klassischen Feldtheorie.* Wir werden ab jetzt voraussetzen, daß $\mathscr{L}$ nur von ϕ und von der ersten Ableitung $D\phi$ abhängt. Das impliziert, wie wir sehen werden, daß die Feldgleichungen partielle Differentialgleichungen höchstens zweiter Ordnung sind.

Wir hatten früher (V.3) gesehen, welche Freiheiten in der Wahl der Lagrange-Funktion L in Abhängigkeit vom zugrundeliegenden Raum der potentiellen Bahnkurven bestehen, um die Bewegungsgleichungen als Euler-Lagrange-Gleichungen von L zu erhalten. Die entsprechenden Freiheiten werden wir auch in der klassischen lokalen Feldtheorie in Abhängigkeit vom zugrundeliegenden Raum der potentiellen „Feldkonfiguration" erhalten: Die Lagrange-Dichten

$$\mathscr{L}(\cdot, \phi(\cdot), D\phi(\cdot))$$

und

$$\mathscr{L}'(\cdot, \phi(\cdot), D\phi(\cdot)) = \mathscr{L}(\cdot, \phi(\cdot), D\phi(\cdot)) + \operatorname{div} f(\cdot, \phi(\cdot))$$

werden in unserem Rahmen zu denselben Feldgleichungen als Euler-Gleichungen (von $\mathscr{L}$ oder $\mathscr{L}'$) führen.

B. Das Hamiltonsche Prinzip in der lokalen Feldtheorie

In diesem Unterabschnitt soll das Hamiltonsche Prinzip der klassischen Mechanik auf die klassische lokale skalare Feldtheorie verallgemeinert werden. Die Rolle des Zeitintervalls $I = [a, b] \subset \mathbb{R}$ wird dabei von einer kompakten nicht-leeren Teilmenge $\Omega \subset \mathbb{R}^n$, $n > 1$, mit glattem Rand $\partial\Omega$ übernommen. Ausgangspunkt ist die „Untermannigfaltigkeit"

$$E^1(\Omega) = \{f \in \mathscr{C}^1(\Omega; \mathbb{R}) \mid f\restriction_{\partial\Omega} = g\} = E^1(\Omega; g)$$

des Banach-Raumes $\mathscr{C}^1(\Omega, \mathbb{R})$ als Raum aller potentiellen Feldkonfigurationen, deren Werte auf dem Rand $\partial\Omega$ durch eine Funktion $g: \partial\Omega \to \mathbb{R}$ vorgegeben sind. Als Standardhypothese für die Lagrange-Dichten setzen wir

$$\mathscr{L} \in \mathscr{C}^2(\Omega \times \mathbb{R} \times \mathbb{R}^n; \mathbb{R})$$

voraus. Das zugehörige Wirkungsfunktional $W = W_{\mathscr{L}}$ ist dann auf $E^1(\Omega)$ durch

$$W(\phi) = \int_\Omega \mathscr{L}(x, \phi(x), D\phi(x))\, dx, \qquad \phi \in E^1(\Omega)$$

wohldefiniert.

Ist f_0 ein spezielles Element von $E^1(\Omega)$ und bezeichnet $E_0^1(\Omega)$ den folgenden Teilraum von $\mathscr{C}^1(\Omega; \mathbb{R})$

$$E_0^1(\Omega) = \{f \in \mathscr{C}^1(\Omega; \mathbb{R}) \,|\, f\restriction_{\partial\Omega} = 0\},$$

so ergibt sich für $E^1(\Omega)$ die Darstellung

$$E^1(\Omega) = f_0 + E_0^1(\Omega).$$

Damit können wir analog zur früheren Situation leicht die Fréchet-Ableitung von $W: E^1(\Omega) \to \mathbb{R}$ berechnen. Dazu fassen wir $\mathscr{L}$ als Funktion der Variablen x, ϕ, $p_j = \partial\phi/\partial x_j$ auf; $\mathscr{L}_\phi$ bzw. $\mathscr{L}_{p_j}$ bezeichnen die entsprechenden partiellen Ableitungen dieser Funktion.

Dann ist die Fréchet-Ableitung $DW(\phi)$ in einem Punkt $\phi \in E^1(\Omega)$ die stetige lineare Abbildung von $E_0^1(\Omega)$ in $\mathbb{R}$, welche durch

$$DW(\phi)(h) = \int_\Omega \{\mathscr{L}_\phi h + \sum_{j=1}^n \mathscr{L}_{p_j} \cdot h_{x_j}\}\, dx = \int_\Omega (\mathscr{L}_\phi h + \nabla_x h \cdot \nabla_p \mathscr{L})\, dx$$

gegeben ist. Nun gilt

$$\operatorname{div}_x(h \nabla_p \mathscr{L}) = \nabla_x h \cdot \nabla_p \mathscr{L} + h \operatorname{div} \nabla_p \mathscr{L},$$

also

$$\begin{aligned}\int_\Omega \nabla_x h \cdot \nabla_p \mathscr{L}\, dx &= \int_\Omega \operatorname{div}(h \nabla_p \mathscr{L})\, dx - \int_\Omega h \operatorname{div} \nabla_p \mathscr{L}\, dx \\ &= \int_{\partial\Omega} h \nabla_p \mathscr{L}\, d\sigma - \int_\Omega h \operatorname{div} \nabla_p \mathscr{L}\, dx.\end{aligned}$$

Aus $h\restriction_{\partial\Omega} = 0$ folgt für alle $\phi \in E^1(\Omega)$ und für alle $h \in E_0^1(\Omega)$:

$$DW(\phi)(h) = \int_\Omega [\mathscr{L}_\phi - \operatorname{div} \nabla_p \mathscr{L}] h\, dx.$$

Das Verschwinden der 1. Fréchet-Ableitung von W für eine Funktion $\phi \in E^1(\Omega)$ ist also äquivalent dazu, daß diese Funktion ϕ die *Eulersche Gleichung*

$$\mathscr{L}_\phi(x, \phi(x), \nabla\phi(x)) - \operatorname{div} \nabla_p \mathscr{L}(x, \phi(x), \nabla\phi(x)) = 0, \qquad \forall x \in \Omega$$

erfüllt.

Die 2. Fréchet-Ableitung von $W(\phi)$ ergibt sich aus der Taylorschen Formel für Funktionen mehrerer Variablen, das heißt:

$$\mathscr{L}(x, \phi + h, \nabla\phi + \nabla h) = \mathscr{L}(x, \phi, \nabla\phi) + \mathscr{L}_\phi h + \nabla_p \mathscr{L} \nabla h$$

$$+ \frac{1}{2!}[D_\phi^2 \mathscr{L}(h,h) + 2hD_\phi D_p \mathscr{L}\,\nabla h + (D_p^2 \mathscr{L})(\nabla h, \nabla h)] + o(h, \nabla h).$$

Man erhält also:

$$D^2 W(\phi)(h,h) = \int_\Omega dx\,[(D_\phi^2 \mathscr{L})(h,h) + 2(D_\phi D_p \mathscr{L})(h, \nabla h) + D_p^2 \mathscr{L}(\nabla h, \nabla h)].$$

Dabei sind $D_\phi^2 \mathscr{L}$, $D_\phi D_p \mathscr{L}$ und $D_p^2 \mathscr{L}$ zum Argument $(x, \phi(x), \nabla\phi(x))$ zu nehmen. Nun kann man wieder den zweiten Term umformen:

$$\begin{aligned} 2\int_\Omega (D_\phi D_p \mathscr{L})(h, \nabla h) &= 2\sum_{j=1}^n \int_\Omega \mathscr{L}_{\phi p_j} h\, \partial_j h\, dx \\ &= \sum_{j=1}^n \int_\Omega dx\, \mathscr{L}_{\phi p_j} \partial_j (h^2) \\ &= \int_\Omega dx \sum_{j=1}^n [\partial_j (h^2 \mathscr{L}_{\phi p_j}) - h^2\, \partial_j \mathscr{L}_{\phi p_j}] \\ &= \int_\Omega dx\, \mathrm{div}(h^2 D_p D_\phi \mathscr{L}) - \int_\Omega dx\, h^2\, \mathrm{div}\, D_p\, D_\phi \mathscr{L} \\ &= -\int_\Omega dx\, h^2\, \mathrm{div}\, D_p \mathscr{L}_\phi \qquad (\text{wegen } h \in E_0^1(\Omega)). \end{aligned}$$

Somit erhält man

$$D^2 W(\phi)(h,h) = \int_\Omega [(D_p^2 \mathscr{L})(\nabla h, \nabla h) + (\mathscr{L}_{\phi\phi} - \mathrm{div}\, D_p \mathscr{L}_\phi) h^2]\, dx,$$

$$D^2 W(\phi)(h,h) = \int_\Omega \{\langle \nabla h, \mathscr{L}_{pp} \nabla h\rangle + h(\mathscr{L}_{\phi\phi} - \mathrm{div}\, \nabla_p \mathscr{L}_p) h\}\, dx$$

für alle $\phi \in E^1(\Omega)$ und alle $h \in E_0^1(\Omega)$.

Die 2. Fréchet-Ableitung hat also dieselbe Form wie für Systeme mit endlich vielen Freiheitsgraden, das heißt:

$$J(h) = D^2 W(\phi)(h,h) = \int_\Omega \{Ah^2 + \langle \nabla h, B \nabla h\rangle\}\, dx$$

mit

$$A(x) = \frac{\partial^2 \mathscr{L}}{\partial \phi^2}(x, \phi(x), \nabla\phi(x)) - \sum_{j=1}^{n} \partial_j \frac{\partial^2}{\partial p_j \partial \phi} \mathscr{L}(x, \phi(x), \nabla\phi(x)),$$

$$B(x) = B_{ij}(x), \qquad 1 \leqslant i \leqslant n, \qquad 1 \leqslant j \leqslant n,$$

$$B_{ij}(x) = \frac{\partial^2 \mathscr{L}}{\partial p_i \partial p_j}(x, \phi(x), \nabla\phi(x)).$$

Für positiv definites J auf $E_0^1(\Omega)$ hat B nach bekannten Argumenten für alle $x \in \Omega$ eine positiv definite Matrix zu sein. Das ist die *Legendresche Bedingung*.

Unter Voraussetzung ausreichender Differenzierbarkeitseigenschaften und unter Beachtung von

$$\langle \nabla h, B \nabla h \rangle = \operatorname{div}(hB\nabla h) - h \operatorname{div}(B\nabla h)$$

und mit Hilfe des Gauß-Stokesschen Satzes, das heißt:

$$\int_{\Omega} \operatorname{div}(hB\nabla h)\, dx = \int_{\partial\Omega} hB\nabla h \cdot d\sigma = 0,$$

erhalten wir für $J(h)$ auch folgende Darstellung:

$$J(h) = \int_{\Omega} h[Ah - \operatorname{div}(B\nabla h)]\, dx.$$

Die mit dem quadratischen Funktional $J(h)$ assoziierte Eulersche Gleichung lautet daher

$$Ah - \operatorname{div}(B\nabla h) = 0.$$

Das ist die *Jacobi-Gleichung* des Problems.

Zur weiteren Untersuchung der notwendigen und der hinreichenden Bedingungen für ein lokales Minimum des Funktionals

$$W(\phi) = \int_{\Omega} \mathscr{L}(x, \phi, \nabla\phi)\, dx$$

setzen wir die verschärfte Legendresche Bedingung voraus. Das bedeutet: Die mit einer Lösung ϕ der zu $\mathscr{L}$ gehörigen Eulerschen Gleichung gebildete Matrix

$$B_{ij}(x) = \frac{\partial^2 \mathscr{L}}{\partial p_i \partial p_j}(x, \phi(x), \nabla\phi(x))$$

ist strikt positiv definit (für fast alle $x \in \Omega$).

Für jede Funktion $\omega \in \mathscr{C}^1(\Omega, \mathbb{R}^n)$ und alle $h \in E_0^1(\Omega)$ gilt die Identität

$$\begin{aligned} 0 \equiv \int_{\partial\Omega} h^2 \omega\, d\sigma &= \int_{\Omega} \operatorname{div}(h^2 \omega)\, dx \\ &= \int_{\Omega} \{2\langle h\nabla h, \omega\rangle + h^2 \operatorname{div}\omega\}\, dx, \end{aligned}$$

mit deren Hilfe man $J(h)$ umformen kann. Es ergibt sich nämlich:

$$J(h) = \int_{\Omega} \{Ah^2 + \langle \nabla h, B \nabla h \rangle + 2\langle \nabla h, h\omega \rangle + h^2 \operatorname{div} \omega\} \, dx$$

$$= \int_{\Omega} \{\|B^{1/2} \nabla h + B^{-1/2} h\omega\|^2 + [A + \operatorname{div} \omega - \langle \omega, B^{-1}\omega \rangle] h^2\} \, dx.$$

Sobald eine in $\mathring{\Omega} = \Omega \backslash \partial\Omega$ nullstellenfreie Lösung $\phi_0 \in \mathscr{C}^2(\Omega)$ der Jacobi-Gleichung

$$A\phi_0 - \operatorname{div}(B \nabla \phi_0) = 0$$

existiert, liefert

$$\omega = - B\phi_0^{-1} \nabla \phi_0$$

eine Lösung der partiellen Differentialgleichung

$$A + \operatorname{div} \omega - \langle \omega, B^{-1}\omega \rangle = 0 \qquad \text{in } \mathscr{C}^1(\Omega, \mathbb{R}^n).$$

In der Tat gilt für ein solches ϕ_0:

$$- A\phi_0 = - \operatorname{div}(B \nabla \phi_0) = \operatorname{div}(\phi_0 \omega)$$

$$= \langle \nabla \phi_0, \omega \rangle + \phi_0 \operatorname{div} \omega.$$

Also hat man

$$A + \operatorname{div} \omega = - \frac{1}{\phi_0} \langle \nabla \phi_0, \omega \rangle = \langle \omega, B^{-1}\omega \rangle.$$

Dann folgt für alle $h \in E_0^1(\Omega)$

$$J(h) = \int_{\Omega} \|B^{1/2} \nabla h + B^{-1/2} h\omega\|^2 \, dx \geqslant 0.$$

Falls nun $J(h) = 0$ für ein $h \in E_0^1(\Omega)$ gilt, so erfüllt diese Funktion h die Gleichungen

$$\nabla h + B^{-1} h\omega = 0$$

$$\nabla h - h\phi_0^{-1} \nabla \phi_0 = 0$$

oder

$$\nabla h - h \nabla \log \phi_0 = 0 \qquad \text{in } \mathring{\Omega}.$$

Die Lösung dieser Gleichung ist $h = c\phi_0$. Falls ϕ_0 kein Element von $E_0^1(\Omega)$ ist, dann ist $J(h)$ strikt positiv.

Bemerkung: Die bisherigen Überlegungen zeigen, daß und wie man *lokal* die Feldgleichungen in der Form von Euler-Lagrange-Gleichungen einer geeigneten Lagrange-Dichte $\mathscr{L}$ gemäß dem Hamiltonschen Prinzip als Bedingung für die Stationarität der durch $\mathscr{L}$ bestimmten lokalen Wirkung $W_{\mathscr{L},\Omega}$, $\Omega \subseteq \mathbb{R}^n$, ansehen kann. *Global*, das heißt für $\Omega = \mathbb{R}^n$, ergeben sich im allgemeinen Schwierigkeiten, weil $\mathscr{L}(x, \phi(x), D\phi(x))$ nicht notwendig über $\mathbb{R}^n$ integrierbar ist. In diesem Fall sprechen wir im folgenden Sinne vom Prinzip der stationären Wirkung:

Die Feldgleichungen seien auf dem $\mathbb{R}^n$ in der Form der Euler-Lagrange-Gleichungen

$$\mathscr{L}_\phi(x, \phi(x), D\phi(x)) - \operatorname{div} \nabla_p \mathscr{L}(x, \phi(x), D\phi(x)) = 0$$

einer geeigneten Lagrange-Dichte $\mathscr{L}$ gegeben. Diese Gleichung ist dann äquivalent zur Bedingung, daß *alle lokalen* Wirkungsfunktionale

$$W_{\mathscr{L},\Omega}(\phi) = \int_\Omega \mathscr{L}(x, \phi(x), D\phi(x))\, dx,$$

$\Omega \subset \mathbb{R}^n$, $\Omega \neq \emptyset$ kompakt, $\partial\Omega$ glatt, in ϕ stationär sind.

In Spezialfällen kann man die Feldgleichungen als Bedingung der Stationarität des global definierten Wirkungsfunktionals

$$W_{\mathscr{L}}(\phi) = \int_{\mathbb{R}^n} \mathscr{L}(x, \phi(x), D\phi(x))\, dx$$

erhalten. In diesem Fall ist der Raum der möglichen Feldkonfigurationen ϕ in Abhängigkeit von der Lagrange-Dichte $\mathscr{L}$ zu wählen (siehe Kapitel VIII.5).

C. Beispiele von lokalen klassischen Feldtheorien

a) Nicht-lineare elliptische Feldgleichungen

Die Entscheidung darüber, wann eine Funktion $\phi \in E^1(\Omega)$ das Funktional

$$W(\phi) = \int_\Omega \mathscr{L}(x, \phi, \nabla\phi)\, dx$$

minimiert, ist im allgemeinen nicht einfach. Sei zum Beispiel

$$\mathscr{L}(x, \phi(x), \nabla\phi(x)) = \tfrac{1}{2}\langle \nabla\phi(x), M(x)\, \nabla\phi(x)\rangle + V(\phi)$$

mit $V \in \mathscr{C}^2(\mathbb{R})$ und sei $M \in \mathscr{C}^1(\Omega, \mathscr{M}_n(\mathbb{R}^n))$ symmetrisch, das heißt, es gilt $M = M^*$. Es folgt:

$$\begin{aligned} \mathscr{L}_\phi &= V'(\phi), \\ D_p\mathscr{L} &= Mp, \\ D_p^2\mathscr{L} &= M, \\ \mathscr{L}_{\phi\phi} &= V''(\phi) \end{aligned}$$

und

$$D_p\mathscr{L}_\phi = 0.$$

Die Eulersche Gleichung, das heißt die Feldgleichung der betrachteten lokalen Feldtheorie, lautet also in diesem Fall:

$$V'(\phi(x)) - \operatorname{div}(M(x)\, \nabla\phi(x)) = 0.$$

Die Legendre-Bedingung verlangt

$$M(x) \geqslant 0, \qquad \forall x \in \Omega,$$

und die Jacobi-Gleichung lautet hier:

$$V''(\phi(x))h(x) - \operatorname{div}(M(x)h(x)) = 0.$$

In vielen Anwendungen hat der Term $\frac{1}{2}\langle \nabla\phi, M\nabla\phi\rangle$ die Interpretation der kinetischen Energie des Feldes ϕ. Dann erscheint $M(x) > 0$, $\forall x \in \Omega$ als eine plausible Forderung. Aber wieder läßt sich im allgemeinen praktisch nicht entscheiden, wann die Jacobi-Gleichung für eine Lösung ϕ der Eulerschen Gleichung eine in $\mathring{\Omega}$ nullstellenfreie Lösung h besitzt, wann also keine konjugierten Flächen existieren. Wir betrachten nun einen einfachen Spezialfall:

$$M(x) = \mathbb{1}_n, \qquad \forall x \in \Omega,$$

$$V(\phi) = -\frac{m^2}{2}\phi^2, \qquad m \in \mathbb{R}.$$

Dann lautet die Eulersche Gleichung

$$m^2\phi + \Delta\phi = 0$$

und die Jacobi-Gleichung

$$m^2 h + \Delta h = 0.$$

Unsere allgemeinen Resultate besagen hier also: Wenn die Jacobi-Gleichung eine nichttriviale Lösung besitzt, welche in $\mathring{\Omega}$ nicht verschwindet, so realisiert die Lösung der Eulerschen Gleichung ein Minimum des Funktionals

$$W(\phi) = \int_{\Omega} dx \left(\frac{1}{2}\|\nabla\phi\|^2 - \frac{m^2}{2}\phi^2\right).$$

b) *Nichtlineare Klein-Gordon-Gleichung*

Es sei $\Omega \subset \mathbb{R}^4$. Wir betrachten die Lagrange-Dichte

$$\mathscr{L}_0(\phi, \nabla\phi) = \tfrac{1}{2}[(\partial_\mu\phi)^2 - m^2\phi^2], \qquad m \in \mathbb{R}$$

mit

$$\begin{aligned}(\partial_\mu\phi)^2 &= (\partial_t\phi)^2 - (\partial_{x_1}\phi)^2 - (\partial_{x_2}\phi)^2 - (\partial_{x_3}\phi)^2 \\ &= (\partial_t\phi)^2 - |\nabla_x\phi|^2.\end{aligned}$$

Diese Lagrange-Dichte führt zur folgenden Eulerschen Gleichung (der sogenannten Klein-Gordon-Gleichung):

$$(\Box + m^2)\phi(t, x) = 0$$

mit

$$\Box = \partial_t^2 - \Delta.$$

Will man einen Quellenterm $j(t,x)$ in der Klein-Gordon-Gleichung haben, dann muß man einen Term $j\phi$ zur Lagrange-Dichte addieren. Für $m = 0$ erhält man also die Wellengleichung. Falls das skalare Feld ϕ mit sich selbst in Wechselwirkung ist (z. B. bei den anharmonischen Schwingungen eines Kristalls), sind die einfachsten Terme, die man zu $\mathscr{L}_0$ addieren kann, proportional zu ϕ^3 und ϕ^4. Man erhält zum Beispiel für die Lagrange-Dichte

$$\mathscr{L} = \mathscr{L}_0 + \frac{\lambda}{4}\phi^4 + j \cdot \phi$$

die Eulersche Gleichung:

$$(\Box + m^2)\phi(t,x) = \lambda\phi^3 + j.$$

In physikalischen Anwendungen besitzt der Parameter m die Interpretation einer Teilchenmasse.

Im Fall der Klein-Gordon-Gleichung, das heißt

$$\partial_t^2\phi = \ddot{\phi} = \Delta\phi - m^2\phi,$$

kann man die Bewegungsgleichung mit Hilfe der Fourier-Transformation sofort integrieren. Sei nämlich

$$\tilde{\phi}(t,p) = (2\pi)^{-3/2} \int\limits_{\mathbb{R}^3} \phi(t,x)e^{-ip\cdot x}\,dx,$$

dann gilt

$$\ddot{\tilde{\phi}} = -(m^2 + p^2)\tilde{\phi},$$

und die Lösung ist zu gegebenen Anfangswerten von $\phi(t,x)$ und $\partial_t\phi(t,x)$ für $t = 0$:

$$\tilde{\phi}(t,p) = \cos(t\sqrt{m^2+p^2})\,\tilde{\phi}(0,p) + \frac{\sin(t\sqrt{m^2+p^2})}{\sqrt{m^2+p^2}}\,\dot{\tilde{\phi}}(0,p)$$

$$\dot{\tilde{\phi}}(t,p) = -\sqrt{m^2+p^2}\sin(t\sqrt{m^2+p^2})\tilde{\phi}(0,p) + \cos(t\sqrt{m^2+p^2})\dot{\tilde{\phi}}(0,p).$$

Infolge des Faktors $\sqrt{m^2+p^2}$ in der Formel für $\dot{\tilde{\phi}}$ definieren diese Relationen eine Abbildung

$$t \to (\phi(t,\cdot), \partial_t\phi(t,\cdot))$$

von $\mathbb{R}_+ = [0,\infty)$ in $H^1(\mathbb{R}^3) \oplus L^2(\mathbb{R}^3)$, das heißt einen „Fluß" in $H^1(\mathbb{R}^3) \oplus L^2(\mathbb{R}^3)$.

V.6 Der Noethersche Satz in der klassischen Feldtheorie

Ähnlich wie in der klassischen (Lagrangeschen) Mechanik wollen wir die variationstheoretische Formulierung der Bewegungsgleichung benutzen, um aus Invarianzeigenschaften der Lagrange-Dichte Erhaltungssätze abzuleiten.

Diese Aussage ist der Inhalt des Noetherschen Satzes.

Zunächst wollen wir uns klarmachen, daß in der klassischen lokalen Feldtheorie die Rolle der Bewegungsintegrale der klassischen Mechanik von divergenz-freien Strömen mit geeigneten Integrabilitätsbedingungen übernommen wird.

Sind etwa $\phi = (\phi^1, \ldots, \phi^N) \in \mathscr{C}^1(\mathbb{R}^4; \mathbb{R}^N)$ Felder über der Raum-Zeit $\mathbb{R}^4 \cong \mathbb{R} \times \mathbb{R}^3$, so nennen wir für jede $\mathscr{C}^1$-Funktion $I: \mathbb{R}^4 \times \mathbb{R}^N \times \mathbb{R}^{4N} \to \mathbb{R}^4$ die folgende mit ϕ assoziierte $\mathscr{C}^1$-Funktion $I^\phi: \mathbb{R}^4 \to \mathbb{R}^4$,

$$I^\phi(x) = I(x, \phi(x), \nabla\phi(x))$$

einen „*Strom von* ϕ". In diesem Zusammenhang deuten wir die Punkte $x = (x_0, x_1, x_2, x_3)$ des $\mathbb{R}^4$ als Zeit-(x_0)- und Raum-Koordinaten $\underline{x} = (x_1, x_2, x_3)$. Dementsprechend indizieren wir die Komponenten von $I^\phi = (I_0^\phi, \underline{I}^\phi)$.

Unter wohlbekannten Integrabilitätsbedingungen ist die zeitliche Konstanz der „Ladung"

$$Q^{I^\phi}(x_0) = \int_{\mathbb{R}^3} I_0^\phi(x_0, \underline{x})\, d^3\underline{x}$$

zur Divergenz-Freiheit

$$\sum_{j=0}^{3} \frac{\partial}{\partial x_j} I_j^\phi = 0$$

des Stromes I^ϕ äquivalent.

In diesem Sinne drückt jeder divergenz-freie Strom I^ϕ einen Erhaltungssatz aus, nämlich die Erhaltung der mit I^ϕ assoziierten „Ladung" $Q(I^\phi)$. Diese erhaltenen Ladungen spielen in einer Feldtheorie die Rolle der Bewegungsintegrale der klassischen Mechanik. In diesem Zusammenhang sprechen wir von einem Erhaltungssatz, wenn ein divergenz-freier Strom (mit geeigneten Integrabilitätsbedingungen) vorliegt.

Für eine kompakte Teilmenge $\Omega \subset \mathbb{R}^n$ mit glattem Rand $\partial\Omega$ und einer Funktion $g: \partial\Omega \to \mathbb{R}^N$ betrachten wir wieder die Untermannigfaltigkeit $E^1(\Omega, g) = \{\phi \in \mathscr{C}^1(\Omega; \mathbb{R}^N) \mid \phi \restriction \partial\Omega = g\}$ des Banach-Raumes $\mathscr{C}^1(\Omega; \mathbb{R}^N)$.

Mit einer Lagrange-Dichte $\mathscr{L} \in \mathscr{C}^2(\Omega \times \mathbb{R}^N \times \mathbb{R}^{nN}; \mathbb{R})$ assoziieren wir wie bisher ein Wirkungsfunktional

$$W = W^{\mathscr{L}}: E^1(\Omega, g) \to \mathbb{R}, \qquad W(\phi) = \int_\Omega \mathscr{L}(x, \phi(x), \nabla\phi(x))\, d^n x.$$

Die Bewegungsgleichungen für die Felder ϕ, das heißt

$$[\mathscr{L}^\phi]_j(x) = \frac{\partial \mathscr{L}}{\partial y_j}(x, \phi(x), \nabla\phi(x)) - \operatorname{div} \frac{\partial \mathscr{L}}{\partial \underline{p}_j}(x, \phi(x), \nabla\phi(x)) = 0, \quad j = 1, \ldots, N,$$

sind in der variationstheoretischen Formulierung gerade die Euler-Bedingung $DW(\phi) = 0$ der Stationarität von W in $\phi \in E^1(\Omega, g)$. Dabei benutzen wir folgende Schreibweise:

$$\underline{p} = (\underline{p}_1, \ldots, \underline{p}_N) \leftrightarrow (\nabla_x \phi^1, \ldots, \nabla_x \phi^N) \quad \text{und} \quad \frac{\partial \mathscr{L}}{\partial \underline{p}_j}(x, y, \underline{p}) \equiv \nabla_{\underline{p}_j} \mathscr{L}(x, y, \underline{p}).$$

Nun sei eine r-parametrige Lie-Gruppe von Diffeomorphismen h_ε des $\mathbb{R}^n \times \mathbb{R}^N$ gegeben: $\varepsilon = (\varepsilon_1, \ldots, \varepsilon_r)$ seien die Parameter dieser Lie-Gruppe. Für eine Lie-

Gruppe lassen sich bekanntlich die endlichen Transformationen aus den infinitesimalen Transformationen aufbauen (in der Zusammenhangskomponente des neutralen Elements). Daher reicht es, die Wirkung der infinitesimalen Transformationen zu studieren.

Wir wollen uns auf die für die Physik wichtigsten Fälle beschränken. Daher nehmen wir folgende Form der Diffeomorphismen h_ε an:

$$h_\varepsilon(x, y) = (\psi_\varepsilon(x), \varphi_\varepsilon(x, y)), \qquad h_\varepsilon(x, y)|_{\varepsilon=0} = (x, y),$$

wobei ψ_ε ein Diffeomorphismus des $\mathbb{R}^n$ ist. Setzen wir

$$\xi_\nu(x) := \frac{\partial \psi_\varepsilon}{\partial \varepsilon_\nu}(x)\bigg|_{\varepsilon=0},$$

$$\Theta_\nu(x, y) := \frac{\partial \varphi_\varepsilon}{\partial \varepsilon_\nu}(x, y)\bigg|_{\varepsilon=0},$$

so resultiert für $\varepsilon \to 0$ die folgende Darstellung

$$\psi_\varepsilon(x) = x + \sum_{\nu=1}^{r} \xi_\nu(x)\varepsilon_\nu + o_1(\varepsilon; x),$$

$$\varphi_\varepsilon(x, y) = y + \sum_{\nu=1}^{r} \Theta_\nu(x, y)\varepsilon_\nu + o_2(\varepsilon; x, y).$$

Es folgt

$$\frac{\partial \psi_\varepsilon}{\partial x}(x) = \mathbb{1}_n + \sum_{\nu=1}^{r} \frac{\partial \xi_\nu}{\partial x}(x)\varepsilon_\nu + \nabla o_1(\varepsilon; x)$$

und daher nach kleiner Rechnung:

$$\det \frac{\partial \psi_\varepsilon}{\partial x}(x) = 1 + \operatorname{div}\left(\sum_{\nu=1}^{r} \xi_\nu(x)\varepsilon_\nu\right) + o'_1(\varepsilon; x).$$

Zu jeder Transformation h_ε erkläre eine Abbildung

$$H_\varepsilon \colon E^1(\Omega, g) \to E^1(\Omega_\varepsilon, g_\varepsilon)$$

durch folgende Festsetzungen:

$$\begin{aligned}
&\Omega_\varepsilon = \psi_\varepsilon(\Omega),\\
&g_\varepsilon \colon \partial\Omega_\varepsilon = \psi_\varepsilon(\partial\Omega) \to \mathbb{R}^N,\\
&g_\varepsilon(x_\varepsilon) := \varphi_\varepsilon(\psi_\varepsilon^{-1}(x_\varepsilon), g(\psi_\varepsilon^{-1}(x_\varepsilon))),\\
&H_\varepsilon(\phi) := \phi_\varepsilon \in E^1(\Omega_\varepsilon, g_\varepsilon),\\
&\phi_\varepsilon(x_\varepsilon) := \varphi_\varepsilon(\psi_\varepsilon^{-1}(x_\varepsilon), \phi(\psi_\varepsilon^{-1}(x_\varepsilon))).
\end{aligned}$$

Es folgt mit elementarer Rechnung

$$\frac{\partial \phi_\varepsilon}{\partial x_\varepsilon}(x_\varepsilon) = \frac{\partial \varphi_\varepsilon}{\partial x}(\cdot,\cdot)\frac{\partial \psi_\varepsilon^{-1}}{\partial x}(x_\varepsilon) + \frac{\partial \varphi_\varepsilon}{\partial y}(\cdot,\cdot)\frac{\partial \phi}{\partial x}(\psi_\varepsilon^{-1}(x_\varepsilon))\frac{\partial \psi_\varepsilon^{-1}}{\partial x}(x_\varepsilon)$$

$$= \frac{\partial \phi}{\partial x}(x) + \sum_{\nu=1}^{r} \frac{\partial}{\partial x} \Theta_\nu(x, \phi(x))\varepsilon_\nu + \sum_{\nu=1}^{r} \frac{\partial \Theta_\nu(x, \phi(x))}{\partial y} \varepsilon_\nu \frac{\partial \phi}{\partial x}(x)$$

$$- \frac{\partial \phi}{\partial x}(x) \sum_{\nu=1}^{r} \frac{\partial \xi_\nu(x)}{\partial x} \varepsilon_\nu + o(\varepsilon; x).$$

Nun wollen wir die Konsequenzen der folgenden Invarianzeigenschaften der Lagrange-Dichte $\mathscr{L}$ unter den Diffeomorphismen h_ε untersuchen:

$$\mathscr{L}(\psi_\varepsilon(x), \phi_\varepsilon(\psi_\varepsilon(x)), \frac{\partial \phi_\varepsilon}{\partial x_\varepsilon}(\psi_\varepsilon(x))) \cdot \left| \det \frac{\partial \psi_\varepsilon}{\partial x}(x) \right|$$

$$= \mathscr{L}(x, \phi(x), \nabla\phi(x)) + \operatorname{div} f(\varepsilon, x, \phi(x)) \qquad (*)$$

mit einer $\mathscr{C}^2$-Funktion $f: \mathbb{R}^r \times \mathbb{R}^n \times \mathbb{R}^N \to \mathbb{R}^n$, so daß $f(0; \cdot, \cdot) = 0$ gilt. Anders gesagt, $\mathscr{L}$ ist invariant bis auf einen Divergenzausdruck bezüglich des betrachteten Diffeomorphismus.

Die Deutung dieser Invarianzeigenschaft (∗) diskutieren wir später. Für die linke Seite der Gleichung (∗) ergibt sich unter Benutzung unserer obigen Formeln:

$$\frac{\partial}{\partial \varepsilon_\nu}\left[\mathscr{L}(\psi_\varepsilon(x), \phi_\varepsilon(\psi_\varepsilon(x)), \frac{\partial \phi_\varepsilon}{\partial x_\varepsilon}(\psi_\varepsilon(x))) \left| \det \frac{\partial \psi_\varepsilon}{\partial x}(x) \right| \right]\Bigg|_{\varepsilon=0}$$

$$= \mathscr{L}(x, \phi(x), \frac{\partial \phi}{\partial x}(x)) \frac{\partial}{\partial \varepsilon_\nu} (\det \frac{\partial \psi_\varepsilon}{\partial x}(x)) \Bigg|_{\varepsilon=0}$$

$$+ \frac{\partial}{\partial \varepsilon_\nu} \mathscr{L}(\psi_\varepsilon(x), \phi_\varepsilon(\psi_\varepsilon(x)), \frac{\partial \phi_\varepsilon}{\partial x_\varepsilon}(\psi_\varepsilon(x))) \Bigg|_{\varepsilon=0}$$

$$= \mathscr{L}^\phi(x) \operatorname{div} \xi_\nu(x) + \frac{\partial \mathscr{L}}{\partial x}(x, \phi(x), \frac{\partial \phi}{\partial x}(x)) \circ \frac{\partial \psi_\varepsilon(x)}{\partial \varepsilon_\nu} \Bigg|_{\varepsilon=0}$$

$$+ \sum_{j=1}^{N} \frac{\partial \mathscr{L}}{\partial y_j}(x, \phi(x), \frac{\partial \phi}{\partial x}(x)) \frac{\partial}{\partial \varepsilon_\nu} \phi_\varepsilon^j(\psi_\varepsilon(x))|_{\varepsilon=0}$$

$$+ \sum_{j=1}^{N} \frac{\partial \mathscr{L}}{\partial \underline{p}_j}(x, \phi(x), \frac{\partial \phi}{\partial x}(x)) \frac{\partial}{\partial \varepsilon_\nu} \frac{\partial \phi_\varepsilon^j}{\partial x}(\psi_\varepsilon(x))|_{\varepsilon=0}$$

$$= \mathscr{L}^\phi(x) \operatorname{div} \xi_\nu(x) + \frac{\partial \mathscr{L}^\phi}{\partial x}(x) \cdot \xi_\nu(x) + \sum_{j=1}^{N} \frac{\partial \mathscr{L}^\phi}{\partial y_j}(x) \Theta_\nu^j(x, \phi(x))$$

$$+ \sum_{j=1}^{N} \frac{\partial \mathscr{L}^\phi}{\partial \underline{p}_j} \left\{ \frac{\partial \Theta_\nu^j}{\partial x}(x, \phi(x)) + \frac{\partial \Theta_\nu^j}{\partial y}(x, \phi(x)) \frac{\partial \phi}{\partial x}(x) - \frac{\partial \phi^j}{\partial x}(x) \frac{\partial \xi_\nu}{\partial x}(x) \right\}$$

$$= \sum_{j=1}^{N} [\mathscr{L}^\phi]_j(x) \Theta_\nu^j(x, \phi(x)) + \operatorname{div} \{ \mathscr{L}^\phi(x) \xi_\nu(x) + \sum_{j=1}^{N} \frac{\partial \mathscr{L}^\phi}{\partial \underline{p}_j}(x) \Theta_\nu^j(x, \phi(x))$$

$$- \sum_{j=1}^{N} \frac{\partial \mathscr{L}^\phi}{\partial \underline{p}_j}(x) \frac{\partial \phi^j}{\partial x} \xi_\nu(x) \}.$$

Differentiation der rechten Seite der Gleichung (*) gibt

$$\operatorname{div} f_\nu(x, \phi(x)), \qquad \text{mit} \qquad f_\nu(x, \phi(x)) = \frac{\partial}{\partial \varepsilon_\nu} f(\varepsilon, x, \phi(x))\bigg|_{\varepsilon = 0}$$

Damit haben wir gezeigt:

$$\sum_{j=1}^{N} [\mathscr{L}^\phi]_j(x)\Theta_\nu^j(x, \phi(x)) = \operatorname{div}\Big\{ \sum_{j=1}^{N} \frac{\partial \mathscr{L}^\phi}{\partial \underline{p}_j} \circ \frac{\partial \phi^j}{\partial x} \circ \xi_\nu(x) + f_\nu(x, \phi(x))$$

$$- \sum_{j=1}^{N} \frac{\partial \mathscr{L}^\phi}{\partial \underline{p}_j}(x)\Theta_\nu^j(x, \phi(x)) - \mathscr{L}^\phi(x)\xi_\nu(x)\Big\},$$

$$\nu = 1, \ldots, r.$$

Setzen wir für $\nu = 1, \ldots, r$

$$I_\nu^\phi(x) := \sum_{j=1}^{N} \frac{\partial \mathscr{L}^\phi}{\partial \underline{p}_j}(x)\frac{\partial \phi^j}{\partial x}(x)\xi_\nu(x) + f_\nu(x, \phi(x)) - \mathscr{L}^\phi(x)\xi_\nu(x)$$

$$- \sum_{j=1}^{N} \frac{\partial \mathscr{L}^\phi}{\partial \underline{p}_j}(x)\Theta_\nu^j(x, \phi(x)), \qquad (**),$$

so besagt (*), daß die r linear unabhängigen Gleichungen

$$\sum_{j=1}^{N} [\mathscr{L}^\phi]_j(x)\Theta_\nu^j(x, \phi(x)) = \operatorname{div} I_\nu^\phi(x), \qquad \nu = 1, \ldots, r$$

bestehen (Θ_ν^j ist eine Matrix von maximalem Rang).

Für Lösungen ϕ der Feldgleichungen $[\mathscr{L}^\phi]_j(x) = 0, j = 1, \ldots, N$, erhalten wir so r linear unabhängige divergenz-freie Ströme I_ν^ϕ, $\nu = 1, \ldots, r$ und daher unter den bekannten Integrabilitätsbedingungen r unabhängige erhaltene Ladungen $Q(I_\nu^\phi)$, $\nu = 1, \ldots, r$.

Um die Invarianzeigenschaften (*) der Lagrange-Dichte in Termen der Transformationseigenschaften der Bewegungsgleichungen zu deuten, gehen wir von der variationstheoretischen Form derselben aus.

Auf $E^1(\Omega_\varepsilon, g_\varepsilon)$ ist durch

$$W_\varepsilon(\phi) = \int_{\Omega_\varepsilon} \mathscr{L}\Big(x_\varepsilon, \phi(x_\varepsilon), \frac{\partial \phi}{\partial x}(x_\varepsilon)\Big)\, d^n x_\varepsilon, \qquad \phi \in E^1(\Omega_\varepsilon, g_\varepsilon)$$

ein Wirkungsfunktional erklärt. Mithin ist $W_\varepsilon \circ H_\varepsilon$ ein Wirkungsfunktional auf $E^1(\Omega, g)$. Die Invarianzbedingung (*) der Lagrange-Dichte $\mathscr{L}$ impliziert für $W_\varepsilon \circ H_\varepsilon$:

$$W_\varepsilon \circ H_\varepsilon(\phi) = W(\phi) + \int_{\Omega} \operatorname{div} f(\varepsilon, x, \phi(x))\, d^n x$$

$$= W(\phi) + \int_{\partial\Omega} f(\varepsilon, x, g(x))\, d\sigma, \qquad \phi \in E^1(\Omega, g);$$

und damit

$$DW(\phi) = D(W_\varepsilon \circ H_\varepsilon)(\phi),$$

das heißt nach dem Hamiltonschen Prinzip gerade die Transformationseigenschaften der Bewegungsgleichung.

Mit einigem Rechenaufwand läßt sich $D(W_\varepsilon \circ H_\varepsilon)$ auf elementarem Wege bestimmen. Das Ergebnis ist die folgende Transformationsformel für die Bewegungsgleichungen:

$$\begin{aligned}
[\mathscr{L}^\phi]_i &= \sum_{j=1}^N [\mathscr{L}^{\phi_\varepsilon}]_j(x) \frac{\partial \varphi_\varepsilon^j}{\partial y_i}(x, \phi(x)) + \sum_{j=1}^N \operatorname{div} \frac{\partial \mathscr{L}^{\phi_\varepsilon}}{\partial \underline{p}_i} \frac{\partial \varphi_\varepsilon^j}{\partial y_i}(x, \phi(x)) \\
&\quad - J_\varepsilon(x) \sum_{j=1}^N \sum_{\nu=1}^n \left\{ \frac{\partial \mathscr{L}^{\phi_\varepsilon}}{\partial p_j^\nu}(x) \sum_{\mu=1}^n \frac{\partial I_\varepsilon^{\mu\nu}}{\partial x_\mu}(x) + \sum_{\mu=1}^n \frac{\partial}{\partial x_\mu} \left(\frac{\partial \mathscr{L}^{\phi_\varepsilon}}{\partial p_j^\nu}(x) \right) I_\varepsilon^{\mu\nu}(x) \right\} \\
&\quad \times \frac{\partial \varphi_\varepsilon^j}{\partial y_i}(x, \phi(x)) - \sum_{\mu=1}^n \frac{\partial J_\varepsilon(x)}{\partial x_\mu} \sum_{j=1}^n \sum_{\nu=1}^n \frac{\partial \mathscr{L}^{\phi_\varepsilon}}{\partial p_j^\nu}(x) I_\varepsilon^{\mu\nu}(x) \frac{\partial \varphi_\varepsilon^j(x, \phi(x))}{\partial y_i}. \qquad (\triangle)
\end{aligned}$$

Dabei werden folgende Abkürzungen benutzt:

$$[\mathscr{L}^{\phi_\varepsilon}]_j(x) = \left(\frac{\partial \mathscr{L}}{\partial y_j} - \operatorname{div} \frac{\partial \mathscr{L}}{\partial \underline{p}_j} \right) \left(\psi_\varepsilon(x), \phi_\varepsilon(\psi_\varepsilon(x)), \frac{\partial \phi_\varepsilon}{\partial x}(\psi_\varepsilon(x)) \right),$$

$$J_\varepsilon(x) = \left| \det \frac{\partial \psi_\varepsilon}{\partial x}(x) \right|, \qquad I_\varepsilon(x) = \frac{\partial \psi_\varepsilon^{-1}}{\partial x}(\psi_\varepsilon(x)).$$

Im Falle $J_\varepsilon(x) = 1$ und $I_\varepsilon^{\mu\nu}(x) = \alpha_\nu(\varepsilon)\delta_{\mu\nu}$ resultiert die Invarianz der Bewegungsgleichungen, denn es ergibt sich

$$[\mathscr{L}^\phi]_i(x) = \sum_{j=1}^N [\mathscr{L}^{\phi_\varepsilon}]_j(x) \frac{\partial \varphi_\varepsilon^j}{\partial y_i}(x, \phi(x)),$$

und die Matrix $(\partial\varphi/\partial y)(x, y)$ ist für alle x, y invertierbar. Damit folgt:

$$[\mathscr{L}^\phi]_i(x) = 0, \qquad i = 1, \ldots, N,$$

genau dann, wenn $[\mathscr{L}^{\phi_\varepsilon}]_j(x) = 0$, $j = 1, \ldots, N$, gilt.

Zusammenfassend halten wir fest:

Satz V.15 (E. Noether). *Es sei $\mathscr{L} \in \mathscr{C}^2(\mathbb{R}^n, \mathbb{R}^N, \mathbb{R}^{nN})$ eine Lagrange-Dichte, welche unter einer r-parametrigen Lie-Gruppe von Diffeomorphismen h_ε die Transformationseigenschaft (*) besitzt. Dann gibt es r linear-unabhängige Kombinationen der Eulerschen Ausdrücke $[\mathscr{L}^\phi]_j$, $j = 1, \ldots, N$, von denen jeder die Divergenz eines Stromes I_ν^ϕ von ϕ ist:*

$$\sum_{j=1}^N [\mathscr{L}^\phi]_j(x) \Theta_\nu^j(x, \phi(x)) = \operatorname{div} I_\nu^\phi(x), \qquad \nu = 1, \ldots, r,$$

$$\begin{aligned}
I_\nu^\phi(x) &= \sum_{j=1}^N \frac{\partial \mathscr{L}^\phi}{\partial \underline{p}_j}(x) \frac{\partial \phi^j}{\partial x}(x) \xi_\nu(x) + f_\nu(x, \phi(x)) - \mathscr{L}^\phi(x)\xi_\nu(x) \\
&\quad - \sum_{j=1}^N \frac{\partial \mathscr{L}^\phi}{\partial \underline{p}_j}(x) \Theta_\nu^j(x, \phi(x)).
\end{aligned}$$

Die Transformation der Bewegungsgleichungen des Feldes ϕ unter den Diffeomorphismen h_ε ist durch die Formel ($\triangle$) bestimmt.

Bemerkung: Wie schon mehrmals betont, kann man aus jedem divergenz-freien Strom J eine zeitlich konstante Größe $Q^J(x_0) = \int J_0(x_0, \underset{\sim}{x})\, d^3x$ erhalten. Gerade dieses Korollar des Noetherschen Satzes wird in den physikalischen Anwendungen am meisten benutzt. Für explizite Anwendungen des Noetherschen Satzes in der Feldtheorie verweisen wir auf [V.2, V.4, V.6, V.7, V.8].

Bemerkung: Eine Gruppe G wirke auf einer Mannigfaltigkeit M. Σ bezeichne die Menge der G-symmetrischen Punkte von M, das heißt

$$\Sigma = \{x \in M \,|\, g \cdot x = x, \forall g \in G\}.$$

Wenn nun die kritischen Punkte einer unter G invarianten reellen Funktion F auf M (das heißt, $F(g \cdot x) = F(x), \forall g \in G$) bestimmt werden sollen, so gelingt dieses in vielen Anwendungen einfach dadurch, daß man die kritischen Punkte von F auf der im allgemeinen viel kleineren Teilmenge Σ bestimmt (z. B. wenn M eine Mannigfaltigkeit von Feldkonfigurationen über dem $\mathbb{R}^3$, G die Rotationsgruppe SO(3) und F ein rotationsinvariantes Wirkungsfunktional auf M ist, so erwartet man, die Feldkonfigurationen extremaler Wirkungen unter den rotationsinvarianten Feldkonfigurationen zu finden). In einer solchen Situation ist dann ein symmetrischer Punkt x (das heißt ein Punkt $x \in \Sigma$) ein kritischer Punkt von F (das heißt, $D_x F = 0$), falls x ein kritischer Punkt von $F \restriction \Sigma$ ist. Diese Gleichheit der kritischen symmetrischen Punkte mit den symmetrischen kritischen Punkten besteht natürlich nicht immer. Eine ausführliche Diskussion darüber, wann diese Gleichheit besteht und wann nicht, findet man im Artikel „The Principle of Symmetric Criticality“ von R. S. Palais, Commun. Math. Phys. **69**, 19–30 (1979).

Literatur

[V.1] E. Noether: Invariante Variationsprobleme (F. Klein zum 50jährigen Doktorjubiläum). Nachr. kgl. Ges. Wiss. Göttingen math. phys. Kl. S. 235–257. 1918.

[V.2] L. D. Landau, E. M. Lifschitz: Lehrbuch der theoretischen Physik. Berlin: Akademie-Verlag.

[V.3] M. Morse: Variational Analysis. New York: J. Wiley. 1973.

[V.4] D. E. Soper: Classical Field Theory. New York: J. Wiley. 1976.

[V.5] I. M. Gelfand, S. V. Fomin: Calculus of Variations. Englewood Cliffs, N. J.: Prentice Hall Inc. 1963.

[V.6] C. Itzykson, J. B. Zuber: Quantum Field Theory. New York: McGraw Hill. 1980.

[V.7] N. N. Bogoliubov, D. V. Shirkov: Introduction to the Theory of Quantized Fields. New York: J. Wiley. 1959.

[V.8] R. U. Sexl, H. K. Urbantke: Relativität, Gruppen, Teilchen, 2. erweiterte Auflage. Wien-New York: Springer. 1982.

VI. Variationstheoretische Behandlung linearer Rand- und Eigenwert-Probleme

Eine recht frühe Anwendung der variationstheoretischen Grundkonzepte und Methoden stellt die Lösung großer und wichtiger Klassen linearer Rand- und Eigenwert-Probleme dar. Obwohl die hier diskutierten Resultate zum Teil aus den im übernächsten Kapitel besprochenen Ergebnissen über nicht-lineare Rand- und Eigenwert-Probleme folgen, geben wir bereits hier einen Beweis, um die Einfachheit und den elementaren Charakter des variationstheoretischen Zugangs zu betonen. Dazu beginnen wir mit einem variationstheoretischen Beweis des Spektralsatzes für kompakte selbstadjungierte Operatoren. Es folgt eine recht allgemeine Version des Projektionssatzes (für konvexe abgeschlossene Mengen).

Bevor wir das Problem der Bestimmung des Spektrums eines elliptischen Operators zweiter Ordnung in Angriff nehmen können, sind einige Vorbereitungen zu treffen. Zunächst ist eine Umformulierung des Problems zu leisten, auf die die Konzepte und Methoden der Variationsrechnung anwendbar sind (quadratische Formen). Dann sind einige für diesen Zugang spezifische abstrakte Resultate zu beweisen. Die Lösungen der konkreten elliptischen Rand- und Eigenwert-Probleme sind nun ziemlich einfache Spezialfälle dieser abstrakten Resultate.

VI.1 Der Spektralsatz für kompakte selbstadjungierte Operatoren. Das klassische Minimax-Prinzip von Courant. Der Projektionssatz

Hier soll zunächst gezeigt werden, wie ein wohlbekanntes Ergebnis der Spektraltheorie linearer Operatoren in einem Hilbert-Raum [z. B. Achieser-Glasman VI.2] mit Hilfe unserer bisherigen allgemeinen Ergebnisse der Variationsrechnung recht einfach gewonnen werden kann. Als Vorbereitung und Übung empfehlen wir, den Spektralsatz für Hermitesche Matrizen $A \neq 0$ durch Bestimmung der kritischen Punkte der Funktion

$$f(x) = \langle x, Ax \rangle$$

unter der Nebenbedingung $\phi(x) = \langle x, x \rangle - 1 = 0$ zu beweisen. Dieselbe Idee liefert auch einen Beweis des Spektralsatzes für selbstadjungierte kompakte Operatoren. Man erinnere sich, daß ein kompakter Operator A in einem separablen Hilbert-Raum $\mathscr{H}$ durch die Eigenschaft charakterisiert ist, daß für jede schwach konvergente Folge $(x_n)_{n \in \mathbb{N}}$ in $\mathscr{H}$ die Folge der Bilder $(Ax_n)_{n \in \mathbb{N}}$ stark konvergiert. Diese Definition besagt gerade, daß die Funktionen

$$x \to \|Ax\| \qquad \text{und} \qquad x \to \langle x, Ax \rangle$$

auf $\mathscr{H}$ schwach stetig sind. Für die erste Funktion ist das unmittelbar klar. Die schwache Stetigkeit der Funktion $x \to \langle x, Ax \rangle$ läßt sich so beweisen: Gilt $x_0 = w\text{-}\lim_{n\to\infty} x_n$, so folgt $Ax_0 = s - \lim_{n\to\infty} Ax_n$ und damit konvergiert

$$\langle x_0, Ax_0 \rangle - \langle x_n, Ax_n \rangle = \langle x_0 - x_n, Ax_0 \rangle + \langle x_n, Ax_0 - Ax_n \rangle$$

gegen Null, weil $(x_n)_{n\in\mathbb{N}}$ stark beschränkt ist.

Satz VI.1: Spektralsatz für kompakte selbstadjungierte Operatoren (Hilbert-Schmidt, Riesz-Schauder). *Es sei $\mathscr{H}$ ein separabler Hilbert-Raum und $A \neq 0$ ein kompakter selbstadjungierter Operator auf $\mathscr{H}$. Dann besitzt A ein Orthonormalsystem $\{e_j\}_{j\in\mathbb{N}}$ von Eigenvektoren zu reellen Eigenwerten $(\lambda_j)_{j\in\mathbb{N}}$, $Ae_j = \lambda_j e_j$, mit folgenden Eigenschaften:*

(i) *Die Eigenwerte sind der Größe nach geordnet:* $|\lambda_1| \geqslant \cdots \geqslant |\lambda_j| \geqslant |\lambda_{j+1}| \geqslant \cdots$.

(ii) *Entweder sind endlich viele der Eigenwerte von Null verschieden, oder alle Eigenwerte sind von Null verschieden, und es gilt:* $\lim_{j\to\infty} \lambda_j = 0$ (0 *ist der einzige Häufungspunkt der* λ_j, $j \in \mathbb{N}$).

(iii) *Die Vielfachheit eines jeden von Null verschiedenen Eigenwertes ist endlich:*

$$\dim \operatorname{Ker}(A - \lambda_j I) < \infty \qquad \text{für alle} \qquad j \in \mathbb{N}.$$

(iv) *Das Orthonormalsystem der Eigenvektoren* $\{e_j, j\in\mathbb{N}\}$ *ist genau dann vollständig, wenn A injektiv ist.*

Beweis: a) Wir beginnen mit der Bestimmung des betragsmäßig größten Eigenwertes. Es gilt

$$\|A\| = \sup_{u\in \bar{B}_1(\mathscr{H})} \|Au\| = \sup_{u\in S_1(\mathscr{H})} |\langle u, Au \rangle| = \|A\|_{\mathscr{B}(\mathscr{H})},$$

wenn

$$\bar{B}_1(\mathscr{H}) = \{x \in \mathscr{H} \mid \|x\| \leqslant 1\} \qquad \text{und} \qquad S_1(\mathscr{H}) = \{x \in \mathscr{H} \mid \|x\| = 1\}$$

abgekürzt wird. Die abgeschlossene Einskugel $\bar{B}_1(\mathscr{H})$ eines Hilbert-Raumes ist schwach (Folgen-)kompakt, und $u \to \|Au\|$ bzw. $u \to |\langle u, Au \rangle|$ sind schwach stetig. Also liefert Theorem I.2 die Existenz eines maximierenden Punktes $e_1 \in \bar{B}_1(\mathscr{H})$, das heißt

$$\|A\| = \|Ae_1\| = \sup_{u\in \bar{B}_1(\mathscr{H})} \|Au\|.$$

$A \neq 0$ impliziert $e_1 \neq 0$ und so $\|e_1\| = 1$, denn wäre $0 < \|e_1\| < 1$, so ist

$$\hat{e}_1 = \frac{1}{\|e_1\|} e_1 \in S_1(\mathscr{H})$$

und folglich

$$\|Ae_1\| < \|A\hat{e}_1\| = \frac{1}{\|e_1\|} \|Ae_1\|,$$

also ein Widerspruch.

b) Die Funktion $x \to Q(x) = \langle x, Ax \rangle$ ist differenzierbar und besitzt die Fréchet-Ableitung

$$Q'(x)(h) = 2\langle Ax, h \rangle, \qquad \forall h \in \mathscr{H}.$$

Es gilt

$$\sup_{x \in S_1(\mathscr{H})} Q(x) = \pm \|A\|.$$

Die Nebenbedingung $\phi(x) = \langle x, x \rangle - 1 = 0$ ist durch eine Abbildung ϕ erklärt, die in allen Punkten der Niveaufläche $\phi^{-1}(0) = S_1(\mathscr{H})$ regulär ist, denn es gilt $\phi'(x)(h) = 2\langle x, h \rangle$ für $h \in \mathscr{H}$.

In a) hatten wir festgestellt, daß $e_1 \in S_1(\mathscr{H})$ ein Extremalpunkt der Funktion Q ist. Das Theorem IV.3 von Ljusternik liefert daher die Existenz eines $\lambda_1 \in \mathbb{R}$, so daß

$$Q'(e_1) = \lambda_1 \phi'(e_1), \qquad \text{das heißt} \qquad Ae_1 = \lambda e_1,$$

und $|\lambda_1| = \|A\|$ gilt.

c) Es sei $\mathscr{H}_1 = \{e_1\}^\perp \subset \mathscr{H}$ der zu e_1 orthogonale Unterraum von $\mathscr{H}$. Da A selbstadjungiert ist, bildet A den Unterraum $\mathscr{H}_1$ in sich ab: Für $x \in \mathscr{H}_1$ gilt:

$$\langle Ax, e_1 \rangle = \langle x, Ae_1 \rangle = \langle x, \lambda e_1 \rangle = 0, \qquad \text{das heißt} \qquad Ax \in \{e_1\}^\perp.$$

Damit ist die Einschränkung $A_1 = A \restriction \mathscr{H}_1$ von A auf $\mathscr{H}_1$ ein wohldefinierter Operator auf $\mathscr{H}_1$. Dieser Operator ist ebenfalls selbstadjungiert und kompakt, und seine Norm ist nicht größer als die von A:

$$\|A_1\|_{\mathscr{B}(\mathscr{H}_1)} \leqslant \|A\|_{\mathscr{B}(\mathscr{H})}.$$

Falls $A_1 \neq 0$, so können die Überlegungen von a) und b) auf den kompakten selbstadjungierten Operator A_1 im Hilbert-Raum $\mathscr{H}_1$ angewandt werden. Sie liefern die Existenz eines normierten Eigenvektors $e_2 \in \mathscr{H}_1$ zu einem Eigenwert λ_2 von A_1 mit

$$|\lambda_2| = \|A_1\|_{\mathscr{B}(\mathscr{H}_1)} \leqslant \|A\|_{\mathscr{B}(\mathscr{H})} = |\lambda_1| \qquad \text{und} \qquad \langle e_2, e_1 \rangle = 0.$$

d) Der in c) beschriebene Reduktionsschritt kann suksessiv fortgesetzt werden. Es sind zwei Fälle zu unterscheiden, je nachdem, ob das Verfahren nach endlich vielen Schritten abbricht oder nicht. Um den Beweis zu Ende zu führen, benötigt man keine weiteren variationstheoretischen Argumente. Wir verweisen daher auf die Literatur (z. B.: H. I. Achieser, T. M. Glasman, Theorie der linearen Operatoren im Hilbert-Raum. Akademie-Verlag 1960).

Satz VI.1 begründet die Existenz und einige Eigenschaften der Eigenwerte eines kompakten Operators. Darüber hinaus ist im Beweis ein Verfahren zur Berechnung der Eigenwerte angedeutet. Eine Ausarbeitung dieses Verfahrens führt zum *klassischen Minimax-Prinzip von Courant-Weyl-Fischer-Poincaré.*

Satz VI.2: Minimax-Prinzip. *Es sei $\mathscr{H}$ ein reeller separabler Hilbert-Raum und $A \geqslant 0$ ein selbstadjungierter Operator auf $\mathscr{H}$ mit Spectrum $\sigma(A) = \{\lambda_m | m \in \mathbb{N}\}$ $\lambda_{m+1} \geqslant \lambda_m \forall_m$. $\mathscr{E}_m$ bezeichne die Familie aller m-dimensionalen Unterräume E_m von $\mathscr{H}$. Dann können die Eigenwerte $(\lambda_m)_{m \in \mathbb{N}}$ von A folgendermaßen berechnet werden:*

$$\lambda_m = \min_{E_m \in \mathscr{E}_m} \max_{v \in E_m} \frac{(v, Av)}{(v, v)}.$$

Beweis: Wir bestimmen die Werteverteilung des Rayleighschen Quotienten

$$R(v) = \frac{(v, Av)}{(v, v)},$$

indem wir die Vektoren $v \in \mathscr{H}$ nach den Eigenvektoren $(e_j)_{j\in\mathbb{N}}$ von A entwickeln, wie sie in Satz VI.1 bestimmt worden sind.

Für

$$v = \sum_{i=1}^{\infty} \alpha_i e_i, \qquad (v, v) = \sum_i \alpha_i^2 < \infty$$

ergibt sich

$$(v, Av) = \sum_{i,j=1}^{\infty} \langle \alpha_i e_i, A\alpha_j e_j \rangle = \sum_{j=1}^{\infty} \lambda_j \alpha_j^2$$

und so

$$R(v) = \frac{\sum_{i=1}^{\infty} \lambda_i \alpha_i^2}{\sum_{i=1}^{\infty} \alpha_i^2}.$$

Nun bezeichne $V_m = \text{lin}\{e_1, \dots, e_m\}$ den Unterraum, der von den m ersten Eigenvektoren aufgespannt wird. Es folgt

$$\max_{v\in V_m} R(v) = \max_{(\alpha_1,\dots,\alpha_m)\in\mathbb{R}^m} \frac{\sum_{j=1}^{m} \lambda_j \alpha_j^2}{\sum_{j=1}^{m} \alpha_j^2} = \lambda_m = R(e_m),$$

und somit bleibt $\max_{v\in E_m} R(v) \geqslant \lambda_m$ für jeden anderen Unterraum $E_m \in \mathscr{E}_m$ zu zeigen. Es sei $E_m \neq V_m$ ein solcher, dann ist $E_m \cap V_m^{\perp} \neq \{0\}$ und folglich

$$\max_{v\in E_m} R(v) \geqslant \max_{v\in E_m\cap V_m^{\perp}} R(v) = \max_{\substack{v=\sum \alpha_j e_j \in E_m \\ j\geqslant m+1}} \frac{\sum_{j\geqslant m+1} \lambda_j \alpha_j^2}{\sum_{j\geqslant m+1} \alpha_j^2} \geqslant \lambda_{m+1} \geqslant \lambda_m,$$

womit die obige Formel bewiesen ist.

Bemerkung: Die folgende einfache Umformulierung von Satz VI.2 wird später bei der Diskussion der Ljusternik-Schnirelman-Theorie als Ausgangspunkt einer sehr wichtigen Verallgemeinerung des klassischen Minimax-Prinzips genommen. Es bezeichne $\mathscr{S}_{\{m\}}$ die Gesamtheit der Einssphären S_m in m-dimensionalen Unterräumen E_m von $\mathscr{H}$,

$$S_m = E_m \cap S_1(\mathscr{H}), \qquad S_1(\mathscr{H}) = \{v \in \mathscr{H}, \|v\| = 1\}, \qquad E_m \in \mathscr{E}_m,$$

dann gilt nach Satz VI.2

$$\lambda_m = \min_{S_m\in\mathscr{S}_m} \max_{v\in S_m} (v, Av).$$

Die folgende Version des Projektionssatzes für abgeschlossene konvexe Mengen eines Hilbert-Raumes stellt eine Verallgemeinerung des bekannten Projektionssatzes für Unterräume dar und zeigt, daß der Kern des Beweises ein „variationstheoretisches“ Argument ist. Obwohl ein direkter Beweis bekannt ist (siehe z. B.: F. Hirzebruch, W. Scharlau, Einführung in die Funktionalanalysis B. I. (1971)), wollen wir hier den variationstheoretischen Beweis erläutern:

Satz VI.3: Projektionssatz für konvexe abgeschlossene Mengen (Beppo Levi): *Es sei $\mathscr{H}$ ein reeller Hilbert-Raum und $K \subset \mathscr{H}$ eine nicht leere konvexe abgeschlossene Teilmenge. Dann gibt es eine Funktion $p_K : \mathscr{H} \to K$ mit folgenden Eigenschaften:*

a) $$\|x - p_K(x)\| = \inf_{z \in K} \|x - z\| \qquad \textit{für alle} \qquad x \in \mathscr{H}.$$

b) $p_K(x)$ ist für $x \in \mathscr{H}$ durch

$$\langle x - p_K(x), z - p_K(x) \rangle \leqslant 0 \qquad \textit{für alle} \qquad z \in K$$

charakterisiert.

c) p_K ist (Lipschitz) stetig:

$$\|p_K(x_1) - p_K(x_2)\| \leqslant \|x_1 - x_2\| \qquad \textit{für alle} \qquad x_1, x_2 \in \mathscr{H}.$$

Beweis: Die Relation a) wird zur Definition der gesuchten Funktion p_K genommen. Dazu ist zu zeigen, daß die Funktion

$$\varphi_x : K \to \mathbb{R}, \qquad \varphi_x(z) = \|x - z\| \qquad \text{für} \qquad z \in K$$

für beliebiges, aber festes $x \in \mathscr{H}$ genau einen minimierenden Punkt in K besitzt, welcher dann $p_K(x)$ genannt wird. In einem ersten Schritt zeigen wir die Existenz minimierender Punkte: Dazu sei $x \in \mathscr{H}$ beliebig, aber fest. Da φ_x offensichtlich eine konvexe stetige Funktion auf K ist, ist die Menge

$$M = \{z \in K \mid \varphi_x(z) \leqslant \varphi_x(z_0)\}$$

für beliebiges, aber festes $z_0 \in K$ eine nicht-leere konvexe abgeschlossene Menge. Falls K unbeschränkt ist, so gilt $\varphi_x(z) \to +\infty$, $\|z\| \to \infty$, folglich ist M auch beschränkt und daher nach Theorem I.5 schwach kompakt. Mittels Lemma I.7 liefert Theorem I.8 die Existenz wenigstens eines minimierenden Punktes $u_x \in K$:

$$\varphi(u_x) = \inf_{z \in K} \varphi_x(z).$$

Die Eindeutigkeit von u_x ergibt sich aus der strikten Normiertheit von Hilbert-Räumen (das heißt zu $x, y \in \mathscr{H}$, mit $\|x + y\| = \|x\| + \|y\|$, gibt es ein $\lambda > 0$, so daß $y = \lambda x$ gilt). Sei auch $u'_x \in K$ ein minimierender Punkt, dann gilt

$$\varphi_x(u'_x) = \varphi_x(u_x) \leqslant \varphi_x(\tfrac{1}{2}(u_x + u'_x) \leqslant \tfrac{1}{2}\varphi_x(u_x) + \tfrac{1}{2}\varphi_x(u'_x)$$

infolge der Konvexität von φ_x, also

$$\varphi_x(\tfrac{1}{2}u_x + \tfrac{1}{2}u'_x) = \tfrac{1}{2}\varphi_x(u_x) + \tfrac{1}{2}\varphi(u'_x),$$

das heißt

$$\|\tfrac{1}{2}(u_x - x) + \tfrac{1}{2}(u'_x - x)\| = \|\tfrac{1}{2}(u_x - x)\| + \|\tfrac{1}{2}(u'_x - x)\|$$

und somit

$$\tfrac{1}{2}(u_x - x) = \lambda \cdot \tfrac{1}{2}(u'_x - x) \qquad \text{für ein} \qquad \lambda > 0.$$

$\|u'_x - x\| = \|u_x - x\|$ impliziert $\lambda = 1$, also $u'_x = u_x$. Das zeigt, daß $p_K : \mathscr{H} \to K$ durch

$$p_K(x) := \begin{cases} u_x, & \text{für} \quad x \in \mathscr{H}, \quad x \notin K \\ x, & \text{für} \quad x \in K \end{cases}$$

wohldefiniert ist.

Bemerkung: Der oben durchgeführte Beweis gelingt in jedem strikt normierten reflexiven Banach-Raum und liefert somit auch für diese Räume die Existenz eines Elementes „bester Approximation“.

Im nächsten Schritt zeigen wir, daß alle minimierenden Punkte von φ_x durch die Ungleichung b) charakterisiert sind. Wenn u_x ein minimierender Punkt von φ_x in K ist, so folgt für alle $z \in K$ und alle $t \in [0, 1]$

$$0 \leqslant \|x - u_x + t(u_x - z)\|^2 - \|x - u_x\|^2 = 2t\langle x - u_x, u_x - z\rangle + t^2\|u_x - z\|^2$$

und daher $\langle x - u_x, u_x - z\rangle \geqslant 0$, das heißt b).

Wenn umgekehrt u_x ein Punkt in K ist, für den diese Ungleichung für alle $z \in K$ gilt, so folgt

$$\begin{aligned} \|x - u_x\|^2 - \|x - z\|^2 &= \langle x - u_x, z - u_x\rangle + \langle x - z, z - u_x\rangle \leqslant \langle x - z, z - u_x\rangle \\ &= \langle x - u_x, z - u_x\rangle + \langle u_x - z, z - u_x\rangle \leqslant 0, \end{aligned}$$

das heißt $\|x - u_x\| \leqslant \|x - z\|$ für alle $z \in K$ und somit

$$\|x - u_x\| = \inf_{z \in K} \|x - z\|.$$

Das zeigt b).

Sind $x_1, x_2 \in \mathscr{H}$, so besagt die Ungleichung b)

$$\langle x_1 - p_K(x_1), p_K(x_2) - p_K(x_1)\rangle \leqslant 0 \quad \text{und} \quad \langle x_2 - p_K(x_2), p_K(x_1) - p_K(x_2)\rangle \leqslant 0$$

also

$$\langle x_1 - x_2 + p_K(x_2) - p_K(x_1), p_K(x_2) - p_K(x_1)\rangle \leqslant 0$$

und so

$$\begin{aligned} \|p_K(x_2) - p_K(x_1)\|^2 &\leqslant \langle x_2 - x_1, p_K(x_2) - p_K(x_1)\rangle \\ &\leqslant \|x_2 - x_1\| \, \|p_K(x_2) - p_K(x_1)\|, \end{aligned}$$

was c) beweist.

VI.2 Differentialoperatoren und Formen

Allgemein ausgedrückt beruht die Lösungsmöglichkeit linearer partieller Differentialgleichungen mit Hilfe der direkten Methoden der Variationsrechnung auf der einfachen Idee, den zu untersuchenden Differentialoperator als die Fréchet-Ableitung einer quadratischen Form auf einem geeigneten Funktionenraum darzustellen und dann diese quadratische Form mit Hilfe der allgemeinen Sätze zu studieren und insbesondere ihre kritischen Punkte zu bestimmen. Die Randbedingungen für die potentiellen Lösungen werden durch die Wahl des Funktionenraumes, auf dem die quadratische Form untersucht wird, eingebaut. Dieser einfache Ansatz führt sowohl bei linearen Randwertproblemen als auch bei linearen Eigenwert-Problemen zum Ziel. Ersetzt man die quadratische Form durch eine allgemeine Funktion, so lassen sich mit Hilfe dieses Ansatzes auch *nicht-lineare* Rand- und Eigenwert-Probleme erfolgreich behandeln (Kap. VII und VIII). Wir werden dieses Programm für lineare und quasi-lineare Differentialoperatoren 2. Ordnung explizit vorführen. Die Idee, was im Falle von Differentialoperatoren höherer Ordnung zu tun ist, dürfte dabei hinreichend klar werden. Überdies sind die Differentialoperatoren 2. Ordnung für die Anwendungen die wichtigsten.

Die Basis dieses Zuganges sind geeignete Klassen von Funktionenräumen einschließlich ihrer Einbettungsrelationen. Konkret sind die in diesem Zusammenhang benutzten Funktionenräume die sogenannten Sobolev-Räume, welche im Anhang 4 einschließlich ihrer wichtigsten Eigenschaften und Einbettungsrelationen erläutert werden. Die Theorie der Sobolev-Räume wurde wesentlich zu diesem Zwecke ausgebaut. Eine neuere ausführliche Darlegung dieser Theorie findet man z. B. in (R. A. Adams, Sobolev Spaces, Academic Press (1975)).

Mit Hilfe des oben beschriebenen Ansatzes lassen sich naturgemäß nicht alle (linearen) Differentialoperatoren behandeln, sondern nur diejenigen, welche „Divergenzform" haben. Der Grund für diese Einschränkung wird sehr schnell klar werden. Eine weitere Einschränkung dieses Ansatzes besteht darin, daß er bisher seine interessantesten Resultate nur für Differentialoperatoren auf beschränkten Mengen zu liefern vermag. Diese Einschränkung ist wesentlich durch die Verwendung von Einbettungsrelationen zwischen Sobolev-Räumen begründet. Wir werden später auch einige erfolgreiche Versuche besprechen, diesen Ansatz auf Differentialoperatoren auf dem $\mathbb{R}^n$ auszudehnen.

Um schließlich etwas konkreter zu werden, sei $\Omega \subset \mathbb{R}^n$ eine nicht-leere offene beschränkte Menge und A ein linearer Differentialoperator in Divergenzform auf Ω, das heißt A wirkt folgendermaßen auf Funktionen $u: \Omega \to \mathbb{R}$:

$$Au = a_0 u - \sum_{j=1}^{n} \partial_j \left(\sum_{i=1}^{n} a_{ji} \cdot \partial_i u \right), \qquad a_{ij} = a_{ji}. \tag{6.1}$$

Das *Eigenwert-Problem* für den Differentialoperator A besteht dann darin, Zahlen λ und Funktionen $u_\lambda \neq 0$ auf Ω zu finden, so daß

$$Au_\lambda = \lambda u_\lambda \tag{6.2}$$

gilt. Die geschickte Wahl des Raumes, in dem wir die *Eigenfunktionen* u_λ suchen wollen, trägt natürlich entscheidend zur Lösbarkeit dieses Problems bei. Ein wesentlicher Gesichtspunkt bei der Wahl des Raumes der potentiellen Lösungen ergibt sich aus der Festlegung des Verhaltens der potentiellen Lösungen auf dem Rand $\Gamma = \partial\Omega$ von Ω, das heißt aus den *Randbedingungen* für den Differentialoperator A.

Die Koeffizienten des Differentialoperators A seien wesentlich beschränkt auf Ω, das heißt a_0, $a_{ij} \in L^\infty(\Omega)$. Dann ist A sicher auf $\mathscr{D}(\Omega) = \mathscr{C}_0^\infty(\Omega)$ erklärt und für φ, $\psi \in \mathscr{D}(\Omega)$ ergibt sich ($\langle \cdot , \cdot \rangle_2$ = Skalarprodukt von $L^2(\Omega)$):

$$\langle \varphi, A\psi \rangle_2 = \langle \varphi, a_0 \psi \rangle_2 - \langle \varphi, \sum_{j=1}^{n} \partial_j (\sum_{i=1}^{n} a_{ji} \partial_i \psi) \rangle_2$$

$$= \langle \varphi, a_0 \psi \rangle_2 + \sum_{j=1}^{n} \langle \partial_j \varphi, \sum_{i=1}^{n} a_{ji}\, \partial_i \psi \rangle_2 - \int_\Omega d^n x \sum_{j=1}^{n} \partial_j \{\varphi \sum_{i=1}^{n} a_{ji}\, \partial_i \psi\}.$$

Wenn Ω einen hinreichend glatten Rand hat, so daß der Gaußsche Integralsatz anwendbar ist, ergibt sich

$$\int_\Omega d^n x \sum_{j=1}^{n} \partial_j \{\varphi \sum_{i=1}^{n} a_{ji} \partial_i \psi\} = \int_{\partial\Omega} \sum_{j=1}^{n} d\sigma_j\, \varphi \sum_{i=1}^{n} a_{ij}\, \partial_i \psi = 0.$$

In diesem Fall gilt also

$$\langle \varphi, A\psi \rangle_2 = \langle \varphi, a_0 \psi \rangle_2 + \langle \nabla\varphi, a\nabla\psi \rangle_2 \qquad \text{für alle} \qquad \varphi, \psi \in \mathscr{D}(\Omega). \tag{6.3}$$

Die rechte Seite dieser Gleichung definiert eine quadratische Form $Q = Q_A$ auf $\mathscr{D}(\Omega)$. Diese quadratische Form besitzt viele Erweiterungen. Eine natürliche obere Schranke dieser Erweiterungen in $L^2(\Omega)$ hat den Definitionsbereich

$$\{u \in L^2(\Omega) \mid \partial_j u \in L^2(\Omega), j = 1, \ldots, n\} = H^1(\Omega), \tag{6.4}$$

wobei die Ableitung im Sinne von Distributionen gemeint ist. Mit dem Skalarprodukt $\langle u, v \rangle_2 + \langle \nabla u, \nabla v \rangle_2$ ist $H^1(\Omega)$ ein Hilbert-Raum.

Im Anhang über Sobolev-Räume wird begründet, daß für hinreichend glatt berandete $\Omega \subset \mathbb{R}^n$ gilt:

$$\begin{aligned} H_0^1(\Omega) &= \text{Abschluß von } \mathscr{D}(\Omega) \text{ in } H^1(\Omega) \\ &= \{v \in H^1(\Omega) \mid v \restriction \partial\Omega = 0\}. \end{aligned} \tag{6.5}$$

Daher erwartet man auf Grund der Herleitung von (6.3):

Es gilt

$$A u_\lambda = \lambda u_\lambda, \qquad u_\lambda \in H_0^1(\Omega), \tag{6.6a}$$

genau dann, wenn

$$Q(v, u_\lambda) - \lambda(v, u_\lambda) = 0 \qquad \text{für alle} \qquad v \in H_0^1(\Omega) \tag{6.6b}$$

gilt, das heißt, wenn u_λ ein kritischer Punkt der Funktion

$$u \to Q_\lambda(u) = Q(u, u) - \lambda\langle u, u \rangle_2 \tag{6.6c}$$

auf $H_0^1(\Omega)$ ist.

Bemerkung: (6.6a) drückt aus, daß u_λ Eigenfunktion des Differentialoperators A im Hilbertraum $L^2(\Omega)$ mit *Dirichlet-Randbedingungen* ($u_\lambda \restriction \partial\Omega = 0$) ist. Wir werden später bei der Besprechung der Randwert-Probleme ausführlicher auf die Formulierung anderer Randbedingungen in diesem Rahmen eingehen. Man nennt (6.6b) auch die *„variationstheoretische Form des Eigenwert-Problems“* (6.6a).

Der Beweis der Äquivalenzaussage (6.6) ist einfach. Zunächst ist (alle Funktionen sind reellwertig)

$$Q'_\lambda(u)(h) = 2Q_\lambda(h, u), \qquad u, h \in H_0^1(\Omega)$$

die Fréchet-Ableitung der Funktion Q_λ auf $H_0^1(\Omega)$. Also ist u_λ kritischer Punkt von

Q_λ genau dann, wenn (6.6b) gilt, das heißt wenn

$$0 = \langle v, (a_0 - \lambda)u_\lambda \rangle_2 + \langle \nabla v, a\nabla u_\lambda \rangle_2 \qquad \text{für alle} \qquad v \in H_0^1(\Omega) \tag{$*$}$$

gilt. $u_\lambda \in H_0^1(\Omega)$ impliziert $a\nabla u_\lambda \in L^2(\Omega)^{\times n}$ und ist somit im Sinne von Distributionen differenzierbar. Daher ist u_λ genau dann ein kritischer Punkt von Q_λ, wenn

$$(a_0 - \lambda)u_\lambda - \nabla \cdot (a\nabla u_\lambda) = 0 \qquad \text{in } \mathscr{D}'(\Omega) \tag{$\times$}$$

gilt, denn $\mathscr{D}(\Omega)$ liegt dicht in $H_0^1(\Omega)$. $(a_0 - \lambda)u_\lambda \in L^2(\Omega)$ impliziert, daß auch $\underline{\nabla} \cdot (a\underline{\nabla} u_\lambda)$ zu $L^2(\Omega)$ gehört. Also gilt ($\times$) auch in $L^2(\Omega)$, das heißt

$$Au_\lambda = \lambda u_\lambda \qquad \text{in } L^2(\Omega),$$

und u_λ ist Eigenfunktion des Differentialoperators A in $L^2(\Omega)$ mit Dirichlet-Randbedingungen. Die Umkehrung ergibt sich ebenso wie die Herleitung der Gl. (6.3) unter Beachtung von $\overline{\mathscr{D}(\Omega)} = H_0^1(\Omega)$.

In der bisher behandelten Allgemeinheit läßt sich über die Lösbarkeit der Eigenwertaufgabe (6.6) noch wenig sagen. Als hinreichend allgemeine und bezüglich der Lösbarkeit sehr effektive Hypothesen erweisen sich die sogenannten *Elliptizitätsbedingungen*, deren einfachste Form wir hier vorstellen wollen:

Es gibt positive Zahlen $0 < m \leqslant M < \infty$ derart, daß für fast alle $x \in \Omega \subset \mathbb{R}^n$

$$m \sum_{j=1}^{n} \xi_j^2 \leqslant \sum_{j,i=1}^{n} \xi_j a_{ji}(x) \xi_i \leqslant M \sum_{j=1}^{n} \xi_j^2 \tag{6.7}$$

gilt. Überdies gelte

$$0 \leqslant a_0(x) \leqslant K < \infty \qquad \text{für fast alle} \qquad x \in \Omega.$$

Falls (6.7) gilt, so resultiert die Abschätzung

$$m \int_\Omega d^n x \sum_{j=1}^{n} (\partial_j u)^2(x) \leqslant \int_\Omega d^n x \sum_{j,i=1}^{n} \partial_j u(x) a_{ji}(x) \partial_i u(x) \leqslant M \int_\Omega d^n x \sum_{j=1}^{n} (\partial_j u)^2(x)$$

und damit

$$m\langle \nabla u, \nabla u \rangle_2 \leqslant Q(u,u) \leqslant M\langle \nabla u, \nabla u \rangle_2 + K\langle u, u \rangle_2. \tag{6.8}$$

Die 2. Ungleichung in (6.8) besagt, daß die quadratische Form $u \to Q(u,u)$ auf dem Hilbert-Raum $H_0^1(\Omega)$ stetig ist.

Beachten wir die *Ungleichung von Poincaré* (Anhang 4)

$$\|v\|_2 \leqslant \lambda \|\nabla v\|_2, \qquad \forall v \in H_0^1(\Omega) \tag{6.9}$$

mit einem $\lambda = \lambda(\Omega) < \infty$, so besagt die 1. Ungleichung in (6.8), daß die quadratische Form Q auf $H_0^1(\Omega)$ auch koerzitiv ist:

$$Q(u,u) \geqslant \frac{m}{1 + \lambda^2} (\|u\|_2^2 + \|\nabla u\|_2^2). \tag{6.10}$$

Nun ist $H_0^1(\Omega)$ stetig und dicht in $L^2(\Omega)$ eingebettet. Darüber hinaus besagt der Satz von Rellich für offene, beschränkte und glatt berandete Mengen $\Omega \subset \mathbb{R}^n$, daß die identische Einbettung von $H_0^1(\Omega)$ in $L^2(\Omega)$ kompakt ist.

Damit erkennen wir das Eigenwert-Problem (6.6a) in der variationstheoretischen Formulierung (6.6b) als Spezialfall der folgenden allgemeinen Eigenwert-Aufgabe:

(E) Es sind zwei reelle Hilbert-Räume $\mathscr{H}_1, \mathscr{H}_2$ mit Skalarprodukten $\langle\cdot,\cdot\rangle_1$ bzw. $\langle\cdot,\cdot\rangle_2$ gegeben. Über $\mathscr{H}_1$ und $\mathscr{H}_2$ wird vorausgesetzt:

(i) $\mathscr{H}_1$ liegt dicht in $\mathscr{H}_2$.

(ii) Die identische Einbettung $i: \mathscr{H}_1 \to \mathscr{H}_2$ ist kompakt.

Für eine stetige symmetrische Bilinearform Q auf $\mathscr{H}_1$ sind alle reellen Zahlen λ zu bestimmen, zu denen es ein $u_\lambda \in \mathscr{H}_1, u_\lambda \neq 0$, gibt, so daß

$$Q(u, u_\lambda) = \lambda\langle u, u_\lambda\rangle_2 \qquad \text{für alle} \qquad u \in \mathscr{H}_1$$

gilt.

Wir werden die Eigenwertaufgabe für den Differentialoperator A in $L^2(\Omega)$ (Gl. (6.1)) dadurch lösen, daß wir die allgemeine Eigenwert-Aufgabe (E) lösen. Diese Lösung beruht auf einigen abstrakten Resultaten, welche im folgenden Abschnitt formuliert und bewiesen werden.

VI.3 Der Satz von Lax-Milgram und einige seiner Verallgemeinerungen

Der ursprüngliche Satz von Lax-Milgram ist ein einfaches Ergebnis über lineare Operatoren im Hilbert-Raum. Wir werden es benutzen, um ein abstraktes Resultat zu beweisen, was dann ziemlich einfach mit Hilfe des Spektralsatzes für kompakte Operatoren die Lösung der allgemeinen Eigenwert-Aufgabe liefert.

Lemma VI.4: *Es sei $\mathscr{H}$ ein (komplexer) Hilbert-Raum und $a: \mathscr{H} \times \mathscr{H} \to \mathbb{C}$ eine stetige Sesquilinearform auf $\mathscr{H}$ mit*

$$a(u,u) \geqslant c\|u\|^2, \qquad \forall u \in \mathscr{H}, \qquad c > 0.$$

Dann gibt es genau einen beschränkten linearen Operator $\mathscr{A}$ auf $\mathscr{H}$, so daß

$$a(u,v) = (\mathscr{A}u, v), \qquad \forall u, v \in \mathscr{H} \tag{6.11}$$

gilt. $\mathscr{A}$ ist bijektiv und besitzt einen stetigen inversen Operator $\mathscr{A}^{-1}$.

Beweis: Jede stetige Sesquilinearform a besitzt auf Grund des Satzes von Riesz-Fréchet die Darstellung

$$a(u,v) = (\mathscr{A}u, v)$$

mit einem eindeutig bestimmten beschränkten linearen Operator $\mathscr{A}: \mathscr{H} \to \mathscr{H}$ ([VI.2]). Im Falle einer koerzitiven Sesquilinearform ist dieser Operator injektiv ebenso wie sein Adjungierter:

$$\begin{aligned} c\|u\|^2 \leqslant a(u,u) = (\mathscr{A}u, u) &\leqslant \|u\| \cdot \|\mathscr{A}u\| \\ = (u, \mathscr{A}^*u) &\leqslant \|u\| \cdot \|\mathscr{A}^*u\|, \end{aligned}$$

also

$$c\|u\| \leqslant \|\mathscr{A}u\|, \|\mathscr{A}^*u\|. \tag{+}$$

Die bekannte Relation

$$(\operatorname{Ran}\mathscr{A})^\perp = \operatorname{Ker}\mathscr{A}^*$$

liefert

$$\overline{\operatorname{Ran} \mathscr{A}} = (\operatorname{Ran} \mathscr{A})^{\perp\perp} = \{0\}^{\perp} = \mathscr{H}.$$

Aus $c\|u\| \leqslant \|\mathscr{A}u\|$ folgt leicht, daß $\operatorname{Ran} \mathscr{A}$ abgeschlossen ist. Daher gilt $\operatorname{Ran} \mathscr{A} = \mathscr{H}$ und $\mathscr{A}: \mathscr{H} \to \mathscr{H}$ ist bijektiv. Die Abschätzung $c\|u\| \leqslant \|\mathscr{A}u\|$ impliziert auch, daß $\mathscr{A}^{-1}$ beschränkt und damit stetig ist,

$$\|\mathscr{A}^{-1}v\| \leqslant \frac{1}{c}\|v\|, \qquad \forall v \in \mathscr{H}.$$

Theorem VI.5: *Es sei $\mathscr{H}$ ein reeller Hilbert-Raum und E ein Hausdorffscher lokalkonvexer topologischer Vektorraum über $\mathbb{R}$. Es gelte*

(i) *$\mathscr{H} \subset E$ ist dicht in E.*

(ii) *Die identische Einbettung $i: \mathscr{H} \to E$ ist stetig.*

(iii) *$a: \mathscr{H} \times \mathscr{H} \to \mathbb{R}$ ist eine koerzitive stetige Bilinearform.*

Dann gibt es zu jedem stetigen linearen Funktional f auf E genau ein $u_f \in \mathscr{H}$, so daß

$$a(u_f, v) = f \circ i(v) \tag{6.12}$$

für alle $v \in \mathscr{H}$ gilt.

Beweis: a) Sei $f \in E'$ gegeben. Infolge (ii) ist $f \circ i: \mathscr{H} \to \mathbb{R}$ ein stetiges lineares Funktional auf $\mathscr{H}$, so daß der Satz von Riesz-Fréchet die Existenz genau eines $\xi = \xi_f \in \mathscr{H}$ mit

$$f \circ i(v) = (\xi_f, v), \qquad \forall v \in \mathscr{H}$$

sicherstellt. Auf diese Weise haben wir eine Abbildung $J: E' \to \mathscr{H}$, $J(f) = \xi_f$, wohldefiniert. J ist leicht ersichtlich linear, aber auch injektiv, denn nach (i) liegt $\mathscr{H}$ dicht in E.

b) Erkläre $D(A) = \{u \in \mathscr{H} \mid v \to a(u, v)$ ist eine E-stetige Linearform auf $\mathscr{H}\}$. $u \in D(A)$ meint also, daß $\mathscr{H} \ni v \to a(u, v)$ eine Linearform auf $\mathscr{H}$ ist, welche bezüglich der von E auf $\mathscr{H}$ induzierten Topologie stetig ist. Sei $u \in D(A)$; da $\mathscr{H}$ in E dicht liegt, besitzt die Linearform $a(u, v)$ eine eindeutige Erweiterung zu einer stetigen Linearform Au auf E; es gilt

$$a(u, v) = \langle Au, i(v) \rangle, \qquad \forall v \in \mathscr{H}, \tag{6.13}$$

wenn $\langle \cdot, \cdot \rangle$ die Dualität zwischen E und dem topologischen Dualraum E' bezeichnet. Das erklärt eine Abbildung $A: D(A) \to E'$. A ist offensichtlich linear. $Au = 0$ bedeutet $a(u, v) = 0$, $\forall v \in \mathscr{H}$ und somit $(v = u)$ $u = 0$. Also ist A injektiv.

c) Es bleibt zu zeigen, daß A auch surjektiv ist. Sei $f \in E'$ gegeben. Setze $u_f := \mathscr{A}^{-1}J(f)$, wenn $\mathscr{A}: \mathscr{H} \to \mathscr{H}$ den bijektiven Operator von Lemma VI.4 bezeichnet. Es folgt $u_f \in D(A)$, denn infolge

$$a(u_f, v) = (\mathscr{A}u_f, v) = (J(f), v) = f \circ i(v), \qquad \forall v \in \mathscr{H}$$

ist $v \to a(u_f, v)$ eine E-stetige Linearform auf $\mathscr{H}$. Da $\mathscr{H}$ in E dicht liegt, ergibt sich aus

$$\langle Au_f, i(v) \rangle = a(u_f, v) = \langle f, i(v) \rangle, \qquad \forall v \in \mathscr{H}, \qquad Au_f = f.$$

Also ist A surjektiv.

Theorem VI.5 wird meist in der spezielleren Version angewendet, in der E ein Banach- oder ein Hilbert-Raum ist. Wir notieren daher:

Korollar VI.6: *Es seien $\mathcal{H}_1, \mathcal{H}_2$ zwei reelle Hilbert-Räume mit Skalarprodukten $\langle\cdot,\cdot\rangle_1$ bzw. $\langle\cdot,\cdot\rangle_2$ mit*

(i) *$\mathcal{H}_1$ liegt dicht in $\mathcal{H}_2$.*

(ii) *Die identische Einbettung von $\mathcal{H}_1$ in $\mathcal{H}_2$ ist stetig.*

Ist nun $a: \mathcal{H}_1 \times \mathcal{H}_1 \to \mathbb{R}$ eine koerzitive stetige Bilinearform auf $\mathcal{H}_1$, so gibt es zu jedem $\xi \in \mathcal{H}_2$ genau ein $u_\xi \in \mathcal{H}_1$, so daß

$$a(u_\xi, v) = \langle \xi, i(v)\rangle_2$$

für alle $v \in \mathcal{H}_1$ gilt.

Die allgemeinere Version in der Form von Theorem VI.5 läßt die Analogie zu den entsprechenden Resultaten von Browder für allgemeinere nicht-notwendig quadratische koerzitive Funktionale deutlich werden (vergleiche Kapitel VII). Hierzu bemerken wir nur, daß die Koerzitivität der Bilinearform $a: \mathcal{H} \times \mathcal{H} \to \mathbb{R}$ die *Monotonie* der durch Lemma VI.4 bzw. Theorem VI.5 definierten linearen Operatoren $\mathcal{A}: \mathcal{H} \to \mathcal{H}$ bzw. $A: D(A) \subset \mathcal{H} \to E'$ impliziert. Es gilt nämlich

$$(\mathcal{A}u - \mathcal{A}v, u - v) = a(u - v, u - v) \geqslant c\|u - v\|^2 \geqslant 0, \qquad \forall u, v \in \mathcal{H}$$

und für alle $u, v \in D(A)$

$$\langle A(u) - A(v), i(u - v)\rangle = a(u - v, u - v) \geqslant c\|u - v\|^2 \geqslant 0.$$

Im Fall nicht-notwendig quadratischer Funktionale wird eine abgeschwächte Koerzitivitätsbedingung zusammen mit einer Monotonie-Bedingung des obigen Typs benutzt werden.

Die umfassende Lösung der allgemeinen Eigenwert-Aufgabe wird nun im folgenden Theorem beschrieben.

Theorem VI.7: *Es seien $\mathcal{H}_1$ und $\mathcal{H}_2$ zwei reelle Hilbert-Räume mit Skalarprodukten $\langle\cdot,\cdot\rangle_1$ bzw. $\langle\cdot,\cdot\rangle_2$, $\dim \mathcal{H}_1 = \infty$, und es gelte:*

(i) *$\mathcal{H}_1$ liegt dicht in $\mathcal{H}_2$.*

(ii) *Die identische Einbettung $i: \mathcal{H}_1 \to \mathcal{H}_2$ ist (stetig und) kompakt.*

Dann gibt es zu jeder symmetrischen Bilinearform Q auf $\mathcal{H}_1$ mit

(iii) *Q ist stetig,*

(iv) *Q ist koerzitiv:*

$$Q(u, u) \geqslant c\|u\|^2, \qquad c > 0, \qquad \forall u \in \mathcal{H}_1,$$

eine monoton wachsende Folge (λ_m) von Eigenwerten,

$$0 < \lambda_1 \leqslant \lambda_2 \leqslant \lambda_m \underset{m \to \infty}{\to} +\infty,$$

und eine Orthonormalbasis $\{e_m\}_{m \in \mathbb{N}} \subset \mathcal{H}_1$ von $\mathcal{H}_2$, so daß

$$Q(e_m, v) = \lambda_m \langle e_m, v\rangle_2, \qquad \forall v \in \mathcal{H}_1, \qquad \forall m \in \mathbb{N}$$

gilt.

$\{v_m\} = \{\lambda_m^{-1/2} e_m\}$ ist eine Orthonormalbasis von $\mathcal{H}_1$ bezüglich des Skalarproduktes $\langle\cdot,\cdot\rangle = Q(\cdot,\cdot)$ auf $\mathcal{H}_1$.

Beweis: a) Nach Lemma VI.4 gilt $Q(u, v) = \langle u, Av\rangle_1$ mit einem selbstadjungierten Operator

$$A: \mathscr{H}_1 \to \mathscr{H}_1, \qquad c \leqslant A, \qquad A^{-1} \leqslant c^{-1}.$$

Es folgt

$$c\|u\|_1^2 \leqslant Q(u, u) \leqslant \|A\| \cdot \|u\|_1^2 \qquad \text{für alle} \qquad u \in \mathscr{H}_1.$$

Daher erklärt

$$(u, v) \to \langle u, v\rangle := Q(u, v)$$

ein zu $\langle\cdot, \cdot\rangle_1$ äquivalentes Skalarprodukt auf $\mathscr{H}_1$.

b) Identifizieren wir $\mathscr{H}_2$ mit seinem Dualraum $\mathscr{H}'_2$, so besagt Korollar VI.6: Zu jedem $\xi \in \mathscr{H}_2$ gibt es genau ein $u_\xi \in \mathscr{H}_1$, so daß $Q(u_\xi, v) = \langle \xi, i(v)\rangle_2$ für alle $v \in \mathscr{H}_1$ gilt. Durch

$$B\xi := u_\xi, \qquad \xi \in \mathscr{H}_2,$$

ist also eine Abbildung

$$B: \mathscr{H}_2 \to \mathscr{H}_1$$

wohldefiniert. Die Relationen

$$\langle B\xi, v\rangle = Q(B\xi, v) = \langle \xi, i(v)\rangle_2$$

und

$$\langle B\xi, v\rangle_1 = \langle \xi, A^{-1}v\rangle_2, \qquad \forall v \in \mathscr{H}_1$$

implizieren, daß B ein injektiver stetiger linearer Operator von $\mathscr{H}_2$ in $\mathscr{H}_1$ ist.

c) Da die identische Einbettung $i: \mathscr{H}_1 \to \mathscr{H}_2$ kompakt ist, ist

$$C = B \circ i: \mathscr{H}_1 \to \mathscr{H}_1$$

ein stetiger kompakter Operator auf $(\mathscr{H}_1, \langle\cdot, \cdot\rangle)$. C ist auch selbstadjungiert und positiv, denn

$$\langle Cu, v\rangle = \langle i(u), i(v)\rangle_2 = \langle u, Cv\rangle.$$

Mit B ist auch C injektiv, denn $\mathscr{H}_1$ liegt dicht in $\mathscr{H}_2$. Satz VI.1 liefert daher: Es gibt eine Orthonormalbasis $\{v_m\}_{m\in\mathbb{N}}$ von $(\mathscr{H}_1, \langle\cdot, \cdot\rangle)$ und eine Zahlenfolge

$$(\mu_m)_{m\in\mathbb{N}} \quad \text{mit} \quad \mu_m \leqslant \mu_{m-1}, \quad \mu_m \underset{m\to\infty}{\to} 0 \quad \text{und} \quad Cv_m = \mu_m v_m \quad \text{für alle} \quad m \in \mathbb{N}.$$

Es folgt: Die Zahlenfolge $\lambda_m = 1/\mu_m$ erfüllt

$$\lambda_m \underset{m\to\infty}{\to} +\infty \qquad \text{und} \qquad \lambda_m \leqslant \lambda_{m+1}, \qquad \forall m \in \mathbb{N}.$$

Für die Vektoren $e_m := \lambda_m^{1/2} v_m \in \mathscr{H}_1$ ergibt sich

$$Q(e_m, v) = \langle e_m, v\rangle = \lambda_m \langle Ce_m, v\rangle = \lambda_m \langle i(e_m), i(v)\rangle_2$$

und damit

$$\langle e_n, e_m\rangle_2 = \langle i(e_n), i(e_m)\rangle_2 = \langle v_n, v_m\rangle = \delta_{nm}.$$

Also ist $\{e_m\}_{m\in\mathbb{N}} \subset \mathscr{H}_1$ ein Orthonormalsystem von $\mathscr{H}_2$ aus „Eigenvektoren" von Q. Da $\{v_m\}_{m\in\mathbb{N}}$ eine Orthonormalbasis von $(\mathscr{H}_1, \langle\cdot,\cdot\rangle)$ ist, ergibt sich aus $f\in\mathscr{H}_1 \cap \{e_n \mid n\in\mathbb{N}\}^\perp$

$$0 = \langle i(e_n), i(f)\rangle_2 = \lambda_n^{-1/2}\langle v_n, f\rangle, \qquad \forall n\in\mathbb{N}$$

und so $f = 0$. Da $\mathscr{H}_1$ in $\mathscr{H}_2$ dicht liegt, ist das System $\{e_m\}$, $m\in\mathbb{N}$, auch vollständig in $\mathscr{H}_2$.

VI.4 Das Spektrum elliptischer Differentialoperatoren in einem beschränkten Gebiet. Einige Probleme der klassischen Potentialtheorie

Die Lösung des Eigenwertproblems (6.2) für den Differentialoperator (6.1) in der variationstheoretischen Form (6.6) wird unter Benutzung der abstrakten Resultate des letzten Unterabschnittes recht einfach. Die Lösung unseres ursprünglichen Problems ergibt sich als Spezialfall der Lösung des Theorems VI.7 der allgemeinen Eigenwert-Aufgabe (E).

Theorem VI.8: *Es sei $\Omega \subset \mathbb{R}^n$ eine lichtleere, offene und beschränkte Menge mit einem hinreichend glatten Rand $\Gamma = \partial\Omega$. Dann besitzt die Eigenwert-Aufgabe*

$$Au = a_0 u - \sum_{i,j=1}^{n} \partial_j(a_{ij}\partial_i u) = \lambda u, \qquad u\restriction\Gamma = 0$$

unter Voraussetzung der Elliptizitätsbedingung (6.7) *eine monoton wachsende Folge von Eigenwerten λ_j:*

$$0 < \lambda_1 \leqslant \lambda_2 \leqslant \cdots, \qquad \lambda_j \underset{j\to\infty}{\to} +\infty$$

und eine Folge $\{e_j\}_{j\in\mathbb{N}} \subset H_0^1(\Omega)$ von Eigenvektoren e_j in $H_0^1(\Omega)$, welche eine Orthonormalbasis von $L^2(\Omega)$ bilden. $\{\lambda_j^{1/2} e_j \mid j\in\mathbb{N}\}$ ist eine Orthonormalbasis von $H_0^1(\Omega)$ bezüglich des Skalarproduktes $\langle\cdot,\cdot\rangle = Q(\cdot,\cdot)$. Die Eigenwerte lassen sich mit Hilfe des Minimax-Prinzips berechnen:

$$\lambda_m = \min_{E_m\in\mathscr{E}_m} \max_{v\in E_m} \frac{Q(v,v)}{\|v\|_2^2}$$

($\mathscr{E}_m$ = Familie aller m-dimensionalen Teilräume von $H_0^1(\Omega)$),

$$Q(u,v) = \langle u, a_0 v\rangle_2 + \sum_{i,j=1}^{n} \langle \partial_i u, a_{ij}\partial_j v\rangle_2. \tag{6.14}$$

Beweis: Wir zeigen, daß in der obigen Situation die Hypothesen von Theorem VI.7 erfüllt sind. Gemäß Anhang 4 liegt $\mathscr{H}_1 = H_0^1(\Omega)$ dicht in $\mathscr{H}_2 = L^2(\Omega)$, und die identische Einbettung $i: \mathscr{H}_1 \to \mathscr{H}_2$ ist kompakt. Die Hypothese (6.7) garantiert, daß durch die Formel (6.14) eine stetige, symmetrische und koerzitive Bilinearform Q auf $\mathscr{H}_1 = H_0^1(\Omega)$ erklärt ist. Schließlich zeigen wir, daß die Eigenwerte gemäß dem Minimax-Prinzip berechnet werden können. Auf Grund des Beweises von Theorem VI.7 ist das zunächst für die Eigenwerte μ_m des durch $C = B\circ i$, $Q(Bu, v) = \langle u, i(v)\rangle_2$ für alle $u\in\mathscr{H}_2$ und alle $v\in\mathscr{H}_1$, erklärten kompakten selbstadjungierten Operators $C \geqslant 0$ auf $\mathscr{H}_1$ klar. Die gesuchten Eigenwerte

λ_m von A sind durch (6.6b) charakterisiert und gemäß $\lambda_m = 1/\mu_m$ zu berechnen, woraus die Behauptung folgt.

Bemerkung: Theorem VI.8 bestimmt unter anderem das Spektrum des Laplace-operators $(a_0 = 0, a_{ij} = \delta_{ij})$ mit Dirichlet-Randbedingungen auf offenen beschränkten Mengen mit hinreichend glattem Rand.

Abschließend diskutieren wir die variationstheoretische Lösung einiger einfacher linearer Randwertprobleme, welche in ihrer einfachsten Form in der klassischen Potentialtheorie eine große Rolle gespielt haben. Der abstrakte Lösungsweg dieser Probleme ist durch Theorem VI.5 bzw. Korollar VI.6 vorgezeichnet. Unter den Voraussetzungen des Unterabschnitts VI.2 betrachten wir einen Differentialoperator A der Form (6.1) über einer offenen glatt berandeten Menge $\Omega \subset \mathbb{R}^n$. Für eine gegebene Funktion $f: \Omega \to \mathbb{R}$ soll das folgende Problem gelöst werden:

Bestimme eine Funktion $u: \bar{\Omega} \to \mathbb{R}$ derart, daß

$$\text{(i)} \qquad Au = a_0 u - \sum_{j=1}^{n} \partial_j \left(\sum_{i=1}^{n} a_{ji} \partial_i u \right) = f \qquad \text{in } \Omega$$

und (6.15)

$$\text{(ii)} \qquad u \restriction \partial\Omega = 0$$

gilt.

Die variationstheoretische Formulierung und Präzisierung dieses Problems lautet infolge unserer Überlegungen von Abschnitt VI.2 in geringfügiger Verallgemeinerung:

Zu gegebenem $T \in H_0^1(\Omega)'$ bestimme $u_T \in H_0^1(\Omega)$ derart, daß

$$Q(u_T, v) = T(v) \qquad \text{für alle} \qquad v \in H_0^1(\Omega)$$

gilt. Dabei ist Q durch (6.15′)

$$Q(u, v) = \langle u, a_0 v \rangle_2 + \sum_{i,j=1}^{n} \langle \partial_i u, a_{ij} \partial_j v \rangle_2, \qquad u, v \in H_0^1(\Omega)$$

erklärt.

Die Randbedingung $u \restriction \partial\Omega = 0$ wird hier wieder einfach durch Festlegung des Raumes potentieller Lösungen erfüllt (vergleiche Anhang 4). In der Version (6.15′) hat das Problem (6.15) stets eine Lösung:

Theorem VI.9: *Es sei $\Omega \subset \mathbb{R}^n$ eine offene, beschränkte und glatt berandete Menge und A ein linearer Differentialoperator in Divergenzform, welcher die Elliptizitätsbedingung (6.7) erfüllt. Dann gilt: Zu jeder stetigen Linearform T auf $H_0^1(\Omega)$ gibt es genau ein $u_T \in H_0^1(\Omega)$, so daß*

$$Q(u_T, v) = T(v) \qquad \textit{für alle} \qquad v \in H_0^1(\Omega)$$

gilt. Die Abbildung $T \to u_T$ von $(H_0^1(\Omega))'$ in $H_0^1(\Omega)$ ist linear, stetig und bijektiv. u_T ist der minimierende Punkt des Funktionals

$$E_T(v) = \tfrac{1}{2} Q(v, v) - T(v)$$

auf $H_0^1(\Omega)$, *das heißt*

$$E_T(u_T) = \inf\{E_T(v) \mid v \in H_0^1(\Omega)\}.$$

Beweis: Infolge der Beschränktheit von Ω impliziert die Elliptizitätsbedingung (6.7) wie oben, daß die symmetrische Bilinearform Q auf dem Hilbert-Raum $\mathscr{H} = H_0^1(\Omega)$ wohldefiniert, stetig und (strikt) koerzitiv ist. Wenden wir nun Theorem VI.5 für $\mathscr{H} = E = H_0^1(\Omega)$ an, so folgt sogleich der 1. Teil der Behauptung. In der Bezeichnungsweise des Beweises von Theorem VI.5 gilt $u_T = A^{-1}JT$, was den 2. Teil der Behauptung zeigt, denn J ist hier der kanonische Isomorphismus des Dualraumes $\mathscr{H}'$ auf $\mathscr{H}$. Die Identität

$$E_T(u_T + h) = E_T(u_T) + Q(u_T, h) - T(h) + \tfrac{1}{2}Q(h,h) = E_T(u_T) + \tfrac{1}{2}Q(h,h)$$

zeigt sofort, daß der kritische Punkt u_T in der Tat ein minimierender Punkt von E_T ist.

Bemerkung: Dieser Satz läßt sich auch auf den Fall unbeschränkter Gebiete erweitern, falls sich die Koerzitivität von Q auf $H_0^1(\Omega)$ ohne Benutzung der Poincaré-Ungleichung infolge stärkerer Hypothesen an „A“ begründen läßt. Ebenso kann man auf die Voraussetzung der „Glattheit“ des Randes von Ω verzichten, auch wenn dann die Interpretation der Randbedingung nicht mehr sehr klar ist.

Im Falle $n = 3$ und $Au = -\Delta u$ besagt Theorem VI.9 gerade die eindeutige Lösbarkeit des *klassischen Poisson-Problems*. Die eindeutige Lösbarkeit dieses Problems ist bekanntlich [VI.1] äquivalent zur eindeutigen Lösbarkeit des *klassischen Dirichlet-Problems*: „Bestimme eine Funktion $u: \bar{\Omega} \to \mathbb{R}$ so, daß $-\Delta u = 0$ in Ω und $u \restriction \partial\Omega = \sigma$ für eine vorgegebene „Flächenladung“ $\sigma: \partial\Omega \to \mathbb{R}$ gilt.“ Schließlich ist die eindeutige Lösbarkeit dieser Probleme noch äquivalent zur *Existenz* genau *einer Greenfunktion* $G = G_\Omega^\Delta: \bar{\Omega} \times \bar{\Omega} \to \mathbb{R}$ für den Laplace-Operator Δ und das Gebiet Ω; das heißt für beliebige, aber feste $y \in \Omega$ hat die Funktion G die Bedingungen

(i) $$-\Delta_x G(x,y) = \delta(x-y)$$

und

(ii) $$G(x,y) = 0 \qquad \text{für alle} \qquad x \in \partial\Omega$$

zu erfüllen. Somit kann Theorem VI.9 (auch für den Fall allgemeinerer elliptischer Differentialoperatoren) benutzt werden, um die eindeutige Lösbarkeit des zugehörigen Dirichletproblems bzw. die Existenz einer Greenfunktion zu zeigen.

Bemerkung: Für $n = 1$ handelt es sich um Randwertprobleme für gewöhnliche Differentialgleichungen zweiter Ordnung. J. Sturm und sein Freund J. Liouville begannen 1836 als erste mit der systematischen Untersuchung solcher Probleme, welche heute als *Sturm-Liouvillesche Randwertaufgaben* bezeichnet werden. Einzelheiten dazu findet man z. B. in [R. Courant und D. Hilbert, III.1, J. P. Aubin, VI.8].

VI.5 Die variationstheoretische Lösung parabolischer Differentialgleichungen. Die Wärmeleitungsgleichung. Die Stokes-Gleichungen

Wie wir im letzten Abschnitt gesehen haben, lassen sich elliptische Rand- und Eigenwert-Probleme relativ einfach mit Methoden der Variationsrechnung lösen. In diesem Unterabschnitt wollen wir zeigen, daß man diese Methoden auch verwenden kann, um parabolische Differentialgleichungen mit Hilfe der Variationsrechnung zu lösen. Dazu besprechen wir zwei konkrete Probleme (die Wärmeleitungsgleichung und die Stokes-Gleichungen der Hydrodynamik) genauer, um eine Motivation und Illustration für einen allgemeinen Rahmen zur variationstheoretischen Lösung parabolischer Differentialgleichungen zu haben. Eine weitergehende Behandlung dieser Probleme findet man z. B. in [J. L. Lions, E. Magenes „Problèmes aux limites non homogénes et applications", Dunod 1968, und R. Temam „Navier-Stokes Equations", North-Holland, 1977].

In der Physik werden parabolische Differentialgleichungen vorzugsweise zur Beschreibung der Zeitentwicklung von Systemen benutzt. Ein einfaches und nicht untypisches Beispiel ist die Wärmeleitungsgleichung, welche für homogene und isotrope Medien in bequemen Einheiten die Form

$$\text{(W)}\quad \begin{cases} \dfrac{\partial u}{\partial t}(t,x) - \Delta_x u(t,x) = f(t,x), & (t,x)\in(0,T)\times\Omega\subset\mathbb{R}^4 \qquad (6.16a)\\[2ex] u(0,x) = u_0(x), & x\in\Omega\subset\mathbb{R}^3 \qquad (6.16b)\\[1ex] u(t,x) = 0, & x\in\partial\Omega,\ t\in[0,T] \qquad (6.16c)\end{cases}$$

annimmt.

Das Problem (W) besteht dann darin, bei vorgegebener Wärmequelle f und vorgegebener Anfangsverteilung u_0 der Temperatur die zeitliche Entwicklung $t\to u(t,\cdot)$ der Temperaturverteilung in Ω so zu bestimmen, daß die Temperatur auf dem Rand $\partial\Omega$ von Ω konstant (gleich Null) bleibt. Dieses Problem ist also in bezug auf die zeitliche Entwicklung ein Anfangswertproblem gemäß (6.16b) und bezüglich der räumlichen Koordinaten gemäß (6.16c) ein Randwertproblem für die Lösung einer inhomogenen linearen partiellen Differentialgleichung.

Randwertprobleme von der Art (6.16c) haben wir bereits zu behandeln gelernt: Wir erfüllen (6.16c) „automatisch", wenn wir als Lösungen von (6.16a) „Funktionen" $[0,T]\in t\to u_t$ mit Werten im Sobolevraum $H_0^1(\Omega)$ suchen. (Das setzt natürlich voraus, daß auch die Anfangsbedingung zum Sobolevraum $H_0^1(\Omega)$ gehört). Wie früher können wir das Bestehen der Differentialgleichung (6.16a) durch Gleichungen der Form

$$\frac{d}{dt}\langle u_t,v\rangle_2 + Q(u_t,v) = \langle f_t,v\rangle_2, \qquad \forall v\in H_0^1(\Omega), \qquad 0\leqslant t\leqslant T \tag{6.17}$$

ausdrücken, wenn wir wie früher setzen

$$\langle f_t,v\rangle_2 = \int_\Omega f(t,x)v(x)\,d^3x,$$

$$Q(u_t, v) = \int_\Omega \nabla_x u(t,x) \cdot \nabla_x v(x)\, d^3x = \langle \nabla u_t, \nabla v \rangle_2. \tag{6.17'}$$

Wenn umgekehrt $t \to u_t$ eine Lösung von (6.17) mit $u_{t=0} = u_0$ ist, so ist $(t, x) \to u_t(x)$ auch eine schwache Lösung von (6.16a), welche die richtigen Rand- und Anfangsbedingungen (6.16c) und (6.16b) erfüllt.

Die Strategie, welche zur Lösung von (6.17) führt, läßt sich ohne größeren Aufwand verallgemeinern. Wir besprechen daher zunächst einen allgemeinen Rahmen für die Behandlung parabolischer Differentialgleichungen. Als Spezialfall desselben erhalten wir die Lösung von (6.17) und damit die schwache Lösung von (6.16).

A. Ein allgemeiner Rahmen für die variationstheoretische Lösung parabolischer Probleme

Der hier vorgestellte Rahmen ergibt sich als natürliche Verallgemeinerung der Ideen, welche zur Lösung des Dirichletschen Randwertproblems führten. Als Vorbereitung zur Formulierung dieses Rahmens dienen folgende Bezeichnungsweisen und Fakten.

Für einen Hilbert-Raum X mit dem Skalarprodukt $\langle \cdot, \cdot \rangle_X$ und der Norm $\| \cdot \|_X$ und einer positiven Zahl T bezeichnen wir mit $\mathscr{C}([0, T], X)$ den Raum aller stetigen Funktionen auf dem Intervall $[0, T]$ mit Werten in X. Versehen mit der Norm

$$\|v\|_{\mathscr{C}([0,T],X)} = \sup_{0 \leqslant t \leqslant T} \|v(t)\|_X$$

ist $\mathscr{C}([0, T], X)$ ein Banach-Raum. Entsprechend bezeichnet $L^2([0, T], X)$ den Raum aller (Äquivalenzklassen von) Lebesgue-meßbaren quadratintegrierbaren Funktionen auf $[0, T]$ mit Werten in X, das heißt Funktionen $[0, T] \to X$, für die

$$t \to \|v(t)\|_X$$

Lebesgue-meßbar ist und für die

$$\|v\|_{L^2([0,T],X)} = \left(\int_0^T \|v(t)\|_X^2 \, dt \right)^{1/2}$$

endlich ist. Für zwei solche Funktionen u und v folgt durch Polarisation, daß auch

$$t \to \langle u(t), v(t) \rangle_X$$

Lebesgue-meßbar und über $[0, T]$ integrierbar ist. Daher erklärt

$$\langle u, v \rangle_{L^2([0,T],X)} = \int_0^T \langle u(t), v(t) \rangle_X \, dt$$

auf $L^2([0, T], X)$ ein Skalarprodukt und macht diesen Raum zu einem Hilbert-Raum. Damit kommen wir zur Formulierung eines allgemeinen Rahmens für die variationstheoretische Lösung parabolischer Probleme:

Gegeben seien:

a) Zwei reelle Hilbert-Räume $\mathscr{H}_1$ und $\mathscr{H}_2$ mit folgenden Eigenschaften:
   i) $\mathscr{H}_1$ liegt dicht in $\mathscr{H}_2$.
   ii) Die identische Einbettung von $\mathscr{H}_1$ in $\mathscr{H}_2$ ist stetig.

Die Skalarprodukte bzw. Normen auf $\mathscr{H}_i, i = 1, 2$ werden mit $\langle \cdot, \cdot \rangle_i$ bzw. $\| \cdot \|_i$ bezeichnet.

b) Eine stetige Bilinearform Q auf $\mathscr{H}_1$.
c) Eine „Anfangsbedingung" $u_0 \in \mathscr{H}_2$.
d) Eine „äußere Kraft" $f \in L^2([0, T], \mathscr{H}_2)$.

Gesucht werden alle Funktionen u mit folgenden Eigenschaften:

α) $u \in \mathscr{C}([0, T], \mathscr{H}_2) \cap L^2([0, T], \mathscr{H}_1)$.
β) $u(0) = u_0$.
γ) Für alle $v \in \mathscr{H}_1$ gilt im Sinne von Distributionen auf $(0, T)$:

$$\frac{d}{dt} \langle u(t), v \rangle_2 + Q(u(t), v) = \langle f(t), v \rangle_2. \tag{6.18}$$

Bemerkung: Die Einschränkung, Lösungen in $\mathscr{C}([0, T], \mathscr{H}_2)$ zu suchen, erlaubt es, die Anfangsbedingung β) zu formulieren. Die Voraussetzungen, daß u zu $L^2([0, T], \mathscr{H}_1)$ gehören soll und daß $\mathscr{H}_1$ stetig in $\mathscr{H}_2$ eingebettet ist, implizieren, daß die Gleichung γ) in $\mathscr{D}'((0, T))$ sinnvoll ist.

In der Umformulierung (6.17) und (6.17') paßt das Problem der Wärmeleitung (6.16) in diesen Rahmen. Dazu hat man nur $\mathscr{H}_1 = H_0^1(\Omega)$ und $\mathscr{H}_2 = L^2(\Omega)$ zu setzen. Die Bedingung $f \in L^2([0, T], \mathscr{H}_2)$ ist dann als Präzisierung unserer Voraussetzungen anzusehen.

In der obigen Version mit seinen schwachen Voraussetzungen wird man nur wenig über die Lösbarkeit des allgemeinen parabolischen Problems, wie es durch die Bedingungen a) bis γ) festgelegt ist, aussagen können. Benutzen wir jedoch dieselben Voraussetzungen wie bei der Behandlung allgemeiner elliptischer Randwertprobleme, so resultiert das folgende nützliche und ziemlich allgemeine Theorem.

Theorem VI.10: *Das durch* a) *bis* γ) *bestimmte allgemeine parabolische Problem besitzt unter folgenden Hypothesen*

(*E*) *Die Bilinearform Q ist auf $\mathscr{H}_1$ strikt koerzitiv, das heißt es gibt eine positive Zahl α, so daß $Q(v, v) \geqslant \alpha \|v\|_1^2, \forall v \in \mathscr{H}_1$ gilt.*
(*K*) *Die identische Einbettung $i: \mathscr{H}_1 \to \mathscr{H}_2$ ist kompakt.*
(*S*) *Die Bilinearform Q ist symmetrisch*

stets genau eine Lösung.

Beweis: a) Gemäß Theorem VI.7 wissen wir unter obigen Voraussetzungen: Es gibt eine wachsende Folge $\{\lambda_i\}_{i \in \mathbb{N}}$ von Eigenwerten

$$0 < \lambda_1 \leqslant \lambda_2 \leqslant \cdots, \qquad \lambda_i \underset{i \to \infty}{\to} +\infty$$

von Q und eine Orthonormalbasis $\{w_i\}_{i\in\mathbb{N}}$ von $\mathscr{H}_2$, deren Elemente w_i alle in $\mathscr{H}_1$ liegen, so daß

$$Q(v, w_i) = \lambda_i\langle v, w_i\rangle_2, \qquad \forall v\in\mathscr{H}_1, \qquad \forall i\in\mathbb{N}\ .$$

gilt. Darüber hinaus ist $v_i = \lambda_i^{1/2}w_i$ eine Orthonormalbasis von $\mathscr{H}_1$ bezüglich des Skalarproduktes $\langle\cdot,\cdot\rangle = Q(\cdot,\cdot)$.

b) Statt der einen gesuchten Funktion $u\in L^2([0,T],\mathscr{H}_1)\cap\mathscr{C}([0,T],\mathscr{H}_2)$, welche β) und γ) erfüllt, bestimmen wir zunächst alle Komponenten

$$u_i(t) = \langle w_i, u(t)\rangle_2, \qquad i = 1,2,\ldots$$

dieser Funktion bezüglich der Orthonormalbasis $\{w_i\}$ von $\mathscr{H}_2$.

Diese Komponenten u_i haben gemäß $\alpha)-\gamma$) folgende Bedingungen zu erfüllen:

$$\alpha') \qquad u_i\in\mathscr{C}([0,T],\mathbb{R}), \qquad \sum_{i=1}^{\infty}\int_0^T |u_i(t)|^2\,dt < \infty.$$

$$\beta') \qquad u_i(0) = u_i^0 = \langle w_i, u_0\rangle_2.$$

$$\gamma') \qquad \frac{d}{dt}u_i(t) + \lambda_i u_i(t) = f_i(t) = \langle w_i, f(t)\rangle_2.$$

Dabei ergibt sich γ') aus

$$Q(w_i, u(t)) = \lambda_i\langle w_i, u(t)\rangle_2.$$

Dieses Problem ist aber leicht und eindeutig lösbar durch

$$u_i(t) = \exp(-\lambda_i t)\,u_i^0 + \int_0^t f_i(\tau)\exp[-\lambda_i(t-\tau)]\,d\tau$$

$$\equiv x_i(t) + y_i(t), \qquad 0\leqslant t\leqslant T, \qquad i = 1,2,\ldots.$$

$x_i(t) = \exp(-\lambda_i t)\,u_i^0$ ist beliebig oft differenzierbar, $y_i(t)$ ist absolut stetig; damit löst u_i die Differentialgleichung γ') sicher im Sinne von L^1-Funktionen. Die Anfangsbedingungen β') und $u_i\in\mathscr{C}([0,T],\mathbb{R})$ sind klar. Ferner gelten folgende Abschätzungen für $0\leqslant t\leqslant T$

$$|x_i(t)|\leqslant|u_i^0|, \qquad \lambda_i\int_0^T|x_i(t)|^2\,dt < \tfrac{1}{2}|u_i^0|^2,$$

$$|y_i(t)| = \left|\int_0^t f_i(\tau)\exp[-\lambda_i(t-\tau)]\,d\tau\right| \leqslant \left\{\int_0^T|f_i(\tau)|^2\,d\tau\,\frac{1-\exp(-2\lambda_i t)}{2\lambda_i}\right\}^{1/2},$$

$$\lambda_i\int_0^T|y_i(t)|^2\,dt\leqslant T\int_0^T|f_i(t)|^2\,dt.$$

Es folgt

$$\sum_{i=1}^{\infty} \lambda_i \int_0^T |x_i(t)|^2 \, dt \leqslant \frac{1}{2} \sum_{i=1}^{\infty} |u_i^0|^2 = \frac{1}{2} \|u_0\|_2^2$$

und

$$\sum_{i=1}^{\infty} \lambda_i \int_0^T |y_i(t)|^2 \, dt \leqslant T \sum_{i=1}^{\infty} \int_0^T |f_i(t)|^2 \, dt = T \cdot \|f\|^2_{L^2([0,T],\mathscr{H}_2)}$$

und daher gemäß a) sicher auch

$$\sum_{i=1}^{\infty} \int_0^T |u_i(t)|^2 \, dt < \infty,$$

so daß

$$t \to u(t) := \sum_{i=1}^{\infty} u_i(t) w_i \in L^2([0,T],\mathscr{H}_2)$$

folgt. Es ergibt sich auch, daß

$$t \to \sum_{i=1}^{\infty} \lambda_i u_i(t) w_i \in L^2([0,T],\mathscr{H}_2)$$

gilt.

c) Wir hatten in b) bereits

$$u = \lim_{n \to \infty} S_n \qquad \text{in} \qquad L^2([0,T],\mathscr{H}_2)$$

mit

$$S_n(\,\cdot\,) = \sum_{i=1}^{n} u_i(\,\cdot\,) w_i \in \mathscr{C}([0,T],\mathscr{H}_1) \subseteq \mathscr{C}([0,T],\mathscr{H}_2)$$

gezeigt. Die in b) für $x_i(t)$ und $y_i(t)$ angegebenen Abschätzungen ergeben leicht, daß $(S_n)_{n \in \mathbb{N}}$ eine Cauchy-Folge in $\mathscr{C}([0,T],\mathscr{H}_2)$ ist. Folglich gibt es ein eindeutig bestimmtes Element $u^2 \in \mathscr{C}([0,T],\mathscr{H}_2)$ mit

$$u^2 = \lim_{n \to \infty} S_n \qquad \text{in} \qquad \mathscr{C}([0,T],\mathscr{H}_2).$$

Nun gilt für alle $v \in \mathscr{C}([0,T],\mathscr{H}_2)$

$$\|v\|_{L^2([0,T],\mathscr{H}_2)} \leqslant T^{1/2} \|v\|_{\mathscr{C}([0,T],\mathscr{H}_2)},$$

und somit folgt für alle $n \in \mathbb{N}$

$$\begin{aligned} \|u^2 - u\|_{L^2([0,T],\mathscr{H}_2)} &\leqslant \|u^2 - S_n\|_{L^2([0,T],\mathscr{H}_2)} + \|S_n - u\|_{L^2([0,T],\mathscr{H}_2)} \\ &\leqslant T^{1/2} \|u^2 - S_n\|_{\mathscr{C}([0,T],\mathscr{H}_2)} + \|S_n - u\|_{L^2([0,T],\mathscr{H}_2)} \end{aligned}$$

und daher

$$u^2 = u \quad \text{in} \quad L^2([0, T], \mathscr{H}_2),$$

das heißt

$$u \in \mathscr{C}([0, T], \mathscr{H}_2).$$

d) Ähnlich zeigen wir, daß auch $u \in L^2([0, T], \mathscr{H}_1)$ gilt. Um zu zeigen, daß die Folge $(S_n)_{n \in \mathbb{N}}$ in $L^2([0, T], \mathscr{H}_1)$ eine Cauchy-Folge ist, haben wir die Koerzitivität von Q und die Tatsache, daß $(w_i/\lambda_i^{1/2})_{i \in \mathbb{N}}$ eine Orthonormalbasis von $\mathscr{H}_1$ bezüglich $Q(\cdot, \cdot)$ ist, zu benutzen: Für $n > m$ folgt so

$$\begin{aligned} \|S_n - S_m\|^2_{L^2([0,T],\mathscr{H}_1)} &= \int_0^T \left\| \sum_{i=m+1}^n u_i(t) w_i \right\|^2_{\mathscr{H}_1} dt \\ &\leqslant \int_0^T \frac{1}{\alpha} Q\left(\sum_{i=m+1}^n u_i(t) w_i, \sum_{i=m+1}^n u_i(t) w_i \right) dt \\ &= \frac{1}{\alpha} \sum_{i=m+1}^n \lambda_i \int_0^T |u_i(t)|^2 \, dt \\ &\leqslant \frac{2}{\alpha} \sum_{i=m+1}^n \lambda_i \int_0^T \{|x_i(t)|^2 + |y_i(t)|^2\} \, dt. \end{aligned}$$

Die in b) bewiesenen Abschätzungen zeigen also, daß $(S_n)_{n \in \mathbb{N}}$ auch in $L^2([0, T], \mathscr{H}_1)$ eine Cauchy-Folge ist. Es gibt also ein eindeutig bestimmtes Element $u^1 \in L^2([0, T], \mathscr{H}_1)$ mit

$$u^1 = \lim_{n \to \infty} S_n \quad \text{in} \quad L^2([0, T], \mathscr{H}_1).$$

Da $\mathscr{H}_1$ stetig in $\mathscr{H}_2$ eingebettet ist, gibt es eine Konstante $c > 0$, so daß $\|v\|_{\mathscr{H}_2} \leqslant c\|v\|_{\mathscr{H}_1}$, $\forall v \in \mathscr{H}_1$ gilt. Es folgt

$$\|v\|_{L([0,T],\mathscr{H}_2)} \leqslant c\|v\|_{L^2([0,T],\mathscr{H}_1)}$$

für alle $v \in L^2([0, T], \mathscr{H}_1)$ und damit für alle $n \in \mathbb{N}$

$$\begin{aligned} \|u^1 - u\|_{L^2([0,T],\mathscr{H}_2)} &< \|u^1 - S_n\|_{L^2([0,T],\mathscr{H}_2)} + \|S_n - u\|_{L^2([0,T],\mathscr{H}_2)} \\ &\leqslant c\|u^1 - S_n\|_{L^2([0,T],\mathscr{H}_1)} + \|S_n - u\|_{L^2([0,T],\mathscr{H}_2)}, \end{aligned}$$

mithin $u^1 = u$ in $L^2([0, T], \mathscr{H}_1)$, das heißt u gehört auch zu $L^2([0, T], \mathscr{H}_1)$.

Mit c) ergibt sich

$$u \in \mathscr{C}([0, T], \mathscr{H}_2) \cap L^2([0, T], \mathscr{H}_1) \subset L^2([0, T], \mathscr{H}_2).$$

e) Da $y_i(0) = 0$ und $x_i(0) = u_i^0, \forall i \in \mathbb{N}$ gilt, folgt sogleich, daß $u(t) = \sum_{i=1}^\infty u_i(t) w_i$ die Anfangsbedingung erfüllt. Es bleibt somit die Gültigkeit der Differentialgleichung γ) nachzuweisen. Die u_i lösen die Gl. (6.8′) in $\mathscr{D}'((0,T))$, das heißt $\forall \varphi \in \mathscr{D}((0,T))$ gilt

$$\int_0^T \{-\varphi'(t)u_i(t) + \lambda_i u_i(x)\varphi(t)\}\,dt = \int_0^T \varphi(t)f_i(t)\,dt.$$

Für beliebige $v \in \mathscr{H}_1$ und alle $N \in \mathbb{N}$ folgt

$$\int_0^T \varphi(t) \sum_{i=1}^N \langle v, w_i\rangle_2 f_i(t)\,dt$$

$$= \int_0^T \{-\varphi'(t) \sum_{i=1}^N \langle v, w_i\rangle_2 u_i(t) + \sum_{i=1}^N \lambda_i \langle v, w_i\rangle_2 u_i(t)\varphi(t)\}\,dt$$

$$= \int_0^T \{-\varphi'(t) \sum_{i=1}^N \langle v, w_i\rangle_2 u_i(t) + Q(v, \sum_{i=1}^N u_i(t)w_i)\,\varphi(t)\}\,dt.$$

Da $\{w_i\}_{i\in\mathbb{N}}$ eine Orthonormalbasis von $\mathscr{H}_2$ ist, konvergiert $\sum_{i=1}^N \langle v, w_i\rangle_2 f_i(t)$ in $L^2([0,T])$ gegen $\langle v, f(t)\rangle_2$. Da $\sum_{i=1}^N u_i(\cdot)w_i$ in $L^2([0,T], \mathscr{H}_1)$ und in $L^2([0,T], \mathscr{H}_2)$ gegen $u(\cdot)$ konvergiert, konvergiert $\sum_{i=1}^N \langle v, w_i\rangle_2 u_i(\cdot)$ in $L^2([0,T])$ gegen $\langle v, u(\cdot)\rangle_2$ und $Q(v, \sum_{i=1}^N u_i(\cdot)w_i)$ in $L^2([0,T])$ gegen $Q(v, u(\cdot))$, weil Q auf $\mathscr{H}_1$ stetig ist. Damit können wir in obiger Gleichung zum Limes $N \to \infty$ übergehen und erhalten

$$\int_0^T \{-\varphi'(t)\langle v, u(t)\rangle_2 + Q(v, u(t))\}\,dt = \int_0^T \varphi(t)\langle v, f(t)\rangle_2\,dt,$$

das heißt die Differentialgleichung γ).

Die Eindeutigkeit von u ergibt sich aus der Eindeutigkeit der Komponenten u_i bezüglich der Orthonormalbasis $\{w_i\}_{i\in\mathbb{N}}$ von $\mathscr{H}_2$. Somit ist Theorem VI.10 bewiesen.

B. Die Wärmeleitungsgleichung

In ihrer variationstheoretischen Form (6.17) und (6.17′) läßt sich die Wärmeleitungsgleichung (6.16) nun recht einfach lösen.

Satz VI.11: *Es sei $\Omega \subset \mathbb{R}^3$ eine offene, beschränkte und glatt berandete Menge. Dann besitzt das Problem der Wärmeleitung (6.16) zu allen Anfangsbedingungen $u_0 \in H_0^1(\Omega)$ und für alle „Wärmequellen“ $f \in L^2([0,T], L^2(\Omega))$ genau eine Lösung*

$$u = u_{f,u_0} \in \mathscr{C}([0,T],\ L^2(\Omega)) \cap L^2([0,T], H_0^1(\Omega)),$$

und diese ist in der Spektraldarstellung des Laplace-Operators in Ω mit Dirichletschen

Randbedingungen durch

$$u(t) = \sum_{i=1}^{\infty} \{\exp(-\lambda_i t) \langle w_i, u_0 \rangle_{L^2(\Omega)} + \int_0^t \exp[-\lambda_i(t-\tau)] \langle w_i, f(t) \rangle_{L^2(\Omega)}\} w_i$$

gegeben, wenn $(-\lambda_i, w_i)_{i \in \mathbb{N}}$ *Eigenwerte und Eigenfunktionen des Laplaceoperators* Δ_3^D *mit Dirichletschen Randbedingungen sind.*

Beweis: Im Anhang über Sobolev-Räume wird begründet, daß $\mathscr{H}_1 = H_0^1(\Omega)$ unter den angegebenen Voraussetzungen kompakt und dicht in $\mathscr{H}_2 = L^2(\Omega)$ eingebettet ist. $Q(u, v) = \langle \nabla u, \nabla v \rangle_{L^2(\Omega)}$ ist offensichtlich eine stetige und symmetrische Bilinearform auf $H_0^1(\Omega)$ (wir betrachten reellwertige Funktionen), und gemäß früheren Überlegungen (Abschnitt VI.2/4) ist Q auch koerzitiv auf $\mathscr{H}_1$. Damit ist Theorem VI.10 anwendbar. In diesem Theorem sind λ_i und w_i Eigenwerte und Eigenfunktionen der Bilinearform Q:

$$Q(v, w_i) = \lambda_i \langle v, w_i \rangle_{\mathscr{H}_2}, \qquad \forall v \in H_0^1(\Omega),$$

das heißt hier

$$\langle \nabla v, \nabla w_i \rangle_{L^2(\Omega)} = \lambda_i \langle v, w_i \rangle_{L^2(\Omega)}, \qquad \forall v \in H_0^1(\Omega), \qquad \text{mit} \qquad w_i \in H_0^1(\Omega).$$

Somit folgt Satz VI.11. •

Bemerkung: Formal werden die Gln. (6.16a) und (6.16b) durch

$$u(t, x) = \exp(t\Delta^D)\, u_0(x) + \int_0^t \exp[(t-\tau)\Delta^D] f(\tau, x)\, d\tau$$

integriert. Dabei ist Δ^D der Laplace-Operator auf Ω mit Dirichletschen Randbedingungen. Durch eine genauere Untersuchung der von Δ^D erzeugten Halbgruppe $(\exp t\Delta^D)_{t \geq 0}$ von Operatoren in $L^2(\Omega)$ kann man der obigen formalen Lösung einen Sinn geben. Aber diese „Operator-Lösung" von (6.16a) und (6.16b) wird allerdings die Randbedingung (6.16c) bei beliebigen $f \in L^2([0, T], L^2(\Omega))$ nicht notwendigerweise erfüllen. Setzen wir für $\exp(t\Delta^D)$ die Spektraldarstellung

$$\exp(t\Delta^D) = \sum_{i=1}^{\infty} \exp(-\lambda_i t) |w_i\rangle \langle w_i|, \qquad w_i \in H_0^1(\Omega)$$

ein (welche in Satz VI.11 mit bewiesen wird), so ergibt sich aus der obigen Operator-Lösung die in Satz VI.11 angegebene Lösung.

C. Die Stokes-Gleichungen der Hydrodynamik

Als weitere Anwendung des allgemeinen Resultates von *A* wollen wir die Lösbarkeit der sogenannten Stokes-Gleichungen kurz besprechen. Gegeben sei ein beschränktes Gebiet $\Omega \subset \mathbb{R}^n$ mit „glattem" Rand $\Gamma = \partial\Omega$, ein n-Tupel $u_0 = (u_{0_1}, \ldots, u_{0_n})$ von Funktionen $u_{0_j}: \Omega \to \mathbb{R}$, ein n-Tupel $(f_1, \ldots, f_n)$ von Funktionen

$$f_j: \Omega_T \to \mathbb{R}, \qquad \Omega_T = (0, T) \times \Omega,$$

und eine positive Konstante μ. Gesucht werden ein n-Tupel $u = (u_1, \ldots, u_n)$ von Funktionen $u_j\colon \Omega_T \to \mathbb{R}$ und eine Funktion $p\colon \Omega_T \to \mathbb{R}$, welche das folgende Gleichungssystem lösen:

$$(S) \quad \begin{cases} \partial_t u - \mu\, \Delta u + \operatorname{grad} p = f & \text{in } \Omega_T, \\ \operatorname{div} u = 0 & \text{in } \Omega_T, \\ u = 0 & \text{auf } [0, T] \times \Gamma, \\ u(0, \cdot) = u_0(\cdot) & \text{in } \Omega. \end{cases}$$

Eine Lösung (u, p) des Gleichungssystems (S) ist das Geschwindigkeits- und Druckfeld einer inkompressiblen zähen Flüssigkeit (kinematische Viskosität μ) im Gebiet Ω während eines Zeitintervalls $[0, T]$, auf welche eine äußere Kraft mit der Dichte f wirkt. Dabei wird vorausgesetzt, daß die Geschwindigkeit u ebenso wie die Anfangsgeschwindigkeit u_0 nicht zu groß sind, die Bewegung der Flüssigkeit also hinreichend langsam verläuft, so daß das System (S) der Stokes-Gleichungen in der Tat als lineare Näherung der Navier-Stokes-Gleichungen

$$\partial_t u - \mu\, \Delta u + \sum_{i=1}^{n} u_i\, \partial_i u + \operatorname{grad} p = f \qquad \text{in } \Omega_T$$

mit derselben Nebenbedingung $\operatorname{div} u = 0$ in Ω_T und denselben Rand- und Anfangsbedingungen angesehen werden kann.

Eine ausführliche Behandlung der Stokes- und der Navier-Stokes-Gleichungen findet man in (R. Temam, Navier-Stokes Equations, North-Holland 1977). Um das Problem der Lösbarkeit der Stokes-Gleichungen im oben angegebenen allgemeinen Rahmen diskutieren zu können, sind zunächst dem Problem angemessene Hilbert-Räume $\mathscr{H}_1, \mathscr{H}_2$ und eine stetige symmetrische Bilinearform Q auf $\mathscr{H}_1$ zu definieren, und dann ist zu prüfen, ob die Voraussetzungen von Theorem VI.10 erfüllt sind.

Als naheliegende Wahl für $\mathscr{H}_1$ erscheint

$$\mathscr{H}_1 = \{v \in H_0^1(\Omega)^n \mid \operatorname{div} v = 0\}.$$

Durch diese Wahl von $\mathscr{H}_1$ werden die Randbedingungen und die Divergenzbedingungen der Stokes-Gleichungen automatisch in einem schwachen Sinne berücksichtigt. Damit die Hypothesen von Theorem VI.10 erfüllt werden können, ist der Hilbert-Raum $\mathscr{H}_2$ im wesentlichen festgelegt; es ist nämlich

$$\mathscr{H}_2 = \text{Abschluß von } \mathscr{H}_1 \text{ in } L^2(\Omega)^n$$

zu wählen. Dann ist $\mathscr{H}_1$ stetig und dicht in $\mathscr{H}_2$ eingebettet. Für die weitere Analyse benötigen wir eine genauere Charakterisierung von $\mathscr{H}_2$. Diese entnehmen wir (Temam):

Lemma: *Ist $\Omega \subset \mathbb{R}^n$ ein beschränktes Gebiet mit hinreichend glattem Rand*

$$\Gamma = \partial\Omega,$$

so gilt

$$\mathscr{H}_2 = \{u \in L^2(\Omega)^n \mid \operatorname{div} u = 0, \nu \cdot u \restriction \Gamma = 0\}.$$

Dabei ist ν der Normaleneinheitsvektor auf Γ.

Bezeichnet E den orthogonalen Projektor von $L^2(\Omega)^n$ auf den Unterraum $\mathscr{H}_2$, so folgt

$$\mathscr{H}_2 = EL^2(\Omega)^n \qquad \textit{und} \qquad \mathscr{H}_1 = EH_0^1(\Omega)^n.$$

Für beschränkte Gebiete Ω ist $H_0^1(\Omega)$ kompakt in $L^2(\Omega)$ eingebettet (Satz von Rellich); es folgt, daß auch $H_0^1(\Omega)^n$ kompakt in $L^2(\Omega)^n$ eingebettet ist.

Die obige Darstellung von $\mathscr{H}_1$ und $\mathscr{H}_2$ zeigt nun leicht, da das Produkt eines kompakten und eines beschränkten Operators wieder kompakt ist, daß auch $\mathscr{H}_1$ kompakt in $\mathscr{H}_2$ eingebettet ist. Als Bilinearform Q auf $\mathscr{H}_1$ bietet sich

$$Q(u, v) = \mu\langle \nabla u, \nabla v\rangle_{L^2(\Omega)^n}$$

an. Q ist offensichtlich symmetrisch und stetig auf $\mathscr{H}_1$. Gemäß früheren Überlegungen ist Q auch auf $\mathscr{H}_1$ koerzitiv. Damit kann Theorem VI.10 benutzt werden, und wir erhalten

Satz VI.12: *Für alle $f \in L^2([0, T], L^2(\Omega)^n)$ und alle $u_0 \in \mathscr{H}_2$ gibt es genau ein*

$$u = u_{f,u_0} \in \mathscr{C}([0, T], \mathscr{H}_2) \cap L^2([0, T], \mathscr{H}_1),$$

so daß für alle $v \in \mathscr{H}_1$

$$\partial_t\langle v, u(t)\rangle_{\mathscr{H}_2} + \mu\langle \nabla v, \nabla u(t)\rangle_{\mathscr{H}_2} = \langle v, f(t)\rangle_{L^2(\Omega)} \qquad \textit{in} \qquad \mathscr{D}'((0, T))$$

und $u(0) = u_0$ gilt.

Beweis: Für $v \in \mathscr{H}_1$ gilt $Ev = v$ und somit

$$\langle v, f(t)\rangle_{L^2(\Omega)^n} = \langle v, Ef(t)\rangle_{L^2(\Omega)^n} = \langle v, g(t)\rangle_{\mathscr{H}_2}$$

mit $g = Ef \in L^2([0, T], \mathscr{H}_2)$, so daß tatsächlich die Situation von Theorem VI.10 vorliegt.

Es bleibt zu klären, in welchem Sinne Satz VI.12 die Lösung der Stokes-Gleichungen (S) beschreibt. Da $\mathscr{D}(\Omega)^n$ nicht in $\mathscr{H}_1$ enthalten ist, erhalten wir nicht sogleich kanonisch die distributionentheoretische Deutung der Lösung. Gemäß Satz VI.12 ist

$$S = \partial_t u - \mu \Delta_x u - f$$

ein n-Tupel von Distributionen auf $\Omega_T = (0, T) \times \Omega$. Für alle $v \in \mathscr{D}(\Omega)^n$ mit $\operatorname{div} v = 0$, also $v \in \mathscr{H}_1$, und alle $\psi \in \mathscr{D}((0, T))$ folgt aus Satz VI.12:

$$\begin{aligned} S(\psi \otimes v) &= \int_0^T \psi(t)\{\partial_t\langle v, u(t)\rangle_{L^2(\Omega)^n} + \mu\langle \nabla v, \nabla u\rangle_{L^2(\Omega)^n} - \langle v, f(t)\rangle_{L^2(\Omega)^n}\}\, dt \\ &= 0. \end{aligned}$$

Unter Benutzung eines grundlegenden Resultates von G. de Rham (siehe Temam) folgt aus

$$S(\psi \otimes v) = 0, \qquad \forall v \in \mathscr{D}(\Omega)^n, \qquad \operatorname{div} v = 0, \qquad \forall \psi \in \mathscr{D}((0, T));$$

daß es eine Distribution $p \in \mathscr{D}'(\Omega_T)$ gibt, mit

$$S = -\operatorname{grad}_x p.$$

So folgt für die Lösung u von Satz VI.12:

$$\partial_t u - \mu \Delta_x u + \mathrm{grad}_x p = f \qquad \text{in } \mathscr{D}'(\Omega_T)^n,$$

das heißt dieser Satz liefert die Existenz und Eindeutigkeit einer Lösung $u \in L^2([0,T], \mathscr{H}_1) \cap \mathscr{C}([0,T], \mathscr{H}_2)$, welche die Stokessche Differentialgleichung ebenso wie die Bedingung der Quellenfreiheit im Sinne von Distributionen auf $(0,T) \times \Omega$ erfüllt. Das Erfülltsein der Randbedingung $u = 0$ auf $[0,T] \times \Omega$ ist in (schwacher Weise in) $u \in L^2([0,T], \mathscr{H}_1) \subset L^2([0,T], H_0^1(\Omega)^n)$ enthalten. Aus $u \in \mathscr{C}([0,T], \mathscr{H}_2)$ folgt, daß die Anfangsbedingung $u(0) = u_0$ im Sinne von $\lim_{t \to 0} u(t) = u_0$ in $L^2(\Omega)^n$ erfüllt ist.

Bemerkung: Unter zusätzlichen Voraussetzungen über die Regularität der Daten Ω, u_0, f kann man entsprechende Regularitätsaussagen für die Lösung (u,p) erhalten (siehe Temam [VI.5]).

Literatur

[VI.1] R. Courant: Dirichlet's Principle, Conformal Mapping and Minimal Surfaces. Berlin-Heidelberg-New York: Springer. 1977.

[VI.2] H. T. Achieser, T. M. Glasmann: Theorie der linearen Operatoren im Hilbert-Raum. Berlin: Akademie-Verlag. 1960.

[VI.3] F. Hirzebruch, W. Scharlau: Einführung in die Funktionalanalysis. BI Taschenbücher Nr. 296. Mannheim 1971.

[VI.4] J. L. Lions, E. Magenes: Problèmes aux limites non homogènes et applications. Paris: Dunod. 1968.

[VI.5] R. Temam: Navier-Stokes Equations. Amsterdam: North-Holland. 1977.

[VI.6] J. Nečas: Les méthodes directes en théorie des équations elliptiques. Praha: Academia. 1967.

[VI.7] K. Rektory: Variational Methods in Mathematics, Science and Engineering. Dordrecht: D. Reidel. 1980.

[VI.8] J. P. Aubin: Applied Functional Analysis. New York: J. Wiley. 1979.

VII. Nicht-lineare elliptische Randwert-Probleme und monotone Operatoren

VII.1 Formen und Operatoren – Randbedingungen

Im vorigen Kapitel haben wir unter anderem lineare elliptische Randwert-Probleme mit variationstheoretischen Methoden gelöst. Ziel dieses Abschnittes ist es, einen Teil der von F. E. Browder [VIII.2] stammenden Verallgemeinerungen auf nicht-lineare, genauer auf quasi-lineare, elliptische Randwert-Probleme zu besprechen. Der Ansatz, Randwert-Probleme für die quasi-lineare Differentialgleichung „in Divergenzform"

$$A(u)(x) \equiv A_0(x, u(x), \nabla u(x)) - \sum_{j=1}^{n} \partial_j A_j(x, u(x), \nabla u(x)) = f(x) \tag{7.1}$$

mit Hilfe der Variationsrechnung zu lösen, entspricht weitgehend unserem Ansatz im Falle linearer Differentialgleichungen. Der Ausgangspunkt ist auch hier das Studium einer geeigneten mit A assoziierten *„verallgemeinerten Dirichletform"* a auf einem Distributionenraum, welcher die Randbedingungen für die potentiellen Lösungen von (7.1) berücksichtigt. Da wir uns auf Differentialgleichungen 2. Ordnung beschränken wollen (für eine naheliegende Verallgemeinerung auf Differentialgleichungen der Ordnung $2m$, $m > 1$, verweisen wir auf [VIII.2]), betrachten wir die folgende verallgemeinerte Dirichletform auf dem Sobolev-Raum $W^{1,p}(G)$, $G \subset \mathbb{R}^n$ offen:

$$a(u, v) = \langle A_0(\cdot, y(u)), v\rangle_2 + \sum_{j=1}^{n} \langle A_j(\cdot, y(u)), \partial_j v\rangle_2$$

mit

$$y(u) = (y_0(u), y_1(u), \ldots, y_n(u)) \equiv (u, \partial_1 u, \ldots, \partial_n u) \tag{7.1'}$$

und

$$\langle f, g\rangle_2 = \int_G f(x) g(x)\, d^n x.$$

(Wir setzen stets Werte in $\mathbb{R}$ voraus.)

Eine erste Gruppe von Hypothesen an die Koeffizientenfunktionen $A_j: G \times \mathbb{R}^{n+1} \to \mathbb{R}$ wird die folgende Eigenschaft von a sicherstellen:

$$|a(u, v)| \leqslant h(\|u\|_{1,p})\|v\|_{1,p}, \qquad u, v \in W^{1,p}(G), \tag{7.2}$$

$$\|u\|_{1,p} = \left(\sum_{|\alpha| \leq 1} \int_G |D^\alpha u(x)|^p \, dx \right)^{1/p}$$

mit einer Funktion $h: \mathbb{R}_+ \to \mathbb{R}_+$, welche auf beschränkten Mengen beschränkt ist. Wenn (7.2) erfüllt ist, so ist $v \to a(u, v)$ für beliebiges, aber festes $u \in W^{1,p}(G)$ eine stetige Linearform $T(u)$ auf $X \equiv W^{1,p}(G)$, für welche

$$\langle T(u), v \rangle = a(u, v), \qquad \forall u, v \in X \tag{7.3}$$

gilt. Dabei bezeichnet $\langle \cdot, \cdot \rangle$ die Dualität von X und X'. Durch (7.3) ist somit eine Abbildung T von X in X' erklärt, vorausgesetzt (7.2) gilt.

Randbedingungen werden hier in folgender, zunächst abstrakter Weise eingeführt. Es wird ein abgeschlossener Unterraum V von $W^{1,p}(G)$ gewählt mit

$$W_0^{1,p}(G) \subseteq V \subseteq W^{1,p}(G). \tag{7.4}$$

Dann können wir a auch als verallgemeinerte Dirichletform auf V auffassen, welche dann wegen (7.2) durch die Dualität gemäß (7.3) eine Abbildung $T: V \to V'$ erklärt (V' = topologischer Dualraum des Banach-Raumes V mit der Norm $\|\cdot\|'$).

Unter diesen Bedingungen formulieren wir das folgende

Variationstheoretische Randwert-Probleme: Zu gegebenen V, a und $f \in V'$ sind alle $u \in V$ zu bestimmen, welche

$$a(u, v) = \langle f, v \rangle, \qquad \forall v \in V \tag{7.5}$$

erfüllen.

Das Bestehen der Gl. (7.5) und die Forderung, daß u in V liegen soll, verlangen nicht nur, daß u (wenigstens im verallgemeinerten Sinne, weil $\mathscr{D}(G) \subseteq V$) die Differentialgleichung

$$A(u)(x) \equiv A_0(x, y(u)(x)) - \sum_{j=1}^{n} \partial_j A_j(x, y(u)(x)) = f(x) \tag{7.6}$$

erfüllt, sondern auch, daß u gewissen Randbedingungen genügt. Die Quellen dieser Randbedingungen sind:

(i) Die Wahl von V; die entsprechende Randbedingung ist durch „$u \in V$" ausgedrückt. Sie wird insbesondere dann wirksam, wenn „V wesentlich kleiner als $W^{1,p}(G)$" ist. Für $V = W_0^{1,p}(G)$, das heißt das Dirichlet-Problem, ist dieses die einzige Randbedingung.

(ii) Andererseits, falls V „beträchtlich größer als $W_0^{1,p}(G)$" ist, gibt Gl. (7.5) die sogenannten natürlichen Randbedingungen für u an; denn die Gln. $A(u) = f$ und $a(u, v) = \langle f, v \rangle$, $\forall v \in V$, besagen, daß die bei einer effektiven partiellen Integration auftretenden Randterme zu verschwinden haben. Diese natürlichen Randbedingungen sind als nichtlineare Analoga der Neumannschen Randbedingungen für nichtlineare Differentialoperatoren in Divergenzform anzusehen, nämlich

$$v(x)\underline{n}(x) \cdot \underline{A}(x, y(u)(x)) = v(x) \sum_{j=1}^{n} n_j(x) A_j(x, y(u)(x)) = 0$$

für alle $x \in \partial G$ und alle $v \in V$. $\underline{n}(x)$ bezeichnet den äußeren Normaleneinheitsvektor an ∂G im Punkte x. Ohne entsprechende Glattheitsannahmen an den Rand von G werden wir die natürlichen Randbedingungen natürlich nicht in der obigen expliziten Form ausdrücken können. Die variationstheoretische Formulierung erscheint so als eine angemessene Verallgemeinerung dieses Falles.

Weitere Hypothesen an die Koeffizientenfunktionen A_j implizieren zusätzliche Eigenschaften der Abbildung $T\colon V \to V'$, nämlich die *Monotonie*

$$\langle T(v) - T(u), v - u \rangle \geqslant 0, \qquad \forall v, u \in V \tag{7.7}$$

und die *Koerzitivität*

$$\langle T(u), u \rangle \geqslant C(\|u\|)\|u\|, \qquad \forall u \in V \tag{7.8}$$

mit einer Funktion $C\colon [0, \infty) \to \mathbb{R}$ mit der Eigenschaft $C(s) \to +\infty$ for $s \to +\infty$.

Aufgrund eines abstrakten Resultates von Browder (und Minty) folgt dann die Surjektivität der Abbildung T und daraus schließlich die Lösbarkeit des variationstheoretischen Randwert-Problems.

Diese abstrakten Resultate werden zusammen mit einigen Verallgemeinerungen im folgenden Unterabschnitt bewiesen. Schließlich geht es im letzten Unterabschnitt dieses Kapitels darum, die obigen abstrakten Eigenschaften der Monotonie und Koerzitivität in konkrete Hypothesen an die Koeffizientenfunktionen A_j umzusetzen. Dazu erinnern wir zunächst an einige Eigenschaften von Niemytski-Operatoren. Der Rest des Beweises der Lösbarkeit des variationstheoretischen Randwert-Problems besteht dann mehr oder weniger aus konkreten Abschätzungen mit Hilfe wohlbekannter Ungleichungen.

Bemerkung: Eine konkrete und ausführliche Diskussion der Randbedingungen findet man z. B. in den Büchern von J. T. Oden und J. N. Reddy [VII.4, VII.5] und in dem Buch [VII.6] von R. W. Carrol.

VII.2 Surjektivität koerzitiver monotoner Operatoren. Die Sätze von Browder und Minty

Es sei E ein reeller Banach-Raum und T eine Abbildung von E in den topologischen Dualraum E' von E. Wir heben hervor, daß der „Operator" T nicht als linear vorausgesetzt wird. T sei aber im Sinne der Definitionen (7.7) und (7.8) monoton und koerzitiv. In unseren Anwendungen ist der zugrundeliegende Banach-Raum E stets separabel. Daher wollen wir auch die Resultate über die Surjektivität koerzitiver monotoner Operatoren nur für den separablen Fall beweisen. Verallgemeinerungen auf den Fall eines nicht-separablen Banach-Raumes sind bekannt (Browder, Carrol).

Der entscheidende Satz über die Surjektivität stetiger koerzitiver monotoner Operatoren wurde 1963 unabhängig von F. E. Browder und G. Minty gefunden. Dieser Satz ist das nichtlineare Analogon des Satzes von Lax-Milgram.

Da wir dieses Kapitel nur als eine Illustration der Effektivität variationstheoretischer Methoden ansehen, begnügen wir uns mit der Diskussion der einfachsten Versionen der Browderschen Resultate [VII.3]. Wir beginnen mit einigen Vorbereitungen.

Lemma VII.1: *Es sei E ein Banach-Raum und $T: E \to E'$ eine monotone Abbildung.*

a) T sei stetig. Für gegebenes $f \in E'$ ist dann jede Lösung u der Gleichung $T(u) = f$ durch

$$\langle T(v) - f, v - u \rangle \geqslant 0, \qquad \forall v \in E$$

charakterisiert. Die Lösungsmenge $T^{-1}(f)$ der Gleichung $T(u) = f$ ist abgeschlossen und konvex.

b) T sei koerzitiv, das heißt es gibt eine Funktion $C: [0, \infty) \to \mathbb{R}$ mit $C(r) \to +\infty$ für $r \to +\infty$, so daß

$$\langle T(u), u \rangle \geqslant C(\|u\|)\|u\|, \qquad \forall u \in E$$

gilt. Dann ist die Lösungsmenge $T^{-1}(f)$ für jedes $f \in E'$ beschränkt:

$$T^{-1}(f) \subseteq \{u \in E \mid \|u\| \leqslant \hat{C}(\|f\|')\},$$

wobei

$$\hat{C}(s) := \sup\{r \mid C(r) \leqslant s\}.$$

Beweis: a) Die Monotonie von T impliziert für eine Lösung u gerade die obige Ungleichung. Wenn umgekehrt diese Ungleichung gilt, so setzen wir für beliebige, aber feste $z \in E$: $v = u + tz$, $t > 0$; es folgt $\langle T(u + tz) - f, tz \rangle \geqslant 0$ und damit $\langle T(u + tz) - f, z \rangle \geqslant 0$. Da T stetig ist, gibt der Limes $t \searrow 0$: $\langle T(u) - f, z \rangle \geqslant 0$. Da z ein beliebiger Punkt in E ist, folgt $T(u) - f = 0$. Also besitzt $T^{-1}(f)$ die folgende Charakterisierung:

$$T^{-1}(f) = \bigcap_{v \in E} \{u \in E \mid \langle T(v) - f, v - u \rangle \geqslant 0\}.$$

$T^{-1}(f)$ ist demnach ein Durchschnitt abgeschlossener Halbräume

$$\{u \in E \mid \langle T(v) - f, v - u \rangle \geqslant 0\}$$

und damit eine abgeschlossene konvexe Menge.

b) Für $u \in T^{-1}(f)$ gilt

$$\|u\| C(\|u\|) \leqslant \langle T(u), u \rangle = \langle f, u \rangle \leqslant \|f\|' \|u\|;$$

es folgt

$$C(\|u\|) \leqslant \|f\|' \qquad \text{oder} \qquad \|u\| \leqslant \hat{C}(\|f\|').$$

Grob gesagt, wird sich die Surjektivität stetiger koerzitiver monotoner Operatoren aus dem Zusammenspiel folgender Fakten ergeben:

i) Stetige koerzitive Operatoren auf endlich-dimensionalen Banach-Räumen sind surjektiv.

ii) Konvergenz einer verallgemeinerten Galerkin-Approximation infolge der Monotonie.

Damit ist die zentrale Rolle des folgenden Lemmas angedeutet:

Lemma VII.2: *Es sei $T: F \to F'$ eine stetige koerzitive Abbildung auf dem endlich-dimensionalen Banach-Raum F. Dann ist T surjektiv: $T(F) = F'$.*

Beweis: a) Um $T(F) = F'$ zu zeigen, reicht es, $0 \in T(F)$ zu zeigen; denn es gilt $T(u) = f$ genau dann, wenn $T_f(u) = T(u) - f = 0$ gilt. T_f ist genau dann stetig und koerzitiv, wenn T diese Eigenschaften besitzt.

Man beachte ferner, daß die Hypothesen des Lemmas erhalten bleiben, wenn wir zu einem äquivalenten Banach-Raum übergehen (eventuell mit einer anderen Funktion $C: [0, \infty) \to \mathbb{R}$ aus derselben Klasse). Da $\dim F < \infty$ vorausgesetzt ist, können wir also annehmen, daß F ein Hilbert-Raum ist. Dann lassen sich F und F' identifizieren.

b) Für hinreichend großes $R > 0$ ist $C(R) > 0$. Für ein solches R gilt also für $s(u) = u - T(u)$:

$$\langle s(u), u \rangle < \|u\|^2, \qquad \forall u \in F, \qquad \|u\| = R.$$

Bezeichne $B_R = \{u \in F \mid \|u\| \leqslant R\}$. Die radiale Retraktion r von F auf B_R ist durch

$$r(v) = \begin{cases} v, & \text{für} \quad v \in B_R, \\ \dfrac{R}{\|v\|} v, & \text{für} \quad v \notin B_R \end{cases}$$

erklärt. Es folgt $r(B_R^c) \subseteq \partial B_R$. Weiterhin folgt, daß

$$f(u) = r \circ s(u)$$

eine stetige Abbildung von B_R in B_R ist. Der Brouwersche Fixpunktsatz besagt, daß f einen Fixpunkt u_0 in B_R besitzt. Falls $\|u_0\| < R$ gilt, so zeigen $u_0 = f(u_0)$ und die Definition von r:

$$f(u_0) = s(u_0) = u_0, \qquad \text{also} \qquad T(u_0) = 0.$$

Der Fall $\|u_0\| = R$ ist auszuschließen. Zunächst folgt nämlich aus $\|u_0\| = R$ und $u_0 = f(u_0)$, daß

$$s(u_0) \in B_R^c \cup \partial B_R, \qquad \text{also} \qquad \rho = \|s(u_0)\| \geqslant R.$$

Damit gilt

$$f(u_0) = r(s(u_0)) = \frac{R}{\rho} s(u_0).$$

Das liefert aber einen Widerspruch:

$$R^2 = \|u_0\|^2 = \langle f(u_0), u_0 \rangle = \left\langle \frac{R}{\rho} s(u_0), u_0 \right\rangle = \frac{R}{\rho} \langle s(u_0), u_0 \rangle < R^2.$$

Nun ist der Beweis des folgenden Satzes von Browder und Minty ziemlich einfach. Zunächst wird eine geeignete verallgemeinerte Galerkin-Approximation eingeführt. Für die approximierenden Abbildungen kann Lemma VII.2 verwendet werden. Schließlich läßt sich der Grenzübergang mit Hilfe der Monotonie und der Charakterisierung der Lösungsmenge $T^{-1}(f)$ von Lemma VII.1 vollziehen.

Theorem VII.3 (Browder-Minty): *Es sei E ein separabler, reflexiver Banach-Raum mit Dualraum E' und $T: E \to E'$ eine stetige, koerzitive und monotone Abbildung. Dann ist T surjektiv*: $T(E) = E'$.

Für festes $f \in E'$ ist $T^{-1}(f)$ eine beschränkte, abgeschlossene und konvexe Teilmenge von E.

Beweis: Um $T(E) = E'$ zu zeigen, reicht es, wie bei Lemma VII.2 $0 \in T(E)$ zu zeigen.

1. Schritt: Definition einer geeigneten Galerkin-Approximation. Da E separabel ist, gibt es eine wachsende Folge $(E_n)_{n \in \mathbb{N}}$ endlich-dimensionaler Teilräume E_n von E, deren Vereinigung in E dicht ist. Es bezeichne $\psi_n: E_n \to E$ die identische Einbettung und $\psi'_n: E' \to E'_n$ die adjungierte Projektion. Für gegebenes $T: E \to E'$ setze

$$T_n = \psi'_n \circ T \circ \psi_n, \qquad n \in \mathbb{N}. \tag{7.9}$$

Es folgt, daß alle T_n die Eigenschaften von T übernehmen. Für die Stetigkeit ist das klar. Die Monotonie der T_n auf E_n ergibt sich so: Für beliebige $u, v \in E_n$ gilt:

$$\begin{aligned}\langle T_n(u) - T_n(v), u - v\rangle_{E_n} &= \langle \psi'_n(T \circ \psi_n(u) - T \circ \psi_n(v)), u - v\rangle_{E_n} \\ &= \langle T(\psi_n(u)) - T(\psi_n(v)), \psi_n(u) - \psi_n(v)\rangle \geqslant 0.\end{aligned}$$

Ähnlich ergibt sich die „gleichmäßige" Koerzitivität der T_n: Für alle $u \in E_n$ impliziert die Koerzitivität von T auf E:

$$\langle T_n(u), u\rangle_{E_n} = \langle T(\psi_n(u)), \psi_n(u)\rangle \geqslant C(\|\psi_n(u)\|)\|\psi_n(u)\| = C(\|u\|)\|u\|.$$

Dabei bezeichnet $\langle\ ,\ \rangle_{E_n}$ die Dualität von E_n und E'_n.

2. Schritt: Beweis der Surjektivität der T_n. Da $T_n: E_n \to E'_n$ eine stetige koerzitive Abbildung des endlich-dimensionalen Banach-Raumes E_n ist, liefern Lemma VII.2 und Lemma VII.1 die Existenz eines $u_n \in E_n$ mit

$$T_n(u_n) = 0 \qquad \text{und} \qquad \|u_n\| \leqslant M = \hat{C}(0) < \infty.$$

3. Schritt: Der Grenzübergang. Da E ein reflexiver Banach-Raum ist, besitzt die beschränkte Folge der Lösungen u_n, von $T_n(u_n) = 0$, eine schwach konvergente Teilfolge $(u_{n_j})_{j \in \mathbb{N}}$,

$$u_{n_j} \underset{j \to +\infty}{\overset{w}{\to}} u_0.$$

Wir zeigen nun:

$$T(u_0) = 0.$$

Es sei $v \in E_m, m \in \mathbb{N}$, beliebig, aber fest. Für alle $n \geqslant m$ gilt $E_n \supseteq E_m$ und daher, infolge der Monotonie von T_n auf E_n:

$$0 \leqslant \langle T_n(v) - T_n(u_n), v - u_n\rangle_{E_n} = \langle T_n(v), v - u_n\rangle_{E_n} = \langle T(v), v - u_n\rangle.$$

Im Limes resultiert

$$0 \leqslant \langle T(v), v - u_0\rangle$$

und daher auch:

$$0 \leqslant \langle T(v), v - u_0\rangle, \qquad \forall v \in \bigcup_{m \in \mathbb{N}} E_m.$$

Da T stetig und $\bigcup_{m \in \mathbb{N}} E_m$ in E dicht ist, folgt

$$0 \leqslant \langle T(v), v - u_0\rangle, \qquad \forall v \in E$$

und somit infolge Lemma VII.1 a): $T(u_0) = 0$. Das zeigt: $0 \in T(E)$, also $T(E) = E'$.

Im obigen Beweis wurde die Monotonie von T erst im dritten Beweisschritt beim Grenzübergang verwendet, um aus $u_0 = \text{w-lim}_{j\to\infty} u_{n_j}$ auf $T(u_0) = \lim_{j\to\infty} T(u_{n_j})$ zu schließen.

Damit dürfte klar sein, daß jede andere Eigenschaft von T, welche den obigen Schluß ermöglicht, ebenfalls mit der Koerzitivität die Surjektivität von T impliziert. Eine solche Eigenschaft von T, welche sich in Anwendungen bewährt hat, ist die *Smale-Bedingung*:

$$\text{(S)} \quad \begin{cases} \text{Für jede Folge } (u_n)_{n\in\mathbb{N}} \subset E \text{ implizieren die Bedingungen} \\ \qquad u = \underset{n\to\infty}{\text{w-lim}}\, u_n \qquad \text{und} \qquad \langle T(u_n) - T(u), u_n - u\rangle \underset{n\to\infty}{\to} 0 \\ \text{die starke Konvergenz der Folge: } u = \text{s-lim}_{n\to\infty} u_n. \end{cases}$$

Die Bedingung (S) ist demnach als eine verallgemeinerte Monotonie-Bedingung anzusehen.

Der folgende Satz zeigt nun, daß die Surjektivität koerzitiver Abbildungen erhalten bleibt, wenn im Satz von Browder und Minty die Monotonie-Bedingung durch die Smale-Bedingung und die Beschränktheit von T ersetzt wird. Die Beschränktheit von T meint, daß T beschränkte Mengen auf beschränkte Mengen abbildet.

Theorem VII.4: *Es sei E ein separabler reflexiver Banach-Raum und $T: E \to E'$ eine stetige koerzitive Abbildung, welche beschränkt ist und die Smale-Bedingung erfüllt. Dann ist T surjektiv:*

$$T(E) = E'.$$

Beweis: Erkläre die Galerkin-Approximation $(E_n, T_n)_{n\in\mathbb{N}}$ wie im Beweis von Theorem VII.3. Sei nun $f \in E'$ gegeben. Nach Lemma VII.2 und VII.1 gibt es eine Folge $(u_n)_{n\in\mathbb{N}}$ mit folgenden Eigenschaften:

$$u_n \in E_n, \qquad T_n(u_n) = \psi_n'(f), \qquad \|u_n\| \leqslant M < \infty, \qquad \forall n \in \mathbb{N}.$$

Da E reflexiv ist, gibt es eine schwach-konvergente Teilfolge $(u_{n_j})_{j\in\mathbb{N}}$ mit Limes u_0. Da T beschränkt ist, ist auch $\{T(u_n) | n \in \mathbb{N}\}$ beschränkt.

Nun sei $m \in \mathbb{N}$ und $v \in E_m$; für alle $n \geqslant m$ gilt $E_m \subseteq E_n$; und daher

$$\langle T(u_n), v\rangle = \langle T_n(u_n), v\rangle_{E_n} = \langle \psi_n'(f), v\rangle_{E_n} = \langle f, v\rangle,$$

also

$$\lim_{n\to\infty} \langle T(u_n), v\rangle = \langle f, v\rangle.$$

Da $(T(u_n))_{n\in\mathbb{N}}$ in E' beschränkt und $\bigcup_m E_m$ in E dicht ist, folgt

$$f = \underset{n\to\infty}{\text{w-lim}}\, T(u_n)$$

und damit auch

$$\begin{aligned} &\lim_{j\to\infty} \langle T(u_{n_j}) - T(u_0), u_{n_j} - u_0\rangle \\ &\quad = \lim_{j\to\infty} \langle T(u_{n_j}), u_{n_j}\rangle - \lim_{j\to\infty} \langle T(u_0), u_{n_j} - u_0\rangle - \lim_{j\to\infty} \langle T(u_{n_j}), u_0\rangle \\ &\quad = \lim_{j\to\infty} \langle f, u_{n_j}\rangle - \langle f, u_0\rangle = 0. \end{aligned}$$

Die Smale-Bedingung impliziert $u_0 = \text{s-lim}_{j\to\infty} u_{n_j}$, und infolge der Stetigkeit von T gilt auch $T(u_0) = \text{s-lim}_{j\to\infty} T(u_{n_j})$. Da bereits $f = \text{w-lim}_{j\to\infty} T(u_{n_j})$ gezeigt war, folgt $f = T(u_0)$. Also ist T surjektiv.

VII.3 Nicht-lineare elliptische Randwert-Probleme. Eine variationstheoretische Lösung

Die allgemeine Strategie zur Lösung des variationstheoretischen Randwert-Problems ist in der Einleitung durch die abstrakten Sätze VII.3 und VII.4 von Browder vorgezeichnet. Es kommt jetzt also darauf an, durch konkrete Bedingungen an die Koeffizientenfunktionen $A_0, \ldots, A_n$ der verallgemeinerten Dirichletform die Hypothesen dieser allgemeinen Theoreme zu realisieren. Zunächst wird das Teilproblem behandelt, unter möglichst allgemeinen Hypothesen sicherzustellen, daß gemäß (7.1′) eine verallgemeinerte Dirichletform a auf $W^{1,p}(G)$ wohldefiniert ist und daß diese dann die Stetigkeitseigenschaft (7.2) besitzt. Der Kern des Beweises, daß die in (H_1) formulierten Hypothesen an die A_j in der Tat für diesen Zweck ausreichen, bilden die Ergebnisse der Abschnitte 18, 19 und 20 aus dem Buch von Vainberg „Variational Methods for the Study of Nonlinear Operators“, Holden-Day, London, 1964. Zum leichteren Verständnis dieser Hypothesen stellen wir den für unsere Zwecke relevanten Teil dieser Ergebnisse hier kurz zusammen.

Für eine meßbare Teilmenge $B \subset \mathbb{R}^m$ nennen wir eine Funktion $g: B \times \mathbb{R}^n \to \mathbb{R}$ eine *C-Funktion* (*Carathéodory-Funktion*), falls die folgenden Bedingungen gelten:

(i) $y \mapsto g(x, y)$ ist für fast alle $x \in B$ eine stetige Funktion auf dem $\mathbb{R}^n$.
(ii) $x \mapsto g(x, y)$ ist für alle $y \in \mathbb{R}^n$ eine meßbare Funktion auf B.

Wenn g eine C-Funktion auf $B \times \mathbb{R}^n$ ist und falls $v_1, \ldots, v_n$ meßbare und fast überall endliche Funktionen auf B sind, so ist $\hat{g}v$, erklärt durch

$$\hat{g}v(x) = g(x, v_1(x), \ldots, v_n(x)) \tag{7.10}$$

für fast alle $x \in B$, wieder eine meßbare Funktion auf B. Falls überdies B endliches Lebesgue-Maß hat, so ist $v \mapsto \hat{g}v$ auch stetig im Maß.

Wenn $B \subset \mathbb{R}^m$ eine Lebesgue-meßbare Menge ist und $g = (g_1, \ldots, g_N)$ C-Funktionen auf $B \times \mathbb{R}^n$ sind, welche gemäß (7.10) Abbildungen $\hat{g} = (\hat{g}_1, \ldots, \hat{g}_N)$ von $L^{p,n}(B) = L^p(B) \times \cdots \times L^p(B)$ (n-mal) in $L^{p_j}(B)$, $j = 1, \ldots, N$, erklären, so sind diese Abbildungen $\hat{g}_j: L^{p,n}(B) \to L^{p_j}(B)$ stetig und beschränkt. Somit ist $\hat{g}$ eine stetige, beschränkte Abbildung von $L^{p,n}(B)$ in $L^{p_1}(B) \times \cdots \times L^{p_N}(B)$ $(1 < p < \infty, 1 \leqslant p_j < \infty)$.

Der so definierte Operator $\hat{g}$ heißt *Niemytski-Operator*.

Bemerkung: Der letzte Satz besagt also unter anderem, daß die mit C-Funktionen g_j assoziierten Abbildungen $\hat{g}_j$ bereits stetig und beschränkt sind (als Abbildungen von $L^{p,n}(B)$ in $L^{p_j}(B)$), wenn sie nur auf ganz $L^{p,n}(B)$ definiert sind und Werte in $L^{p_j}(B)$ haben. Wann dieses der Fall ist, wird durch die folgenden Kriterien ausgedrückt:

a) $\hat{g}_j$ bildet $L^{p,n}(B)$ genau dann in $L^{p_j}(B)$, $1 \leqslant p_j < \infty$, ab, wenn es eine Funktion $a_j \in L^{p_j}(B)$ und eine Konstante $b \geqslant 0$ gibt, so daß

$$|g_j(x,y)| \leqslant a_j(x) + b\sum_{i=1}^{n} |y_i|^{p/p_j} \tag{7.11}$$

für fast alle $x \in B$ und alle $y \in \mathbb{R}^n$ gilt.

b) $\hat{g}_j$ bildet $L^{p,n}(B)$ genau dann in $L^\infty(B)$ ab, wenn es eine Konstante $c \geqslant 0$ gibt, so daß

$$|g_j(x,y)| \leqslant c \tag{7.11'}$$

für alle $y \in \mathbb{R}^n$ und fast alle $x \in B$ gilt.

Somit können wir die folgenden Hypothesen (H_1) an die Koeffizientenfunktionen $A_0, A_1, \ldots, A_n$ als recht natürlich ansehen:

(H_1) i) $A_0, A_1, \ldots, A_n$ seien C-Funktionen auf $G \times \mathbb{R}^{n+1}$.

ii) Für $j = 0, 1, \ldots, n$ gelten die folgenden Abschätzungen fast überall in $x \in G$ und für alle $y \in \mathbb{R}^{n+1}$:

$$|A_j(x,y)| \leqslant \alpha_j(x) + \beta_j(x)|y_0|^{p_j} + \sum_{i=1}^{n} g_{ji}(x)|y_i|^{q_{ji}} + \sum_{i=1}^{n} f_{ji}(x)|y_0|^{r_{ji}}|y_i|^{s_{ji}} \tag{7.12}$$

mit folgenden Einschränkungen:

Die Koeffizienten p_j, q_{ji}, r_{rj}, s_{ji} sind alle nicht-negativ und erfüllen die Bedingungen:

$$p_j, q_{ji} \leqslant \frac{p}{p'} = p - 1; \qquad r_{ji} + s_{ji} \leqslant p - 1.$$

Die nicht negativen Funktionen α_j, β_j, f_{ji}, g_{ji} erfüllen

$$\alpha_j \in L^{p'}(G), \qquad p' = \frac{p}{p-1},$$

$$\beta_j \in L^{p/(p-1-p_j)}(G), \qquad g_{ji} \in L^{p/(p-1-q_{ji})}(G), \qquad f_{ji} \in L^{p/(p-1-s_{ji}-r_{ji})}(G).$$

Die oben erwähnten Ergebnisse von Vainberg erlauben dann auf ziemlich einfache Weise, den folgenden Satz zu beweisen:

Satz VII.5: *Falls die Funktionen $A_0, \ldots, A_n$ die Hypothesen (H_1) erfüllen, so ist durch die Formel* (7.1') *eine verallgemeinerte Dirichletform a auf $W^{1,p}(G)$ wohldefiniert und besitzt die Stetigkeitseigenschaft* (7.2). *Die damit durch die Formel* (7.3) *erklärte Abbildung T: $W^{1,p}(G) \to (W^{1,p}(G))'$ ist stetig und beschränkt.*

Beweis: a) Da $u \mapsto y(u) = (u, \partial_1 u, \ldots, \partial_n u)$ eine stetige lineare Abbildung von $W^{1,p}(G)$ in $L^{p,n+1}(G)$ ist, zeigen wir zunächst, daß die $\hat{A}_j$ wohldefinierte Abbildungen von $L^{p,n+1}(G)$ in $L^{p'}(G)$ sind. Die oben erwähnten Sätze stellen dann die Stetigkeit dieser Abbildungen sicher. Es folgt, daß

$$u \mapsto \hat{A}_j y(u), \qquad \hat{A}_j y(u)(x) = A_j(x, y(u)(x))$$

eine wohldefinierte stetige Abbildung von $W^{1,p}(G)$ in $L^{p'}(G)$ ist.

b) Für $g = (g_0, g_1, \ldots, g_n) \in L^{p,n+1}(G)$ gibt die Ungleichung (7.12) die Abschätzung:

$$\|\hat{A}_j g\|_{p'} \leqslant \|\alpha_j\|_{p'} + \|\beta_j|g_0|^{p_j}\|_{p'} + \sum_{i=1}^{n} \{\|g_{ji}|g_j|^{q_{ji}}\|_{p'} + \sum_{i=1}^{n} \|f_{ji}|g_0|^{r_{ji}}|g_i|^{s_{ji}}\|_{p'}\}.$$

Der Rest des Beweises besteht in wiederholten Anwendungen der Hölderschen Ungleichung unter Beachtung der in (H_1) formulierten Einschränkungen an die Exponenten. Insgesamt resultiert schließlich die folgende Abschätzung, welche $\hat{A}_j$ als Abbildung von ganz $L^{p,n+1}(G)$ in $L^{p'}(G)$ erweist.

$$\begin{aligned}\|\hat{A}_j g\|_{p'} &\leqslant \|\alpha_j\|_{p'} + \|\beta_j\|_{p/(p-1-p_j)}\|g_0\|_p^{p_j}\\ &\quad + \sum_{i=1}^{n}\{\|g_{ji}\|_{p/(p-1-q_{ji})}\|g_j\|_p^{q_{ji}} + \|f_{ij}\|_{p/(p-1-r_{ji}-s_{ji})}\|g_0\|_p^{r_{ji}}\|g_j\|_p^{s_{ji}}\}\\ &\leqslant h_j(\|g\|_{L^{p,n+1}})\end{aligned} \tag{7.13}$$

mit Funktionen h_j, welche auf beschränkten Mengen beschränkt sind.

c) Die Abschätzung (7.13) beweist, daß $u \mapsto \hat{A}_j y(u)$ wohldefiniert und eine stetige Abbildung von $W^{1,p}(G)$ in $L^{p'}(G)$ ist. Für beliebige $u, v \in W^{1,p}(G)$ folgt nun leicht:

$$\begin{aligned}|a(u,v)| &= |\langle \hat{A}_0 y(u), v\rangle_2 + \sum_{j=1}^{n}\langle \hat{A}_j y(u), \partial_j v\rangle_2|\\ &\leqslant \{\sum_{j=0}^{n}\|\hat{A}_j y(u)\|_{p'}^{p'}\}^{1/p'}\{\|v\|_p^p + \sum_{j=1}^{n}\|\partial_j v\|_p^p\}^{1/p}.\end{aligned}$$

Also erhalten wir mit

$$h(s)^p := \sum_{j=0}^{n} h_j(s)^p$$

und unter Beachtung von

$$\|y(u)\|_{L^{p,n+1}} = \|u\|_{1,p} \tag{7.14}$$

die Abschätzung:

$$|a(u,v)| \leqslant h(\|u\|_{1,p})\|v\|_{1,p}. \tag{7.15}$$

d) Für beliebige $u, u_0 \in W^{1,p}(G)$ gilt infolge (7.3):

$$\begin{aligned}\|T(u) - T(u_0)\|_{1,p}' &= \sup_{\substack{v\in W^{1,p}(G)\\ \|v\|_{1,p}\leqslant 1}} |a(u,v) - a(u_0,v)|\\ &\leqslant \sup_{\|v\|_{1,p}\leqslant 1}\{|\langle \hat{A}_0 y(u) - \hat{A}_0 y(u_0), v\rangle_2\\ &\quad + \sum_{j=1}^{n}|\langle \hat{A}_j y(u) - \hat{A}_j y(u_0), \partial_j v\rangle_2|\}\\ &\leqslant \{\sum_{j=0}^{n}\|\hat{A}_j y(u) - \hat{A}_j y(u_0)\|_{p'}^{p'}\}^{1/p'}.\end{aligned}$$

Da $u \mapsto \hat{A}_j y(u)$ stetig ist, folgt die Stetigkeit der Abbildung T. Damit ist Satz VII.5 bewiesen. Aus (7.15) folgt:

$$\|T(u)\|_{1,p}' \leqslant h(\|u\|_{1,p}),$$

wobei die Funktion h auf beschränkten Mengen beschränkt ist.

Um mit Hilfe von Theorem VII.3 die Lösbarkeit des variationstheoretischen Randwert-Problems beweisen zu können, benötigen wir noch Hypothesen, die die Monotonie und die Koerzitivität der Abbildung T implizieren. Das kann in recht einfacher Weise auf der Basis der folgenden Hypothesen geschehen:

(H_2) *Monotonie*: Für fast alle $x \in G$ und alle $y, y' \in \mathbb{R}^{n+1}$ gilt:

$$\sum_{j=0}^{n} [A_j(x,y) - A_j(x,y')][y_j - y'_j] \geqslant 0. \tag{7.16}$$

(H_3) *Koerzitivität*: Es gebe eine Konstante $\alpha > 0$ und nicht-negative Funktionen $g_j \in L^{p/(p-r_j)}$ mit $0 \leqslant r_j < p$, so daß für fast alle $x \in G$ und alle $y \in \mathbb{R}^{n+1}$ gilt:

$$\sum_{j=0}^{n} A_j(x,y)y_j \geqslant \alpha \sum_{j=0}^{n} |y_j|^p - \sum_{j=0}^{n} g_j(x)|y_j|^{r_j}. \tag{7.17}$$

Bemerkung: Die Koerzitivitätsbedingung (H_3) ist in dieser allgemeinen Situation als angemessene Verallgemeinerung der bei linearen Problemen vorausgesetzten Elliptizitätsbedingung anzusehen. Später werden wir eine Abschwächung dieser Koerzitivitätsbedingung besprechen, die sich in Situationen, in denen der Sobolevsche Einbettungssatz benutzt werden kann, als hinreichend erweisen wird. Diese Abschwächung wird darin bestehen, daß wir wie bei linearen Problemen in den ersten beiden Summen der Ungleichung (7.17) den Summanden $A_0(\cdot)y_0$ bzw. $|y_0|^p$ weglassen. In dieser Version ist die Koerzitivitätshypothese (H'_3) dann eine beträchtliche Abschwächung der in linearen Problemen benutzten Elliptizitätsbedingung [vergleiche Kapitel VI].

Damit kommen wir zum Beweis der Lösbarkeit des variationstheoretischen Randwert-Problems. Es gilt nämlich

Theorem VII.6: *Für jede offene, nicht-leere Menge $G \subset \mathbb{R}^n$ hat das variationstheoretische Randwert-Problem* (7.5)

$$A(u) = f \quad \textit{bezüglich} \quad V$$

für jeden abgeschlossenen Teilraum V mit

$$W_0^{1,p}(G) \subseteq V \subseteq W^{1,p}(G)$$

und jedes $f \in V'$ eine Lösung, falls die Koeffizientenfunktionen $A_0, A_1, \ldots, A_n$ die Hypothesen (H_1), (H_2) *und* (H_3) *erfüllen. Für festes $f \in V'$ bildet die Familie aller Lösungen eine abgeschlossene, konvexe, beschränkte Teilmenge von V.*

Beweis: a) Als Unterraum von $W^{1,p}(G)$ trägt V die von $W^{1,p}(G)$ induzierte Topologie. Damit können wir Satz VII.5 mit V anstelle von $W^{1,p}(G)$ verwenden. Es folgt, daß durch Formel (7.1') eine verallgemeinerte Dirichletform auf V erklärt ist, die die Abschätzung (7.2) für $u, v \in V$ erfüllt.

Mithin ist durch

$$\langle T(u), v \rangle := a(u,v), \qquad \forall v \in V \tag{7.18}$$

eine stetige Abbildung von V in V' erklärt.

b) Die Monotonie von T folgt leicht aus der Hypothese (H_2). Sind nämlich $u, v \in V$, so folgt aus (7.16) und (7.1′)

$$\begin{aligned}\langle T(u) - T(v), u - v\rangle &= a(u, u - v) - a(v, u - v)\\ &= \int_G d^n x \sum_{j=0}^{n} \{A_j(x, y(u)(x)) - A_j(x, y(v)(x))\}\{y_j(u)(x) - y_j(v)(x)\} \geqslant 0.\end{aligned}$$

c) Die Koerzitivität der Abbildung T folgt durch Anwendung der Hölderschen Ungleichung aus (H_3). Für beliebige $u \in V$ gilt:

$$\begin{aligned}\langle T(u), u\rangle = a(u, u) &= \int_G d^n x \sum_{j=0}^{n} A_j(x, y(u)(x)) y_j(u)(x)\\ &\geqslant \int_G d^n x \{\alpha \sum_{j=0}^{n} |y_j(u)(x)|^p - \sum_{j=0}^{n} g_j(x)|y_j(u)(x)|^{r_j}\}\\ &= \alpha\|u\|_{1,p}^p - \sum_{j=0}^{n} \|g_j|y_j(u)|^{r_j}\|_1\\ &\geqslant \alpha\|u\|_{1,p}^p - \sum_{j=0}^{n} \|g_j\|_{p/(p-r_j)}\|y_j(u)\|_p^{r_j}.\end{aligned}$$

Da $\|y_j(u)\|_p \leqslant \|u\|_{1,p}$ und $0 \leqslant r_j < p$ gilt, impliziert diese Ungleichung infolge $p - 1 > 0$ gerade

$$\langle T(u), u\rangle \geqslant C(\|u\|_{1,p})\|u\|_{1,p}$$

mit einer Funktion $C: [0, \infty) \to \mathbb{R}$ mit der Eigenschaft $C(s) \to +\infty$ für $s \to +\infty$.

d) Da V ein reflexiver Banach-Raum ist, zeigen die Beweisteile a) – c), daß T die Hypothesen von Theorem VII.3 erfüllt. Die Anwendung dieses Theorems beweist schließlich Theorem VII.6.

Bemerkung: Ein Punkt in Theorem VII.6 verdient besonders hervorgehoben zu werden: Es werden keine speziellen Voraussetzungen an G benutzt. Es ist also z. B. durchaus zugelassen, daß G unbeschränkt und nicht glatt berandet ist (so daß keine Sobolevschen Einbettungssätze zur Verfügung stehen).

Wenn wir voraussetzen, daß G eine offene und beschränkte Teilmenge des $\mathbb{R}^n$ ist, so gilt zunächst für beliebige $r, q \geqslant 1$:

$$\|f\|_r \leqslant |G|^{\frac{1}{r}\left(1-\frac{1}{q}\right)}\|f\|_{rq} \qquad \text{mit} \qquad |G| = \int_G d^n x;$$

das heißt $L^{r\cdot q}(G)$ ist stetig in $L^r(G)$ eingebettet. Wird zusätzlich vorausgesetzt, daß G auch glatt berandet ist, so stehen noch die Sobolevschen Einbettungssätze zur Verfügung, das heißt etwa, daß für

$$0 \leqslant \frac{1}{p} - \frac{1}{n} \leqslant \frac{1}{r}$$

$W^{1,p}(G)$ stetig in $L^r(G)$ eingebettet ist, und daß diese Einbettung im Falle

$$\frac{1}{p} - \frac{1}{n} < \frac{1}{r} < \infty$$

kompakt ist und die Sobolevsche Ungleichung $\|f\|_r \leqslant K(|G|, p, r)\|\nabla f\|_p$ gilt. Diese Zusatzinformationen können natürlich dazu benutzt werden, um die Hypothesen (H_1) etwas abzuschwächen. Eine Möglichkeit ist in Browder [VII.2] angegeben. Viel wichtiger ist jedoch die Möglichkeit, auch die Hypothesen (H_2) und (H_3) beträchtlich abzuschwächen und trotzdem mit Hilfe von Theorem VII.4 die Lösbarkeit des variationstheoretischen Randwert-Problems zu garantieren.

Wir wollen die folgende Version in einiger Ausführlichkeit diskutieren, weil sie einmal die unmittelbare Verallgemeinerung (H'_3) der für lineare Probleme vorausgesetzten Elliptizitätsbedingung benutzt und weil der Beweis dieser Version ein für die Variationsrechnung typisches Problem explizit löst, nämlich aus der schwachen Konvergenz einer Folge unter geeigneten Zusatzbedingungen die starke Konvergenz zu schließen. Damit man mit Hilfe der Bedingung (H'_3) tatsächlich wieder auf die Koerzitivität der Abbildung T schließen kann, benötigt man eine Verschärfung der Hypothese (H_1). Wir legen also folgende Annahmen zugrunde:

(H'_1): Hypothese (H_1) mit folgenden Einschränkungen:

$$0 \leqslant r_{0i}, \quad s_{0i}, \quad r_{0i} + s_{0i} < p - 1,$$
$$0 \leqslant p_j, q_{0,i} < p - 1.$$

(H'_2): Für alle $x \in G$ und alle $y_0 \in \mathbb{R}$ gilt für $\underline{y} \neq \underline{y}'$

$$\sum_{j=1}^{n} \{A_j(x, y_0, \underline{y}) - A_j(x, y_0, \underline{y}')\}\{y_j - y'_j\} > 0.$$

(H'_3): Es gibt eine Konstante $\alpha > 0$ und eine nicht-negative Funktion

$$g_0 \in L^{p/(p-r_0)}(G), \qquad 0 \leqslant r_0 < p,$$

so daß für fast alle $x \in G$ und alle $y \in \mathbb{R}^{n+1}$ gilt:

$$\sum_{j=1}^{n} A_j(x, y) y_j \geqslant \alpha \sum_{j=0}^{n} |y_j|^p - g_0(x)|y_0|^{r_0}.$$

Damit beweisen wir folgendes Theorem:

Theorem VII.7: *Für jede offene, nicht-leere Menge $G \subset \mathbb{R}^n$, welche beschränkt und „glatt berandet" ist, hat das variationstheoretische Randwertproblem* (7.5) $A(u) = f$ *bezüglich V für jeden abgeschlossenen Teilraum V mit $W_0^{1,p}(G) \subseteq V \subseteq W^{1,p}(G)$ und jedes $f \in V'$ eine Lösung, falls die Koeffizientenfunktionen die Hypothesen* (H'_1), (H'_2) *und* (H'_3) *erfüllen.*

Beweis: a) Die Hypothesen (H'_1) implizieren wie oben, daß durch die Formeln (7.1′) und (7.3) eine stetige Abbildung T von V in V' erklärt ist, welche auf beschränkten Teilmengen von V beschränkt ist. Der Beweis der Koerzitivität von T ist dieses Mal etwas schwieriger. (H'_3) gibt zunächst:

$$\begin{aligned}\sum_{j=1}^{n} \langle \hat{A}_j y(u), y_j(u)\rangle_2 &= \int_G d^n x \sum_{j=1}^{n} A_j(x, y(u)(x)) y_j(u)(x) \\ &\geqslant \int_G d^n x \{\alpha \sum_{j=1}^{n} |y_j(u)(x)|^p - g_0(x)|u(x)|^{r_0}\} \\ &= \alpha\|\nabla u\|_p^p - \|g_0|u|^{r_0}\|_1 \geqslant \alpha\|\nabla u\|_p^p - \|g_0\|_{p/(p-r_0)}\|u\|_p^{r_0}.\end{aligned}$$

Es folgt

$$\begin{aligned}\langle T(u), u\rangle &= \langle \hat{A}_0 y(u), u\rangle_2 + \sum_{j=1}^{n} \langle \hat{A}_j y(u), y_j(u)\rangle_2 \\ &\geqslant \alpha\|\nabla u\|_p^p - \|g_0\|_{p/(p-r_0)}\|u\|_p^{r_0} - \|\hat{A}_0 y(u)\|_{p'}\,\|u\|_p.\end{aligned}$$

Die Abschätzung (7.13) zeigt, daß unter der Hypothese (H_1') gilt:

$$\|\hat{A}_0 y(u)\|_{p'} \leqslant b(\|u\|_{1,p})\|u\|_{1,p}^s$$

mit einer beschränkten Funktion $b: \mathbb{R}_+ \to \mathbb{R}_+$ und $0 \leqslant s < p - 1$. Die Sobolevsche Ungleichung besagt unter anderem, daß $\|\nabla f\|_p$ und $\|f\|_{1,p}$ äquivalente Normen sind, das heißt

$$\|\nabla f\|_p \leqslant \|f\|_{1,p} \leqslant C\|\nabla f\|_p$$

mit einem geeigneten $C \in \mathbb{R}_+$. Es folgt:

$$\begin{aligned}\frac{\langle T(u), u\rangle}{\|\nabla u\|_p} &\geqslant \alpha\|\nabla u\|_p^{p-1} - \|g_0\|_{p/(p-r_0)}\frac{\|u\|_p^{r_0}}{\|\nabla u\|_p} - b(\|u\|_{1,p})\frac{\|u\|_{1,p}^{s+1}}{\|\nabla u\|_p} \\ &\geqslant \alpha\|\nabla u\|_p^{p-1} - C_2\|\nabla u\|_p^{r_0-1} - b(\|u\|_{1,p})C^{s+1}\|\nabla u\|_p^s \\ &\to +\infty \quad \text{für} \quad \|\nabla u\|_p \to \infty,\end{aligned}$$

da $p - 1 > r_0 - 1$ und $p - 1 > s$ gilt. Also folgt auch

$$\lim_{\|u\|_{1,p}\to\infty} \frac{\langle T(u), u\rangle}{\|u\|_{1,p}} = +\infty,$$

und so die Koerzitivität von T.

b) Da V ein separabler reflexiver Banach-Raum ist, folgt die Behauptung von Theorem VII.7 aus Theorem VII.4, wenn nachgewiesen ist, daß T auch die Bedingung (S) erfüllt.

Zu diesem Zwecke sei $\{u_i\}_{i\in\mathbb{N}} \subset V$ eine schwach konvergente Folge mit Limes u, für die

$$\langle T(u_i) - T(u), u_i - u\rangle \underset{i\to\infty}{\to} 0 \tag{7.19}$$

gilt. Für $1 \leqslant p < n$ ist $W^{1,p}(G)$ kompakt in $L^p(G)$ eingebettet (für $p = n$ in $L^r(G)$, $(1/r) > (1/p) - (1/n) = 0$), also ist V auch kompakt in $L^p(G)$ eingebettet. Die schwache Konvergenz in V impliziert die starke Beschränktheit von $\{u_i \mid i\in\mathbb{N}\}$ in V. Somit ist $\{u_i \mid i\in\mathbb{N}\}$ in $L^p(G)$ relativ kompakt, das heißt es gibt eine Teilfolge $\{u_{i_k}\}_{k\in\mathbb{N}}$

und eine Nullmenge $N \subset G$, so daß

$$\left.\begin{array}{llll} \text{(i)} & u_{i_k} \underset{k\to\infty}{\to} u & \text{stark in } L^p(G), \\ \text{(ii)} & u_{i_k}(x) \underset{k\to\infty}{\to} u(x) & \text{punktweise in } G\backslash N \end{array}\right\} \quad (*)$$

gelten. Zur Vereinfachung der Schreibweise bezeichen wir diese Teilfolge wieder mit $\{u_i\}_{i\in\mathbb{N}}$. Ihr Bild unter der Abbildung $y\colon W^{1,p}(G) \to L^{p,n+1}(G)$ hat die folgenden Eigenschaften:

(i) $\|y(u_i)\|_{L^{p,n+1}(G)} \leqslant M < \infty, \qquad \forall i \in \mathbb{N},$

(ii) $\{y_0(u_i)\}_{\in\mathbb{N}}$ erfüllt $(*)$

(iii) $\{y_j(u_i)\}_{i\in\mathbb{N}}$ konvergiert schwach in $L^p(G)$ gegen $y_j(u), j = 1, \ldots, n.$ (7.20)

Es bleibt also die starke Konvergenz der Folgen $\{y_1(u_1), \ldots, y_n(u_i)\}_{i\in\mathbb{N}}$ in $L^p(G)$ zu zeigen. Dazu ist es hilfreich, sich an folgende Fakten zu erinnern:

(α) Eine in einem normierten Raum schwach konvergente Folge konvergiert genau dann stark, wenn sie eine stark konvergente Teilfolge enthält.

(β) Da G endliches Lebesgue-Maß hat, besagt der Vitalische Konvergenzsatz (Theorem III.6.15 in Dunford-Schwartz „Linear Operators" [VII.9]), daß $\{y_j(u_i)\}_{i\in\mathbb{N}}$ in $L^p(G)$ stark konvergiert, falls die folgenden Bedingungen erfüllt sind:

(i) $\{y_j(u_i)\}_{i\in\mathbb{N}}$ konvergiert punktweise fast überall.

(ii) Die Folge $\{y_j(u_i)\}_{i\in\mathbb{N}}$ ist gleichmäßig absolut-stetig, das heißt zu jedem $\varepsilon > 0$ gibt es ein $\delta_\varepsilon > 0$, so daß für alle meßbaren Teilmengen $A \subset G$ mit Maß $|A| < \delta_\varepsilon$ und alle $i \in \mathbb{N}$ gilt:

$$\int_A |y_j(u_i)(x)|^p\, d^n x < \varepsilon.$$

Daher ergibt sich die starke Konvergenz der Folge $\{y_j(u_i)\}_{i\in\mathbb{N}}$ in $L^p(G)$, falls wir die Bedingungen (i) und (ii) von (β) für eine geeignete Teilfolge nachweisen können.

c) In einem ersten Schritt wird die Bedingung (7.19) reduziert. Da $\{\hat{A}_0 y(u_i)\}_{i\in\mathbb{N}}$ in $L^{p'}(G)$ beschränkt ist (Ungl. (7.13)), liefert die starke Konvergenz von $\{y_0(u_i)\}_{i\in\mathbb{N}}$ in $L^p(G)$:

$$\lim_{i\to\infty} \langle \hat{A}_0 y(u_i) - \hat{A}_0 y(u), u_i - u\rangle_2 = 0.$$

Somit folgt

$$\lim_{i\to\infty} \sum_{j=1}^n \langle \hat{A}_j y(u_i) - \hat{A}_j y(u), y_j(u_i) - y_j(u)\rangle_2 = 0.$$

Da

$$\hat{A}_j\colon L^{p,n+1}(G) \to L^{p'}(G)$$

stetig ist, haben wir auch, daß

$$\lim_{i\to\infty} A_j(\cdot, y_0(u_i), \underline{y}(u)) = A_j(\cdot, y_0(u), \underline{y}(u))$$

in $L^{p'}(G)$ gilt, so daß sich (7.19) schließlich auf die folgende Konvergenzaussage reduziert:

$$\lim_{i\to\infty}\int_G d^n x \sum_{j=1}^n \{A_j(x,u_i(x),\underline{y}(u_i)) - A_j(x,u_i(x),\underline{y}(u))\}\{y_j(u_i) - y_j(u)\} = 0. \quad (7.21)$$

Der Integrand $I_i(x)$ in (7.21) ist aber infolge der Hypothese (H_2') nicht negativ: $I_i(x) \geqslant 0$, so daß (7.21) gerade die starke Konvergenz von $\{I_i\}_{i\in\mathbb{N}}$ in $L^1(G)$ ausdrückt:

$$I_i \underset{i\to\infty}{\to} 0 \quad \text{in} \quad L^1(G), \qquad I_i(x) \geqslant 0. \quad (7.22)$$

Folglich gibt es eine Teilfolge $\{I_{i_k}\}_{k\in\mathbb{N}}$ und eine Nullmenge $N' \subset G$, so daß

$$I_{i_k}(x) \underset{k\to\infty}{\to} 0, \qquad \forall x \in G\backslash N' \quad (7.22')$$

gilt.

d) Im nächsten Schritt zeigen wir die Gültigkeit der Bedingung (i) von (β) für eine geeignete Teilfolge von $\{y_j(u_i)\}_{i\in\mathbb{N}}$. Eine elementare Umformung gibt:

$$\begin{aligned}\sum_{j=1}^n & A_j(x,y(u_i))y_j(u_i)\\ &= \sum_{j=1}^n A_j(x,y(u_i))y_j(u) + \sum_{j=1}^n A_j(x,y_0(u_i),\underline{y}(u))[y_j(u_i) - y_j(u)] + I_i(x). \quad (7.23)\end{aligned}$$

Also können wir wegen (H_2') folgendermaßen abschätzen:

$$\begin{aligned}\sum_{j=1}^n |y_j(u_i)|^p &\leqslant \frac{1}{\alpha}\sum_{j=1}^n A_j(x,y(u_i))y_j(u_i) + \frac{1}{\alpha}g_0(x)|y_0(u_i)|^{r_0}\\ &= \frac{1}{\alpha}g_0(x)|y_0(u_i)|^{r_0} + \frac{1}{\alpha}I_i(x) + \frac{1}{\alpha}\sum_{j=1}^n A_j(x,y(u_i))y_j(u)\\ &\quad + \frac{1}{\alpha}\sum_{j=1}^n A_j(x,y_0(u_i),\underline{y}(u))[y_j(u_i) - y_j(u)]. \quad (7.24)\end{aligned}$$

Die Abschätzung (7.12) für die A_j kann für $|y_i| \geqslant 1$ auch so dargestellt werden. Mit geeigneten $0 \leqslant \sigma, \rho, \sigma + \rho \leqslant p - 1$ gilt:

$$|A_j(x,y)| \leqslant \alpha_j(x) + \beta_j(x)|y_0|^{p-1} + \gamma_j(x)|\underline{y}|^{p-1} + \delta_j(x)|y_0|^\rho|\underline{y}|^\sigma,$$

wobei die Funktionen $\alpha_j, \ldots, \delta_j$ außerhalb einer gemeinsamen Nullmenge $N_0 \subset G$ alle endlich sind. Tragen wir diese Abschätzung in (7.24) ein, so folgt für $x \in G\backslash N_0$:

$$\begin{aligned}\sum_{j=1}^n |y_j(u_i)(x)|^p &\leqslant \frac{1}{\alpha}g_0(x)|y_0(u_i)(x)|^{r_0} + \frac{1}{\alpha}I_i(x)\\ &\quad + F(x,y_0(u_i)(x),\underline{y}(u)(x))|\underline{y}(u_i)(x)|^{p-1} \quad (7.25)\end{aligned}$$

mit einer Funktion F, die auf beschränkten Mengen in $G \times \mathbb{R}^{n+1}$ beschränkt ist. Da aber I_{ik} und $y_0(u_{ik})$ in allen Punkten $x \in G\backslash N_0 \cup N \cup N'$ konvergieren, zeigt die Abschätzung (7.25) die Beschränktheit der Folge $\{\underline{y}(u_{ik})\}_{k\in\mathbb{N}}$ in allen diesen Punkten. Für einen beliebigen, aber festen Punkt $x \in G\backslash N_0 \cup N \cup N'$ sei $\underline{y}(u_{ikl}(x))$ eine gegen einen Punkt $\underline{y} \in \mathbb{R}^n$ konvergente Teilfolge.

Da auch $u_{ik}(x) \to u(x)$ gilt, folgt aus (7.22') und der Stetigkeit der A_j in $y \in \mathbb{R}^{n+1}$:

$$\sum_{j=1}^{n} [A_j(x, u(x), \underline{y}) - A_j(x, u(x), \underline{y}(u)(x))][y_j - y_j(u)(x)] = 0.$$

Wäre $\underline{y} \neq \underline{y}(u)(x)$, so ergäbe sich ein Widerspruch zur Hypothese (H_2'). Also gilt:

$$\lim_{l\to\infty} \underline{y}(u_{ikl})(x) = \underline{y}(u)(x).$$

Das zeigt, daß jede konvergente Teilfolge $\{\underline{y}(u_{ikl})(x)\}_{l\in\mathbb{N}}$ der beschränkten Teilfolge $\underline{y}(u_{ik})(x)$ denselben Limes hat, nämlich $\underline{y}(u)(x)$. Also konvergiert $\{\underline{y}(u_{ik})(x)\}_{k\in\mathbb{N}}$ selbst gegen $\underline{y}(u)(x)$. Da $x \in G\backslash N_0 \cup N \cup N'$ beliebig war, folgt die punktweise Konvergenz in $G\backslash N_0 \cup N \cup N'$ und so Bedingung (i) von (β) für $\{\underline{y}(u_{ik})\}_{k\in\mathbb{N}}$.

e) Im letzten Schritt wird die gleichmäßige Absolutstetigkeit der Folgen $\{\underline{y}(u_{ik})\}_{k\in\mathbb{N}}$ in $L^p(G)$ gezeigt. Dazu integrieren wir die Ungleichung (7.24) über eine beliebige meßbare Teilmenge $H \subset G$ und schätzen dann termweise ab:

$$\begin{aligned}\int_H d^n x \sum_{j=1}^{n} |y_j(u_i)(x)|^p &\leqslant \frac{1}{\alpha}\int_H d^n x\, I_i(x) + \frac{1}{\alpha}\int_H d^n x\, g_0(x)|u_i(x)|^{r_0} \\ &\quad + \frac{1}{\alpha}\int_H d^n x \sum_{j=1}^{n} A_j(x, \underline{y}(u_i)) y_j(u)(x) \\ &\quad + \frac{1}{\alpha}\int_H \sum_{j=1}^{n} A_j(x, u_i, \underline{y}(u))[y_j(u_i) - y_j(u)]\, d^n x. \qquad (7.26)\end{aligned}$$

Ist nun $\varepsilon > 0$ gegeben, so gibt es ein $i_\varepsilon \in \mathbb{N}$, so daß für alle $i \geqslant i_\varepsilon$ gilt:

$$\frac{1}{\alpha}\int_G d^n x\, I_i(x) \leqslant \frac{\varepsilon}{4},$$

denn $0 \leqslant I_i$ konvergiert in $L^1(G)$ gegen Null. Diese Abschätzung bleibt dann für alle meßbaren Teilmengen $H \subset G$ erhalten. Wählen wir also ein $\delta_0 > 0$, so daß für alle meßbaren $H \subset G$ mit $|H| \leqslant \delta_0$ gilt:

$$\frac{1}{\alpha}\int_H d^n x\, I_i(x) \leqslant \frac{\varepsilon}{4}, \qquad i = 1, \ldots, i_\varepsilon - 1,$$

so folgt

$$\frac{1}{\alpha}\int_H d^n x\, I_i(x) \leqslant \frac{\varepsilon}{4}$$

für alle $i \in \mathbb{N}$ und alle solche $H \subset G$. Infolge

$$\int_H d^n x \, g_0(x)|u_i(x)|^{r_0} \leqslant \|g_0\|_{L^\sigma(H)} \|u_i\|_p^{r_0} \leqslant M_1 \|g_0\|_{L^\sigma(H)}$$

mit

$$\sigma = \frac{p}{p - r_0} \qquad \text{und} \qquad g_0 \in L^\sigma(G)$$

gibt es ein $\delta_1 > 0$, so daß für meßbare Teilmengen $H \subset G$ mit $|H| \leqslant \delta_1$ folgt:

$$\frac{1}{\alpha} \int_H d^n x \, g_0(x)|u_i(x)|^{r_0} \leqslant \frac{\varepsilon}{4}, \qquad \forall i \in \mathbb{N}.$$

Die Abschätzung des 3. Terms in (7.26) gelingt ähnlich:

$$\left| \int_H d^n x \sum_{j=1}^n A_j(x, y(u_i)) y_j(u) \right| \leqslant h(\|u_i\|_{1,p}) \|u\|_{W^{1,p}(H)},$$

und die Beschränktheit von $\{h(\|u_i\|_{1,p})\}_{i \in \mathbb{N}}$ zeigt, daß es ein $\delta_2 > 0$ gibt, so daß für meßbare $H \subset G$, $|H| \leqslant \delta_2$,

$$\frac{1}{\alpha} \left| \int_H d^n x \sum_{j=1}^n A_j(x, y(u_i)) y_j(u) \right| \leqslant \frac{\varepsilon}{4}, \qquad \forall i \in \mathbb{N}$$

folgt. Da auch der letzte Term in (7.26) eine ähnliche Abschätzung besitzt, nämlich

$$\left| \frac{1}{\alpha} \int_H d^n x \sum_{j=1}^n A_j(x, u_i, \underline{y}(u)) [y_j(u_i) - y_j(u)] \right|$$

$$\leqslant \frac{1}{\alpha} \sum_{j=1}^n \|A_j(\cdot, u_i, \underline{y}(u))\|_{L^{p'}(H)} \{\|y_j(u_i)\|_p + \|y_j(u)\|_p\}$$

$$\leqslant M_3 \sum_{j=1}^n \|A_j(\cdot, u_i, \underline{y}(u)\|_{L^{p'}(H)},$$

zeigen die früheren expliziten Abschätzungen für $\|A_j(\cdots)\|_{p'}$ und die Konvergenz von $\{u_i\}_{i \in \mathbb{N}}$ in $L^p(G)$, daß es ein $\delta_3 > 0$ gibt, so daß auch dieser Term für alle meßbaren Teilmengen $H \subset G$, $|H| \leqslant \delta_3$ und alle $i \in \mathbb{N}$ kleiner oder gleich $\varepsilon/4$ wird. Wählen wir also $\delta = \min\{\delta_0, \delta_1, \delta_2, \delta_3\}$, so folgt nach (7.26) in der Tat für alle $i \in \mathbb{N}$ und alle meßbaren $H \subset G, |H| \leqslant \delta$:

$$\int_H d^n x \sum_{j=1}^n |y_j(u_i)(x)|^p \leqslant \varepsilon;$$

das heißt die Bedingung (ii) von (β) für $\{\underline{y}(u_i)\}_{i \in \mathbb{N}}$ und damit auch für die Teilfolge $\{\underline{y}(u_{ik})\}_{k \in \mathbb{N}}$.

f) Die Bemerkungen (α) und (β) von oben implizieren folglich die starke Konvergenz von $\{y_j(u_i)\}_{i\in\mathbb{N}}$ in $L^p(G)$ gegen $y_j(u)$ und damit die starke Konvergenz der Folge $\{u_i\}_{i\in\mathbb{N}}$ in $W^{1,p}(G)$ gegen u. Mithin hat die Abbildung T auch die Eigenschaft (S), und Theorem VII.4 liefert die Behauptung.

Bemerkung: Die Theoreme VII.6 und VII.7 lösen eine große Klasse von Randwert-Problemen für die quasi-lineare Differentialgleichung (7.1) im Sinne von Distributionen auf G. Über das wichtige Problem der Regularität dieser schwachen Lösung, das heißt die Frage, ob diese Lösungen u in V, $W_0^{1,p}(G) \subseteq V \subseteq W^{1,p}(G)$, auch Lösungen im klassischen Sinne sind, geben diese Theoreme keine Auskunft.

Beispiel: Es sei $G \subset \mathbb{R}^n$ eine offene nicht-leere glatt-berandete beschränkte Teilmenge und V ein abgeschlossener Teilraum von $W^{1,2}(G) = H^1(G)$ mit $H_0^1(G) \subseteq V$. Dann ist es für $n \geqslant 2$ mit Hilfe von Theorem VII.7 recht einfach, das variationstheoretische Randwert-Problem

$$- \Delta u = f$$

für beliebige $f \in V'$ mit durch V definierten Randbedingungen zu lösen. Dazu reicht es, in Theorem VII.7 $p = 2$ zu setzen. Dann sind trivialerweise alle Hypothesen (H_i'), $i = 1,2,3$, erfüllt, so daß die Lösbarkeit folgt.

Natürlich ist der Lösungsweg über die lineare Theorie gemäß Kapitel VI viel einfacher. Das ändert sich jedoch bei einer einfachen nichtlinearen Modifikation dieser Gleichung, etwa für $n = 2$.

Dazu seien Carathéodory-Funktionen ρ_{ij}, $i, j = 1,2$ auf $G \times \mathbb{R}$ gegeben, die folgende Eigenschaften haben:

(i) Es gibt ein $\alpha > 0$, so daß für alle $(x, y_0) \in G \times \mathbb{R}$ und alle $z \in \mathbb{R}^2$

$$\langle z, \rho(x, y_0) z \rangle = \sum_{i,j=1}^{2} z_i \rho_{ij}(x, y_0) z_j \geqslant \alpha \sum_{j=1}^{2} z_j^2$$

gilt.

(ii) Es gibt Funktionen $f_{ij} \in L^\infty(G)$, so daß für alle $y_0 \in \mathbb{R}$ und fast alle $x \in G$

$$|\rho_{ij}(x, y_0)| \leqslant f_{ij}(x)$$

gilt.

Wir wollen nun die Lösbarkeit des folgenden Randwert-Problems

$$- \sum_{j=1}^{2} \partial_j A_j(x, u(x), \nabla u(x)) = f(x)$$

mit durch V definierten Randbedingungen und gegebenem $f \in V'$ im Falle

$$A_j(x, y_0, y) = \sum_{i=1}^{2} \rho_{ji}(x, y_0) y_i$$

mit Hilfe von Theorem VII.7 zeigen. Dazu weisen wir die Hypothesen (H_i'), $i = 1,2,3$ nach. Die obige Bedingung (i) impliziert leicht die Hypothese (H_2') der Monotonie und die Hypothese (H_3') der Koerzitivität für $p = 2 = n$. Aus (ii) ergibt sich, daß auch die Hypothese (H_1') für $p = 2$ erfüllt ist. Theorem VII.7 garantiert also die Lösbarkeit des obigen Randwert-Problems, das sich im Falle $\rho_{ij}(x, y_0) = \delta_{ij}$ auf das lineare Randwert-Problem $- \Delta u = f$ reduziert.

Literatur

[VII.1] F. E. Browder: Problèmes non-linéaires. Montréal: Séminaire de Mathématiques Supérieures. 1966.

[VII.2] F. E. Browder: Non linear eigenvalue problems and Galerkin-approximation. Bull. Amer. Math. Soc. **74**, 651–656 (1968).

[VII.3] F. E. Browder: Pseudomonotone operators and the direct method of the calculus of variations. Arch. Rat. Mech. Anal. **38**, 268–277 (1970).

[VII.4] J. T. Oden, J. N. Reddy: An Introduction to the Mathematical Theory of Finite Elements. London: J. Wiley and Sons. 1976.

[VII.5] J. T. Oden, J. N. Reddy: Variational Methods in Theoretical Mechanics. Berlin-Heidelberg-New York: Springer. 1976.

[VII.6] R. W. Carrol: Abstract Methods in Partial Differential Equations. New York: Harper and Row. 1969.

[VII.7] G. Minty: On a "monotonicity" method for the solution of nonlinear equations in Banach spaces. Proc. Nat. Acad. Sci. USA **50**, 1038–1041 (1963).

[VII.8] J. L. Lions: Quelques méthodes de résolution des problèmes aux limites non linéaires. Paris: Dunod. 1969.

[VII.9] N. Dunford, J. T. Schwartz: Linear Operators. New York: Interscience Publishers, a division of J. Wiley and Sons. 1958, 1963.

VIII. Nicht-lineare elliptische Eigenwert-Probleme

VIII.1 Einleitung

Als weitere Anwendung der direkten Methode der Variationsrechnung soll eine spezielle Klasse von nicht-linearen Eigenwert-Problemen besprochen werden. Dabei verfahren wir bezüglich des technischen Rahmens wie bei der Behandlung der nicht-linearen Randwert-Probleme in Kapitel VII, das heißt, wenn wir Lösungen in einem Gebiet $G \subset \mathbb{R}^n$ suchen, so arbeiten wir in einem geeigneten Sobolev-Raum $W^{m,p}(G) = E$. Ausgangspunkt dieses Lösungsweges ist die folgende einfache Anwendung des Satzes über Lagrange-Multiplikatoren [Satz IV.3]. Sind f und h zwei $\mathscr{C}^1$-Funktionen auf E mit den Ableitungen $Df = f'$ und $Dh = h'$, so können wir die nicht-lineare Eigenwertgleichung

$$f'(u) = \lambda h'(u), \qquad u \in E, \qquad \lambda \in \mathbb{R} \tag{8.1}$$

in einfacher Weise dadurch lösen, daß wir kritische Punkte der Funktion h auf geeigneten Niveauflächen $f^{-1}(c)$ von f oder umgekehrt kritische Punkte von f auf geeigneten Niveauflächen $h^{-1}(c)$ von h bestimmen. Dabei *erscheint der Eigenwert λ als Lagrange-Multiplikator.*

Um in dieser Situation nun tatsächlich kritische Punkte bestimmen zu können, sind eine Reihe von Einschränkungen an die Niveaufläche und an die Funktion, deren kritische Punkte auf dieser Niveaufläche bestimmt werden sollen, erforderlich. Das bringt eine gewisse Unsymmetrie in der Rolle von f und h mit sich, was sich auch in der Unsymmetrie in den Hypothesen an f und h ausdrückt.

In unseren konkreten Anwendungen gehen wir in diesem Sinne von einem elliptischen Differentialoperator A der Ordnung 2 in Divergenzform und einem Operator B der Ordnung 0 in Divergenzform aus. Das heißt wir nehmen an, daß A und B folgende Gestalt haben:

Für eine Funktion $u: G \to \mathbb{R}$ setzen wir

$$y(u) = (y_0(u), y_1(u), \ldots, y_n(u)) = (u, \partial_1 u, \ldots, \partial_n u). \tag{8.2}$$

Damit gilt für Funktionen $F_j: G \times \mathbb{R}^{n+1} \to \mathbb{R}$

$$\hat{F}_j(y(u))(x) = F_j(x, y(u)(x)), \qquad \forall x \in G \tag{8.3a}$$

und entsprechend für eine Funktion $H_0: G \times \mathbb{R}$

$$\hat{H}_0(u)(x) = H_0(x, u(x)), \qquad \forall x \in G. \tag{8.3b}$$

Dann sei

$$A(u) = \hat{F}_0(y(u)) - \sum_{j=1}^{n} \partial_j \hat{F}_j(y(u)) \tag{8.4a}$$

und

$$B(u) = \hat{H}_0(u). \tag{8.4b}$$

Dabei nehmen wir an, daß die Funktionen F_j die partiellen Ableitungen einer Funktion $F: G \times \mathbb{R}^{n+1} \to \mathbb{R}$ sind, also

$$F_j(x, y) = \frac{\partial F}{\partial y_j}(x, y) \tag{8.5a}$$

und entsprechend

$$H_0(x, y_0) = \frac{\partial H}{\partial y_0}(x, y_0) \tag{8.5b}$$

mit einer Funktion $H: G \times \mathbb{R} \to \mathbb{R}$.

Dann ist natürlich zu präzisieren, was wir unter einer Lösung der quasi-linearen elliptischen Eigenwert-Gleichung

$$A(u) = \lambda B(u) \tag{8.6}$$

auf G verstehen wollen. Das geschieht in

Definition VIII.1: *Es sei $G \subset \mathbb{R}^n$ eine offene Menge und A und B zwei quasilineare partielle Differentialoperatoren auf G, wie sie durch die Formeln* (8.2)–(8.5) *in Divergenzform gegeben sind. Ferner sei V ein abgeschlossener Teilraum des Sobolev-Raumes $E = W^{1,p}(G)$. Dann heißt u eine Lösung des Eigenwertproblems* (8.6) *mit durch V definierten variationstheoretischen Randbedingungen genau dann, wenn es eine reelle Zahl $\lambda = \lambda(u)$ gibt, so daß*

$$a(u, v) = \lambda b(u, v), \qquad \forall v \in V \tag{8.7}$$

gilt. Dabei ist $a(\cdot\,,\cdot)$ die verallgemeinerte Dirichletform für den Operator A auf V und entsprechend b die verallgemeinerte Dirichletform für den Operator B auf V; das heißt für alle $u, v \in V$ gilt:

$$a(u, v) = \sum_{j=0}^{n} \langle \hat{F}_j(y(u)), y_j(v) \rangle_2 = \sum_{j=0}^{n} \int_G d^n x\, F_j(x, y(u)(x)) y_j(v)(x), \tag{8.8a}$$

$$b(u, v) = \langle \hat{H}_0(u), v \rangle_2 = \int_G d^n x\, H_0(x, u(x)) v(x). \tag{8.8b}$$

Den Anschluß an den durch Gl. (8.1) angedeuteten Zugang zum Eigenwert-Problem (8.6) erhalten wir dann dadurch, daß wir unter angemessenen Hypothesen zeigen:

$$a(u, v) = \langle f'(u), v \rangle, \tag{8.9a}$$

$$b(u, v) = \langle h'(u), v \rangle, \qquad \forall u, v \in V, \tag{8.9b}$$

wenn wir setzen

$$f(u) = \int_G d^n x\, F(x, y(u)x)) \tag{8.10a}$$

und

$$h(u) = \int_G d^n x \, H(x, u(x)). \tag{8.10b}$$

In (8.9) bezeichnet $\langle \cdot, \cdot \rangle$ die Dualität zwischen V' und V. (V' = topologischer Dualraum von V).

Bemerkung: Die Erweiterung auf Eigenwert-Probleme der Ordnung $2m, m > 1$, bereitet im vorgestellten Rahmen keine zusätzlichen prinzipiellen Schwierigkeiten und ist explizit bei Browder durchgeführt. Wir beschränken uns hier auf den einfacheren Fall $m = 1$, weil dieser

(i) übersichtlicher zu behandeln ist und dabei durchaus die allgemeine Strategie deutlich wird

(ii) in den meisten Anwendungen, insbesondere in der Physik, gegeben ist.

Eine Übersicht wird die Orientierung erleichtern.

Ein erster Abschnitt dieses Kapitels befaßt sich mit der Bestimmung einer Lösung des Eigenwert-Problems (8.6), welche in Analogie zur linearen Eigenwerttheorie als Grundzustandslösung angesehen werden kann. Das geschieht in zwei Schritten. Zunächst wird wie bei den Randwert-Problemen eine abstrakte Theorie entwickelt, und dann werden für die Differentialoperatoren A, B der Form (8.4) Hypothesen an die Koeffizientenfunktionen angegeben, aus denen die Hypothesen der abstrakten Theorie abgeleitet werden. Abschließend werden explizite Beispiele behandelt, die die verschiedenen Hypothesen erläutern. Dabei wird die Grundzustandslösung von (8.6) dadurch bestimmt, daß wir das Minimum von h auf einer Niveaufläche $f^{-1}(c)$ von f bestimmen (oder das Maximum von $h_c = h \restriction f^{-1}(c)$).

Der weitere Weg zur Bestimmung eventuell weiterer Eigenfunktionen, die nicht dieser Grundzustandslösung entsprechen, ist bereits durch die lineare Eigenwerttheorie vorgezeichnet. Das klassische Minimax-Prinzip von Poincaré-Fischer-Weyl-Courant et al. stellt bekanntlich in den linearen Fällen das bequemste Werkzeug für die Ableitung und Untersuchung der Eigenwerte höherer Ordnung mittels variationstheoretischer Methoden dar. Für selbstadjungierte, nach unten beschränkte Operatoren A in einem Hilbert-Raum $\mathscr{H}$ z. B. gestattet das Minimax-Prinzip, die Eigenwerte und den Beginn des wesentlichen Spektrums zu bestimmen [M. Reed, B. Simon, Methods of Modern Mathematical Physics IV. Theorem XIII.1].

Eine im wesentlichen topologische Version des Minimax-Prinzips, welche so vor allem auch nichtlineare Probleme erfaßt, ist erstmals von *Ljusternik* (Monatsh. Math. 1928) entworfen und später von ihm und *Schnirelman* und einigen weiteren Autoren ausgebaut worden. Diese Version des Minimax-Prinzips zeigt den Zusammenhang auf zwischen der Theorie kritischer Punkte und der Ljusternik-Schnirelman-Theorie der „Kategorie" von Teilmengen der Mannigfaltigkeit, auf der die kritischen Punkte gesucht werden.

Besonders wichtige Schritte im weiteren Ausbau der Ljusternik-Schnirelman-Theorie sind die Erweiterung auf glatte Hilbert-Mannigfaltigkeiten von *J. T. Schwartz* und die Erweiterung auf glatte Banach-Mannigfaltigkeiten (Finsler-

Mannigfaltigkeiten) von *R. S. Palais* [VIII.5]. Ein weiterer Ausbau und weitere Anwendungen der LS-Theorie auf Finsler-Mannigfaltigkeiten zur Untersuchung konkreter Eigenwert-Probleme stammt von F. E. Browder [VIII.1/2]. Für eine genauere Quellenangabe zur Entwicklung der LS-Theorie verweisen wir auf Palais [VIII.5], Browder [VIII.1], Rabinowitz [VIII.11].

Wenn man die Niveauflächen $f^{-1}(c), c \in \mathbb{R}$, einer $\mathscr{C}^1$-Funktion $f\colon W^{1,p}(G) \to \mathbb{R}$ als Finslersche Mannigfaltigkeit realisieren und darauf die ziemlich aufwendige LS-Theorie für Finslersche Mannigfaltigkeit anwenden will, so muß man $p \geqslant 2$ voraussetzen, wie in Browder [VIII.2] gezeigt wird. Das bedeutet zusätzliche Restriktionen an die Koeffizientenfunktionen F, F_j. Wir ziehen daher die Galerkin-Approximationsmethode von F. E. Browder [VII.2] vor, die

(i) mit der LS-Theorie für kompakte $\mathscr{C}^1$-Mannigfaltigkeiten auskommt und somit wesentlich einfacher ist,

(ii) die vom praktischen Standpunkt nicht unerhebliche Möglichkeit der endlich-dimensionalen Approximation für ein unendlich-dimensionales Eigenwert-Problem besitzt,

(iii) auch die Fälle von $\mathscr{C}^1$-Funktionen f auf $W^{1,p}(G)$ mit $1 < p < \infty$ zu behandeln gestattet.

Somit besprechen wir im 3. Abschnitt die Ljusternik-Schnirelman-Theorie für kompakte Mannigfaltigkeiten im $\mathbb{R}^n$.

Im 4. Abschnitt beginnen wir mit einer Untersuchung spezieller Niveauflächen $f^{-1}(c)$, für die anschließend eine „Galerkin-Approximation" entwickelt wird. Diese Approximation erlaubt es dann, die Ergebnisse der LS-Theorie für kompakte Mannigfaltigkeiten im $\mathbb{R}^n$ auf den Fall geeigneter Niveauflächen in einem separablen Banach-Raum zu übertragen. Auf diese Weise erhalten wir einen abstrakten Existenzsatz, der untere Schranken für die Anzahl der Lösungen von Gl. (8.6) liefert. Anschließend wird eine Klasse konkreter, quasilinearer, elliptischer Eigenwert-Probleme behandelt. Einige explizite Beispiele illustrieren diese recht allgemeinen Resultate.

Im letzten Abschnitt dieses Kapitels werden Eigenwert-Probleme über unbeschränkten Gebieten des $\mathbb{R}^n$ diskutiert. Für diese Klasse von Problemen ist bisher kaum eine allgemeine Theorie entwickelt worden. Daher besprechen wir einige typische Beispiele.

VIII.2 Bestimmung des Grundzustandes in nicht-linearen elliptischen Eigenwert-Problemen

A. Abstrakte Version einiger Existenzsätze

Wir stellen hier zwei abstrakte Existenzsätze für das Eigenwert-Problem (8.1) vor. Die beiden Sätze unterscheiden sich, grob gesagt, dadurch, daß die Funktionen f und h im variationstheoretischen Zugang (Maximierung bzw. Minimierung unter Nebenbedingungen) ihre Rollen vertauschen. Im 2. Resultat wird die Lösung durch eine Minimaleigenschaft charakterisiert und besitzt somit unmittelbar die Interpretation als „Grundzustands"-Lösung. Charakteristisch für die Beweise beider Sätze ist wieder die Verwendung einer verallgemeinerten Galerkin- oder genauer einer Rayleigh-Ritz-Approximation.

Theorem VIII.2: *Es sei E ein separabler, reflexiver, reeller Banach-Raum mit Dualraum E'. Die Funktionen $f, h \in \mathscr{C}^1(E, \mathbb{R})$ mögen folgende Eigenschaften haben:*

a) Hypothesen an die Nebenbedingung f: Für $c \in \mathbb{R}$ gelte:
  a_1) $M_c(f) = f^{-1}(c) = \{u \in E \mid f(u) = c\}$ ist beschränkt.
  a_2) $\langle f'(u), u\rangle \neq 0, \forall u \in M_c(f)$.
  a_3) $f': E \to E'$ ist beschränkt.
  a_4) f' erfüllt die Bedingung (S) (siehe Kapitel VII, Seite 158).

b) Hypothesen an die Funktion h, welche auf $M_c(f)$ zu maximieren ist:
  b_1) $h': E \to E'$ ist kompakt.
  b_2) h ist auf beschränkten Mengen von E schwach stetig.

c) Hypothese der „relativen Beschränktheit" von h' und f': Zu jeder Folge $\{u_n\}_{n \in \mathbb{N}} \subset M_c(f)$ gibt es ein $c_0 > 0$, so daß

$$|\langle h'(u_n), u_n\rangle| \geqslant c_0 |\langle f'(u_n), u_n\rangle|, \qquad \forall n \in \mathbb{N}$$

gilt.

Dann folgt: Es gibt ein $u \in M_c(f)$ und ein $\lambda \in \mathbb{R}$ mit

i) $$h(u) = \max_{v \in M_c(f)} h(v),$$

ii) $$f'(u) = \lambda h'(u).$$

Beweis. 1. Schritt: *Rayleigh-Ritz-Approximation.* Da E separabel ist, gibt es eine in E totale Folge $\{x_n\}_{n \in \mathbb{N}}$, welche eine in $M_c(f)$ totale Teilfolge enthält. Dann ist

$$E_n = \operatorname{lin}\{x_1, \ldots, x_n\}$$

eine Folge endlich-dimensionaler Teilräume von E mit

$$E_n \subseteq E_{n+1} \qquad \text{und} \qquad E = \overline{\bigcup_{n \in \mathbb{N}} E_n}. \tag{8.11}$$

Setzen wir dann

$$M_{c,n} = M_c(f) \cap E_n, \qquad n \in \mathbb{N}, \tag{8.12}$$

so gilt ebenfalls

$$M_{c,n} \subseteq M_{c,n+1} \qquad \text{und} \qquad M_c(f) = \overline{\bigcup_{n \in \mathbb{N}} M_{c,n}}. \tag{8.13}$$

Dabei ist

$$\overline{\bigcup_{n \in \mathbb{N}} M_{c,n}} \subseteq M_c(f)$$

evident, und die Annahme

$$M_c(f) \setminus \overline{\bigcup_{n \in \mathbb{N}} M_{c,n}} \neq \emptyset$$

läßt sich leicht zu einem Widerspruch führen.

Es bezeichne $\varphi_n: E_n \to E$ die identische Einbettung und φ'_n die zu φ_n duale Projektion $\varphi'_n: E' \to E'_n$. Setze dann

$$f_n = f \circ \varphi_n = f \restriction E_n, \qquad n \in \mathbb{N}. \tag{8.14a}$$

Es folgt

$$f_n' = \varphi_n' \circ f' \circ \varphi_n, \tag{8.14b}$$

denn $f \in \mathscr{C}^1(E, \mathbb{R})$ heißt

$$f(x+y) - f(x) = \langle f'(x), y\rangle + o(y), \qquad \forall x, y \in E;$$

speziell also für $x = \varphi_n(u)$, $y = \varphi_n(h)$, $u, h \in E_n$:

$$\begin{aligned} f_n(u+h) - f_n(u) &= f(\varphi_n(u) + \varphi_n(h)) - f(\varphi_n(u)) = \langle f'(\varphi_n(u)), \varphi_n(h)\rangle + o(\varphi_n(h)) \\ &= \langle \varphi_n' \circ f' \circ \varphi_n(u), h\rangle + o(\varphi_n(h)) \end{aligned}$$

und damit (8.14b).

Infolge a_2) ist $M_c(f)$ eine $\mathscr{C}^1$-Untermannigfaltigkeit in E der Kodimension 1.

Nach (8.12) und (8.14a) gilt $M_{c,n} = M_c(f_n)$, so daß $M_{c,n}$ infolge (8.14b) und Hypothese a_2) ebenfalls eine $\mathscr{C}^1$-Untermannigfaltigkeit der Kodimension 1 in E_n ist, weil

$$\langle f_n'(u), u\rangle \neq 0, \qquad \forall u \in M_{c,n} \tag{8.15}$$

gilt. Setzen wir auch $h_n = h \restriction E_n$, so folgt ebenso

$$h_n' = \varphi_n' \circ h' \circ \varphi_n. \tag{8.16}$$

2. Schritt: *Lösung des endlich-dimensionalen Eigenwertproblems.* Nach a_1) ist $M_c(f)$ beschränkt; somit sind alle $M_{c,n}$ im endlich-dimensionalen Banach-Raum E_n beschränkt. Da sie auch alle abgeschlossen sind, folgt, daß alle $M_{c,n}$ kompakte $\mathscr{C}^1$-Untermannigfaltigkeiten in E_n sind.

Der Satz von Weierstraß liefert daher: Für alle $n \in \mathbb{N}$ gibt es

$$u_n \in M_{c,n} \qquad \text{mit} \qquad h_n(u_n) = \sup_{u \in M_{c,n}} h(u). \tag{8.17}$$

Infolge (8.15) ist der Satz über Lagrange-Multiplikatoren anwendbar. Es folgt:

Für alle $n \in \mathbb{N}$ gibt es $\lambda_n \in \mathbb{R}$, so daß

$$h_n'(u_n) = \lambda_n \varphi_n'(u_n) \tag{8.18}$$

gilt.

3. Schritt: *Der Grenzübergang.* Dieser Teil des Beweises ist naturgemäß der eigentliche Kern. Während in den beiden vorangehenden Schritten nur der einfachere Teil der Hypothesen benutzt wurde, werden wir nun sehen, daß die Hypothesen von Theorem VIII.2 in ihrer Gesamtheit stark genug sind, um den Grenzübergang kontrollieren zu können.

α) Aus (8.8) ergibt sich

$$\langle h_n'(u_n), u_n\rangle = \lambda_n \langle f_n'(u_n), u_n\rangle, \qquad \forall n \in \mathbb{N}.$$

Die Hypothese c) liefert, daß $(\xi_n = 1/\lambda_n)_{n \in \mathbb{N}}$ beschränkt ist. Da die Folge $\{u_n\}_{n \in \mathbb{N}}$ Norm-beschränkt und E reflexiv ist, gibt es Teilfolgen $\{u_{n_j}\}_{j \in \mathbb{N}}$ und $\{\xi_{n_j}\}_{j \in \mathbb{N}}$ mit

$$u_{n_j} \underset{j \to \infty}{\overset{w}{\to}} u \quad \text{in } E \qquad \text{und} \qquad \xi_{n_j} \underset{j \to \infty}{\to} \xi \in \mathbb{R}. \tag{8.19}$$

Die Hypothese b_2) liefert

$$h(u) = \lim_{j\to\infty} h(u_{n_j}).$$

Infolge (8.16) und (8.17) gilt für alle $j \in \mathbb{N}$

$$h(u_{n_j}) = h_{n_j}(u_{n_j}) = \sup_{v\in M_{c,n_j}} h(v) \leqslant \sup_{v\in M_{c,n_{j+1}}} h(v) = h(u_{n_{j+1}});$$

und daher

$$h(u) = \sup_{j\in\mathbb{N}} \sup_{v\in M_{c,n_j}} h(v) = \sup_{v\in M_c(f)} h(v). \tag{8.20}$$

Damit ist gezeigt, daß die Funktion h auf der Niveaufläche $M_c(f)$ ihr Supremum in einem Punkt $u\in E$ annimmt, der als schwacher Limes der Eigenfunktionen $\{u_{n_j}\}_{j\in\mathbb{N}}$ des endlich-dimensionalen approximierenden Eigenwert-Problems gewonnen werden kann.

β) Es bleibt zu zeigen, daß dieser Punkt u tatsächlich zur Niveaufläche gehört. Sobald $u\in M_c(f)$ nachgewiesen ist, folgt leicht, daß u auch Eigenfunktion des Paares f', h' ist. Denn nach (8.20) haben wir dann

$$h(u) = \max_{v\in M_c(f)} h(v),$$

so daß infolge a_2) der Satz über Lagrange-Multiplikatoren die Existenz eines $\rho\in\mathbb{R}$ sichert mit $\rho f'(u) = h'(u)$.

Wir zeigen $u\in M_c(f)$, indem wir nachweisen, daß die Folge der u_{n_j}, $j\in\mathbb{N}$, nicht nur schwach, sondern stark gegen u konvergiert. Dazu dient die Bedingung (S), welche f' nach Hypothese a_4) erfüllt.

γ) Nachweis der Hypothesen der Bedingung (S) für die Folge $\{u_{n_j}\}_{j\in\mathbb{N}}$. Es seien $m\in\mathbb{N}$ und $v\in E_m$ beliebig, aber fest. Die Hypothese b_1) stellt die starke Konvergenz der Folge $\{h'(u_{n_j})\}_{j\in\mathbb{N}}$ in E' sicher, etwa gegen $w\in E'$. Für $n_j \geqslant m$ folgt aus (8.14b), (8.16) und (8.18):

$$\begin{aligned}\langle f'(u_{n_j}), u_{n_j} - v\rangle &= \langle \varphi'_{n_j} \circ f' \circ \varphi_{n_j}(u_{n_j}), u_{n_j} - v\rangle\\ &= \langle \xi_{n_j}\varphi'_{n_j} \circ h' \circ \varphi_{n_j}(u_{n_j}), u_{n_j} - v\rangle\\ &= \xi_{n_j}\langle h'(u_{n_j}), u_{n_j} - v\rangle;\end{aligned}$$

und daher infolge (8.19) und der starken Konvergenz $h'(u_{n_j}) \to_{j\to\infty} w$;

$$\begin{aligned}\lim_{j\to\infty} \langle f'(u_{n_j}), u_{n_j} - v\rangle &= \lim_{j\to\infty} \{\xi_{n_j}\langle h'(u_{n_j}), u_{n_j} - v\rangle\}\\ &= \xi\langle w, u - v\rangle.\end{aligned}$$

Also folgt für alle $v\in \bigcup_{n\in\mathbb{N}} E_n$:

$$\lim_{j\to\infty} \langle f'(u_{n_j}), u_{n_j} - v\rangle = \xi\langle w, u - v\rangle. \tag{8.21}$$

Wir zeigen nun, daß die Gl. (8.21) für alle $v\in E$ gilt. Infolge a_3) ist $C_1 = \sup_{j\in\mathbb{N}} \|f'(u_{n_j})\|'$ endlich. Nun seien $v\in E$ und $\varepsilon > 0$ gegeben. Nach (8.11) gibt es ein $v_0\in \bigcup_{n\in\mathbb{N}} E_n$ mit

$$\|v - v_0\| \leqslant \varepsilon' := \frac{1}{2\{C_1 + |\xi|\,\|w\|'\}}\varepsilon.$$

Nach (8.21) gibt es zu v_0 ein $j_0 = j_0(v_0, \varepsilon')$, so daß für alle $j \geqslant j_0$

$$|\langle f'(u_{n_j}), u_{n_j} - v_0\rangle - \xi\langle w, u - v_0\rangle| \leqslant \frac{\varepsilon}{2}$$

gilt. Damit folgt für alle $j \geqslant j_0$

$$\begin{aligned}
&|\langle f'(u_{n_j}), u_{n_j} - v\rangle - \xi\langle w, u - v\rangle| \\
&\leqslant |\langle f'(u_{n_j}), u_{n_j} - v_0\rangle - \xi\langle w, u - v_0\rangle| + |\langle f'(u_{n_j}) - \xi w, v_0 - v\rangle| \\
&\leqslant \frac{\varepsilon}{2} + \{\|f'(u_{n_j})\|' + |\xi|\,\|w\|'\}\|v_0 - v\| \leqslant \frac{\varepsilon}{2} + \frac{\varepsilon}{2} = \varepsilon.
\end{aligned}$$

Mithin gilt (8.21) für alle $v \in E$. Die Spezialisierung $v = u$ gibt

$$\lim_{j \to \infty} \langle f'(u_{n_j}), u_{n_j} - u\rangle = 0$$

und daher auch infolge (8.19):

$$\lim_{j \to \infty} \langle f'(u_{n_j}) - f'(u), u_{n_j} - u\rangle = 0.$$

Das heißt, die schwach konvergente Folge $\{u_{n_j}\}_{j \in \mathbb{N}} \subset E$ erfüllt die Hypothese der Bedingung (S) für die Funktion f'.

Diese Bedingung impliziert also die starke Konvergenz dieser Folge:

$$u = \text{s-}\lim_{j \to \infty} u_{n_j}.$$

δ) Da f stetig ist, ergibt sich:

$$f(u) = \lim_{j \to \infty} f(u_{n_j}) = c,$$

das heißt $u \in M_c(f)$. Es folgt auch

$$\langle h'(u), u\rangle = \lim_{j \to \infty} \langle h'(u_{n_j}), u_{n_j}\rangle = \langle w, u\rangle,$$

$$\langle f'(u), u\rangle = \lim_{j \to \infty} \langle f'(u_{n_j}), u_{n_j}\rangle.$$

Mit a_2) und Hypothese c) mit $c_0 = c_0(\{u_{n_j}\}_{j \in \mathbb{N}})$ schließen wir:

$$\frac{|\langle h'(u), u\rangle|}{|\langle f'(u), u\rangle|} = \lim_{j \to \infty} \frac{|\langle h'(u_{n_j}), u_{n_j}\rangle|}{|\langle f'(u_{n_j}), u_{n_j}\rangle|} \geqslant c_0 > 0.$$

Also gilt

$$\rho = \frac{\langle h'(u), u\rangle}{\langle f'(u), u\rangle} \neq 0.$$

Somit erhalten wir die Behauptung ii) mit $\lambda = 1/\rho$. Schließlich ergibt sich $\rho = \xi = \lim_{j \to \infty} \xi_{n_j}$ und damit $\lambda = \lim_{j \to \infty} \lambda_{n_j}$.

Der folgende Satz beweist die Existenz einer Lösung eines nicht-linearen Eigenwert-Problems der Form $f'(u) = \lambda h'(u)$ durch eine variationstheoretische

Bestimmung des „Grundzustandes" von f auf der Niveaufläche von h. Die Hypothesen und die Beweismethoden sind daher denen von Theorem VIII.2 ähnlich.

Theorem VIII.3: *Es sei E ein reeller, separabler, reflexiver Banach-Raum mit dem Dualraum E'. Die Funktionen $f, h \in \mathscr{C}^1(E, \mathbb{R})$ mögen folgende Eigenschaften haben:*

a) Hypothesen an die „Nebenbedingung": Für $c \in \mathbb{R}$ gelte:
- a_1) $\langle h'(u), u\rangle > 0, \forall u \in M_c(h) = \{u \in E \mid h(u) = c\}$.
- a_2) $\forall R > 0, \exists c(R) > 0 : \langle h'(u), u\rangle \geqslant c(R), \forall u \in M_c(h) \cap \overline{B_R}(0)$.
- a_3) *$h' : E \to E'$ ist kompakt.*
- a_4) *h ist auf beschränkten Mengen schwach stetig.*

b) Hypothesen an die zu minimierende Funktion:
- b_1) *$f(u) \to \infty$ für $\|u\| \to +\infty$.*
- b_2) *$f' : E \to E'$ ist beschränkt.*
- b_3) *$f' : E \to E'$ erfüllt die Bedingung (S).*

Dann folgt: Es gibt ein $u \in M_c(h)$ und ein $\lambda \in \mathbb{R}$ mit

i)
$$f(u) = \min_{v \in M_c(h)} f(v),$$

ii)
$$f'(u) = \lambda h'(u).$$

Beweis: 1. Schritt: *Rayleigh-Ritz-Approximation.* Definieren wir die endlich-dimensionalen Teilräume E_n wie im 1. Schritt des Beweises von Theorem VIII.2, so folgt genauso:

$$M_c(h) = \overline{\bigcup_{n \in \mathbb{N}} M_{c,n}}, \qquad M_{c,n} = M_c(h) \cap E_n \subseteq M_{c,n+1}. \tag{8.22}$$

$M_c(h)$ ist eine $\mathscr{C}^1$-Untermannigfaltigkeit der Kodimension 1 in E und entsprechend $M_{c,n}$ in E_n für hinreichend großes $n \in \mathbb{N}$. Ferner gelten die Relationen (8.14) und (8.16).

2. Schritt: *Lösung der endlich-dimensionalen Eigenwertprobleme*: Die Formel

$$f(u) - f(v) = \int_0^1 d\tau \, \langle f'(v + \tau(u - v)), u - v\rangle$$

und die Hypothese b_2) implizieren, daß f auf allen beschränkten Mengen von E beschränkt ist. Infolge der Hypothese b_1) gibt es ein $R_1 > 0$ mit

$$\inf\{f(u) \mid u \in M_c(h)\} = \inf\{f(u) \mid u \in M_c(h) \cap \overline{B_{R_1}}(0)\} \equiv m > -\infty. \tag{8.23}$$

Für alle $n \in \mathbb{N}$ folgt:

$$m_{n-1} \geqslant m_n := \inf\{f(u) \mid u \in M_{c,n}\} \geqslant m. \tag{8.24}$$

Sei etwa $v_1 \in M_{c,1}$. Nach b_1) gibt es ein $R > 0$, so daß $\|v\| \geqslant R$ impliziert: $f(v) \geqslant f(v_1)$. Es folgt für alle $n \in \mathbb{N}$:

$$m_n = \inf\{f_n(u) \mid u \in M_{c,n}\} = \inf\{f_n(u) \mid u \in M_{c,n} \cap \overline{B_R(0)}\}. \tag{8.25}$$

Nun ist aber $M_{c,n} \cap \overline{B_R(0)}$ eine kompakte Teilmenge von E_n. Also folgt in bekannter Weise für alle $n \in \mathbb{N}$: Es gibt ein $u_n \in M_{c,n} \cap \overline{B_R(0)}$ und ein $\lambda_n \in \mathbb{R}$ mit

$$\text{i)}\quad f_n(u_n) = \min_{v \in M_{c,n}} f_n(v), \qquad \text{ii)}\quad f'_n(u_n) = \lambda_n h'_n(u_n). \tag{8.26}$$

3. Schritt: *Der Grenzübergang*. Nach Gln. (8.14c) und (8.16) gilt:

$$f(u_n) = f_n(u_n) = \min_{v \in M_{c,n}} f(v) \geqslant \min_{v \in M_{c,n+1}} f(v) = f(u_{n+1}).$$

Weil

$$M_c(h) = \overline{\bigcup_{n \in \mathbb{N}} M_{c,n}}$$

gilt, folgt: $f(u_n) \searrow_{n \to \infty} m$. Zu dem in (8.25) bestimmten $R > 0$ wähle $c(R) > 0$ gemäß Hypothese a_2). Es folgt

$$\langle h'_n(u_n), u_n \rangle \geqslant c(R), \qquad \forall n \in \mathbb{N}$$

und daher infolge (8.26ii) und Hypothese b_2)

$$|\lambda_n| = \left| \frac{\langle f'_n(u_n), u_n \rangle}{\langle h'_n(u_n), u_n \rangle} \right| \leqslant \frac{R}{c(R)} \sup_{v \in \overline{B_R(0)}} \|f'(v)\| < \infty$$

für alle $n \in \mathbb{N}$.

In bekannter Weise erhalten wir Teilfolgen $\{u_{n_j}\}_{j \in \mathbb{N}}$ und $\{\lambda_{n_j}\}_{j \in \mathbb{N}}$ mit

$$u_{n_j} \xrightarrow[j \to \infty]{w} u \in E \qquad \text{und} \qquad \lambda_{n_j} \underset{j \to \infty}{\to} \lambda \in \mathbb{R}. \tag{8.27}$$

Mit a_3) folgt die starke Konvergenz von $h'(u_{n_j})$, etwa

$$w = \lim_{j \to \infty} h'(u_{n_j}) \in E'.$$

a_4) impliziert $h(u_{n_j}) \to_{j \to \infty} h(u)$ und somit $u \in M_c(h)$. Wie im Teil γ) des Beweises von Theorem VIII.2 folgt aus der Hypothese b_3) die starke Konvergenz der Folge $\{u_{n_j}\}_{j \in \mathbb{N}}$. Damit erhalten wir:

$$f(u) = \lim_{j \to \infty} f(u_{n_j}) = m = \inf_{v \in M_c(h)} f(v).$$

Also ist $u \in M_c(h)$ ein minimierender Punkt von f auf $M_c(h)$. Es folgt auch

$$w = \lim_{j \to \infty} h'(u_{n_j}) = h'(u),$$

$$\lim_{j \to \infty} f'(u_{n_j}) = f'(u).$$

Für $v \in \bigcup_{n \in \mathbb{N}} E_n$, etwa $v \in E_m$, ergibt sich aus (8.14), (8.16) und (8.26ii):

$$\begin{aligned} \langle f'(u), v \rangle &= \lim_{j \to \infty} \langle f'(u_{n_j}), v \rangle = \lim_{j \to \infty} \langle f'(\varphi_{n_j}(u_{n_j})), \varphi_{n_j}(v) \rangle \\ &= \lim_{j \to \infty} \langle f'_{n_j}(u_{n_j}), v \rangle = \lim_{j \to \infty} \langle \lambda_{n_j} h'(u_{n_j}), v \rangle \\ &= \lim_{j \to \infty} \lambda_{n_j} \langle h'(u_{n_j}), v \rangle = \lambda \langle h'(u), v \rangle. \end{aligned}$$

Da $\bigcup_{n\in\mathbb{N}} E_n$ in E dicht ist, folgt $f'(u) = \lambda h'(u)$, das heißt die Behauptung (ii).

Zusatz zu Theorem VIII.2 und Theorem VIII.3: *Die Eigenfunktion u und der Eigenwert λ, deren Existenz durch Theorem VIII.2 bzw. VIII.3 begründet ist, können als starke Limiten von Teilfolgen $(u_{n_j})_{j\in\mathbb{N}}$ bzw. $(\lambda_{n_j})_{j\in\mathbb{N}}$ der Folgen der Eigenfunktionen $(u_n)_{n\in\mathbb{N}}$ und der Eigenwerte $(\lambda_{n_j})_{n\in\mathbb{N}}$ der approximierenden endlich-dimensionalen Eigenwert-Probleme*

$$f_n'(u_n) = \lambda_n h_n'(u_n), \qquad u_n \in E_n, \qquad \lambda_n \in \mathbb{R}, \qquad n \in \mathbb{N},$$

gewonnen werden:

$$u = \text{s-}\lim_{j\to\infty} u_{n_j}, \qquad \lambda = \lim_{j\to\infty} \lambda_{n_j}.$$

Beweis: u und λ wurden auf diese Weise erklärt.

Bevor diese Existenzsätze auf konkrete nicht-lineare Eigenwertprobleme angewandt werden, soll die Hypothese der relativen Beschränktheit von f' und h' (das heißt die Hypothese c) in Theorem VIII.2 kurz diskutiert werden. Im Beweis hat diese Hypothese eine wichtige Funktion: Sie sichert die Beschränktheit der Folge der Eigenwerte der approximierenden endlich-dimensionalen Probleme und trägt damit entscheidend zum Nachweis der Hypothesen der Bedingung (S) bei.

Die Hypothese der relativen Beschränktheit von f' und h' kann im Zusammenspiel mit den anderen Hypothesen naturgemäß auf verschiedene Weise verwirklicht werden.

In Theorem 14 in [F. E. Browder, VIII.2] ist anstelle der Hypothese c) von Theorem VIII.2 die folgende Hypothese c') benutzt worden:

c') *Es gibt ein $u_0 \in M_c(f)$ und ein $r > 0$, so daß für alle $u \in M_c(f)$ mit $h(u) \geqslant h(u_0)$ stets $\langle h'(u), u\rangle \geqslant r$ gilt.*

Diese Hypothese c') leistet für die Folge der Eigenfunktionen $\{u_n\}_{n\in\mathbb{N}}$ der approximierenden endlich-dimensionalen Eigenwert-Probleme leicht ersichtlich das Gewünschte, denn: Ohne Einschränkung können wir annehmen, daß das u_0 der Hypothese c') zu E_1 gehört, dann folgt für alle $n \in \mathbb{N}$

$$h_n(u_n) = h(u_n) \geqslant h(u_0)$$

und somit

$$\langle h_n'(u_n), u_n\rangle = \langle h'(u_n), u_n\rangle \geqslant r > 0 \qquad \text{für alle} \quad n \in \mathbb{N}.$$

Da $M_c(f)$ beschränkt und f' auf beschränkten Mengen beschränkt ist, ergibt sich für diese Folge $u_n \in M_{c,n} \subset M_c(f)$:

$$|\lambda_n| = \left|\frac{\langle f'(u_n), u_n\rangle}{\langle h'(u_n), u_n\rangle}\right| \leqslant \frac{1}{r} \sup_{n\in\mathbb{N}} \|f'(u_n)\|'\|u_n\| < \infty.$$

Ebenso dürfte klar sein, daß auch Theorem VIII.3 gültig bleibt, wenn wir in diesem Theorem die Hypothese a_2) durch die Hypothesen c) oder c') der relativen Beschränktheit für f' und h' ersetzen.

Eine weitere Version der Hypothese der relativen Beschränktheit von f' und h' wird in Theorem VIII.16 als Hypothese B_1 benutzt. Auch mit dieser Hypothese anstelle der Hypothese c) bleibt Theorem VIII.2 gültig.

B. Bestimmung der Grundzustandslösung nicht-linearer elliptischer Eigenwert-Probleme

Werden die Hypothesen der Theoreme VIII.2 und VIII.3 in konkrete Forderungen an die Koeffizientenfunktionen in nicht-linearen elliptischen Eigenwert-Problemen übersetzt, so liefern diese Theoreme die Existenz und eine Methode zur Berechnung der Lösungen.

Ausgangspunkt des Problems sind wieder die quasilinearen Differentialoperatoren $A(u)$ und $B(u)$, wie sie in der Einleitung durch die Koeffizientenfunktionen $F_0, F_1, \dots, F_n$ bzw. H_0 bestimmt sind.

Satz VIII.4: *Es sei $G \subset \mathbb{R}^n$ eine offene, beschränkte und glatt berandete Teilmenge. Die $n+1$ C-Funktionen $F_0, F_1, F_n\colon G \times \mathbb{R}^{n+1} \to \mathbb{R}$ seien die partiellen Ableitungen $\partial F/\partial y_j$ der C-Funktion $F\colon G \times \mathbb{R}^{n+1} \to \mathbb{R}$.*

Diese Funktionen F, F_j mögen die Hypothesen D_1, D_2, K, M von Abschnitt VIII.4 für ein $p \in (1, n]$ erfüllen. Ferner sei $H\colon G \times \mathbb{R} \to \mathbb{R}$ eine C-Funktion, deren Ableitung

$$H_0(x,y) = \frac{\partial H(x,y)}{\partial y_0}$$

wieder eine C-Funktion ist. Die Funktionen H, H_0 erfüllen die Hypothesen D_3 und D_4 von Abschnitt VIII.4 für dasselbe $p \in (1, n]$. Schließlich sei V ein abgeschlossener Teilraum des Sobolev-Raumes $W^{1,p}(G)$ mit $W_0^{1,p}(G) \subseteq V$.

$$f(u) = \int_G F(x, y(u)(x))\, d^n x \qquad \text{und} \qquad h(u) = \int_G H(x, u(x))\, d^n x. \tag{8.28}$$

Diese Funktionen sind stetig Fréchet-differenzierbar auf V und besitzen folgende Ableitungen ($u, v \in V$):

$$\langle f'(u), v\rangle = \int_G d^n x \sum_{j=0}^{n} F_j(x, y(u)(x)) y_j(v)(x) \tag{8.29a}$$

und

$$\langle h'(u), v\rangle = \int_G d^n x\, H_0(x, u(x)) v(x). \tag{8.29b}$$

Für das Eigenwertproblem $A(u) = \lambda B(u)$ ergeben sich dann folgende Existenzaussagen:

A) Für $c \in \mathbb{R}$ gelte

$$\langle f'(u), u\rangle \neq 0, \qquad \forall u \in M_c(f) = f^{-1}(c).$$

Ferner gebe es ein $c_0 > 0$ und ein $u_0 \in M_c(f)$, so daß für alle $u \in M_c(f)$ mit $h(u) \geqslant h(u_0)$ stets

$$\langle h'(u), u\rangle \geqslant c_0$$

folgt. Dann nimmt die Funktion h ihr Maximum auf der Niveaufläche $M_c(f)$ in einem

Punkt $u \in M_c(f)$ *an, welcher das Eigenwertproblem* $A(u) = \lambda B(u)$, $\lambda \in \mathbb{R}$, *mit durch* V *definierten variationstheoretischen Randbedingungen löst, das heißt*

$$\langle f'(u), v\rangle = \lambda \langle h'(u), v\rangle, \qquad \forall v \in V.$$

B) Für ein $c \in \mathbb{R}$ *gelte für die Niveaufläche* $M_c(h) = h^{-1}(c)$ *von* h:

i) $\langle h'(u), u\rangle > 0$, $\forall u \in M_c(h)$,

ii) $\forall R > 0$, $\exists c(R) > 0$: $\langle h'(u), u\rangle \geqslant c(R)$, $\forall u \in M_c(h) \cap \overline{B_R(0)}$.

Dann nimmt die Funktion f *ihr Minimum auf* $M_c(h)$ *in einem Punkt* $u \in M_c(h)$ *an. Dieser Punkt ist eine Lösung des Eigenwertproblems* $A(u) = \lambda B(u)$, $\lambda \in \mathbb{R}$, *mit durch* V *definierten variationstheoretischen Randbedingungen.*

Beweis: α) Die Hypothesen an die Koeffizientenfunktionen F, F_j, H und H_0 erlauben, die Lemmata VIII.17 bzw. VIII.17′ von Abschnitt VIII.4 anzuwenden.

Lemma VIII.17 liefert für f: $f: V \to \mathbb{R}$ ist auf beschränkten Mengen beschränkt und stetig Fréchet-differenzierbar mit der Ableitung (8.29a). $f': V \to V'$ ist stetig, koerzitiv und auf beschränkten Mengen beschränkt. f' erfüllt die Bedingung (S).

Lemma VIII.17′ liefert für h: $h: V \to \mathbb{R}$ ist wohldefiniert, auf beschränkten Mengen beschränkt und stetig Fréchet-differenzierbar mit der Ableitung (8.29b). $h': V \to V'$ ist vollstetig, auf beschränkten Mengen beschränkt und schwach stetig.

Mit Satz VIII.13 von Abschnitt VIII.4 folgt $f(u) \to \infty$ für $\|u\| \to \infty$ und daß $M_c(f)$ für hinreichend große c sphärenartig ist.

β) Die Koerzitivität von f' impliziert $\langle f'(u), u\rangle > 0$ für alle $u \in M_c(f)$, falls c hinreichend groß ist. Der Rest der Hypothese in A) ist gerade die Hypothese der relativen Beschränktheit von f' und h' in der Form c′). Da in α) auch alle übrigen Hypothesen von Theorem VIII.2 nachgewiesen wurden, folgt die Behauptung von A).

γ) Die zusätzlichen Hypothesen in B) zusammen mit den in α) nachgewiesenen Eigenschaften von f, f', h und h' erlauben es, Theorem VIII.3 anzuwenden, so daß die Behauptung folgt.

Bemerkung: Natürlich gelten die im Zusatz zu Theorem VIII.2 und VIII.3 formulierten Aussagen auch in der Situation von Satz VIII.4.

VIII.3 Ljusternik-Schnirelman-Theorie für kompakte Mannigfaltigkeiten

A. Die topologische Basis des verallgemeinerten Minimax-Prinzips

Es sei X ein topologischer Raum und $K \subset X$ eine abgeschlossene Teilmenge. Ferner sei $h: X \to \mathbb{R}$ eine stetige reelle Funktion auf X und $\mathscr{F}$ eine Familie von Teilmengen von X, auf denen h beschränkt ist. Für eine solche Familie setzen wir

$$m(h, \mathscr{F}) = \inf_{A \in \mathscr{F}} \sup_{x \in A} h(x) = \inf_{A \in \mathscr{F}} \sup h(A). \tag{8.30}$$

Wir nennen $m(h, \mathscr{F})$ den *Minimax-Wert von* h *bezüglich* $\mathscr{F}$. Unser Ziel ist es, effektive Bedingungen zu isolieren, unter denen der Minimax-Wert ein Funktionswert ist, und zwar *der Wert* von h *in einem Punkt aus* K. Das gelingt folgendermaßen: Es sei ψ eine „*Deformation von* X", das heißt

$$(x,t) \to \psi_t(x)$$

ist eine stetige Abbildung $X \times \mathbb{R}_+ \to X$ mit $\psi_0 = id_X$, das heißt

$$\psi_0(x) = x, \qquad \forall x \in X.$$

ψ *senke die Werte von* h *in* $X \backslash K$ *effektiv ab*, das heißt ψ erfülle die Hypothese (A):

Für alle $-\infty < a < b < \infty$ mit $h^{-1}([a,b]) \cap K = \emptyset$ gebe es ein $t_0 > 0$, so daß gilt:

$$\psi_{t_0}(h^b) \subseteq h^a := h^{-1}([-\infty, a]). \tag{A}$$

Unter diesen Voraussetzungen ergibt sich:

Theorem VIII.5 (Verallgemeinertes Minimax-Prinzip): $\{X, K, h, \mathscr{F}, \psi_t\}$ *seien wie oben beschrieben;* $\mathscr{F}$ *sei* ψ_t*-invariant, das heißt* $A \in \mathscr{F}, t > 0 \Rightarrow \psi_t(A) \in \mathscr{F}$; $h(K) \subset \mathbb{R}$ *sei abgeschlossen und* $m(h, \mathscr{F})$ *sei endlich. Dann gibt es ein* $x_0 \in K$, *so daß*

$$m(h, \mathscr{F}) = h(x_0) \tag{8.31}$$

gilt.

Beweis: Der recht einfache Beweis wird indirekt geführt. Sei $m(h, \mathscr{F}) \in \mathbb{R} \backslash h(K)$, dann gibt es $a, b \in \mathbb{R}$ mit

i) $a < m(h, \mathscr{F}) < b$,
ii) $K \cap h^{-1}([a,b]) = \emptyset$.

Gemäß (i) gibt es ein $A \in \mathscr{F}$, so daß $m(h, \mathscr{F}) \leqslant \sup h(A) \leqslant b$, also $A \subseteq h^b$. Gemäß (ii) gibt es ein $t > 0$, so daß $\psi_t(h^b) \subseteq h^a$ gilt. Es folgt $\psi_t(A) \subseteq h^a$ und somit ein Widerspruch, weil $\psi_t(A) \in \mathscr{F}$ impliziert:

$$m(h, \mathscr{F}) \leqslant \sup h(\psi_t(A)) \leqslant \sup h(h^a) = a.$$

Daher gilt $m(h, \mathscr{F}) \in h(K)$, das heißt gerade (8.31).

Bemerkung: α) Die Voraussetzung, daß $h(K)$ abgeschlossen ist, wird in den späteren Anwendungen dadurch realisiert, daß wir zeigen:

$$K \cap h^{-1}([a,b]) \qquad \text{ist kompakt in } X \text{ für alle} \quad -\infty < a < b < \infty.$$

β) Der obige Beweis von Theorem VIII.5 zeigt, daß wir die Hypothese (A) über das Absenken der Funktionswerte von h in $X \setminus K$ durch ψ abschwächen können zu der Hypothese (A'):

Für alle $-\infty < a < b < \infty$ mit $h^{-1}([a,b]) \cap K = \emptyset$ und alle $B \in \mathscr{F}$ gebe es ein $t_0 = t_0(B, a, b) > 0$, so daß gilt:

$$\psi_{t_0}(B \cap h^b) \subseteq h^a. \tag{A'}$$

Beispiele: α) Für $\mathscr{F} = \{X\}$ ist $m(h, \mathscr{F}) = \sup_{x \in X} h(x)$.

β) Für $\mathscr{F} = \{\{x\} \mid x \in X\}$ ist $m(h, \mathscr{F}) = \inf_{x \in X} h(x)$.

γ) Es sei S^k die k-dimensionale Eins-Sphäre und ξ eine Homotopieklasse von Abbildungen $S^k \to X$. Für eine solche Klasse ξ setze

$$\mathscr{F}(\xi) = \{A \subset X \mid A = g(S^k) \text{ für ein } g \in \xi\}.$$

Dann ist $\mathscr{F}(\xi)$ unter allen Deformationen in X invariant.

Eine besonders wichtige Anwendung von Theorem VIII.5 ist die Bestimmung kritischer Punkte: Es sei X eine $\mathscr{C}^1$-Mannigfaltigkeit und $h \in \mathscr{C}^1(X, \mathbb{R})$ eine $\mathscr{C}^1$-Funktion auf X. Dann ist die Menge

$$K = K(h) = \{x \in X \mid h'(x) = 0\}$$

der kritischen Punkte von h abgeschlossen in X. Falls dann das Paar $(\mathscr{F}, \psi)$ die Hypothesen von Theorem VIII.5 erfüllt, so ist der Minimax-Wert von h bezüglich $\mathscr{F}$ ein kritischer Wert, und h besitzt also mindestens einen kritischen Punkt. Damit ist die Strategie zum Nachweis möglichst vieler kritischer Punkte klar. Man konstruiere:

(i) Deformationen ψ von X mit der Eigenschaft (A) in bezug auf $K = K(h)$.

(ii) ψ-invariante Familien $\mathscr{F}$ von Teilmengen von X, welche ein Maß für die Anzahl der kritischen Punkte liefern.

Die nächsten beiden Unterabschnitte sind dieser Konstruktion gewidmet.

B. Der Deformationssatz

Der Deformationssatz besagt gerade, daß und wie Deformationen mit der Eigenschaft (A) konstruiert werden können. Die entscheidende Technik dabei ist die der „Gradienten"- (oder Gradienten-artigen) Flüsse auf X, das heißt die „Methode des steilsten (oder hinreichend steilen) Abfalls". Diese wollen wir hier erläutern.

Um den einführenden und elementaren Rahmen beizubehalten, beweisen wir den Deformationssatz nur für den einfachen Fall *einer kompakten $\mathscr{C}^1$-Mannigfaltigkeit* X. Die recht schwierige Erweiterung dieses Satzes auf den Fall einer „Finsler-Mannigfaltigkeit" X findet man bei Palais [VIII.5] und Browder [VIII.1]. Dank einer sehr wirkungsvollen Reduktionstechnik („Galerkin-Approximation") von Browder [VIII.1] reicht unsere elementare Version des Deformationssatzes aus, um die weitestgehenden Anwendungen in der nicht-linearen Eigenwerttheorie behandeln zu können.

Es sei also X eine kompakte $\mathscr{C}^1$-Mannigfaltigkeit und $h: X \to \mathbb{R}$ eine $\mathscr{C}^1$-Funktion auf X. Dann ist der Gradient ∇h von h das durch $x \to \nabla h(x)$,

$$\langle \nabla h(x), v_x \rangle_x = D_x h(v_x), \qquad \forall v_x \in T_x(X),$$

erklärte Vektorfeld auf X ($T_x(X)$ = der Tangentialraum von X im Punkte x und $\langle \cdot, \cdot \rangle_x$ = Skalarprodukt auf $T_x(X)$). Die Schwarzsche Ungleichung zeigt, daß h im Punkte $x \in X$ am schnellsten in Richtung $-\nabla h(x)$ abnimmt:

$$D_x h(-\nabla h(x)) = -\langle \nabla h(x), \nabla h(x) \rangle_x.$$

Es bezeichne $t \to \phi_t$ die 1-Parameter-Gruppe von Diffeomorphismen von X, die durch das Vektorfeld $-\nabla h$ erzeugt wird, daß heißt ϕ_t ist der Fluß des Vektorfeldes $-\nabla h$ und als solcher durch folgende Eigenschaften charakterisiert [§8, Bröcker Jänisch, „Einführung in die Differentialtopologie", Heidelberger Taschenbücher, Springer, 1973]:

$$\frac{d}{dt}\phi_t(x) = -\nabla h(\phi_t(x)), \qquad \phi_0(x) = x, \qquad \forall (x,t) \in X \times \mathbb{R}. \tag{8.32}$$

Es folgt

$$\frac{d}{dt}h(\phi_t(x)) = D_{\phi_t(x)}h\left(\frac{d}{dt}\phi_t(x)\right) = -\|\nabla h(\phi_t(x))\|^2_{\phi_t(x)} \tag{8.33}$$

und damit folgende Alternative:

(α) $\nabla h(x) = 0$, das heißt x ist ein kritischer Punkt von h und somit $\phi_t(x) = x$, $\forall t \in \mathbb{R}$.

(β) $\nabla h(x) \neq 0$, und dann

$$\begin{aligned} &\text{(i)} & h(\phi_t(x)) &\leqslant h(x), & \forall t > 0,\\ &\text{(ii)} & h(\phi_t(x)) &\geqslant h(x), & \forall t < 0. \end{aligned} \tag{8.34}$$

Insbesondere beinhaltet (8.34α) die folgende Aussage:

Die kritischen Punkte $K(h)$ von $h \in \mathscr{C}^1(X, \mathbb{R})$ sind gerade die Fixpunkte des mit $-\nabla h$ assoziierten Flusses $\phi_t : X \to X$ für $t \neq 0$.

Unser Ziel ist es zu zeigen, daß der Fluß ϕ_t die Rolle von ψ_t in Theorem VIII.5 übernehmen kann, also die Eigenschaft (A) besitzt. Das folgende Lemma bereitet diesen Nachweis vor:

Lemma VIII.6: *Es sei $x_0 \in X$ ein regulärer Punkt von h (das heißt $\nabla h(x_0) \neq 0$), und es sei $c = h(x_0)$ der zugehörige reguläre Wert. Dann existieren ein $\varepsilon > 0$ und eine offene Umgebung $U = U(x_0)$ von x_0 in X, so daß $\phi_1(U) \subseteq h^{c-\varepsilon}$ gilt.*

Beweis: Gemäß (8.33) gilt

$$\frac{d}{dt}(h(\phi_t(x_0)) = -\|\nabla h(\phi_t(x_0)\|^2_{\phi_t(x_0)} \leqslant 0 \quad \text{und} \quad \frac{d}{dt}h(\phi_t(x_0))|_{t=0} < 0.$$

Also nimmt

$$t \to h(\phi_t(x_0)), \qquad t \geqslant 0,$$

in einer Umgebung von $t = 0$ strikt monoton ab; das heißt

$$h(\phi_1(x_0)) < h(x_0) = c,$$

also $h(\phi_1(x_0)) < c - 2\varepsilon$ für ein geeignetes $\varepsilon > 0$. Die Stetigkeit von $x \to h(\phi_1(x))$ sichert nun die Existenz einer offenen Umgebung $U = U(x_0)$ von x_0 in X mit $h(\phi_1(x)) < c - \varepsilon, \forall x \in U$, das heißt $\phi_1(U) \subseteq h^{c-\varepsilon}$.

Damit ist der eigentliche Kern des sogenannten Deformationssatzes, nämlich das effektive Absenken der Funktionswerte in der Umgebung eines regulären Punktes durch Anwendung der Methode der Trajektorien vom steilsten Abfall bereits bewiesen.

Theorem VIII.7 (Deformationssatz): *Es sei X eine kompakte $\mathscr{C}^1$-Mannigfaltigkeit und $h: X \to \mathbb{R}$ eine $\mathscr{C}^1$-Funktion. ϕ sei der durch $-\nabla h$ auf X definierte Fluß. Dann gibt es zu gegebenem $c \in \mathbb{R}$ und gegebener offener Umgebung U von $K_c = h^{-1}(c) \cap K(h)$ in X ein $\varepsilon > 0$, so daß gilt:*

$$\phi_1(h^{c+\varepsilon} \setminus U) \subseteq h^{c-\varepsilon}. \tag{8.35}$$

Insbesondere gibt es zu jedem regulären Wert c von h ein $\varepsilon > 0$, *so daß*

$$\phi_1(h^{c+\varepsilon}) \subseteq h^{c-\varepsilon} \tag{8.35'}$$

gilt.

Beweis: Jeder Punkt x von $Y = h^{-1}(c)\backslash U$ ist ein regulärer Punkt von h, so daß Lemma VIII.6 die Existenz einer offenen Umgebung U_x von x in X und die Existenz eines $\varepsilon_x > 0$ mit der Eigenschaft $\phi_1(U_x) \subseteq h^{c-\varepsilon_x}$ sicherstellt. Y ist abgeschlossen in X und daher kompakt, und $\bigcup_{x\in Y} U_x$ überdeckt Y. Also gibt es Punkte $x_1, \ldots, x_N \in Y$, so daß $Y \subset \bigcup_{j=1}^{N} U_{x_j}$ gilt. Setzen wir $\varepsilon_0 = \min\{\varepsilon_{x_1}, \ldots, \varepsilon_{x_N}\}$, so folgt

$$\bigcup_{j=1}^{N} \phi_1(U_{x_j}) \subseteq h^{c-\varepsilon_0}.$$

Nun ist $W = U \cup \bigcup_{j=1}^{N} U_{x_j}$ eine offene Überdeckung von $h^{-1}(c)$. Die Stetigkeit von h liefert die Existenz eines $\varepsilon \in (0, \varepsilon_0)$ mit $h^{-1}([c-\varepsilon, c+\varepsilon]) \subseteq W$. Unter Beachtung von $h^{c+\varepsilon} \subseteq h^{c-\varepsilon} \cup h^{-1}([c-\varepsilon, c+\varepsilon])$ ergibt sich

$$h^{c+\varepsilon}\backslash U \subseteq h^{c-\varepsilon} \cup W\backslash U \subseteq h^{c-\varepsilon} \cup \bigcup_{j=1}^{N} U_{x_j}$$

und somit

$$\phi_1(h^{c+\varepsilon}\backslash U) \subseteq \phi_1(h^{c-\varepsilon}) \cup \bigcup_{j=1}^{N} \phi_1(U_{x_j}) \subseteq \phi_1(h^{c-\varepsilon}) \cup h^{c-\varepsilon_0},$$

da nach (8.34) auch $\phi_1(h^{c-\varepsilon}) \subseteq h^{c-\varepsilon}$ gilt.

Der Deformationssatz läßt sich unter geeigneten Voraussetzungen auch für nicht-kompakte Mannigfaltigkeiten beweisen, ja sogar für gewisse ∞-dimensionale Mannigfaltigkeiten, die sogenannten Finsler-Mannigfaltigkeiten [Palais, Browder und die dort zitierte Literatur]. Das Hauptproblem dabei ist, daß das Gradientenfeld $-\nabla h$ für nicht-kompakte Mannigfaltigkeiten X nicht notwendig einen globalen Fluß auf X besitzt. Doch glücklicherweise benötigen wir, um eine Deformation von X mit der Eigenschaft (A) zu realisieren, nicht unbedingt Trajektoren von steilstem Abfall, wie sie mit $-\nabla h$ assoziiert sind, sondern nur solche mit einem „hinreichend steilen" Abfall. Das erlaubt es, das Gradientenfeld $-\nabla h$ in ein solches Vektorfeld abzuändern, das einen globalen Fluß ψ auf X besitzt und die Bedingung (A) erfüllt (Pseudo-Gradientenfeld bei Palais, Quasi-Gradientenfeld bei Browder).

Für den Fall, daß X keine kompakte Mannigfaltigkeit ist, benötigt man noch einige weitere Restriktionen an h, unter anderem, daß h die Bedingung (C) von Palais und Smale (die sogenannte Palais-Smale-, PS-)-Bedingung erfüllt. Diese besagt:

(PS) *Ist für eine Folge* $\{x_n\}_{n\in\mathbb{N}} \subset X$ *die Folge der Funktionswerte* $\{h(x_n)\}_{n\in\mathbb{N}}$ *beschränkt und gilt*

$$\|\nabla h(x_n)\|_{x_n} \underset{n\to\infty}{\to} 0,$$

so gibt es eine konvergente Teilfolge $\{x_{n(j)}\}_{j\in\mathbb{N}}$.

Der Limespunkt x dieser Teilfolge $\{x_{n(j)}\}_{j\in\mathbb{N}}$ ist infolge der Stetigkeit von ∇h ein kritischer Punkt von h.

Im Anschluß an unsere Bemerkung zu Theorem VIII.5 stellen wir in diesem Zusammenhang fest:

$$\text{Erfüllt } h \text{ die PS-Bedingung, so ist } h(K) \text{ abgeschlossen.} \tag{8.36}$$

Denn die PS-Bedingung impliziert leicht für beliebige $a < b$, daß $K(h) \cap h^{-1}([a, b])$ kompakt ist. Die PS-Bedingung ist demnach als eine verallgemeinerte Kompaktheitsbedingung anzusehen.

C. Die Ljusternik-Schnirelman-Kategorie und das Geschlecht einer Menge

In diesem Unterabschnitt wollen wir verschiedene deformationsinvariante Klassen $\mathcal{F}$ von Teilmengen einer $\mathcal{C}^1$-Mannigfaltigkeit X besprechen, wie sie in das verallgemeinerte Minimax-Prinzip eingehen. Dabei werden diese verschiedenen Klassen von Mengen durch eine Größe gekennzeichnet, die unter Anwendung beliebiger (ungerader) Deformationen nicht abnimmt. Das erlaubt schließlich mittels Theorem VIII.5, untere Schranken für die Anzahl der kritischen Punkte abzuleiten.

Ursprünglich und in etlichen späteren wichtigen Arbeiten wurde zu dieser Kennzeichnung der Begriff der *Ljusternik-Schnirelman-Kategorie* $\text{cat}(A; X)$ einer Menge A in einem topologischen Raum X benutzt. Dabei definiert man $\text{cat}(\emptyset; X) = 0$ und $\text{cat}(A; X) = 1$, falls A abgeschlossen und in X auf einen Punkt kontrahierbar ist. Anders gesagt: $\text{cat}(A; X) = 1$ genau dann, wenn die Einbettung $i: A \to X$ homotop zu einer konstanten Abbildung ist. Für eine beliebige Menge $A \subset X$, welche durch endlich viele abgeschlossene und in X auf einen Punkt kontrahierbare Mengen überdeckt werden kann, erklärt man $\text{cat}(A; X)$ als die minimale Anzahl solcher Mengen, die für die Überdeckung benötigt werden. Besitzt eine Teilmenge keine derartige Überdeckung, so setzt man $\text{cat}(A; X) = +\infty$.

Die wichtigsten Eigenschaften dieser Funktion auf der Potenzmenge $\mathcal{P}(X)$

$$\text{cat}(\cdot\,; X): \mathcal{P}(X) \to \mathbb{N} \cup \{+\infty\}$$

sind ihre Monotonie, ihre Subadditivität und ihr Verhalten gegenüber Deformationen:

α) Ist $G: X \times [0, 1] \to X$ eine Homotopie von id_X, so gilt mit $g_1(x) = G(x, 1)$:

$$\text{cat}(g_1(A); X) \geqslant \text{cat}(A; X), \qquad \forall A \in \mathcal{P}(X).$$

β) Ist g ein Homöomorphismus von X auf X, so gilt

$$\text{cat}(g(A); X) = \text{cat}(A; X), \qquad \forall A \in \mathcal{P}(X).$$

Setzt man nun für $k = 1, 2, \ldots$:

$$\mathcal{F}_k^c(X) := \{A \subset X \mid \text{cat}(A; X) \geqslant k\},$$

so hat man deformationsinvariante Familien von Teilmengen von X, mit denen man in das Theorem VIII.5 eingehen kann. Das ist unter anderem in den erwähnten Arbeiten von Ljusternik, Schnirelman, Palais und Browder geschehen und liefert

z. B., daß *eine gerade Funktion* $h \in \mathscr{C}^1(X; \mathbb{R})$ *auf* X *wenigstens* $\operatorname{cat}(X; X)$ *kritische Punkte besitzt.*

Die Bestimmung der Kategorie einer Teilmenge A von X ist im allgemeinen eine ziemlich schwierige Angelegenheit, die auf nicht-triviale Ergebnisse der Kohomologie- und Homotopietheorie angewiesen ist. Wir wählen daher einen elementareren Zugang über das „Geschlecht" einer Menge und kommentieren kurz am Schluß dieses Abschnittes den Zusammenhang von Geschlecht und Kategorie einer Menge.

Für einen reellen Banach-Raum E bezeichne $\Sigma(E)$ die Familie aller abgeschlossenen Teilmengen $A \subset E \backslash \{0\}$, welche spiegelungssymmetrisch sind ($x \in A \Rightarrow -x \in A$). Sind A und B spiegelungssymmetrische Mengen in einem oder in verschiedenen Banach-Räumen, so sei $\mathscr{C}_u(A, B)$ die Gesamtheit aller ungeraden stetigen Abbildungen von A in B. Natürlich kann auch $\mathscr{C}_u(A, B) = \emptyset$ vorkommen.

Definition VIII.8: Es sei E ein reeller Banach-Raum und $\Sigma(E)$ die Familie aller spiegelungssymmetrischen, abgeschlossenen Teilmengen von $E \backslash \{0\}$. Auf $\Sigma(E)$ wird eine Funktion γ folgendermaßen erklärt:

i) $\gamma(\emptyset) = 0$,
ii) $\gamma(A) = +\infty$, falls $\mathscr{C}_u(A, \mathbb{R}^n \backslash \{0\}) = \emptyset$, $\forall n \in \mathbb{N}$,
iii) $\gamma(A) = \inf\{n \in \mathbb{N} \mid \mathscr{C}_u(A, \mathbb{R}^n \backslash \{0\}) \neq \emptyset\}$

$\gamma(A)$ heißt das *Geschlecht* der Menge $A \in \Sigma(E)$.

Das Geschlecht $\gamma(A)$ einer Menge $A \in \Sigma(E)$ ist also die kleinste ganze Zahl $n \geqslant 1$ derart, daß eine stetige ungerade und nullstellenfreie Abbildung von A in $\mathbb{R}^n$ existiert.

Der Begriff des Geschlechts einer Menge wurde von Krasnoselskij eingeführt [Topological Methods in the Theory of Nonlinear Integral Equations, Pergamon Press, New York, 1964].

Beispiele: α) $A \in \Sigma(E)$ sei endich; eine einfache explizite Konstruktion zeigt: $\mathscr{C}_u(A, \mathbb{R}^1 \backslash \{0\}) \neq \emptyset$, also $\gamma(A) = 1$. Sei $A = \{\pm x_1, \ldots, \pm x_m\}$. Wir setzen $f(\pm x_i) = \pm 1$, $f: A \to \mathbb{R} \backslash \{0\}$ ist stetig und ungerade.

β) Für $x \in E \backslash \{0\}$ sei $B_r(x) = \{y \in E \mid \|y - x\| < r\}$; falls $0 < r < \|x\|$, so gilt $B_r(x) \subset E \backslash \{0\}$. Setze $C_x = B_r(x) \cup B_r(-x)$; dann folgt: $\bar{C}_x \in \Sigma(E)$. Wieder zeigt eine einfache explizite Konstruktion $\mathscr{C}_u(\bar{C}_x, \mathbb{R}^1 \backslash \{0\}) \neq \emptyset$, und somit $\gamma(\bar{C}_x) = 1$.

γ) Es sei $A \in \Sigma(E)$ mit $A \cap (-A) = \emptyset$ gegeben. Dann ist das Geschlecht von $A \cup (-A)$ gerade 1. Zum Beweis genügt es, eine auf A konstante, von Null verschiedene Funktion zu erklären und

$$\phi(x) = \begin{cases} \alpha, & \text{für alle} \quad x \in A \\ -\alpha, & \text{für alle} \quad x \in -A, \quad \alpha \neq 0 \end{cases}$$

zu setzen. ϕ ist eine ungerade Funktion von $A \cup (-A)$ in $\mathbb{R} \backslash \{0\}$, die infolge $A \cap (-A) = \emptyset$ auch stetig ist. Also ist $\gamma(A \cup (-A)) = 1$.

Das folgende Lemma beschreibt die für uns wichtigen Eigenschaften des Geschlechtes von Mengen. Weitere Informationen findet man z. B. bei C. V. Coffman [Analyse Mathématique **22** (1969), 391–419].

Lemma VIII.9: *Für* $A, B \in \Sigma(E)$ *gilt:*

i) $\mathscr{C}_u(A, B) \neq \emptyset \Rightarrow \gamma(A) \leqslant \gamma(B)$.
ii) $A \subset B \Rightarrow \gamma(A) \leqslant \gamma(B)$.
iii) $\mathscr{C}_u(A, B) \neq \emptyset$, $\mathscr{C}_u(B, A) \neq \emptyset \Rightarrow \gamma(A) = \gamma(B)$.

Insbesondere gilt also $\gamma(A) = \gamma(B)$, *falls es einen ungeraden Homöomorphismus von* A *auf* B *gibt.*

iv) $\gamma(A \cup B) \leqslant \gamma(A) + \gamma(B)$.
v) $\gamma(B) < \infty$, $\gamma(\overline{A \backslash B}) \geqslant \gamma(A) - \gamma(B)$.
vi) $A \in \Sigma(E)$ *kompakt* $\Rightarrow \gamma(A) < \infty$, *und* $\exists \delta > 0$, *so daß* $\gamma(A_\delta) = \gamma(A)$ *gilt* ($A_\delta = \{y \in E \mid \operatorname{dist}(y, A) \leqslant \delta\}$).
vii) *Es sei* $V \subset E$ *ein endlich-dimensionaler Teilraum, und* p *bezeichne den linearen, stetigen Projektor auf* V. *Dann folgt aus* $A \in \Sigma(E)$ *und* $\gamma(A) > k = \dim V$ *stets* $A \cap (1 - p)E \equiv A \cap V^\perp \neq \emptyset$.

Beweis: i) – iii) sind trivial. v) folgt sofort aus ii) und iv).

Zu iv): Im Falle $\gamma(A) = +\infty$ oder $\gamma(B) = +\infty$ ist die Behauptung trivial. Daher sei also $\gamma(A) = n < \infty$ und $\gamma(B) = m < \infty$. Folglich gibt es

$$\varphi_A \in \mathscr{C}_u(A, \mathbb{R}^n \backslash \{0\}) \qquad \text{und} \qquad \varphi_B \in \mathscr{C}_u(B, \mathbb{R}^m \backslash \{0\}).$$

Setze

$$\psi_A^0(x) = \frac{\varphi_A(x)}{1 + |\varphi_A(x)|}.$$

Es folgt, daß ψ_A^0 eine beschränkte Funktion in $\mathscr{C}_u(A, \mathbb{R}^n \backslash \{0\})$ ist. Der Erweiterungssatz von Tietze-Urysohn [z. B. Dieudonné, IV.2] liefert eine Erweiterung ψ_A von ψ_A^0 zu einer stetigen Funktion auf ganz E. Es bezeichne $\hat{\psi}_A$ deren ungeraden Anteil:

$$\hat{\psi}_A(x) = \tfrac{1}{2}\{\psi_A(x) - \psi_A(-x)\}.$$

Es folgt

$$\hat{\psi}_A \in \mathscr{C}_u(E, \mathbb{R}^n) \qquad \text{und} \qquad \psi_A(x) = \psi_A^0(x) \qquad \text{für} \quad x \in A.$$

In derselben Weise sei $\hat{\psi}_B \in \mathscr{C}_u(E, \mathbb{R}^m)$ konstruiert. Setze nun

$$\varphi := (\hat{\psi}_A \restriction A \cup B, \hat{\psi}_B \restriction A \cup B).$$

Es folgt

$$\varphi \in \mathscr{C}_u(A \cup B, \mathbb{R}^n \times \mathbb{R}^m),$$

und φ ist Nullstellen-frei. Denn sei $x \in A \cup B$, etwa $x \in A$, so ist

$$\varphi(x) = (\psi_A^0(x), \hat{\psi}_B(x));$$

und $\psi_A^0(x) \in \mathbb{R}^n \backslash \{0\}$ liefert die Behauptung. Also gilt $\mathscr{C}_u(A \cup B, \mathbb{R}^{n+m} \backslash \{0\}) \neq \emptyset$, und somit $\gamma(A \cup B) \leqslant n + m$.

Zu vi): Für $x \in A$ sei $0 < r_x < \|x\|$ gewählt. Die Mengen $C_x = B_{r_x}(x) \cup B_{r_x}(-x)$, $x \in A$, liefern eine offene Überdeckung von $A: A \subset \bigcup_{x \in A} C_x$. Also überdecken bereits $C_{x_1}, \ldots, C_{x_n}$ die kompakte Menge A. Es folgt $A \subset \bigcup_{j=1}^n \overline{C_{x_j}}$. Mittels

Eigenschaft ii) und Beispiel β) ergibt sich

$$\gamma(A) \leqslant \sum_{j=1}^{n} \gamma(\overline{C_{x_j}}) = n < \infty.$$

Sei etwa $\gamma(A) = m \leqslant n$. Dann gibt es ein $\varphi_A \in \mathscr{C}_u(A, \mathbb{R}^m \backslash \{0\})$, das wie im Beweis von iv) zu einer ungeraden, stetigen Abbildung $\hat{\varphi} \in \mathscr{C}_u(E, \mathbb{R}^m)$ erweitert werden kann. $\hat{\varphi} \restriction A = \varphi_A$ impliziert infolge der Stetigkeit von $\hat{\varphi}$ und der Kompaktheit von A die Existenz eines $\delta > 0$, so daß $\hat{\varphi} \restriction A_\delta \neq 0$ gilt, weil $\varphi_A \restriction A \neq 0$. Also ist $\mathscr{C}_u(A_\delta, \mathbb{R}^m \backslash \{0\}) \neq \emptyset$ und somit $\gamma(A_\delta) \leqslant m$. Mit Hilfe von ii) folgt

$$\gamma(A_\delta) = m = \gamma(A).$$

Zu vii): Zum Beispiel nach [IV.3, Kapitel V] besitzt V ein topologisches Komplement $V^\perp$ und ist selbst das Bild von E unter einer stetigen, linearen Abbildung $p: V = p(E)$. Wäre $A \cap (1-p)E = \emptyset$, das heißt $A \subset V$, so wäre $p \in \mathscr{C}_u(A, V \backslash \{0\}) \neq \emptyset$ und somit $\gamma(A) \leqslant k$, wenn wir iii) beachten.

Für unsere Anwendungen ist es wichtig, das Geschlecht spezieller Mengen zu kennen. Das leistet der folgende

Satz VIII.10 (Geschlecht von Sphären in reellen Banach-Räumen): *Es sei E ein reeller Banach-Raum und $S_1(E) = \{x \in E \mid \|x\| = 1\}$ die Einssphäre von E. Dann gilt:*

$$\dim E = \gamma(S_1(E)). \tag{8.37}$$

Beweis: α) Im 1. Schritt wird dieser Satz für endlich-dimensionale reelle Banach-Räume E_n bewiesen. Infolge der Eigenschaft iii) von Lemma VIII.9 können wir $E_n = \mathbb{R}^n$ annehmen. Für $m \geqslant n$ ist $\mathscr{C}_u(S_1(\mathbb{R}^n), \mathbb{R}^m \backslash \{0\})$ nicht leer, denn die Abbildung

$$(x_1, \ldots, x_n) \mapsto (x_1, \ldots, x_n, 0, \ldots, 0) \in \mathbb{R}^m, \qquad m \geqslant n,$$

ist ungerade und stetig und bildet $S_1(\mathbb{R}^n)$ in $\mathbb{R}^m \backslash \{0\}$ ab. Eine Version des Satzes von Borsuk-Ulam [J. T. Schwartz, „Nonlinear Functional Analysis", IV.4] zeigt, daß $\mathscr{C}_u(S_1(\mathbb{R}^n), \mathbb{R}^m \backslash \{0\})$ für $m < n$ leer ist. Denn dieser Satz besagt: Ist Ω eine beschränkte offene (spiegelungs-)symmetrische Umgebung von 0 im $\mathbb{R}^n$ und ist $\psi \in \mathscr{C}_u(\partial\Omega, \mathbb{R}^m)$ mit $m < n$, dann gibt es ein $x \in \partial\Omega$ mit $\psi(x) = 0$.

β) Nun sei $\dim E = +\infty$. Dann enthält E Teilräume E_n der Dimension $n = 1, 2, \ldots$. Infolge $S_1(E) \supseteq S_1(E) \cap E_n = S_1(E_n)$ erhalten wir nach Lemma VIII.9 ii) und α):

$$\gamma(S_1(E)) \geqslant \gamma(S_1(E_n)) = n, \qquad \forall n \in \mathbb{N},$$

das heißt

$$\gamma(S_1(E)) = \infty = \dim E.$$

Mit Hilfe des Geschlechts von Mengen lassen sich folgende Familien von Teilmengen eines reellen Banach-Raumes unterscheiden:

$$\mathscr{F}_k = \mathscr{F}_k(E) = \{A \in \Sigma(E) \mid \gamma(A) \geqslant k\}, \qquad k = 1, 2, \ldots.$$

Leicht ersichtlich gilt:

$$\mathscr{F}_{k+1} \subseteq \mathscr{F}_k, \qquad \forall k.$$

Die Eigenschaft i) von Lemma VIII.9 besagt, daß jede dieser Familien $\mathscr{F}_k$ unter ungeraden Deformationen invariant ist. Darüber hinaus zeigt Satz VIII.10, daß im Falle $\dim E = +\infty$ alle $\mathscr{F}_k$, $k \in \mathbb{N}$, nicht leer sind.

Nun sei X eine sphärenartige $\mathscr{C}^1$-Untermannigfaltigkeit des reellen Banach-Raumes E, das heißt es gebe einen ungeraden $\mathscr{C}^1$-Diffeomorphismus $d: X \to S_1(E)$ von X auf die Einssphäre von E. Bezeichne ähnlich

$$\mathscr{F}_k(X) = \{A \subset X \mid A \in \Sigma(E), \gamma(A) \geqslant k\}, \qquad k = 1, 2, \ldots .$$

Gemäß Eigenschaft iii) vom Lemma VIII.9 folgt:

$$\gamma(X) = \gamma(S_1(E)) = \dim E. \tag{8.38}$$

Somit gilt

$$\mathscr{F}_k(X) \neq \emptyset, \qquad k = 1, 2, \ldots, \dim E$$

und, falls $\dim E < \infty$,

$$\mathscr{F}_k(X) = \emptyset \tag{8.38'}$$

für $k > \dim E$.

D. Minimax-Charakterisierung kritischer Werte von Ljusternik-Schnirelman

Nachdem wir uns in den Unterabschnitten B. und C. für spezielle Situationen die zentralen Objekte der Minimax-Charakterisierung der kritischen Werte nach Theorem VIII.5 beschafft haben, wird es relativ einfach sein, untere Schranken für die Anzahl der kritischen Punkte einer geraden $\mathscr{C}^1$-Funktion h auf einer kompakten $\mathscr{C}^1$-Mannigfaltigkeit X zu gewinnen. Das gelingt, indem wir die Theoreme VIII.5 und VIII.7 anwenden und dabei die Eigenschaft des Geschlechts von Mengen nach Lemma VIII.9 beachten. Um das effektiv tun zu können, müssen wir uns auf sphärenartige Mannigfaltigkeiten beschränken. Dabei heißt eine (kompakte) $\mathscr{C}^1$-Mannigfaltigkeit X im Banach-Raum E *sphärenartig*, wenn sie $\mathscr{C}^1$-diffeomorph zur Einssphäre $S_1(E)$ in E ist. Eine genauere Charakterisierung wird im nächsten Abschnitt angegeben.

Theorem VIII.11: *Es sei X_n eine sphärenartige $\mathscr{C}^1$-Untermannigfaltigkeit eines n-dimensionalen reellen Banach-Raumes E_n und $h \in \mathscr{C}^1(X_n, \mathbb{R})$ sei eine gerade Funktion auf X_n, das heißt $h(-x) = h(x), \forall x \in X_n$. X_n wird also insbesondere als spiegelungsinvariant vorausgesetzt. Setze für $k = 1, 2, \ldots, n = \dim E_n$:*

$$m_k(h) = m(h, \mathscr{F}_k(X_n)) = \inf_{A \in \mathscr{F}_k(X_n)} \sup h(A). \tag{8.39}$$

Dann gilt:

$$\alpha) \qquad \inf_{x \in X_n} h(x) = m_1(h) \leqslant m_2(h) \leqslant \cdots \leqslant m_n(h) = \sup_{x \in X_n} h(x). \tag{8.40}$$

β) h besitzt wenigstens n verschiedene Paare $\{x_k, -x_k\}$ kritischer Punkte x_k, $k = 1, \ldots, n$, auf X_n, und die zugehörigen kritischen Werte $h(x_k)$ sind gerade die Minimax-Werte von h bezüglich $\mathscr{F}_k(X_n)$. Das heißt für $k = 1, \ldots, n$ gibt es Punkte $x_k \in K(h)$, so daß gilt:

$$h(x_k) = m_k(h).$$

γ) Falls für gewisse $l, k \in \{1, \ldots, n-1\}$ mit $k + l - 1 \leqslant n$ die folgende Gleichheit der Minimax-Werte besteht

$$m_k(h) = m_{k+1}(h) \cdots = m_{k+l-1}(h) \equiv c,$$

so hat die Menge $K_c = K(h) \cap h^{-1}(c)$ der kritischen Punkte auf dem c-Niveau von h mindestens das Geschlecht l:

$$\gamma(K_c) \geqslant l.$$

Im Falle $l \geqslant 2$ ist K_c also unendlich.

Beweis: α) Die Ungleichungen zwischen den $m_k(h)$, $m_{k+1}(h)$ sind infolge der Relation $\mathscr{F}_{k+1}(X_n) \subseteq \mathscr{F}_k(X_n)$ klar. Die kleinsten Mengen in $\mathscr{F}_1$ sind die Paare $\{x, -x\}, x \in X_n$. Da h gerade ist, folgt:

$$m_1(h) = \inf_{A \in \mathscr{F}_1} \sup_{x \in A} h(x) = \inf_{x \in X_n} h(x).$$

Die Gleichung $m_n(h) = \sup_{x \in X_n} h(x)$ folgt aus der Tatsache, daß X_n die einzige Menge in $\mathscr{F}_n(X_n)$ ist. Das wiederum ergibt sich so: Nach Gl. (8.38) gehört X_n zu $\mathscr{F}_n(X_n)$. Ist nun $A \subsetneq X_n$, $A \in \Sigma(E_n)$, so können wir ohne Einschränkung annehmen:

$$A = g^{-1}(B), \qquad B \subset S_1(\mathbb{R}^n), \qquad (0, \ldots, 0, \pm 1) \notin B$$

mit einem ungeraden $\mathscr{C}^1$-Diffeomorphismus $g: X_n \to S_1(\mathbb{R}^n)$.

Die Projektion $p: \mathbb{R}^n \to \mathbb{R}^{n-1}$, $p(x_1, \ldots, x_n) = (x_1, \ldots, x_{n-1})$ gehört nach Einschränkung auf B zu $\mathscr{C}_u(B, \mathbb{R}^{n-1}\backslash\{0\})$. Somit ist $p \circ g \in \mathscr{C}_u(A, \mathbb{R}^{n-1}\backslash\{0\})$, also $\gamma(A) \leqslant n - 1$.

β) Die Menge $K = K(h)$ der kritischen Punkte von h ist abgeschlossen in X_n und somit kompakt. Die Menge $h(K)$ der kritischen Werte von h ist also kompakt in $\mathbb{R}$ und daher insbesondere abgeschlossen. Weil h gerade ist, ist ∇h ungerade. Mithin ist K (spiegelungs-)symmetrisch, und der zum Vektorfeld $-\nabla h$ gehörige Fluß ϕ ist ungerade ($\phi_t(-x) = -\phi_t(x)$, $\forall t \in \mathbb{R}$, $\forall x \in X_n$). Der Deformationssatz (Theorem VIII.7) besagt daher, daß der Fluß ϕ alle Hypothesen von Theorem VIII.5 erfüllt, denn alle Familien $\mathscr{F}_k(X_n)$ sind ϕ-invariant und alle $m_k(h)$ sind endlich nach α). Also folgt aus Theorem VIII.5, daß alle Minimax-Werte von h bezüglich der $\mathscr{F}_k(X_n)$ kritische Werte von h sind. Das besagt: Es gibt $x_k \in K(h)$, so daß

$$h(x_k) = h(-x_k) = m_k(h), \qquad k = 1, \ldots, n$$

gilt, wobei wir (8.38′) beachtet haben.

γ) Da $K_c = K(h) \cap h^{-1}(c)$ als abgeschlossene Teilmenge von X_n kompakt ist, liefert Lemma VIII.9 vi) die Existenz eines $\delta > 0$, so daß $\gamma(K_{c,\delta}) = \gamma(K_c) < \infty$ gilt. Das Innere $K_{c,\delta}^0$ von $K_{c,\delta} = \{x \in X_n \mid \mathrm{dist}(x, K_c) < \delta\}$ ist eine offene Umgebung von K_c in X_n. Nach Theorem VIII.7 gibt es daher ein $\varepsilon > 0$, so daß

$$\phi_1(h^{c+\varepsilon}\backslash K_{c,\delta}^0) \subseteq h^{c-\varepsilon}$$

gilt. Die leicht zu beweisende Charakterisierung

$$m_k(h) = \inf\{a \in \mathbb{R} \mid h^a \in \mathscr{F}_k(X_n)\} \tag{8.41}$$

der Minimax-Werte zeigt:

$$c = m_{k+l-1}(h) \Rightarrow \gamma(h^{c+\varepsilon}) \geqslant k + l - 1,$$
$$c = m_k(h) \Rightarrow \gamma(h^{c-\varepsilon}) \leqslant k - 1.$$

Beachten wir nun $\phi_1(-x) = -\phi_1(x)$ und wenden Lemma VIII.9 an, so folgt

$$\gamma(h^{c-\varepsilon}) \geqslant \gamma(\phi_1(h^{c+\varepsilon}\backslash K^0_{c,\delta})) \geqslant \gamma(h^{c+\varepsilon}\backslash K^0_{c,\delta})$$
$$= \gamma(\overline{h^{c+\varepsilon}\backslash K_{c,\delta}}) \geqslant \gamma(h^{c+\varepsilon}) - \gamma(K_{c,\delta}).$$

Also haben wir

$$\gamma(K_c) = \gamma(K_{c,\delta}) \geqslant \gamma(h^{c+\varepsilon}) - \gamma(h^{c-\varepsilon}) \geqslant k + l - 1 - (k-1) = l,$$

wodurch Theorem VIII.11 vollständig bewiesen ist. Für $l \geqslant 2$ enthält K_c unendlich viele kritische Punkte, weil eine endliche Menge das Geschlecht 1 hat.

Wir beenden diesen Abschnitt mit einer Bemerkung über den Zusammenhang des Geschlechts und der Kategorie einer Menge. In [P. H. Rabinowitz „Some aspects of nonlinear eigenvalue problems", Rocky Mountain J. Math. **3** (1973), 161–202], ist dieser Zusammenhang untersucht worden. Es stellt sich heraus:

Ist E ein reeller Banach-Raum und $A \in \Sigma(A)$, kompakt, dann gilt

$$\gamma(A) = \operatorname{cat}(\pi(A), P(E)), \tag{8.42}$$

wobei $P(E)$ den projektiven Raum über E mit der Quotiententopologie bezüglich der kanonischen Projektion $\pi: E \to P(E), \pi(x) = \{x, -x\}, \forall x \in E\backslash\{0\}$, bezeichnet.

VIII.4 Zur Existenz unendlich vieler Lösungen nicht-linearer elliptischer Eigenwert-Probleme

A. Sphärenartige Nebenbedingungen

Wir haben eine $\mathscr{C}^1$-Mannigfaltigkeit X in einem reellen Banach-Raum E sphärenartig genannt, wenn es einen $\mathscr{C}^1$-Diffeomorphismus g von X auf die Einssphäre $S_1(E)$ von E gibt. Das setzt natürlich voraus, daß $S_1(E)$ selbst eine $\mathscr{C}^1$-Mannigfaltigkeit ist. Mithin benötigen wir auch Differenzierbarkeitseigenschaften der Norm $q(\cdot) = \|\cdot\|$ des Banach-Raumes E.

Wir setzen daher voraus:

$$q \in \mathscr{C}^1(E\backslash\{0\}).$$

Dann folgt [Kapitel II]: Die Fréchet-Ableitung q' von q ist eine stetige Abbildung von $E\backslash\{0\}$ in den Dualraum E' von E mit

$$\|q'(x)\|_{E'} = 1, \qquad q'(\lambda x) = \lambda q'(x), \qquad \lambda > 0$$

und

$$\langle q'(x), x\rangle = \|x\|, \qquad \forall x \in E\backslash\{0\}.$$

Der Tangentialraum $T_y(S_1(E))$ von $S_1(E)$ kann mit dem Kern von $q'(y): E \to \mathbb{R}$ identifiziert werden

$$T_y(S_1(E)) = \operatorname{Ker} q'(y), \qquad \forall y \in S_1(E) = \{x \in E \mid q(x) = 1\}.$$

Diese Erinnerung hilft, die Frage zu beantworten, wann die Niveaufläche $M_c = M_c(f) = \{x \in E \mid f(x) = c\}$ einer reellen Funktion $f: E \to \mathbb{R}$ sphärenartig ist, und läßt die Hypothesen des folgenden Satzes als natürlich erscheinen.

Satz VIII.12 (Sphärenartige Nebenbedingungen): *Es sei E ein reeller Banach-Raum mit einer Norm* $q(\cdot) = \|\cdot\| \in \mathscr{C}^1(E\setminus\{0\})$. $f: E \to \mathbb{R}$ *sei eine* $\mathscr{C}^1$*-Funktion auf E. Dann ist die Niveaufläche*

$$M_c = M_c(f) = \{x \in E \mid f(x) = c\}$$

von f sphärenartig, falls

(i) $\langle f'(x), x\rangle \neq 0, \forall x \in M_c$ *und*

(ii) *jeder Strahl vom Ursprung schneide* M_c *in genau einem Punkt*

gelten.

Der $\mathscr{C}^1$*-Diffeomorphismus* r_c, *welcher* M_c *auf* $S_1(E)$ *abbildet, ist durch die Einschränkung der Abbildung*

$$r: E\setminus\{0\} \to S_1(E), \qquad r(x) = \frac{1}{\|x\|}x$$

auf M_c *gegeben und erfüllt*

$$\|D_x r_c\|_x \leq \frac{2}{\|x\|}, \qquad \forall x \in M_c.$$

Beweis: α) Zunächst untersuchen wir die Abbildung r. Eine einfache Rechnung zeigt: r ist auf $E\setminus\{0\}$ Fréchet-differenzierbar, und die Ableitung von r im Punkt $x \in E\setminus\{0\}$ ist die durch

$$r'_x: E \to E,$$

$$r'_x(h) = \frac{1}{\|x\|}h - \frac{\langle q'(x), h\rangle}{\|x\|^2}x \tag{8.43}$$

gegebene stetige, lineare Abbildung $E \to E$. Es folgt leicht

$$\|r'_x\| \leq \frac{2}{\|x\|}, \qquad \forall x \in E\setminus\{0\}.$$

Aus $\langle q'(x), x\rangle = \|x\|$ erhalten wir noch

$$r'_x: E \to \operatorname{Ker} q'(x) \qquad (= T_x(S_1(E)) \text{ falls } \|x\| = 1) \tag{8.43'}$$

für alle $x \in E\setminus\{0\}$.

β) Nach Satz IV.2 ist $M_c(f)$ unter der Hypothese (i) eine $\mathscr{C}^1$-Mannigfaltigkeit in E, die den Ursprung von E nicht enthält und deren Tangentialraum $T_x(M_c(f))$ in einem Punkt $x \in M_c(f)$ mit $\operatorname{Ker} f'(x)$ identifiziert werden kann:

$$T_x(M_c(f)) = \operatorname{Ker} f'(x), \qquad \forall x \in M_c(f).$$

Nach Hypothese (ii) ist $r_c := r \restriction M_c(f)$ eine bijektive Abbildung $M_c(f) \to S_1(E)$.

Wir zeigen nun, daß die Ableitung dieser Abbildung ein Isomorphismus der zugehörigen Tangentialräume ist

$$D_x r_c: T_x(M_c(f)) \to T_{r_c(x)}(S_1(E)).$$

Dazu reicht es zu zeigen, daß r'_x, gegeben durch (8.43), ein Isomorphismus $\operatorname{Ker} f'(x) \to \operatorname{Ker} q'(r_c(x))$ ist.

Nach (8.43') wissen wir, daß r'_x in $\operatorname{Ker} q'(x)$ abbildet. Da aber $q'(x) = q'(\lambda x), \forall \lambda > 0$ und $\forall x \in E\backslash\{0\}$ gilt, folgt, daß r'_x linear in $\operatorname{Ker} q'(r_c(x))$ abbildet. Diese Abbildung ist auch stetig. Für

$$v \in \operatorname{Ker} q'(r_c(x)) = \operatorname{Ker} q'(x), \qquad x \in M_c,$$

setze

$$u = q(x)v - q(x)\frac{\langle f'(x), v\rangle}{\langle f'(x), x\rangle}x.$$

Diese Abbildung $v \to u$ ist wieder linear und stetig. Ferner gilt $u \in \operatorname{Ker} f'(x)$, denn

$$\langle f'(x), u\rangle = q(x)\langle f'(x), v\rangle - q(x)\frac{\langle f'(x), v\rangle}{\langle f'(x), x\rangle}\langle f'(x), x\rangle = 0,$$

und $r'_x(u) = v$, wie eine einfache Rechnung zeigt.

Also ist $r'_x : \operatorname{Ker} f'(x) \to \operatorname{Ker} q'(r_c(x))$ surjektiv; r'_x ist leicht ersichtlich auch injektiv, denn

$$r'_x(h) = 0 \Leftrightarrow h = \frac{\langle q'(x), h\rangle}{\|x\|}x.$$

Da x nicht zu $\operatorname{Ker} f'(x)$ gehört, gilt diese Gleichheit nur für $h = 0$. Folglich ist

$$D_x r_c : T_x(M_c(f)) \to T_{r_c(x)}(S_1(E))$$

ein Isomorphismus und somit $r_c : M_c(f) \to S_1(E)$ ein $\mathscr{C}^1$-Diffeomorphismus [VIII.19]. Damit ist Satz VIII.12 bewiesen.

Wir sagen von einer Funktion $f \in \mathscr{C}^1(E, \mathbb{R})$, daß $f(x) = c$, $x \in E$, eine *sphärenartige Nebenbedingung* definiert, wenn die Niveaufläche $M_c(f) = f^{-1}(c)$ sphärenartig ist. Man möchte natürlich konkretere Forderungen an f als die Hypothesen von Satz VIII.12 kennen, die garantieren, daß die Niveauflächen $M_c(f)$ von f für gewisse Werte von c sphärenartig sind. Solche Bedingungen stellt der folgende Satz in abstrakter Form bereit. Diese Bedingungen haben den Vorteil, daß sie sich in konkreten Eigenwert-Problemen für elliptische Differentialoperatoren, wie wir sie später besprechen wollen, recht einfach in konkrete Forderungen an die Koeffizientenfunktionen des elliptischen Differentialoperators übersetzen lassen.

Satz VIII.13: *Es sei f eine $\mathscr{C}^1$-Funktion auf dem reellen Banach-Raum E, dessen Norm q zu $\mathscr{C}^1(E\backslash\{0\})$ gehört, mit folgenden Eigenschaften:*

(i) *f ist auf beschränkten Teilmengen von E beschränkt.*

(ii) *$f' : V \to V'$ sei beschränkt, das heißt f' bildet beschränkte Teilmengen von V in beschränkte Teilmengen von V' ab.*

(iii) *$f' : V \to V'$ ist koerzitiv, das heißt*

$$\langle f'(x), x\rangle \underset{\|x\| \to \infty}{\to} +\infty.$$

Dann gibt es ein $c_0 > 0$, so daß die Niveauflächen $M_c(f)$ für alle $c \geqslant c_0$ sphärenartig sind.

Beweis: Die Koerzitivität von f' impliziert: Es gibt $R > 0$ und $c_R > 0$, so daß

$$\langle f'(x), x\rangle \geqslant c_R, \qquad \forall x \in E, \qquad \|x\| \geqslant R$$

gilt. Für $r \geqslant 1$ und $v \in E, \|v\| = R$ folgt

$$f(rv) - f(v) = \int_1^r ds \frac{d}{ds} f(sv) = \int_1^r ds \langle f'(sv), v\rangle = \int_1^r \frac{ds}{s} \langle f'(sv), sv\rangle$$

$$\geqslant \int_1^r \frac{ds}{s} c_R = c_R \log r.$$

Nun ist $m = \sup_{\|v\| = R} |f(v)|$ gemäß (i) endlich; also folgt $f(rv) \geqslant -m + c_R \log r$ und daraus

$$f(x) \underset{\|x\| \to \infty}{\longrightarrow} +\infty. \tag{$*$}$$

Insbesondere ist also $M_c(f)$ für beliebige $c \in \mathbb{R}$ in E beschränkt. Die Eigenschaft $(*)$ zeigt auch: Es gibt $R_0 < R_1$, $R < R_0$ und $c_0 < c_1$, so daß für alle $x \in E$, $R_0 \leqslant \|x\| \leqslant R_1$ gilt:

$$c_0 \leqslant f(x) \leqslant c_1.$$

Für beliebiges, aber festes $y \in S_1(E)$ betrachte den Strahl $x_t = ty$, $t \geqslant 0$. Zu $c \in [c_0, c_1]$ gibt es dann ein minimales $t_1 \geqslant R_0$, so daß $f(t_1 y) = c$, das heißt dieser Strahl trifft $M_c(f)$. Wie oben folgt für $t > t_1 \geqslant R$:

$$f(ty) - f(t_1 y) \geqslant c_R \log \frac{t}{t_1} > 0.$$

Also trifft dieser Strahl $M_c(f)$ in genau einem Punkt.

B. Galerkin-Approximation für nicht-lineare Eigenwert-Probleme in separablen Banach-Räumen

In diesem Abschnitt wollen wir eine Approximationsmethode für nicht-lineare Eigenwert-Probleme in separablen Banach-Räumen kennenlernen, die es gestattet, unsere Ergebnisse der Ljusternik-Schnirelman-Theorie für kompakte Mannigfaltigkeiten auf den Fall sphärenartiger Niveauflächen in unendlich-dimensionalen, separablen Banach-Räumen zu übertragen. Diese, von F. E. Browder in [VIII.2] entwickelte Version einer Galerkin- oder genauer einer Rayleigh-Ritz-Approximation besteht darin, zum vorgegebenen Eigenwert-Problem in einem unendlich-dimensionalen, separablen Banach-Raum eine Folge entsprechender Probleme in endlich-dimensionalen Teilräumen mit Hilfe der Ljusternik-Schnirelman-Theorie zu lösen und dann zu zeigen, daß die *Folgen der Eigenwerte* gegen *Eigenwerte* und die *Folgen der Eigenfunktionen* gegen *Eigenfunktionen* des Ausgangsproblems konvergieren, wie wir dieses bereits beim Beweis der Existenz eines Grundzustandes in den Theoremen VIII.2 und VIII.3 getan haben.

Es sei E ein ∞-dimensionaler, separabler, reeller Banach-Raum, dessen Norm $\|\cdot\|$ in $E\backslash\{0\}$ einmal stetig differenzierbar ist. Ferner sei die Niveaufläche $M_c = M_c(f)$ der Funktion $f \in \mathscr{C}^1(E)$ sphärenartig (f erfülle die Hypothesen (i) und (ii) von Satz VIII.12). Dann gibt es eine Folge $\{e_j\}_{j\in\mathbb{N}}$ linear unabhängiger Elemente in E, welche in E total ist und eine in $M_c(f) = M_c$ totale Teilfolge enthält. Für $n \in \mathbb{N}$ setzen wir dann

$$E_n = \operatorname{lin}\{e_1, \ldots, e_n\}. \tag{8.44}$$

$\{E_n\}_{n\in\mathbb{N}}$ ist eine Folge endlich-dimensionaler Teilräume von E mit folgenden Eigenschaften

$$E_n \subseteq E_{n+1}, \qquad \forall n \in \mathbb{N} \qquad \text{und} \qquad \overline{\bigcup_{n\in\mathbb{N}} E_n} = E. \tag{8.44'}$$

Nun setzen wir weiter

$$M_{c,n} := M_c(f) \cap E_n \tag{8.45a}$$

und

$$f_n := f \restriction E_n. \tag{8.45b}$$

Damit folgt:

$$M_{c,n} = M_c(f_n) \text{ ist eine sphärenartige Mannigfaltigkeit in } E_n; \tag{8.46}$$

denn es ist klar, daß die Hypothesen (i) und (ii) von Satz VIII.12 auch für f_n gelten. Darüber hinaus folgt

$$\overline{\bigcup_{n\in\mathbb{N}} M_{c,n}} = M_c(f). \tag{8.47}$$

Klar ist

$$\overline{\bigcup_{n\in\mathbb{N}} M_{c,n}} \subseteq M_c(f);$$

die Annahme

$$M_c(f)\backslash\overline{\bigcup_{n\in\mathbb{N}} M_{c,n}} \neq \emptyset$$

läßt sich leicht zu einem Widerspruch führen. Wenn f gerade ist, so sind $M_c(f)$ und alle $M_{c,n}$ spiegelungsinvariant.

Das folgende Lemma stellt die topologische Basis unserer Approximation dar. Der entscheidene Punkt dieses Lemmas ist, daß es ein Hilfsmittel zur Kontrolle des Geschlechts kompakter Mengen bei dieser Approximation bereitstellt.

Lemma VIII.14: *Ist $K \subset M_c(f)$ eine spiegelungsinvariante, kompakte Menge und ist $\delta > 0$ gegeben, so gibt es ein $n = n(K, \delta) \in \mathbb{N}$ und eine spiegelungsinvariante, kompakte Teilmenge $K_n \subseteq M_{c,n}$ mit*

(i) $\mathscr{C}_u(K, K_n) \neq \emptyset$,
(ii) $\operatorname{dist}_{M_c}(K, K_n) \leqslant \delta$.

Beweis: α) Da wir wissen, daß M_c und $M_{c,n}$ sphärenartig sind, können wir Satz VIII.12 anwenden und erhalten in den Bezeichnungen dieses Satzes ungerade $\mathscr{C}^1$-Abbildungen:

$$g = r_c^{-1} \circ r : E \backslash \{0\} \to M_c, \qquad g_n : E_n \backslash \{0\} \to M_{c,n},$$

wobei

$$g_n = g \upharpoonright E_n \backslash \{0\}.$$

Infolge $g \upharpoonright M_c = id_{M_c}$ gibt es ein $\varepsilon > 0, \varepsilon < \delta/2$, so daß

$$\|g(x) - x\| \leqslant \frac{\delta}{2}, \qquad \forall x \in K_\varepsilon = \{x \in E \mid \operatorname{dist}(x, K) \leqslant \varepsilon\} \subset E \backslash \{0\}$$

gilt. Die Kompaktheit und die Spiegelungsinvarianz von K implizieren die Existenz einer Überdeckung der Form

$$K \subseteq \bigcup_{j=1}^{2m} B_\varepsilon(x_j) \cap M_c \qquad \text{mit} \qquad x_j \in K, \quad 0 \notin B(x_j), \quad \forall j \tag{8.48}$$

und

$$x_{j+m} = -x_j \qquad \text{für} \qquad j = 1, \ldots, m.$$

Die Punkte $\{x_1, \ldots, x_{2m}\}$ liegen in einem endlich-dimensionalen Teilraum E_n von E.

β) Wir wählen nun eine stetige Funktion $\beta : \mathbb{R}_+ \to \mathbb{R}_+$ mit Träger in $[0, \varepsilon]$ und $\beta(t) > 0$ für $0 \leqslant t < \varepsilon$ und setzen für $i = 1, \ldots, 2m$

$$\beta_i(x) = \beta(\|x - x_i\|).$$

Dann ist $\beta_i : E \to \mathbb{R}_+$ stetig, hat seinen Träger in $\overline{B_\varepsilon(x_i)}$ und ist in $B_\varepsilon(x_i)$ positiv. Nach (8.48) ist also $\sum_{i=1}^{2m} \beta_i(x)$ auf K stets positiv. Folglich sind die $\alpha_i : K \to \mathbb{R}_+$, definiert durch

$$\alpha_i(x) = \frac{1}{\sum_{j=1}^{2m} \beta_i(x)} \beta_i(x),$$

stetige Funktionen auf K mit

$$0 \leqslant \alpha_i(x) \leqslant 1, \qquad \sum_{i=1}^{2m} \alpha_i(x) = 1, \qquad \forall x \in K$$

und

$$\operatorname{supp} \alpha_i = \operatorname{supp} \beta_i \qquad \text{und} \qquad \alpha_{i+m}(x) = \alpha_i(-x), \qquad i = 1, \ldots, m,$$

infolge der Symmetrie $x_{i+m} = -x_i$. Somit ist durch

$$\chi(x) = \sum_{i=1}^{2m} \alpha_i(x) x_i = \sum_{i=1}^{m} \{\alpha_i(x) - \alpha_i(-x)\} x_i$$

eine ungerade, stetige Funktion $\chi : K \to E_n$ erklärt. Per Konstruktion folgt für $x \in K$:

$$\begin{aligned}\|\chi(x) - x\| &= \left\| \sum_{i=1}^{2m} \alpha_i(x)x_i - \sum_{i=1}^{2m} \alpha_i(x)x \right\| \\ &\leqslant \frac{1}{\sum_{j=1}^{2m} \beta(\|x - x_j\|)} \sum_{i=1}^{2m} \beta(\|x - x_i\|)\|x - x_i\| \leqslant \varepsilon\end{aligned}$$

und damit $\chi(K) \subseteq K_\varepsilon \cap E_n$.

Die Funktion $g \circ \chi\colon K \to M_c$ ist stetig und ungerade. Da χ in E_n abbildet und g E_n invariant läßt, bildet $g \circ \chi$ die Menge K in E_n ab. Also ist $K_n := g \circ \chi(K)$ eine spiegelungsinvariante kompakte Menge in $M_{c,n}$.

Es folgt die Behauptung (i):

$$g \circ \chi \in \mathscr{C}_u(K, K_n).$$

Infolge

$$\|g \circ \chi(x) - x\| \leqslant \|g(\chi(x)) - \chi(x)\| + \|\chi(x) - x\| \leqslant \frac{\delta}{2} + \frac{\delta}{2} = \delta$$

für alle $x \in K$ nach Wahl von $\varepsilon < \delta/2$ gilt auch

$$\operatorname{dist}_{M_c(f)}(g \circ \chi(K), K) \leqslant \sup_{x \in K} \|g \circ \chi(x) - x\| \leqslant \delta,$$

das heißt (ii).

Im Zusammenhang mit der Galerkin-Approximation erweisen sich die folgenden Begriffsbildungen als nützlich:

$$\mathscr{F}_k^{cpt}(M_c(f)) = \{K \subset M_c(f) \mid K \in \Sigma(E), K \text{ kompakt}, \gamma(K) \geqslant k\},$$

$$\gamma_{cpt}(M_c(f)) = \sup\{\gamma(K) \mid K \in \Sigma(E), K \subseteq M_c(f) \text{ kompakt}\}$$

und für eine gerade $\mathscr{C}^1$-Funktion $h\colon E \to \mathbb{R}$

$$m_{k,cpt}(h) := \inf_{K \in \mathscr{F}_k^{cpt}(M_c)} \sup h(K). \tag{8.49}$$

Denn es gilt:

Satz VIII.15: *Es sei E ein unendlich-dimensionaler, separabler reeller Banach-Raum mit einer Norm $\|\cdot\| \in \mathscr{C}^1(E\backslash\{0\})$. Die gerade $\mathscr{C}^1$-Funktion $f\colon E \to \mathbb{R}$ erfülle die Bedingungen* (i) *und* (ii) *von Satz VIII.12 für die beschränkte Niveaufläche $M_c \equiv M_c(f)$. Dann gilt für die durch die Gln.* (8.44) *und* (8.45) *eingeführten endlich-dimensionalen Teilräume E_n und Untermannigfaltigkeiten $M_{c,n}$:*

a) (i) $\qquad \gamma(M_{c,n}) < \infty, \qquad \forall n \in \mathbb{N},$

(ii) $\qquad \gamma(M_{c,n}) \underset{n \to \infty}{\nearrow} \gamma_{cpt}(M_c).$

b) Ist h eine gerade $\mathscr{C}^1$-Funktion $E \to \mathbb{R}$, so gilt für die Minimax-Werte

$$m_k(h_n) = \inf_{A \in \mathscr{F}_k(M_{c,n})} \sup h_n(A)$$

der Funktionen $h_n = h \upharpoonright E_n$, $1 \leqslant k \leqslant n$, $n \in \mathbb{N}$,

$$m_k(h_n) \underset{n \to \infty}{\searrow} m_{k,cpt}(h).$$

Beweis: a) Die $M_{c,n}$ sind im endlich-dimensionalen Teilraum E_n abgeschlossen und beschränkt, also kompakt. Daher gilt $\gamma(M_{c,n}) < \infty$, $\forall n \in \mathbb{N}$. Die Inklusionen $M_{c,n} \subseteq M_{c,n+1} \subseteq M_c$ und die Definition von $\gamma_{cpt}(M_c)$ implizieren sofort die Ungleichung

$$\gamma(M_{c,n}) \leqslant \gamma(M_{c,n+1}) \leqslant \gamma_{cpt}(M_c).$$

Nun sei $K \subset M_c$, $K \in \Sigma(E)$ kompakt, $\gamma(K) = k_0 \in \mathbb{N}$. Nach Lemma VIII.14 gibt es eine $n \in \mathbb{N}$ und eine spiegelungsinvariante, kompakte Menge $K_n \subseteq M_{c,n}$ mit $\mathscr{C}_u(K, K_n) \neq \emptyset$. Lemma VIII.9 ii) über das Geschlecht von Mengen impliziert $\gamma(K_n) \geqslant \gamma(K) = k_0$ und damit die Limesrelation (ii).

b) Infolge

$$\mathscr{F}_k(M_{c,n}) \subseteq \mathscr{F}_k(M_{c,n+1}) \subseteq \mathscr{F}_k^{cpt}(M_c)$$

und

$$m_k(h_n) = \inf_{A \in \mathscr{F}_k(M_{c,n})} \sup h(A)$$

für $1 \leqslant k \leqslant n$, $n \in \mathbb{N}$, ist zunächst

$$m_k(h_n) \geqslant m_k(h_{n+1}) \geqslant m_{k,cpt}(h), \qquad 1 \leqslant k \leqslant n, \qquad n \in \mathbb{N},$$

klar. Zu zeigen bleibt also:

$$\forall \varepsilon > 0, \quad \exists n_\varepsilon \in \mathbb{N}: \quad m_k(h_{n_\varepsilon}) \leqslant m_{k,cpt}(h) + \varepsilon.$$

Aber nach Definition von $m_{k,cpt}(h)$ gibt es ein $K_\varepsilon \in \mathscr{F}_k^{cpt}(M_c)$ mit

$$\sup h(K_\varepsilon) \leqslant m_{k,cpt}(h) + \frac{\varepsilon}{2}.$$

Infolge der Stetigkeit von h und der Kompaktheit von K_ε gibt es ein $\delta = \delta_\varepsilon > 0$ mit

$$\forall x \in K_\varepsilon, \quad \forall x' \in \overline{B_\delta(x)}: \quad |h(x) - h(x')| \leqslant \frac{\varepsilon}{2}.$$

Wenden wir nun Lemma VIII.14 auf (K_ε, δ) an, so erhalten wir ein $n_\varepsilon \in \mathbb{N}$ und eine spiegelungsinvariante, kompakte Teilmenge $K_{n_\varepsilon} \subseteq M_{c,n_\varepsilon}$ mit

(i) $\mathscr{C}_u(K_\varepsilon, K_{n_\varepsilon}) \neq \emptyset$,
(ii) $\operatorname{dist}_{M_c}(K_\varepsilon, K_{n_\varepsilon}) \leqslant \delta$.

Es folgt aus (i):

$$\gamma(K_{n_\varepsilon}) \geqslant \gamma(K_\varepsilon) \geqslant k, \qquad \text{also} \qquad K_{n_\varepsilon} \in \mathscr{F}_k(M_{c,n_\varepsilon}).$$

Infolge (ii) gibt es zu jedem $x \in K_{n_\varepsilon}$ ein $x' = x'(x) \in K_\varepsilon$, so daß $x' \in \overline{B_\delta(x)}$ gilt. Unter Verwendung von (8.48) ergibt sich so

$$\sup_{x\in K_{n_\varepsilon}} h_{n_\varepsilon}(x) = \sup_{x\in K_{n_\varepsilon}} \{h(x'(x)) + h(x) - h(x'(x))\}$$

$$\leqslant \sup_{y\in K_\varepsilon} h(y) + \sup_{x\in K_{n_\varepsilon}} |h(x) - h(x'(x))| \leqslant \sup h(K_\varepsilon) + \frac{\varepsilon}{2}$$

und damit

$$m_k(h_{n_\varepsilon}) \leqslant m_{k,cpt}(h) + \varepsilon,$$

was zu zeigen war.

C. Existenz unendlich vieler kritischer Punkte als Lösungen abstrakter Eigenwert-Probleme in separablen Banach-Räumen

Um die Existenz unendlich vieler Lösungen in nicht-linearen Eigenwert-Problemen sicherzustellen, benötigen wir natürlich Hypothesen, die über die Voraussetzungen hinausgehen, die in Theorem VIII.3 die Existenz eines Grundzustandes implizierten. Die Diskussion der sphärenartigen Nebenbedingungen und der Satz über die Existenz eines Grundzustandes lassen die folgende lange Liste von Hypothesen als natürlich erscheinen.

Theorem VIII.16: *Es sei E ein unendlich-dimensionaler, separabler, reflexiver Banach-Raum über $\mathbb{R}$ mit einer Norm $\|\cdot\| \in \mathscr{C}^1(E\backslash\{0\})$. f und h seien gerade $\mathscr{C}^1$-Funktionen $E \to \mathbb{R}$ mit folgenden Eigenschaften:*

A) Hypothesen an die „Nebenbedingung" f:
- *α) $M_c = M_c(f) = \{x\in E \mid f(x) = c\}$ sei sphärenartig, das heißt:*
  - *α_1) $\langle f'(x), x\rangle \neq 0$, $\forall x\in M_c$.*
  - *α_2) Jeder Strahl vom Ursprung in E treffe M_c in genau einem Punkt.*
- *β) M_c sei beschränkt.*
- *γ) $f': E \to E'$ sei beschränkt.*
- *δ) $f': E \to E'$ erfülle die Bedingung (S).*

B) Hypothesen an die auf M_c zu minimierende Funktion h:

B_1) Für jede Teilmenge $A \subseteq M_c$, auf der h beschränkt ist, gebe es ein $c_A > 0$, so daß gilt:

$$c_A|\langle f'(x), x\rangle| \leqslant |\langle h'(x), x\rangle|, \qquad \forall x\in A.$$

B_2) h' sei auf allen Teilmengen $A \subset M_c$ kompakt, auf denen h beschränkt ist.

Dann besitzt das Eigenwertproblem $f'(x) = \lambda h'(x)$ wenigstens folgende Lösungen:

α) Für alle $k\in\mathbb{N}$ mit $m_{k,cpt}(h) < \infty$ gibt es $x_k \in M_c(f)$ und $\lambda_k \in \mathbb{R}$ mit

(i) $m_{k,cpt}(h) = h(x_k)$,
(ii) $f'(x_k) = \lambda_k h'(x_k)$.

β) Die obigen Paare von Eigenfunktionen und Eigenwerte (u_k, λ_k) können als starke Limiten einer Lösungsfolge entsprechender endlich-dimensionaler Eigenwert-Probleme gewonnen werden: Erklären wir E_n und $M_{c,n}$ durch die Gln. (8.44) und (8.45) und setzen wir $f_n = f \upharpoonright E_n$, $h_n = h \upharpoonright E_n$, so gibt es für alle $n\in\mathbb{N}$ und alle $1 \leqslant k \leqslant n$ Punkte $x_{k,n}\in M_{c,n}$ und Zahlen $\lambda_{k,n}\in\mathbb{R}$ mit

(i) $h_n(x_{k,n}) = m_k(h_n) = \inf_{A \in \mathscr{F}_k(M_{c,n})} \sup h_n(A)$,
(ii) $f'_n(x_{k,n}) = \lambda_{k,n} h'_n(x_{k,n})$.

Es gilt für alle $k \in \mathbb{N}$ *mit* $m_{k,cpt}(h) < \infty$ *für gewisse Teilfolgen*:

$$x_k = \lim_{j\to\infty} x_{k,n_j}, \qquad \lambda_k = \lim_{j\to\infty} \lambda_{k,n_j} \qquad \text{und} \qquad h_n(x_{k,n_j}) \underset{j\to\infty}{\searrow} h(x_k).$$

Beweis: Im 1. Schritt wird die approximierende Folge der entsprechenden endlich-dimensionalen Eigenwert-Probleme definiert. Das geschieht wie in Abschnitt b) durch die Gln. (8.44) und (8.45) und $h_n := h \restriction E_n$. Bezeichnet $\psi_n : E_n \to E$ die identische Einbettung von E_n in E und $\psi'_n : E' \to E'_n$ die dazu duale Projektion, so zeigt eine einfache Rechnung:

$$f'_n = \psi'_n \circ f' \circ \psi_n \qquad \text{und} \qquad h'_n = \psi'_n \circ h' \circ \psi_n. \tag{8.50}$$

Daraus folgt insbesondere, daß $M_{c,n}$ eine sphärenartige und damit kompakte $\mathscr{C}^1$-Mannigfaltigkeit im endlich-dimensionalen Banach-Raum E_n ist, die spiegelungsinvariant ist. Ferner ist h_n eine gerade $\mathscr{C}^1$-Funktion auf $M_{c,n}$.

Damit können wir im 2. Schritt die Ljusternik-Schnirelman-Theorie in Form von Theorem VIII.11 anwenden und erhalten für alle $n \in \mathbb{N}$ und $1 \leqslant k \leqslant n$:

i) $\qquad x_{k,n} \in M_{c,n} \qquad \text{mit} \qquad h_n(x_{k,n}) = m_k(h_n).$

ii) $\qquad h_n(x_{1,n}) \leqslant h_n(x_{2,n}) \leqslant \cdots \leqslant h_n(x_{n,n}). \qquad$ (8.51a)

Das Theorem über Lagrange-Multiplikatoren liefert die Existenz von Zahlen $\lambda_{k,n}$ mit

$$f'_n(x_{k,n}) = \lambda_{k,n} h'_n(x_{k,n}). \tag{8.51b}$$

Im 3. und schwierigsten Schritt ist die Konvergenz von $(x_{k,n}, \lambda_{k,n})_{n\in\mathbb{N}}$ zu zeigen.

Nach der Hypothese A.β) ist $\{x_{k,n}\}_{n\in\mathbb{N}} \subseteq M_c$ beschränkt. Die Reflexivität von E sichert die Existenz einer schwach konvergenten Teilfolge

$$\{x_{k,n_j}\}_{j\in\mathbb{N}} \qquad \text{mit} \qquad x_{k,n_j} \underset{j\to+\infty}{\overset{w}{\to}} x_k \in E.$$

Zur Vereinfachung der Notation setzen wir $n_j = j$. Für $y \in E_n$ und $j \geqslant n$ ergibt sich aus $E_n \subseteq E_j$ und den Relationen (8.50) und (8.51b):

$$\langle f'_j(x_{k,j}), y\rangle = \langle \psi'_j \circ f' \circ \psi_j(x_{k,j}), y\rangle = \langle f'(x_{k,j}), y\rangle$$

und ähnlich

$$\langle h'_j(x_{k,j}), y\rangle = \langle h'(x_{k,j}), y\rangle.$$

Daher erhält man

$$\langle f'(x_{k,j}), y\rangle = \lambda_{k,j}\langle h'(x_{k,j}), y\rangle, \qquad \forall y \in E_n, \qquad \forall j \geqslant n. \tag{$\circ$}$$

Nach Satz VIII.15 und (8.51a) gilt

$$m_k(h_j) = h_j(x_{k,j}) = h(x_{k,j}) \underset{j\to\infty}{\searrow} m_{k,cpt}(h).$$

Also ist $\{x_{k,j}\}_{j\in\mathbb{N}}$ für alle $k \in \mathbb{N}$, für die $m_{k,cpt}(h) < \infty$ gilt, eine Teilmenge von M_c, auf der h beschränkt ist. Die Hypothese B$_1$) impliziert: Es gibt ein $c_k \in (0, \infty)$, so daß für alle $j \in \mathbb{N}$

$$|\lambda_{k,j}| = \left| \frac{\langle f'(x_{k,j}), x_{k,j} \rangle}{\langle h'(x_{k,j}), x_{k,i} \rangle} \right| \leqslant c_k < \infty$$

gilt. Mit Hypothese B_2) folgt die Existenz von Teilfolgen $\{\lambda_{k,j(i)}\}_{i \in \mathbb{N}}$ und $\{x_{k,j(i)}\}_{i \in \mathbb{N}}$ mit

$$\lambda_{k,j(i)} \underset{i \to \infty}{\to} \lambda_k \quad \text{in } \mathbb{R} \qquad \text{und} \qquad h'(x_{k,j(i)}) \underset{i \to \infty}{\to} y'_k \quad \text{in } E'.$$

Aus ($\circ$) ergibt sich für beliebige $y \in \bigcup_{n \in \mathbb{N}} E_n$ leicht

$$\lim_{i \to \infty} \langle f'(x_{k,j(i)}), y \rangle = \lim_{i \to \infty} \langle \lambda_{k,j(i)} h'(x_{k,j(i)}), y \rangle = \lambda_k \langle y'_k, y \rangle. \tag{$\times$}$$

Infolge der Hypothese A.γ) ist $\{f'(x_{k,j(i)})\}_{i \in \mathbb{N}}$ in E' beschränkt, etwa

$$\|f'(x_{k,j(i)})\|' \leqslant a_k < \infty, \qquad \forall i \in \mathbb{N}.$$

Für beliebiges $y \in E$ und $\varepsilon > 0$ gibt es ein $y_\varepsilon \in \bigcup_{n \in \mathbb{N}} E_n$ mit

$$\|y - y_\varepsilon\| < \frac{\varepsilon}{3a_k} \wedge \frac{\varepsilon}{3|\lambda_k| \, \|y'_k\|'}.$$

Nach ($\times$) gibt es ein $i_\varepsilon \in \mathbb{N}$, so daß

$$|\langle f'(x_{k,j(i)}) - \lambda_k \langle y'_k, y_\varepsilon \rangle| \leqslant \frac{\varepsilon}{3}, \qquad \forall i \geqslant i_\varepsilon$$

gilt. Für $i \geqslant i_\varepsilon$ folgt dann

$$\begin{aligned} &|\langle f'(x_{k,j(i)}), y \rangle - \lambda_k \langle y'_k, y \rangle| \\ &\quad \leqslant |\langle f'(x_{k,j(i)}) - \lambda_k \langle y'_k, y_\varepsilon \rangle| + |\langle f'(x_{k,j(i)}), y - y_\varepsilon \rangle| + |\langle \lambda_k y'_k, y - y_\varepsilon \rangle| \\ &\quad < \frac{\varepsilon}{3} + \frac{\varepsilon}{3} + \frac{\varepsilon}{3} = \varepsilon; \end{aligned}$$

also

$$f'(x_{k,j(i)}) \overset{w}{\underset{i \to \infty}{\to}} \lambda_k y'_k \qquad \text{in } E'. \tag{$+$}$$

Wie früher folgt damit, daß die Hypothesen der Bedingung (S) für f' erfüllt sind: Zunächst folgt aus ($\circ$):

$$\begin{aligned} \langle f'(x_{k,j(i)}), x_{k,j(i)} \rangle &= \langle \lambda_{k,j(i)} h'(x_{k,j(i)}), x_{k,j(i)} \rangle \\ &= \langle \lambda_k y'_k, x_{k,j(i)} \rangle + \langle \lambda_{k,j(i)} h'(x_{k,j(i)}) - \lambda_k y'_k, x_{k,j(i)} \rangle \\ &\underset{i \to \infty}{\to} \langle \lambda_k y'_k, x_k \rangle + 0. \end{aligned}$$

Denn $\{x_{k,j(i)}\}_{i \in \mathbb{N}}$ konvergiert schwach gegen x_k und ist stark beschränkt, und $\lambda_{k,j(i)} h'(x_{k,j(i)})$ konvergiert stark in E' gegen $\lambda_k y'_k$. Daraus folgt direkt

$$\lim_{i \to \infty} \langle f'(x_{k,j(i)}) - f'(x_k), x_{k,j(i)} - x_k \rangle = 0.$$

Die Hypothese A.δ) impliziert nun die starke Konvergenz der Folge $\{x_{k,j(i)}\}_{i\in\mathbb{N}}$ gegen ein $x_k\in E$. Da die Folge $\{x_{k,j}\}_{j\in\mathbb{N}}$ bereits schwach gegen $x_k\in E$ konvergiert, ergibt sich die starke Konvergenz der Folge $\{x_{k,j}\}_{j\in\mathbb{N}}$ gegen $x_k\in E$. Die Stetigkeit von h' liefert:

$$h'(x_k) = \operatorname*{s-lim}_{j\to\infty} h'(x_{k,j}) = y'_k.$$

Die Stetigkeit von f liefert:

$$f(x_k) = \lim_{j\to\infty} f(x_{k,j}) = \lim_{j\to\infty} c = c.$$

Also folgt $x_k\in M_c(f)$.

Beachten wir die Stetigkeit von f', so erhalten wir

$$f'(x_k) = \lim_{j\to\infty} f'(x_{k,j}) = \lambda_k y'_k = \lambda_k h'(x_k).$$

Also ist (x_k,λ_k) für alle $k\in\mathbb{N}$ mit $m_{k,cpt}(h)<\infty$ in der Tat eine Lösung des Eigenwert-Problems $f'(x)=\lambda h'(x)$. Schließlich ist $h(x_k)$ gleich dem Minimax-Wert $m_{k,cpt}(h)$:

$$h(x_k) = \lim_{j\to\infty} h(x_{k,j}) = \lim_{j\to\infty} m_k(h_j) = m_{k,cpt}(h).$$

Damit ist der Beweis der Behauptungen α) und β) erbracht.

D. Existenz unendlich vieler Lösungen für nicht-lineare Eigenwert-Probleme

Die abstrakten Ergebnisse der vorausgehenden Abschnitte sollen hier konkretisiert werden, indem wir als eine Anwendung die Existenz unendlich vieler Lösungen für eine ziemlich große Klasse konkreter nicht-linearer Eigenwert-Probleme beweisen. Dabei gehen wir wie bei der Behandlung der nicht-linearen Randwert-Probleme vor, indem in einem zentralen Lemma eine *lange Liste konkreter Hypothesen an die Koeffizientenfunktionen des Eigenwert-Problems* in die Hypothesen übersetzt wird, welche in unser zentrales Theorem VIII.16 eingehen. Eine einfache Überlegung zeigt, daß diese lange Hypothesenliste im Rahmen unseres Zugangs als recht natürlich anzusehen ist.

Hypothesen: $G\subseteq\mathbb{R}^n$ ist eine offene, beschränkte und glatt berandete Teilmenge.

$$F_j\colon G\times\mathbb{R}^{n+1}\to\mathbb{R},\qquad j=0,1,\dots,n$$

seien $n+1$ Carathéodory-Funktionen. Diese C-Funktionen F_j seien die partiellen Ableitungen einer C-Funktion

$$F\colon G\times\mathbb{R}^{n+1}\to\mathbb{R},\qquad F_j(x,y)=\frac{\partial F}{\partial y_j}(x,y),\qquad j=0,1,\dots,n.$$

(F sei gerade bezüglich y: $F(x,-y)=F(x,y)$, $\forall(x,y)\in G\times\mathbb{R}^{n+1}$). Es gebe ein p, $1<p\leqslant n$, so daß die F, F_j folgenden Abschätzungen genügen:

(D_1) Es gibt ein $0\leqslant a\in L^1(G)$ und Zahlen $p_j\in\mathbb{Q}$, $b>0$ mit

$$1\leqslant p_j\leqslant p,\qquad j=1,\dots,n,$$

$$\frac{1}{p}-\frac{1}{n}\leqslant\frac{1}{p_0},\qquad p_0\geqslant 1, \tag{8.52a}$$

so daß für alle $(x, y) \in G \times \mathbb{R}^{n+1}$ gilt

$$|F(x, y)| \leqslant a(x) + b \sum_{j=0}^{n} |y_j|^{p_j}. \tag{8.52b}$$

(D_2) Für $j = 0, 1, \ldots, n$ gibt es Funktionen a_j mit $0 \leqslant a_j \in L^{q'_j}(G)$ und Zahlen b_j, q_j und p_{ji}, $i = 0, 1, \ldots, n$, mit

$$\frac{1}{p} - \frac{1}{n} \leqslant \frac{1}{q_0}, \qquad 1 \leqslant q_j \leqslant n, \qquad b_j \geqslant 0 \tag{8.53a}$$

und

$$\frac{1}{p} - \frac{1}{n} \leqslant \frac{1}{p_{j0}}, \qquad 1 \leqslant p_{ji} \leqslant p, \qquad i = 1, \ldots, n, \tag{8.53b}$$

so daß für alle $(x, y) \in G \times \mathbb{R}^{n+1}$ gilt:

$$|F_j(x, y)| \leqslant a_j(x) + b_j \sum_{i=0}^{n} |y_i|^{p_{ji}/q_j'}. \tag{8.53c}$$

Dabei bezeichnet q' den zu q dualen Exponenten $((1/q') + (1/q) = 1)$.

(K) *Koerzitivität (Elliptizität)*: Es gibt ein $\alpha > 0$ und ein $r_0 \in [0, p)$, so daß für alle $(x, y) \in G \times \mathbb{R}^{n+1}$ mit einem $0 \leqslant g_0 \in L^{p/(p-r_0)}(G)$ folgende Abschätzung gilt:

$$\sum_{j=1}^{n} F_j(x, y) y_i \geqslant \alpha \sum_{j=1}^{n} |y_j|^p - g_0(x)|y_0|^{r_0}. \tag{8.54}$$

(M) *Monotonie*: Für alle $(x, y_0) \in G \times \mathbb{R}$ und alle $\underline{y}, \underline{y}' \in \mathbb{R}^n$, $\underline{y} \neq \underline{y}'$, gilt:

$$\sum_{j=1}^{n} \{F_j(x, y_0, \underline{y}) - F_j(x, y_0, \underline{y}')\}(y_j - y_j) > 0. \tag{8.55}$$

Lemma VIII.17: *Es sei $G \subseteq \mathbb{R}^n$ eine offene, beschränkte und glatt berandete Teilmenge. Die $n + 1$ Carathéodory-Funktionen $F_j\colon G \times \mathbb{R}^{n+1} \to \mathbb{R}$, $j = 0, 1, \ldots, n$, seien die partiellen Ableitungen einer Carathéodory-Funktion $F\colon G \times \mathbb{R}^{n+1} \to \mathbb{R}$. Es gebe ein p, $1 < p \leqslant n$, so daß die Funktionen F, F_j die Hypothesen* D_1, D_2, K *und* M *erfüllen. Dann folgt:*

1. *Auf dem reellen Banach-Raum $E = W^{1,p}(G)$ ist durch*

$$u \to f(u) = \int_G d^n x\, F(x, u(x), \partial_1 u(x), \ldots, \partial_n u(x)) \tag{8.56}$$

eine Funktion $f\colon E \to \mathbb{R}$ wohldefiniert. f ist stetig und auf beschränkten Mengen von E beschränkt. Es gilt

$$|f(u)| \leqslant \|a\|_1 + b' \sum_{j=0}^{n} \|u\|_{1,p}^{p_j} \equiv B(\|u\|_{1,p}). \tag{8.56'}$$

2. *f ist auf E Fréchet-differenzierbar und besitzt die Ableitung*

$$\langle f'(u), v\rangle = \int_G d^n x \{ \sum_{j=1}^{n} F_j(x, u(x), \partial_1 u(x), \ldots, \partial_n u(x))\partial_j v(x)$$

$$+ F_0(x, u(x), \partial_1 u(x), \ldots, \partial_n u(x))v(x)\}, \qquad \forall u, v \in E. \tag{8.57}$$

3. *Die Fréchet-Ableitung von* $f, f': E \to E'$, *hat folgende Eigenschaften:*
   (i) f' *ist stetig,*
   (ii) f' *ist koerzitiv,*
   (iii) f' *ist auf beschränkten Mengen von E beschränkt,*
   (iv) f' *erfüllt die Bedingung* (S).

Beweis: a) Der Beweis wird ähnlich geführt wie im entsprechenden Teil über nicht-lineare Randwert-Probleme. Die wichtigsten Elemente des Beweises sind die Eigenschaften der Einbettungsabbildungen:

$$y: W^{1,p}(G) \to \bigoplus_{j=0}^{n} L^{p_j}(G), \tag{8.58}$$

$$u \to y(u) = (y_0(u), y_1(u), \ldots, y_n(u)), \qquad y_0(u) = u, \qquad y_j(u) = \partial_j u$$

für geeignete Sätze von Exponenten $(p_0, p_1, \ldots, p_n)$, und der Niemytski-Operatoren

$$\hat{g}: \bigoplus_{n=0}^{n} L^{p_j}(G) \to L^q(G); \tag{8.59}$$

($g: G \times \mathbb{R}^{n+1} \to \mathbb{R}$ sei eine C-Funktion)

$$\hat{g}(v_0, v_1, \ldots, v_n)(x) := g(x, v_0(x), v_1(x), \ldots, v_n(x)),$$

wie sie in [Vainberg, Variational Methods, I.3] erläutert sind.

Die Eigenschaften der Einbettungen (8.58) sind durch die Sobolevschen Einbettungssätze bestimmt. Unter den Einschränkungen (8.52a) an die Exponenten sind diese Einbettungen stetig:

$$\|y_j(u)\|_{p_j} = \|\partial_j u\|_{p_j} \leqslant c_j \|u\|_{1,p}, \qquad j = 0, 1, \ldots, n \tag{8.60a}$$

mit einer Konstanten

$$c_j = c_j(|G|, p, p_j).$$

Im Falle

$$\frac{1}{p} - \frac{1}{n} < \frac{1}{p_0}, \qquad p_0 \geqslant 1,$$

ist die Einbettung

$$y_0: W^{1,p}(G) \to L^{p_0}(G) \tag{8.60b}$$

kompakt.

Wie bereits früher erwähnt, ist der Operator $\hat{g}$ genau dann wohldefiniert und stetig, wenn es eine Funktion $0 \leqslant \alpha \leqslant L^q(G)$ und eine Konstante $b \geqslant 0$ gibt mit

$$|g(x,y)| \leqslant \alpha(x) + b \sum_{j=0}^{n} |y_j|^{p_j/q}, \qquad \forall (x,y) \in G \times \mathbb{R}^{n+1}. \tag{8.61}$$

b) Die Abschätzung (8.52b) besagt also infolge (8.61):

$$\hat{F}: \bigoplus_{i=0}^{n} L^{p_j}(G) \to L^1(G)$$

ist wohldefiniert und stetig, und es gilt

$$\|\hat{F}v\|_1 = \int_G d^n x\, |F(x, v_0(x), v_1(x), \ldots, v_n(x))| \leqslant \|a\|_1 + b \sum_{j=0}^{n} \|v_j\|_{p_j}^{p_j}.$$

Aus (8.58) und (8.60) folgt für $v = y(u)$, $u \in E = W^{1,p}(G)$:

$$\|\hat{F}y(u)\|_1 \leqslant \|a\|_1 + b \sum_{j=0}^{n} \|y_j(u)\|_{p_j}^{p_j} \leqslant \|a\|_1 + b \sum_{j=0}^{n} \|u\|_{1,p}^{p_j}.$$

Also ist

$$u \to \int_G d^n x\, \hat{F}y(u)(x) = f(u)$$

auf E wohldefiniert und erfüllt die Abschätzung (8.56′). f ist als Komposition der stetigen Abbildungen $\hat{F}$ und y selbst stetig, womit 1. bewiesen ist.

c) Infolge (8.53a) und (8.53b) haben wir die stetigen linearen Einbettungen

$$y: E \to \bigoplus_{i=0}^{n} L^{p_{ji}}(G), \qquad j = 0, 1, 2, \ldots, n$$

und

$$y: E \to \bigoplus_{i=0}^{n} L^{q_i}(G).$$

Mit der Abschätzung (8.61) impliziert die Hypothese (8.53c), daß der Niemytski-Operator $\hat{F}_j$ stetig von $\oplus_{i=0}^{n} L^{p_{ji}}(G)$ in $L^{q_j'}(G)$ abbildet. Es folgt also:

$$u \to \hat{F}_j y(u) \quad \text{bildet } W^{1,p}(G) \text{ stetig in } L^{q_j'}(G) \text{ ab} \tag{8.62}$$

für $j = 0, 1, \ldots, n$.

Für $v_j \in L^{q_j}(G)$ gilt nach (8.53c):

$$|\langle \hat{F}_j y(u), v_j \rangle_2| = \left| \int_G d^n x\, F_j(x, y(u)(x)) v_j(x) \right|$$

$$\leqslant \{\|a_j\|_{q_j'} + b_j \sum_{i=0}^{n} \|y_i(u)\|_{p_{ji}}^{p_{ji}/q_j'}\} \|v_j\|_{q_j},$$

also

$$\|\hat{F}_j y(u)\|_{q_j'} \leqslant \|a_j\|_{q_j'} + b_j \sum_{i=0}^{n} c_i \|u\|_{1,p}^{p_{ji}/q_j'} \equiv B_j(\|u\|_{1,p}). \tag{8.63}$$

Folglich ist

$$(u, v) \to a(u, v) := \sum_{j=0}^{n} \langle \hat{F}_j y(u), y_j(v) \rangle_2 \tag{8.64}$$

eine wohldefinierte Funktion $E \times E \to \mathbb{R}$ mit

$$\begin{aligned} |a(u,v)| &\leqslant \sum_{j=0}^{n} \|\hat{F}_j y(u)\|_{q_j'} \|y_j(v)\|_{q_j} \leqslant \sum_{j=0}^{n} c_j \|\hat{F}_j y(u)\|_{q_j'} \|v\|_{1,p} \\ &\leqslant \left(\sum_{j=0}^{n} c_j B_j(\|u\|_{1,p}) \right) \|v\|_{1,p}. \end{aligned} \tag{8.64'}$$

Da $v \to a(u, v)$ auch linear ist, definiert $a(u, v)$ für festes $u \in E$ eine stetige Linearform auf E und damit eine Funktion $T: E \to E'$, so daß

$$a(u, v) = \langle T(u), v \rangle, \qquad \forall u, v \in E \tag{8.65}$$

gilt. Aus (8.64') folgt:

$$\|T(u)\|' = \sup_{\substack{v \in E \\ \|v\|_{1,p} = 1}} |\langle T(u), v \rangle| \leqslant B(\|u\|_{1,p}).$$

Also ist T auf beschränkten Mengen von E beschränkt.

Die Stetigkeit von T ergibt sich leicht aus der Feststellung (8.62):

$$\begin{aligned} \|T(u_1) - T(u_2)\|' &= \sup_{\substack{v \in E \\ \|v\|_{1,p} = 1}} \left| \sum_{j=0}^{n} \langle \hat{F}_j y(u_1) - \hat{F}_j y(u_2), v \rangle_2 \right| \\ &\leqslant \sum_{j=0}^{n} \|\hat{F}_j y(u_1) - \hat{F}_j y(u_2)\|_{q_j'}. \end{aligned} \tag{8.66}$$

Da die Hypothese K mit der Hypothese (H_3') und die Hypothese M mit der Hypothese (H_2') an die Koeffizientenfunktionen der Randwert-Probleme identisch ist, können wir die Resultate des Beweises von Theorem VII.7 [Abschnitt Randwert-Probleme] übernehmen und erhalten:

(i) T ist koerzitiv.

(ii) T erfüllt die Bedingung (S).

d) Somit folgen die Fréchet-Differenzierbarkeit von f und die Eigenschaften der Fréchet-Ableitung f' aus dem Nachweis, daß f in allen Punkten $u \in E$ ein Gâteaux-Differential $\delta_u f$ besitzt, für welches $\delta_u f = T(u)$ gilt.

Es seien u, $v \in E$ und $t \in \mathbb{R}$. Mit $F_j = \partial F / \partial y_j$ folgt für fast alle $x \in G$:

$$\begin{aligned} F(x, y(u + tv)(x)) - F(x, y(u)(x)) &= \int_0^1 d\tau \frac{d}{d\tau} F(x, y(u + \tau tv)(x)) \\ &= \int_0^1 d\tau \sum_{j=0}^{n} F_j(x, y(u + \tau tv)(x)) t y_j(v)(x) \end{aligned}$$

und damit unter Benutzung des Satzes von Fubini für $t \neq 0$:

$$\frac{1}{t}\{f(u+tv)-f(u)\} = \int_G d^n x \frac{1}{t}\{F(x, y(u+tv)(x)) - F(x, y(u)(x))\}$$

$$= \int_G d^n x \int_0^1 d\tau \sum_{j=0}^{n} \hat{F}_j(y(u+\tau tv))(x) y_j(v)(x)$$

$$= \int_0^1 d\tau \sum_{j=0}^{n} \langle \hat{F}_j(y(u+\tau tv)), y_j(v)\rangle_2 = \int_0^1 d\tau \langle T(u+\tau tv), v\rangle.$$

Da $T: E \to E'$ stetig und beschränkt ist, folgt nun leicht

$$\lim_{|t|\to 0} \frac{1}{t}\{f(u+tv)-f(u)\} = \langle T(u), v\rangle.$$

Also hängt die Gâteaux-Ableitung von f im Punkte $u \in E$ in Richtung $v \in E$ linear und stetig von v ab. Mithin besitzt f in allen Punkten $u \in E$ ein Gâteaux-Differential $\delta_u f$, für das gilt: $\delta_u f = T(u)$. Daher hängt $\delta_u f$ stetig von $u \in E$ ab, woraus $f'(u) = \delta_u f = T(u)$ folgt. Die Eigenschaften von T sind also die Eigenschaften der Fréchet-Ableitung f' von f.

Lemma VIII.17 klärt die Voraussetzungen an die „Nebenbedingung" $f(u) = c$, $u \in E$. Es bleiben die Voraussetzungen an die auf der Niveaufläche $M_c(f) = f^{-1}(c)$ zu „minimierenden" Funktionen $h: E \to \mathbb{R}$ zu untersuchen, um mit Hilfe des Satzes vom Lagrange-Multiplikator Lösungen des Eigenwertproblems $f'(u) = \lambda h'(u)$ zu erhalten. Dabei verfahren wir ähnlich wie bei der Untersuchung der „Nebenbedingung" f.

Es sei H eine Carathéodory-Funktion auf $G \times \mathbb{R}$. Die Ableitung von H nach y_0, das heißt

$$H_0(x, y_0) = \frac{\partial H}{\partial y_0}(x, y_0)$$

sei wieder eine Carathéodory-Funktion. Folgende Wachstumseigenschaften von H und H_0 werden vorausgesetzt:

(D_3) Es gibt ein $0 \leqslant \alpha \in L^1(G)$ und ein $r \geqslant 1$ mit

$$\frac{1}{p} - \frac{1}{n} \leqslant \frac{1}{r},$$

so daß gilt

$$|H(x, y_0)| \leqslant \alpha(x) + \beta |y_0|^r, \qquad \beta \geqslant 0, \qquad (x, y_0) \in G \times \mathbb{R}. \tag{8.67}$$

(D_4) Es gibt ein $r_0 \geqslant 1$ mit

$$\frac{1}{p} - \frac{1}{n} \leqslant \frac{1}{r_0},$$

ein $s \geqslant 1$ mit

$$\frac{1}{p} - \frac{1}{n} < \frac{1}{s} \tag{8.68a}$$

und ein $0 \leqslant \alpha_0 \in L^{r_0'}(G)$, $\beta_0 \geqslant 0$, so daß für alle $(x, y_0) \in G \times \mathbb{R}$ gilt:

$$|H_0(x, y_0)| \leqslant \alpha_0(x) + \beta_0 |y_0|^{s/r_0'}. \tag{8.68b}$$

Ähnlich wie im Lemma VIII.17 erhalten wir dann:

Lemma VIII.17′: *Es sei $G \subseteq \mathbb{R}^n$ eine offene, beschränkte und glatt berandete Teilmenge. Die Carathéodory-Funktion $H: G \times \mathbb{R} \to \mathbb{R}$ besitze eine partielle Ableitung*

$$H_0(x, y) = \frac{\partial H}{\partial y_0}(x, y_0),$$

die wieder eine Carathéodory-Funktion ist. H und H_0 erfüllen (D$_3$) *und* (D$_4$). *Dann folgt:*

1. *Auf dem reellen Banach-Raum $E = W^{1,p}(G)$ ist durch*

$$u \to h(u) = \int_G d^n x\, H(x, u(x)) \tag{8.69}$$

eine Funktion $h: E \to \mathbb{R}$ wohldefiniert. h ist stetig und auf beschränkten Mengen von E beschränkt. Es gilt:

$$|h(u)| \leqslant \|\alpha\|_1 + \beta' \|u\|_{1,p}^r. \tag{8.69′}$$

2. *h ist auf E Fréchet-differenzierbar und besitzt die Ableitung*

$$\langle h'(u), v \rangle = \int_G d^n x\, H_0(x, u(x)) v(x), \qquad \forall u, v \in E. \tag{8.70}$$

3. *Die Fréchet-Ableitung von h, nämlich $h': E \to E'$ hat folgende Eigenschaften: h' ist*

   (i) *stetig,*
   (ii) *auf beschränkten Mengen beschränkt,*
   (iii) *vollstetig.*

4. *h ist auf beschränkten Teilmengen von E schwach stetig.*

Beweis: a) Es ist klar, daß die Hypothesen (D$_3$) und (D$_4$) an H und H_0 dasselbe leisten wie die Hypothesen (D$_1$) und (D$_2$) für die Funktionen F, F_j in Lemma VIII.17. Somit liefern die Argumente des Beweises von Lemma VIII.17 sogleich die Behauptungen 1. und 2. und von der 3. Behauptung die Punkte (i) und (ii). Die Vollstetigkeit von h' ergibt sich mit Hilfe des Sobolevschen Einbettungssatzes aus der gegenüber (D$_2$) verschärften Hypothese (D$_4$) (8.68a):

Infolge (8.68a) ist $\hat{H}_0: L^s(G) \to L^{r_0'}(G)$ stetig. Wegen (8.68a) ist die identische Einbettung von $W^{1,p}(G)$ in $L^s(G)$ vollstetig, das heißt konvergiert $(u^\alpha)_\alpha$ in E schwach gegen ein $u \in E$, so konvergiert $\{\hat{H}_0(u^\alpha)\}_\alpha$ stark in $L^{r'_0}(G)$ gegen $\hat{H}_0(u)$. Es folgt, daß $\{h'(u^\alpha)\}_\alpha$ stark in E' gegen $h'(u)$ konvergiert, denn

$$\begin{aligned} \|h'(u) - h'(u^\alpha)\|' &= \sup_{\substack{v \in E \\ \|v\|_{1,p}=1}} |\langle h'(u) - h'(u^\alpha), v\rangle| \\ &= \sup_{v \in S_1(E)} |\langle \hat{H}_0(u) - \hat{H}_0(u^\alpha), v\rangle_2| \\ &\leqslant c_0 \|\hat{H}_0(u) - \hat{H}_0(u^\alpha)\|_{r'_0}. \end{aligned}$$

b) Wir zeigen hier nur die schwache Folgenstetigkeit. Es sei also $\{u^\alpha\}_\alpha$ eine Folge, die schwach gegen ein $u \in E$ konvergiert. Dann ist $\{u^\alpha, u\}$ stark beschränkt. Die Vollstetigkeit von h' liefert die starke Konvergenz von $\{h'(u^\alpha)\}_\alpha$ in E'. Es folgt:

$$\begin{aligned} \lim_\alpha \{h(u^\alpha) - h(u)\} &= \lim_\alpha \int_0^1 d\tau \,\langle h'(u + \tau(u^\alpha - u)), u^\alpha - u\rangle \\ &= \int_0^1 d\tau \lim_\alpha \langle h'(u + \tau(u^\alpha - u)), u^\alpha - u\rangle = 0. \end{aligned}$$

Denn

$$\begin{aligned} &\lim_\alpha \langle h'(u + \tau(u^\alpha - u), u^\alpha - u\rangle \\ &\quad = \lim_\alpha \{\langle h'(u), u^\alpha - u\rangle + \langle h'(u + \tau(u^\alpha - u) - h'(u), u^\alpha - u\rangle\} = 0, \end{aligned}$$

weil

$$u^\alpha \xrightarrow{w} u \qquad \text{und} \qquad h'(u + \tau(u^\alpha - u)) \xrightarrow{s} h'(u)$$

gilt.

Bemerkung: Setzen wir in (D_3) voraus:

$$\frac{1}{p} - \frac{1}{n} < \frac{1}{r},$$

so ist $W^{1,p}(G)$ kompakt in $L^r(G)$ eingebettet und $\hat{H}$ ist eine stetige Abbildung von $L^r(G)$ in $L^1(G)$. Dann folgt die schwache (Folgen-)Stetigkeit von h sehr leicht.

Nun ist es einfach, einen Satz über die Existenz von unendlich vielen Lösungen für eine gewisse Klasse nicht-linearer Eigenwert-Probleme zu beweisen. Lemma VIII.17 (VIII.17′) und Satz VIII.13 übersetzen die konkreten Forderungen an die Koeffizienten-Funktionen in die Hypothesen des zentralen Existenzsatzes VIII.16!

Theorem VIII.18: *Es sei $G \subset \mathbb{R}^n$ eine offene, beschränkte und glatt berandete Teilmenge. Die $n+1$ C-Funktionen $F_j: G \times \mathbb{R}^{n+1} \to \mathbb{R}$, $j = 0, 1, \ldots, n$ seien die partiellen Ableitungen $\partial F/\partial y_j$ der C-Funktion $F: G \times \mathbb{R}^{n+1} \to \mathbb{R}$ mit $F(x, -y) = F(x, y)$. Diese Funktionen F, F_j erfüllen die Hypothesen* D_1, D_2, K, M *für ein* $p \in (1, n]$.

Ferner sei $H: G \times \mathbb{R} \to \mathbb{R}$ eine C-Funktion mit $H(x, -y_0) = H(x, y_0)$. Die Ableitung $H_0(x, y) = (\partial H/\partial y_0)(x, y_0)$ von H sei wieder eine C-Funktion. Die Funktionen H und H_0 mögen die Hypothesen D_3 und D_4 für dasselbe $p \in (1, n]$ erfüllen. Dann gilt:

a) Auf allen abgeschlossenen Teilräumen $V \subseteq W^{1,p}(G)$ mit $\mathscr{D}(G) \subseteq V$ sind

$$u \mapsto f(u) = \int_G d^n x\, F(x, y(u)(x))$$

und

$$u \mapsto h(u) = \int_G d^n x\, H(x, u(x))$$

wohldefinierte stetige, reelle Funktionen, die auf beschränkten Mengen beschränkt sind. Es gilt

$$f(u) \to \infty \qquad \text{für} \qquad \|u\| \to \infty \qquad (\|\cdot\| = \|\cdot\|_{1,p} \restriction V).$$

b) f und h sind stetig Fréchet-differenzierbar auf V mit den Ableitungen

$$\langle f'(u), v \rangle = \int_G d^n x \sum_{j=0}^{n} F_j(x, y(u)(x))\, y_j(v)(x)$$

und

$$\langle h'(u), v \rangle = \int_G d^n x\, H_0(x, u(x)) v(x), \qquad \forall u, v \in V.$$

c) Wenn für ein hinreichend großes $c > 0$ die folgende Hypothese B erfüllt ist,

(B) *Für jede Teilmenge $A \subseteq M_c(f) = f^{-1}(c)$, auf der h beschränkt ist, existiert ein $d_A > 0$, so daß*

$$d_A |\langle f'(u), u \rangle| \leqslant |\langle h'(u), u \rangle|, \qquad \forall u \in A$$

gilt

so gibt es für alle $k \in \mathbb{N}$ Eigenfunktionen $u_k \in M_c(f)$ und Eigenwerte $\lambda_k \in \mathbb{R}$ der nichtlinearen Eigenwertgleichung

$$f'(u) = \lambda h'(u)$$

mit durch V definierten Randbedingungen. Die Eigenfunktionen und Eigenwerte können durch endlich-dimensionale Approximation gewonnen werden.

Beweis: 1. Zunächst ist $E = W^{1,p}(G)$ ein unendlich-dimensionaler, separabler, reflexiver Banach-Raum über $\mathbb{R}$, dessen Norm infolge $p > 1$ in $E \setminus \{0\}$ stetig differenzierbar ist. Diese Eigenschaften übertragen sich auf den abgeschlossenen Teilraum V mit der induzierten Norm.

Lemma VIII.17 bzw. Lemma VIII.17′ liefern direkt die Behauptungen a) und b) bis auf die Aussage $f(u) \to +\infty$ für $\|u\| \to \infty$. Die weiteren Aussagen vom Lemma

VIII.17 ergeben mit Satz VIII.13 die Aussage $f(u) \to \infty$ für $\|u\| \to \infty$ und den Rest der Hypothesen A in Theorem VIII.16.

Unsere obige Hypothese B ist gerade die Hypothese B_1 von Theorem VIII.16. Die Hypothese B_2 von Theorem VIII.16 ist aufgrund von Lemma VIII.17′ erfüllt.

Die Hypothesen $F(x, -y) = F(x, y)$ und $H(x, -y_0) = H(x, y_0)$ schließlich liefern, daß f und h gerade Funktionen auf V sind.

2. Nach Lemma VIII.17 und Satz VIII.13 ist die Niveaufläche $M_c(f) = f^{-1}(c)$ von f für hinreichend große c beschränkt und sphärenartig. Nach 1. ist h also auf $M_c(f)$ beschränkt. Mithin sind alle Minimax-Werte $m_{k,cpt}(h)$, $k \in \mathbb{N}$, von h auf $M_c(f)$ endlich. Die Aussagen α) und β) von Theorem VIII.16 ergeben daher die Behauptung.

In der in Theorem VIII.18 benutzten Form ist die Hypothese der relativen Beschränktheit von f' und h' nicht immer leicht nachprüfbar. Daher erinnern wir hier noch einmal an die Bemerkungen im Anschluß an den Beweis von Theorem VIII.3. Wie dort ergibt sich, daß Theorem VIII.18 gültig bleibt, wenn wir die Hypothese c) von Theorem VIII.13 durch die folgende Hypothese c′) der relativen Beschränktheit von f' und h' ersetzen:

c′) Es gibt ein $u_0 \in M_c(f)$ und ein $r_0 > 0$, so daß für alle $u \in M_c(f)$ mit $h(u) \geqslant h(u_0)$ stets $\langle h'(u), u \rangle \geqslant r_0$ gilt.

Abschließend diskutieren wir eine recht einfache Klasse von Beispielen zu Theorem VIII.18. Aufgrund des allgemeinen Resultates von Theorem VIII.18 gibt es zu diesen Beispielen etliche naheliegende Verallgemeinerungen, die wir jedoch nicht diskutieren wollen.

Beispiel: Es sei G eine offene, beschränkte und glatt berandete Teilmenge des $\mathbb{R}^n$, $n \geqslant 3$. Unter gewissen Einschränkungen an die Koeffizientenfunktionen wollen wir die Lösbarkeit der Eigenwertgleichung

$$\Delta u + \alpha(x)u + \lambda\beta(x)u|u|^{\sigma-1} = 0$$

mit variationstheoretischen Randbedingungen beweisen. Wir setzen voraus:

$$\alpha, \beta \in L^\infty(G), \qquad 0 \leqslant \beta, \qquad \beta \neq 0, \qquad \alpha \leqslant 0, \qquad 1 < \sigma < \frac{n+2}{n-2}.$$

$$F(x, y_0, \underline{y}) = \frac{1}{2}\sum_{j=1}^{n} y_j^2 - \frac{1}{2}\alpha(x)y_0^2, \qquad x \in G, \qquad y = (y_0, \underline{y}) \in \mathbb{R}^{n+1}$$

ist eine Carathéodory-Funktion, deren Ableitungen

$$F_0(x, y_0, \underline{y}) = \frac{\partial F}{\partial y_0}(x, y_0, \underline{y}) = -\alpha(x)y_0,$$

$$F_j(x, y_0, \underline{y}) = \frac{\partial F}{\partial y_j}(x, y_0, \underline{y}) = y_j, \qquad j = 1, \ldots, n$$

wieder Carathéodory-Funktionen sind. Infolge

$$\sum_{j=1}^{n} y_j F_j = \sum_{j=1}^{n} y_j^2$$

„verlangt" die Koerzitivitätsbedingung K, dieses Eigenwertproblem im Sobolev-Raum $W^{1,2}(G) = H^1(G)$ zu behandeln. Der Exponent $p = 2$ erfüllt dann infolge $n \geqslant 3$ auch die Bedingung $1 < p \leqslant n$.

Die Bedingung der Monotonie ist in diesem Beispiel trivialerweise erfüllt:

$$\sum_{j=1}^{n} \{F_j(x, y_0, \underline{y}) - F_j(x, y_0, \underline{y}')\}(y_j - y'_j) = \sum_{j=1}^{n} (y_j - y'_j)^2.$$

Eine einfache Rechnung zeigt, daß auch die Hypothesen (D_1) und (D_2) erfüllt sind. Es folgt, daß

$$f(u) = \int_G d^n x\, F(x, u(x), \nabla u(x)) = \frac{1}{2}\langle \nabla u, \nabla u \rangle_2 - \frac{1}{2}\langle u, \alpha u \rangle_2$$

auf $E = H^1(G)$ wohldefiniert, stetig, beschränkt und Fréchet-differenzierbar ist mit der Ableitung

$$\langle f'(u), v \rangle = \sum_{j=1}^{n} \langle \partial_j u, \partial_j v \rangle_2 - \langle u, \alpha v \rangle_2, \qquad \forall v \in E.$$

$f': E \to E'$ ist stetig, beschränkt und erfüllt die Bedingung (S). Ebenso ist

$$H(x, y_0) = \frac{\beta(x)}{\sigma + 1}(y_0^2)^{(\sigma+1)/2}, \qquad x \in G, \qquad y_0 \in \mathbb{R},$$

eine Carathéodory-Funktion, deren Ableitung

$$H_0(x, y_0) = \frac{\partial H}{\partial y_0}(x, y_0) = \beta(x) y_0 (y_0^2)^{(\sigma-1)/2}$$

ebenfalls eine Carathéodory-Funktion ist. Wiederum läßt sich leicht nachprüfen, daß infolge

$$1 < \sigma < \frac{n+2}{n-2}$$

die Hypothesen (D_3) und (D_4) erfüllt sind. Folglich ist

$$h(u) = \int_G d^n x\, H(x, u(x)) = \frac{1}{\sigma + 1} \int_G d^n x\, \beta(x)(u^2(x))^{(\sigma+1)/2}$$

auf $E = H^1(G)$ wohldefiniert, stetig, beschränkt und Fréchet-differenzierbar mit der Ableitung

$$\langle h'(u), v \rangle = \int d^n x\, \beta(x)(u^2(x))^{(\sigma-1)/2} u(x) v(x), \qquad \forall v \in E.$$

$h': E \to E'$ ist stetig, beschränkt, vollstetig und auf beschränkten Mengen schwach stetig.

Schließlich weisen wir die Hypothese der relativen Beschränktheit in der Form c') nach. Zunächst bemerken wir

$$\langle f'(u), u\rangle = \langle \nabla u, \nabla u\rangle_2 - \langle u, \alpha u\rangle_2 = 2f(u),$$

$$\langle h'(u), u\rangle = \int_G d^n x\, \beta(x)(u^2(x))^{(\sigma+1)/2} = (\sigma + 1)h(u).$$

Infolge $\beta(x) \geqslant 0$ und $\beta \neq 0$ gibt es ein $u_1 \in H_0^1(G)$ mit

$$h(u_1) > 0.$$

Nach Satz VIII.13 implizieren die oben festgestellten Eigenschaften von f, daß eine positive Zahl c_0 existiert, so daß alle Niveauflächen $M_c(f)$ für $c \geqslant c_0$ sphärenartig sind. Setzen wir nun $u_r = ru_1$, $r > 0$, so folgt, $f(u_r) = r^2 f(u_1)$. Infolge $\alpha \leqslant 0$ und $u_1 \neq 0$ ist $f(u_1) > 0$. Also erfüllt $c_r = f(u_r)$ für alle $r \geqslant R_0$ die Bedingung $c_r \geqslant c_0$.

Wählen wir nun ein festes $r \geqslant R_0$ und setzen

$$r_0 = (\sigma + 1)h(u_r) \qquad (= (\sigma + 1)r^{\sigma+1}h(u_1) > 0),$$

so gilt für alle $u \in M_{c_r}(f)$ mit $h(u) \geqslant h(u_r)$ die Abschätzung

$$\langle h'(u), u\rangle = (\sigma + 1)h(u) \geqslant (\sigma + 1)h(u_r) = r_0 > 0.$$

Das zeigt die Bedingung c') für die sphärenartige Niveaufläche $M_{c_r}(f)$. Da f und h gerade Funktionen auf E sind, können wir Theorem VIII.18 anwenden und erhalten eine Folge $\{u_j\}_{j\in\mathbb{N}}$ von Eigenfunktionen $u_j \in M_{c_r}(f)$ und eine Folge $\{\lambda_j\}_{j\in\mathbb{N}}$ von Eigenwerten $\lambda_j \in \mathbb{R}$:

$$f'(u_j) = \lambda_j h'(u_j), \qquad j \in \mathbb{N}.$$

Dabei können wir beliebige variationstheoretische Randbedingungen zugrundelegen, die durch einen Unterraum V von $H^1(G)$ mit $H_0^1(G) \subseteq V$ induziert werden. Überdies gelten die obigen Überlegungen für jedes feste $r \geqslant R_0$. Also erhalten wir auch auf allen Niveauflächen $M_{c_r}(f)$, $r \geqslant R_0$, eine Folge von Eigenfunktionen $u_{j,r}$, $j \in \mathbb{N}$.

Bemerkung: Das obige Beispiel ist natürlich bezüglich der in Theorem VIII.18 ausgedrückten Allgemeinheit sehr speziell und einfach. Daher erwartet man auch, daß einfachere und direktere Methoden zur Lösung dieses Eigenwert-Problems führen. Das ist in der Tat der Fall, wie in [M. S. Berger, Nonlinearity and Functional Analysis, Theorem 6.3.9] für einen Spezialfall gezeigt wurde.

Im letzten Abschnitt wird die Lösbarkeit dieser Gleichung für $G = \mathbb{R}^d$, $d \geqslant 3$, untersucht.

VIII.5 Nicht-lineare elliptische Feldgleichungen in $\mathbb{R}^d$, $d \geqslant 3$

A. Motivation und allgemeine Strategie

In diesem Kapitel haben wir bisher die variationstheoretische Lösung nichtlinearer elliptischer Differentialgleichungen in *beschränkten* Gebieten G des $\mathbb{R}^d$ kennengelernt. Die Hypothese der Beschränktheit des zugrundeliegenden Gebietes G ging entscheidend in den Beweis der Existenz von Lösungen ein, indem nämlich die Kompaktheit von Einbettungen zwischen Sobolev-Räumen (zwischen $H^1(G)$ und $L^2(G)$) über G entscheidend benutzt wurde.

Will man nun nicht-lineare elliptische Differentialgleichungen über dem ganzen Raum $G = \mathbb{R}^d$ lösen, so wird man einen Ersatz für diese kompakten Einbettungen finden müssen. Das ist bisher erst für eine relativ kleine Klasse nicht-linearer elliptischer Differentialgleichungen gelungen. Um die Strategie der variationstheoretischen Lösung solcher Probleme hinreichend übersichtlich und klar darstellen zu können, behandeln wir nur eine Klasse typischer Beispiele nicht-linearer elliptischer Differentialgleichungen der Form

$$-\Delta u = g(u) \qquad \text{in } \mathbb{R}^d \tag{8.71}$$

für $d \geqslant 3$ explizit. Dabei ist Δ der Laplaceoperator in $\mathbb{R}^d$, und die stetig differenzierbare Funktion $g\colon \mathbb{R} \to \mathbb{R}$ verschwindet im Ursprung: $g(0) = 0$. Wie später beim Beweis deutlich wird, garantiert hier die Annahme der Radialsymmetrie der Lösungen u von (8.71) die Kompaktheit geeigneter Einbettungen.

Die Annahme $g(0) = 0$ impliziert, daß $u = 0$ stets eine Lösung von (8.71) ist. Daher wollen wir unter einer Lösung von (8.71) stets eine Lösung $u \neq 0$ verstehen. Zunächst ist der Raum der potentiellen Lösungen festzulegen. Interpretiert man (8.71) als Feldgleichung einer skalaren Feldtheorie, so ist Gleichung (8.71) die Euler-Lagrange-Gleichung des Wirkungsfunktionals

$$W(u) = \frac{1}{2}\int_{\mathbb{R}^d} (\nabla u(x))^2 dx - \int_{\mathbb{R}^d} G(u(x))\, dx, \tag{8.72}$$

wobei

$$G(t) := \int_0^t g(s)\, ds$$

gesetzt ist.

In vielen Anwendungen in der Physik und Biologie verlangt man, daß die Wirkung endlich ist. Dazu müssen sowohl u als auch ∇u im Unendlichen hinreichend stark auf Null abfallen. Diese Bedingung entspricht der Randbedingung im Falle beschränkter Gebiete. Wir versuchen daher, Lösungen im Sobolev-Raum $H^1(\mathbb{R}^d)$ zu bestimmen.

Gleichungen der Gestalt (8.71) treten z. B. auf, wenn man für die nicht-lineare Klein-Gordon-Gleichung

$$\partial_t^2 \phi - \Delta\phi + m^2\phi = f(\phi)$$

Lösungen in Form stehender Wellen sucht, das heißt

$$\phi(t,x) = e^{i\omega t}u(x), \qquad t \in \mathbb{R}, \qquad \omega \in \mathbb{R}$$

(falls $f(\rho e^{i\theta}) = e^{i\theta} f(\rho)$) oder in der Form

$$\phi(t,x) = u(x - ct), \qquad c \in \mathbb{R}^d, \qquad |c| < 1.$$

Stationäre Lösungen oder Lösungen in Form stehender Wellen für eine nicht-lineare Schrödinger-Gleichung

$$i\partial_t \phi - \Delta\phi = f(\phi)$$

führen ebenfalls zur Gleichung (8.71). Eine Lösung der Gleichung kann auch als stationäre Lösung der nicht-linearen Wärmeleitungsgleichung

$$\partial_t \phi - \Delta \phi = f(\phi), \qquad \phi = \phi(t, x), \qquad x \in \mathbb{R}^d, \qquad t \in \mathbb{R}$$

interpretiert werden.

Die allgemeine Strategie, Gleichungen der Form (8.71) mit Hilfe der Variationsrechnung zu lösen, ist bereits durch unser Vorgehen im Falle beschränkter Gebiete $G \subset \mathbb{R}^d$ vorgezeichnet. Die explizite Ausarbeitung dieser Strategie für den vorliegenden Fall wurde von *Strauss* [VIII.13], *Coleman-Glaser-Martin* [VIII.14] und *Berestycki-Lions* [VIII.15] durchgeführt.

Wir schreiben das mit (8.71) assoziierte Wirkungsfunktional (2) in der Form

$$W(u) = T(u) - V(u)$$

mit

$$T(u) = \frac{1}{2}\|\nabla u\|_2^2, \qquad V(u) = \int_{\mathbb{R}^d} G(u(x))\,dx. \tag{8.73}$$

Wie wir später sehen werden, ist dieses Funktional weder nach oben noch nach unten beschränkt. Daher versucht man nicht, Gleichung (8.71) durch direkte Bestimmung kritischer Punkte von W zu lösen, sondern man versucht, wie bereits für beschränkte Gebiete besprochen, kritische Punkte von $u \to T(u)$ unter der Nebenbedingung $V(u) = 1$ zu bestimmen.

Das geschieht konkret durch die Lösung des folgenden Variationsproblems mit Nebenbedingung:

$$\inf\{T(u) \mid u \in X,\ V(u) = 1\}. \tag{8.74}$$

Dabei ist $X \subset H^1(\mathbb{R}^d)$ ein Banach-Raum, dessen Wahl von der Form von V bzw. g abhängt. Die Lösung dieses Variationsproblems beruht wieder auf der Verwendung einer kompakten Einbettung. Es erweist sich nämlich, daß der Unterraum $H_r^1(\mathbb{R}^d)$ der radialsymmetrischen Funktionen in $H^1(\mathbb{R}^d)$ für $2 < q < 2d/(d-2)$ kompakt in $L^q(\mathbb{R}^d)$ eingebettet ist. Daher bestimmt man eine radialsymmetrische Lösung u_0 von (8.74). Der Satz über die Existenz eines Lagrange-Multiplikators läßt sich hier anwenden und sichert die Existenz einer reellen Zahl γ, so daß

$$T'(u_0) = DT(u_0) = \gamma DV(u_0) = \gamma V'(u_0)$$

gilt. Man zeigt dann $\gamma > 0$, so daß die Skalentransformation

$$u_1(x) = u_0\left(\frac{1}{\sqrt{\gamma}}x\right)$$

zu einer Lösung u_1 von (8.71) führt. Da Gl. (8.71) rotations- und translationsinvariant ist, sind auch alle Funktionen

$$u_{R,a}(x) = u_1(Rx + a), \qquad R \in SO(d), \qquad a \in \mathbb{R}^d$$

Lösungen von (8.71).

B. Einige Hilfsmittel

Als Vorbereitung zur Lösung von Gl. (8.71) erinnern wir zunächst an einige Eigenschaften der sphärischen Symmetrisierung reeller Funktionen. Die Beweise findet man in [VIII.18]. Die sphärisch symmetrisierte Funktion f^* einer reellen meßbaren Funktion f auf $\mathbb{R}^d$ ist definitionsgemäß diejenige radialsymmetrische nicht-wachsende meßbare Funktion, für die

$$\lambda(\{f^* \geqslant \alpha\}) = \lambda(\{|f| \geqslant \alpha\})$$

für jedes $\alpha > 0$ gilt (λ bezeichne ausnahmsweise das Lebesgue-Maß auf $\mathbb{R}^d$). Es folgt: Ist G eine Funktion auf $\mathbb{R}$ derart, daß $G \circ f$ integrierbar ist, so gilt mit $dx \equiv \lambda(dx)$

$$\int_{\mathbb{R}^d} G \circ f^*(x)\, dx = \int_{\mathbb{R}^d} G \circ f(x)\, dx. \tag{8.75}$$

Diese Gleichung impliziert zusammen mit der *Rieszschen Ungleichung*

$$\int_{\mathbb{R}^d} f(x) g(x)\, dx \leqslant \int_{\mathbb{R}^d} f^*(x) g^*(x)\, dx$$

für alle $f, g \in L^2(\mathbb{R}^d)$ die Stetigkeit der sphärischen Symmetrisierung auf $L^2(\mathbb{R}^d)$:

$$\|f^* - g^*\|_2 \leqslant \|f - g\|_2.$$

Eine weitere wichtige Folgerung der Rieszschen Ungleichung besagt: Mit u gehört auch u^* zu $H^1(\mathbb{R}^d)$, und es gilt

$$\|\nabla u^*\|_2 \leqslant \|\nabla u\|_2. \tag{8.76}$$

Für einen einfachen Beweis verweisen wir auf [E. Lieb, Studies in Applied Math. **57**, 93–103 (1977)].

Als weitere Vorbereitung beweisen wir die Kompaktheit der Einbettung von $H_r^1(\mathbb{R}^d)$ in $L^q(\mathbb{R}^d)$ für

$$2 < q < \frac{d+2}{d-2} + 1 = \frac{2d}{d-2}.$$

Der entscheidende Punkt ist hierbei die folgende Beobachtung von W. Strauss:

Lemma VIII.19: *Es sei* $d \geqslant 3$.

a) Jede radialsymmetrische reelle Funktion $v \in H^1(\mathbb{R}^d)$ *ist fast überall gleich einer für* $x \neq 0$ *stetigen Funktion* u. *Es gibt ein* $R_d > 0$ *und eine Konstante* $C_d < \infty$, *so daß für* $|x| \geqslant R_d$ *gilt:*

$$|u(x)| = |u(|x|)| \leqslant C_d |x|^{\frac{1-d}{2}} \|v\|_{H^1(\mathbb{R}^d)}. \tag{8.77}$$

b) Ist die Funktion zusätzlich abnehmend, dann gilt

$$|u(|x|)| \leqslant C_d' |x|^{-d/2} \|v\|_2, \qquad C_d' < \infty. \tag{8.78}$$

Beweis: Die Regularitätsaussage ist klassisch [VIII.17]. Daher beweisen wir nur die Abfalleigenschaften. Da $\mathscr{D}(\mathbb{R}^d)$ in $H^1(\mathbb{R}^d)$ dicht liegt, reicht es, die Behauptung für radialsymmetrische $u \in \mathscr{D}(\mathbb{R}^d)$ zu zeigen. Wir setzen $2m = d - 1$ und rechnen

$$\begin{aligned}\frac{d}{dr}(r^{2m}u^2) &= 2(r^m u)\frac{d}{dr}(r^m u) \leqslant (r^m u)^2 + \left[\frac{d}{dr}(r^m u)\right]^2 \\ &= r^{2m}\left[u^2 + \left(\frac{du}{dr}\right)^2\right] + m\frac{d}{dr}(r^{2m-1}u^2) - m(m-1)r^{2m-2}u^2 \\ &\leqslant r^{2m}\left[u^2 + \left(\frac{du}{dr}\right)^2\right] + m\frac{d}{dr}(r^{2m-1}u^2),\end{aligned}$$

denn infolge $d \geqslant 3$ ist $m(m-1)$ nicht negativ. Es folgt

$$\left(1 - \frac{m}{r}\right)r^{2m}u^2(r) \leqslant \int_0^r d\rho\, \rho^{d-1}\left[u^2(\rho) + \left(\frac{du}{d\rho}(\rho)\right)^2\right] \leqslant \frac{1}{2}C_d^2\,\|u\|^2_{H^1(\mathbb{R}^d)};$$

und damit für $r \geqslant 2m = d - 1 = R_d$

$$|u(r)| \leqslant C_d r^{\frac{1-d}{2}}\,\|u\|_{H^1(\mathbb{R}^d)}.$$

Falls $u(r)$ abnimmt, so gilt

$$\begin{aligned}\frac{1}{d}r^d u^2(r) &= \frac{1}{d}\int_0^r \frac{d}{d\rho}[\rho^d u^2(\rho)]\,d\rho = \int_0^r \rho^{d-1}u^2(\rho)\,d\rho + \frac{1}{d}\int_0^r \rho^d\frac{d}{d\rho}(u^2(\rho))\,d\rho \\ &\leqslant \int_0^r \rho^{d-1}u^2(\rho)\,d\rho \leqslant C_d'\|u\|_2^2,\end{aligned}$$

woraus b) folgt.

Satz VIII.20: *Es sei $d \geqslant 3$ und $2 < q < 2d/(d-2)$. Dann ist die identische Einbettung von $H_r^1(\mathbb{R}^d)$ in $L^q(\mathbb{R}^d)$ kompakt.*

Beweis: Die identische Einbettung von $H_r^1(\mathbb{R}^d)$ in $L^q(\mathbb{R}^d)$ ist kompakt, falls jede beschränkte Teilmenge A von $H_r^1(\mathbb{R}^d)$ als Teilmenge von $L^q(\mathbb{R}^d)$ relativ kompakt ist. Die relativ kompakten Teilmengen von $L^q(\mathbb{R}^d)$, $1 \leqslant q \leqslant +\infty$, sind in Anhang 3 charakterisiert worden. Wir weisen nun die einzelnen Bedingungen dieser Charakterisierung nach. Es gelte etwa

$$\sup_{u \in A}\|u\|_{H^1(\mathbb{R}^d)} = B < +\infty.$$

i) Zunächst ist A in $L^q(\mathbb{R}^d)$ beschränkt, weil (siehe Anhang 4)

$$\|u\|_q \leqslant C_\alpha\|u\|_2^\alpha\|\nabla u\|_2^{1-\alpha} \leqslant C_\alpha\|u\|_{H^1(\mathbb{R}^d)} \leqslant C_\alpha B < \infty$$

für alle $u \in A$ gilt

$$\left(\frac{1}{q} = \alpha\left(\frac{1}{2} - \frac{1}{d}\right) + \frac{1-\alpha}{2}\right).$$

ii) Dann wirken die Translationen

$$(\tau_h u)(x) = u(x+h), \qquad x, h \in \mathbb{R}^d,$$

gleichmäßig stetig auf A bezüglich der Topologie von $L^q(\mathbb{R}^d)$: Für $u \in A$ und $h \in \mathbb{R}^d$ gilt ($\alpha \in (0,1)$ wie oben):

$$\begin{aligned}\|\tau_h u - u\|_q &\leqslant C_\alpha \|\tau_h u - u\|_2^\alpha \|\nabla(\tau_h u - u)\|_2^{1-\alpha} \\ &\leqslant C'_\alpha \|u\|_{H^1(\mathbb{R}^d)}^{1-\alpha} \|\tau_h u - u\|_2^\alpha.\end{aligned}$$

Mit

$$\tau_h u - u = \int_0^1 dt\, \tau_{th}(\nabla u) h$$

ergibt sich

$$\|\tau_h u - u\|_2 \leqslant \int_0^1 dt\, |h|\, \|\tau_{th}(\nabla u)\|_2 = |h|\, \|\nabla u\|_2,$$

das heißt insgesamt

$$\|\tau_h u - u\|_q \leqslant C'_\alpha B |h|, \qquad u \in A, \qquad h \in \mathbb{R}^d,$$

was zu zeigen war.

iii) Schließlich zeigen wir, daß es für alle $\varepsilon > 0$ eine kompakte Menge

$$K_\varepsilon = \{x \in \mathbb{R}^d : \|x\| \leqslant R_\varepsilon\}$$

gibt, so daß

$$\int_{\mathbb{R}^d \setminus K_\varepsilon} |u(x)|^q\, dx < \varepsilon$$

für alle $u \in A$ gilt. Dazu beachte Lemma VIII.19a) und rechne für $R \geqslant R_d$:

$$\begin{aligned}\int_{|x| \geqslant R} |u(x)|^q\, dx &= \int_{|x| \geqslant R} |u(x)|^{q-2} |u(x)|^2\, dx \\ &\leqslant \left(\frac{C_d \|u\|_{H^1(\mathbb{R}^d)}}{R^{(d-1)/2}}\right)^{q-2} \int_{|x| \geqslant R} |u(x)|^2\, dx \leqslant \frac{C_d^{q-2} B^q}{R^{(q-2)(d-1)/2}},\end{aligned}$$

woraus sogleich die Behauptung folgt.

C. Existenz eines Grundzustandes

Den variationstheoretischen Kern des Beweises der Lösbarkeit von Gl. (8.71) kann man bereits sehr gut am speziellen Fall

$$g(s) = \lambda |s|^{p-1} s - m^2 s, \quad s \in \mathbb{R}, \quad \lambda > 0, \quad m > 0, \quad p > 1, \tag{8.79}$$

verstehen. Denn eine solche Funktion g beschreibt explizit, wie sich die „Wechselwirkung“ g in der Umgebung von $s = 0$ und von $s = +\infty$ verhält, und das sind gerade die Bedingungen, worauf es auch im allgemeinen Fall ankommt. Mit dieser Wahl von g wird

$$G(t) = \int_0^t g(s)\,ds = \frac{\lambda}{p+1} t^{p+1} - \frac{m^2}{2} t^2, \tag{8.80}$$

und es gilt $G(t) > 0$, falls

$$t > t_+ = \left[\frac{m^2}{2} \frac{p+1}{\lambda}\right]^{1/(p-1)}.$$

Daher lassen sich leicht explizit Funktionen in $H_r^1(\mathbb{R}^d)$ angeben, für die

$$V(u) = \int_{\mathbb{R}^d} G(u(x))\,dx$$

positiv ist. Durch eine Skalentransformation

$$u_\sigma(x) = u\left(\frac{x}{\sigma}\right)$$

sehen wir, daß

$$V^{-1}(1) = \{u \in H_r^1(\mathbb{R}^d) \mid V(u) = 1\} \tag{8.81}$$

nicht leer ist, denn es gilt

$$V(u_\sigma) = \sigma^d V(u).$$

Daraus ergibt sich weiterhin, daß das Wirkungsfunktional W auf $H_r^1(\mathbb{R}^d)$ nicht nach unten beschränkt ist. Denn es gilt:

$$W(u_\sigma) = T(u_\sigma) - V(u_\sigma) = \sigma^{d-2} T(u) - \sigma^d V(u). \tag{8.82}$$

W ist trivialerweise auch nicht nach oben beschränkt. Deshalb wollen wir Gl. (8.71) durch Lösung des folgenden Variationsproblems mit Nebenbedingung

$$\inf\{T(u) \mid u \in V^{-1}(1)\}$$

zu lösen versuchen. Das ist in der Tat möglich:

Satz VIII.21: *Es sei $d \geqslant 3$ und $g(s) = \lambda |s|^{p-1} s - m^2 s$, $\lambda > 0$, $m > 0$ und*

$$1 < p < \frac{d+2}{d-2}.$$

Dann besitzt die Gleichung

$$-\Delta u = g(u)$$

eine Lösung $u \in H^1(\mathbb{R}^d)$, welche positiv, radialsymmetrisch und nicht wachsend ist.

Bemerkung: Weitere Eigenschaften der radialen Lösung u (wie Regularität, exponentieller Abfall im Unendlichen, strikte Positivität) ergeben sich aus einer genaueren Untersuchung der zugehörigen Radialgleichung.

Beweis: 1. Infolge $T(u) \geqslant 0$ und $V^{-1}(1) \neq \emptyset$ ist

$$t_0 = \inf\{T(u) \mid u \in V^{-1}(1)\} \tag{8.83}$$

wohl definiert; und es gibt eine Folge $\{u_n\}_{n\in\mathbb{N}} \subset V^{-1}(1)$ mit

$$0 \leqslant t_0 \leqslant T(u_n) \leqslant T(u_{n-1}) \qquad \text{und} \qquad t_0 = \lim_{n\to\infty} T(u_n).$$

Betrachte die Folge der sphärisch symmetrisierten Funktionen u_n^*, welche nicht wachsend sind. Für diese gilt nach (8.75)

$$V(u_n^*) = V(u_n) = 1,$$

also auch $u_n^* \in V^{-1}(1)$; und nach (8.76) gilt $T(u_n^*) \leqslant T(u_n)$. Es folgt

$$t_0 = \lim_{n\to\infty} T(u_n^*).$$

2. Setze $v_n = u_n^*$ und $A = \{v_n \mid n \in \mathbb{N}\}$. Dann gilt für alle $n \in \mathbb{N}$:

$$t_0 \leqslant T(v_n) \leqslant T(u_1).$$

Das zeigt

$$\|\nabla v_n\|_2 \leqslant C_1, \qquad n \in \mathbb{N},$$

und daher infolge der Sobolevschen Ungleichung

$$\|v\|_{l+1} \leqslant C_2 \|\nabla v\|_2, \qquad l = \frac{d+2}{d-2}, \qquad l+1 = \frac{2d}{d-2},$$

$$\|v_n\|_{l+1} \leqslant C_2 C_1 \qquad \text{für alle} \qquad n \in \mathbb{N}.$$

Die Höldersche Ungleichung liefert hier

$$\|v_n\|_{p+1} \leqslant \|v_n\|_2^{\vartheta} \|v_n\|_{l+1}^{1-\vartheta}$$

mit

$$\frac{\vartheta}{2} + \frac{1-\vartheta}{l+1} = \frac{1}{p+1}.$$

Daher ergibt sich aus $V(v_n) = 1$:

$$1 + \frac{m^2}{2}\|v_n\|_2^2 = \frac{\lambda}{p+1}\|v_n\|_{p+1}^{p+1} \leqslant \frac{\lambda}{p+1}\|v_n\|_2^{\vartheta(p+1)}\|v_n\|_{l+1}^{(1-\vartheta)(p+1)} \leqslant C_3 \|v_n\|_2^{\Theta}.$$

Da $\Theta = \vartheta(p+1) < 2$, folgt $\|v_n\|_2 \leqslant C_4$. Das zeigt: A ist in $H_r^1(\mathbb{R}^d) \cap L^{p+1}(\mathbb{R}^d)$ beschränkt.

3. Nach Satz VIII.20 ist $A = \{v_n \mid n \in \mathbb{N}\}$ in $L^{p+1}(\mathbb{R}^d)$ relativ kompakt. Also gibt es eine Teilfolge $\{v_{n_j}\}_{j\in\mathbb{N}}$, welche in $L^{p+1}(\mathbb{R}^d)$ eine Cauchyfolge ist. Da A in $H^1(\mathbb{R}^d)$ und in $L^{p+1}(\mathbb{R}^d)$ beschränkt ist, können wir aufgrund des Satzes von Eberlein überdies

annehmen: Es gibt ein $v \in H^1(\mathbb{R}^d) \cap L^{p+1}(\mathbb{R}^d)$, so daß

i) $v_{n_j} \xrightarrow{w}_{j\to\infty} v$ schwach in $H^1(\mathbb{R}^d)$ und in $L^{p+1}(\mathbb{R}^d)$,
ii) $v_{n_j} \to_{j\to\infty} v$ punktweise fast überall.

Es folgt $v_{n_j} \to_{j\to\infty} v$ in $L^{p+1}(\mathbb{R}^d)$, und v ist radialsymmetrisch, nicht negativ und nicht wachsend. $V(v_{n_j}) = 1$ impliziert

$$1 + \frac{m^2}{2}\|v_{n_j}\|_2^2 = \frac{\lambda}{p+1}\|v_{n_j}\|_{p+1}^{p+1} \to \frac{\lambda}{p+1}\|v\|_{p+1}^{p+1}.$$

Das Lemma von Fatou liefert:

$$\frac{m^2}{2}\|v\|_2^2 \leqslant \liminf_{j\to\infty} \frac{m^2}{2}\|v_{n_j}\|_2^2 = \frac{\lambda}{p+1}\|v\|_{p+1}^{p+1} - 1,$$

und somit $1 \leqslant V(v)$. Insbesondere ist $v \neq 0$. Wäre $V(v) > 1$, so gäbe es ein $\sigma \in (0, 1)$, so daß $\sigma^d V(v) = 1$. Für $v_\sigma(x) = v(x/\sigma)$ gilt aber $V(v_\sigma) = \sigma^d V(v)$, also $v_\sigma \in V^{-1}(1)$ und daher

$$t_0 \leqslant T(v_\sigma) = \sigma^{d-2} T(v).$$

Nach Auswahl der v_{n_j} wissen wir:

$$t_0 = \lim_{j\to\infty} T(v_{n_j}).$$

Wiederum mit Hilfe des Lemmas von Fatou erhalten wir

$$T(v) \leqslant \liminf_{j\to\infty} T(v_{n_j}) = t_0$$

und damit den Widerspruch

$$t_0 \leqslant \sigma^{d-2} t_0, \qquad 0 < \sigma < 1.$$

Es folgt $V(v) = 1$, also $v \in V^{-1}(1)$, und so

$$t_0 = \inf\{T(u) \mid u \in V^{-1}(1)\} = T(v);$$

das heißt v ist ein minimierender Punkt von T auf $V^{-1}(1)$.

4. Mit Hilfe der Beispiele aus Kapitel II zeigt man leicht, daß $u \mapsto V(u)$ ein $\mathscr{C}^1$-Funktional auf $H_r^1(\mathbb{R}^d) \cap L^{p+1}(\mathbb{R}^d)$ und v ein regulärer Punkt von V ist. Es gilt:

$$DV(v)(h) = \int_{\mathbb{R}^d} g(v(x))h(x)\,dx.$$

T ist offensichtlich ein $\mathscr{C}^1$-Funktional. Nach Satz IV.3 von Ljusternik existiert also ein Lagrange-Multiplikator $\gamma \in \mathbb{R}$, so daß

$$DT(v) = \gamma DV(v)$$

gilt. Wir zeigen, daß γ strikt positiv ist. Dazu wählen wir ein $\varphi \in \mathscr{D}_r(\mathbb{R}^d)$ derart, daß

$$DV(v)(\varphi) = \int_{\mathbb{R}^d} g(v(x))\varphi(x)\,dx = \Gamma > 0.$$

Es folgt für alle $\varepsilon > 0$, $\varepsilon \to 0$:

$$V(v + \varepsilon\varphi) = V(v) + \varepsilon DV(v)(\varphi) + O(\varepsilon^2) = 1 + \varepsilon\Gamma + O(\varepsilon^2)$$

und

$$T(v + \varepsilon\varphi) = T(v) + \varepsilon\gamma DV(v)(\varphi) + O_1(\varepsilon^2) = t_0 + \varepsilon\gamma\Gamma + O_1(\varepsilon^2).$$

Also gibt es ein $\varepsilon_0 > 0$ mit $V(u_{\varepsilon_0}) > 1$, $u_{\varepsilon_0} = v + \varepsilon_0\varphi$. Durch Skalierung von u_{ε_0} zu $w(x) = u_{\varepsilon_0}(x/\sigma)$ können wir

$$V(w) = \sigma^d V(u_{\varepsilon_0}) = 1, \qquad 0 < \sigma < 1,$$

erreichen. Es folgt

$$t_0 \leqslant T(w) = \sigma^{d-2} T(u_{\varepsilon_0}) = \sigma^{d-2}(t_0 + \varepsilon\gamma\Gamma + O_1(\varepsilon^2))$$

und damit $\gamma > 0$. Also können wir schließlich

$$v_0(x) = v(\gamma^{-1/2}x)$$

setzen und erhalten eine Lösung von Gl. (8.71).

D. Einige Bemerkungen

1. Gemäß unserem variationstheoretischen Zugang ist $u \in H^1(\mathbb{R}^d)$ genau dann eine Lösung von $-\Delta u = g(u)$, wenn u ein kritischer Punkt des Wirkungsfunktionals W auf $H^1(\mathbb{R}^d)$ ist. Infolge des Verhaltens (8.82) unter Skalentransformationen erhalten wir unter Benutzung der Kettenregel für einen kritischen Punkt u von W

$$0 = \frac{d}{d\sigma} W(u_\sigma)\bigg|_{\sigma=1} = (d-2)T(u) - d \cdot V(u)$$

und damit

$$V(u) = \frac{d-2}{d} T(u), \qquad W(u) = \frac{1}{d} T(u). \tag{8.84}$$

Nichttriviale Lösungen u in $d \geqslant 3$ Dimensionen setzen also

$$V(u) = \int_{\mathbb{R}^d} G(u(x))\, dx > 0$$

voraus, das heißt

$$G(t) = \int_0^t g(s)\, ds > 0$$

für wenigstens ein $t > 0$.

Für eine Lösung u von $-\Delta u = g(u)$ gilt natürlich auch

$$\int u(x) g(u)(x)\, dx = -\int u(x)\, \Delta u(x)\, dx = 2T(u). \tag{8.85}$$

Kombinieren wir (8.84) und (8.85) im Modell

$$g(s) = \lambda|s|^{p-1}s - m^2 s, \qquad \lambda > 0, \qquad m > 0,$$

also

$$G(t) = \frac{\lambda}{p+1}t^{p+1} - \frac{m^2}{2}t^2 \qquad \text{für} \qquad t > 0,$$

so erhalten wir die notwendige Bedingung für eine Lösung u, nämlich

$$\lambda\left(\frac{1}{p+1} - \frac{d-2}{2d}\right)\|u\|_{p+1}^{p+1} = \frac{m^2}{d}\|u\|_2^2, \tag{8.86}$$

welche für $p \geqslant (d+2)/(d-2)$ die Existenz einer nichttrivialen Lösung ausschließt.

In unserem Modell gilt $g'(0) = -m^2 < 0$. Wir wollen jetzt allgemeiner zeigen, daß die Voraussetzung $g'(0) < 0$ „fast notwendig" ist. Dazu zeigen wir, daß die Gleichung $-\Delta u = g(u)$ für $g'(0) > 0$ keine radialsymmetrische Lösung besitzt. Für eine radialsymmetrische Lösung u besteht für hinreichend große $r = |x|$ die Ungleichung

$$|u(x)| \leqslant c|x|^{(1-d)/2}.$$

Definiert man jetzt das Potential

$$U(r) = g'(0) - \frac{g(u(r))}{u(r)},$$

so gilt für $r \to \infty$:

$$U(r) = O(r^{-1}).$$

Als Lösung von $-\Delta u = g(u)$ erfüllt u die zeitunabhängige Schrödinger-Gleichung

$$-\Delta u + U(r)u = g'(0)u.$$

Das aber widerspricht einem klassischen Satz von T. Kato [Comm. Pure and Applied Mathematics **12**, 403–425 (1959)], welcher behauptet, daß der Operator $-\Delta + U(r)$ für $U(r) = 0(r^{-1})$, $r \to \infty$, in $L^2(\mathbb{R}^d)$ keinen positiven Eigenwert besitzt.

2. Unsere obigen Argumente benutzten wesentlich, daß die Dimension d größer oder gleich 3 ist. Tatsächlich läßt sich unter ziemlich schwachen Voraussetzungen an g zeigen (etwa solche, die garantieren, daß $V(u)$ ein stetiges Funktional auf $H^1(\mathbb{R}^d)$ ist), daß das Variationsproblem mit Nebenbedingung $\inf\{T(u)|\,V(u) = 1\}$ für $d = 2$ oder $d = 1$ keine Lösung $u \neq 0$ besitzt. Für $d = 2$ impliziert das Skalenverhalten

$$T(u_\sigma) = T(u) \qquad \text{und} \qquad V(u_\sigma) = \sigma^2 V(u), \qquad \sigma > 0,$$

daß

$$\inf\{T(u)|\,V(u) = 1\} = \inf\{T(u)|\,V(u) > 0\}$$

gilt. Da $\{u\,|\,V(u) > 0\}$ eine offene Teilmenge von $H^1(\mathbb{R}^d)$ ist, hat man $DT(v) = 0$ für einen minimierenden Punkt v, also $v = 0$. Der Fall $d = 1$ liegt ähnlich.

3. S. Coleman, V. Glaser und A. Martin haben gezeigt, daß die in Satz VIII.21 mit Hilfe eines Variationsproblems mit Nebenbedingung bestimmte Lösung die Wirkung W unter allen möglichen Lösungen von $-\Delta u = g(u)$ minimiert.

Es sei v_0 die durch Satz VIII.21 bestimmte Lösung von $-\Delta u = g(u)$. Sie ist durch

$$v_0 = v_\varkappa, \qquad \varkappa > 0, \qquad v_\varkappa(x) = v\left(\frac{1}{\varkappa}x\right),$$
$$T(v) = \inf\{T(u) \mid V(u) = 1\}$$

charakterisiert. Für v_0 gelten die in Bemerkung 1 festgestellten Relationen zwischen T, V und W, das heißt

$$V(v_0) = \frac{d-2}{d}T(v_0), \qquad W(v_0) = \frac{1}{d}T(v_0).$$

Für eine beliebige andere Lösung u_0 von $-\Delta u = g(u)$ gelten nach Bemerkung 1 die gleichen Relationen. Beide Lösungen v_0 und u_0 entstehen durch Skalierung von Funktionen aus $V^{-1}(1)$, etwa

$$v_0 = v_\varkappa, \qquad u_0 = u_\sigma, \qquad v, u \in V^{-1}(1),$$
$$\varkappa = V(v_0)\frac{1}{d}, \qquad \sigma = V(u_0)\frac{1}{d};$$

und wir wissen:

$$T(v) \leqslant T(u).$$

Mit Hilfe der Skalenrelationen drücken wir $W(v_0)$ durch $T(v)$ aus:

$$W(v_0)^{1-(1/d)} = \frac{1}{d}(d-2)^{1/d}T(v).$$

Dieselbe Gleichung besteht zwischen $W(u_0)$ und $T(u)$. Es folgt

$$W(v_0) \leqslant W(u_0).$$

Also ist die in Satz VIII.21 bestimmte Lösung von $-\Delta u = g(u)$ auch durch die Eigenschaft charakterisiert, daß sie von allen Lösungen die kleinste Wirkung besitzt.

4. Die nichtnegative radialsymmetrische Lösung v_0 von $-\Delta u = g(u)$ gemäß Satz VIII.21 darf aufgrund von Bemerkung 3 als „Grundzustand" angesehen werden. Der nächste Schritt besteht natürlich darin, zu untersuchen, ob es radialsymmetrische, nicht notwendigerweise positive, aber hinreichend stark abfallende Lösungen gibt, welche dann in Analogie zur Quantenmechanik gebundene Zustände genannt werden könnten.

Falls g eine ungerade Funktion ist, läßt sich unter sonst gleichen Voraussetzungen an g zeigen, daß unendlich viele gebundene Zustände existieren. Die Wirkung solcher Lösungen kann beliebig groß werden. Wir wollen den variationstheoretischen Teil der Argumentation andeuten, der zu dieser Aussage führt, und verweisen im übrigen auf die Originalarbeit von H. Berestycki und P. L. Lions [Comptes Rendus Académie des Sciences de Paris **288**, 395–398 (1979)].

In der Menge $H_r^1(\mathbb{R}^d)$ der radialsymmetrischen Funktionen in $H^1(\mathbb{R}^d)$ betrachtet man die Mannigfaltigkeit

$$M = \{u \in H_r^1(\mathbb{R}^d) \mid T(u) = 1\}$$

und die Restriktion V_M des Funktionals

$$V(u) = \int_{\mathbb{R}^d} G(u)(x)\,dx$$

auf M. Zu jedem kritischen Punkt v von V_M gibt es einen Lagrange-Multiplikator $\mu \in \mathbb{R}$, so daß

$$\tfrac{1}{2}DT(v) = \mu DV(v)$$

gilt. Falls man zusätzlich zeigen kann, daß μ strikt positiv ist, liefert die Skalentransformation $u = v_{\sqrt{\mu}}$ wieder eine Lösung von $-\Delta u = g(u)$. Es kommt also darauf an zu zeigen, daß V_M unendlich viele kritische Punkte besitzt.

Da M eine symmetrische Mannigfaltigkeit und V ein gerades Funktional ist, scheint es natürlich, Methoden der Ljusternik-Schnirelman-Kategorietheorie und eine Minimax-Charakterisierung der kritischen Werte anzuwenden. Aber die klassischen Ergebnisse dieser Theorie (siehe VIII.3) lassen sich hier nicht ohne weiteres anwenden. Denn M ist nicht die Einssphäre in $H_r^1(\mathbb{R}^d)$, sondern eine in $H_r^1(\mathbb{R}^d)$ *unbeschränkte* Mannigfaltigkeit. Die naheliegende Idee, anstelle von $H_r^1(\mathbb{R}^d)$ den Raum X zu verwenden, der als Vervollständigung des Raumes der radialsymmetrischen Funktionen aus $\mathscr{D}(\mathbb{R}^d)$ bezüglich der Norm $|||\varphi||| = \|\nabla\varphi\|_2$ erklärt ist und in dem M in der Tat die Einssphäre ist, erweist sich ebenfalls als nicht direkt brauchbar, weil das Funktional V unter den obigen natürlichen Hypothesen nicht auf X definiert ist.

In dieser Situation hilft die folgende Beobachtung: Der reflexive Banach-Raum $E = H_r^1(\mathbb{R}^d)$ ist stetig im Hilbert-Raum $\mathscr{H} = X$ eingebettet, und es gilt:

i) $M = \{u \in E \mid \|u\|_{\mathscr{H}} = 1\}$,
ii) $\mathscr{H}$ ist stetig in E' eingebettet.

Wie Berestycki-Lions gezeigt haben, lassen sich die klassischen Ergebnisse der Kategorietheorie über die Charakterisierung kritischer Punkte auf die obige Situation für Funktionen $f_M = f \restriction M, f \in \mathscr{C}^1(E, \mathbb{R})$, erweitern und liefern in unserem Beispiel tatsächlich unendlich viele kritische Punkte von V_M.

Literatur

[VIII.1] F. E. Browder: Nonlinear Eigenvalue Problems and Group Invariance. In: Functional Analysis and Related Fields (F. E. Browder, ed.). Berlin-Heidelberg-New York: Springer. 1970.

[VIII.2] F. E. Browder: Existence theorems for nonlinear partial differential equations. Global Analysis, Proc. Symp. Pure Math. **16**, 1–62. Providence, Rhode Island: Amer. Math. Soc. 1970.

[VIII.3] L. Ljusternik, T. Schnirelman: Méthodes topologiques dans les problèmes variationels. Paris: Hermann. 1934.

[VIII.4] R. S. Palais: Critical point theory and the minimax principle. Proc. of Am. Math. Soc. Summer Institute on Global Analysis (S. S. Chen, S. Smale, eds.). 1968.

[VIII.5] R. S. Palais: Ljusternik-Schnirelman theory on Banach manifolds. Topology **5**, 115–132 (1967).

[VIII.6] R. S. Palais, S. Smale: A generalized Morse theory. Bull. Amer. Math. Soc. **70**, 165–171 (1964).

[VIII.7] P. H. Rabinowitz: Pairs of positive solutions for nonlinear elliptic partial differential equations. Indiana Univ. Math. J. **23**, 173–186 (1974).

[VIII.8] P. H. Rabinowitz: Some aspects of nonlinear eigenvalue problems. Rocky Montain J. Math. **3**, 161–202 (1973).

[VIII.9] S. I. Alber: The topology of functional manifolds and the calculus of variations in the large. Russian Mathematical Surveys **25**, 4 (1970).

[VIII.10] H. Amann: Ljusternik-Schnirelman theory and nonlinear eigenvalue problems. Math. Ann. **199**, 55–72 (1972).

[VIII.11] P. H. Rabinowitz: Variational methods for nonlinear elliptic eigenvalue problems. Indiana Univ. Math. J. **23**, 729–754 (1974).

[VIII.12] E. H. Lieb: Existence and uniqueness of the minimizing solution of Choquard's nonlinear equation. Studies in Applied Math. **57**, 93–105 (1967).

[VIII.13] W. Strauss: Existence of solitary waves. Commun. Math. Phys. **55**, 149–162 (1977).

[VIII.14] S. Coleman, V. Glaser, A. Martin: Action minima among solutions to a class of Euclidean scalar field equations. Commun. Math. Phys. **58**, 211–221 (1978).

[VIII.15] H. Berestycki, P. L. Lions: Existence d'ondes solitaires dans des problèmes non linéaires du type Klein-Gordon. Notes aux Comptes Rendus Acad. Sci. Paris Série A **287**, 503–506; **288**, 395–398 (1979).

[VIII.16] H. Berestycki, P. L. Lions: Existence of a Ground State in Nonlinear Equations of the Type Klein-Gordon. In: Variational Inequalities (Cottle, Gianessi, Lions, eds.). New York: J. Wiley. 1979.

[VIII.17] M. S. Berger: Non Linearity and Functional Analysis. New York: Academic Press. 1977.

[VIII.18] G. H. Hardy, J. E. Littlewood, G. Polya: Inequalities. London: Cambridge University Press. 1952.

[VIII.19] T. Bröcker, K. Jänisch: Einführung in die Differentialtopologie. Heidelberger Taschenbücher 143. Berlin-Heidelberg-New York: Springer. 1973.

IX. Thomas-Fermi-Theorie

IX.1 Allgemeine Bemerkungen

In diesem Kapitel wollen wir diejenigen Probleme der Thomas-Fermi-Theorie besprechen, deren Lösung sich fast ausschließlich auf Methoden der Variationsrechnung stützt. Bezüglich Fragen der Gültigkeit und der physikalischen Interpretation verweisen wir auf *W. Thirring* [IX.1], *E. Lieb* und *B. Simon* [IX.2] und die dort zitierte Literatur. Hier nicht bewiesene Aussagen sind in [IX.1] und zum Teil in [IX.3] begründet. Ausgangspunkt der Thomas-Fermi-Theorie (TFT) ist das Problem, die Grundzustandsenergie quantenmechanischer Viel-Elektronensysteme zu bestimmen. In der TFT versucht man, dieses lineare Problem dadurch zu lösen, daß man ein die quantenmechanische Grundzustandsenergie approximierendes nicht-lineares Funktional $\mathscr{E}$, nämlich das *Thomas-Fermi-Energie-Funktional*

$$\mathscr{E}(\rho) \equiv \mathscr{E}(\rho, V) = K(\rho) - A_V(\rho) + R(\rho), \tag{9.1}$$

$$\begin{aligned} K(\rho) &= \tfrac{3}{5} \int \rho(x)^{5/3}\, d^3x, \\ A_V(\rho) &= \int V(x)\rho(x)\, d^3x, \\ R(\rho) &= \tfrac{1}{2} \int \rho(x)\rho(y)|x-y|^{-1}\, d^3x\, d^3y \end{aligned} \tag{9.1'}$$

unter der Nebenbedingung

$$\int \rho\, d^3x = N, \qquad \rho > 0$$

zu minimieren versucht. In diesem Kapitel setzen wir $\int = \int_{\mathbb{R}^3}$. (In der Form (9.1) für $\mathscr{E}$ ist unter Ausnutzung von Skaleneigenschaften eine bequeme Normierung gewählt worden.)

Im Sinne der „älteren Variationsrechnung“ bemühte man sich lange vergebens, dieses Minimierungsproblem dadurch zu lösen, daß man sich die Gleichungen für die Stationarität dieses Funktionals, das heißt die *Thomas-Fermi-Gleichungen*

$$\begin{aligned} \rho^{2/3} &= \max\{\phi_\rho - \phi_0, 0\}, \\ \phi_\rho &= V - W * \rho, \qquad W(x) = \frac{1}{|x|}, \\ &\int \rho\, d^3x = N, \end{aligned} \tag{9.2}$$

mit einer gewissen Konstante ϕ_0 aufstellte und diese zu lösen versuchte. Numerische Berechnungen deuten in der Tat an, daß diese Gleichungen eindeutig lösbar sind; aber ein direkter Beweis der Lösbarkeit dieser Gleichungen wurde von Brezis erst nach der variationstheoretischen Lösung von Lieb, Simon und Thirring gefunden.

Erst der umgekehrte Zugang zu diesem Problem, das heißt der Versuch der direkten Minimierung des TF-Energiefunktionals durch E. Lieb und B. Simon [IX.2] führte 1973 zum Ziel und so zur Lösung der TF-Gleichungen.

Die Form des Terms $K(\rho)$ für die kinetische Energie in der TFT legt nahe, dieses Problem als ein Minimierungsproblem im Banach-Raum $X = L^{5/3}(\mathbb{R}^3)$ zu behandeln.

Die Interpretation der Funktionen $\rho: \mathbb{R}^3 \to \mathbb{R}$ als Dichten und die Nebenbedingung $\int \rho\, d^3x = N < +\infty$ verlangen folgenden Definitionsbereich M für das Funktional

$$M = \{f \in L^{5/3}(\mathbb{R}^3) \,|\, f \geqslant 0, \|f\|_1 < +\infty\}. \tag{9.3}$$

M ist also der konvexe Kegel der nicht-negativen Funktionen in $L^{5/3} \cap L^1$. Als erschwerend erweist sich der Umstand, daß M keine inneren Punkte in $L^{5/3} \cap L^1$ besitzt.

In physikalischen Anwendungen repräsentiert V die Anziehung der Kerne. Für Kerne an den Orten $x_1, \ldots, x_k \in \mathbb{R}^3$ mit der Kernladung $z_j > 0$ hat V dann die Form

$$V(x) = \sum_{j=1}^{k} \frac{z_j}{|x - x_j|}. \tag{9.4}$$

Doch der größte Teil unserer Argumentation gilt für eine allgemeinere Klasse von Potentialen.

Ein quantenmechanisches N-Teilchensystem ist genau dann stabil, wenn der zugehörige Hamiltonoperator H_N die Abschätzung $H_N \geqslant cN\mathbb{1}, c > -\infty$, erfüllt. Mit Hilfe der Thomas-Fermi-Theorie haben E. Lieb und W. Thirring den ursprünglichen Beweis der Stabilität von Atomen und Materieklumpen von F. Dyson und A. Lenard wesentlich vereinfacht und den numerischen Wert der unteren Schranke um einen Faktor 10^{-14} verbessert. Dabei geht die Fermi-Statistik der Elektronen wesentlich ein. Korrekturterme zum Thomas-Fermi Energie-Funktional sind von Dirac 1930 und von von Weizsäcker 1935 eingeführt worden. Die entsprechenden Funktionale sind

$$\mathscr{E}^{\mathrm{TFD}}(\rho) = \mathscr{E}(\rho) - c \int \rho(x)^{4/3}\, dx, \qquad \mathscr{E}^{\mathrm{TFW}}(\rho) = \mathscr{E}(\rho) + \delta \int [\nabla \rho^{1/2}(x)]^2\, dx.$$

Die mathematische Untersuchung dieser Funktionale ist unter anderem von R. Benguria, H. Brèzis und E. Lieb in den letzten Jahren begonnen worden. Für einen Überblick über die Methoden und Ergebnisse verweisen wir auf E. Lieb (Rev. Mod. Phys. **53**, 603–641 (1981)).

Bevor wir das eigentliche Minimierungsproblem angehen können, ist es nützlich, an einige Fakten aus der Theorie der L^p-Räume zu erinnern, die wir in einem ersten kurzen Abschnitt zusammenstellen wollen. Diese Zusammenstellung ist unter dem Gesichtspunkt vorgenommen worden, die Anwendung von Theorem I.8 vorzubereiten.

IX.2 Einige Fakten aus der Theorie der L^p-Räume, $1 \leqslant p \leqslant \infty$

Wie üblich bezeichne $L^p = L^p(\mathbb{R}^n)$ den Vektorraum aller (Äquivalenzklassen von) Lebesgue-meßbaren reellen Funktionen auf dem $\mathbb{R}^n$, die zur p-ten Potenz integrierbar sind, für die also

$$\|f\|_p = \left[\int_{\mathbb{R}^n} |f(x)|^p \, dx \right]^{1/p}$$

endlich ist ($p < +\infty$). $L^\infty = L^\infty(\mathbb{R}^n)$ ist der Vektorraum aller (Äquivalenzklassen von) reellen Lebesgue-meßbaren Funktionen auf dem $\mathbb{R}^n$, die fast überall beschränkt sind, das heißt

$$\|f\|_\infty = \operatorname*{ess\,sup}_{x \in \mathbb{R}^n} |f(x)| < +\infty.$$

Wir beginnen mit einigen wichtigen Ungleichungen. Literaturhinweise für diesen Abschnitt sind vorzugsweise [IX.10].

Lemma IX.1: *Für* $1 \leqslant q_j \leqslant +\infty$ *gilt:*

a) Ist $q_1 < q_2$ *und* $q_1 < p < q_2$, *so folgt*

$$\|f\|_p \leqslant \|f\|_{q_1}^\alpha \|f\|_{q_2}^{1-\alpha}$$

(dabei ist $0 < \alpha < 1$ *durch*

$$\frac{1}{p} = \frac{\alpha}{q_1} + \frac{1-\alpha}{q_2}$$

bestimmt) und somit

$$L^{q_1} \cap L^{q_2} = \bigcap_{q_1 \leqslant p \leqslant q_2} L^p.$$

b) Aus $f_j \in L^{q_j}$, $j = 1, 2$ *folgt*

$$f_1 * f_2 \in L^{q_3} \qquad \textit{mit} \qquad 1 + \frac{1}{q_3} = \frac{1}{q_1} + \frac{1}{q_2}$$

und

$$\|f_1 * f_2\|_{q_3} \leqslant \|f_1\|_{q_1} \|f_2\|_{q_2} \qquad \textit{(Youngsche Ungleichung)}.$$

Beweis: a) folgt leicht aus der Hölderschen Ungleichung

$$\|f_1 \cdot f_2\|_1 \leqslant \|f_1\|_{q_1} \|f_2\|_{q_2}, \qquad \frac{1}{q_1} + \frac{1}{q_2} = 1;$$

und für einen Beweis von b) siehe [IX.10].

Das folgende Lemma verdeutlicht unter anderem, warum wir es vorziehen, für die Thomas-Fermi-Theorie im Banach-Raum $L^{5/3}$ zu arbeiten und nicht in L^1 bzw. $L^1 \cap L^{5/3}$.

Lemma IX.2: *Für* $1 < p < \infty$ *gilt:*

a) L^p *ist ein reflexiver Banach-Raum, der Dualraum von* L^p *ist (isomorph zu)* L^q *für* $(1/q) + (1/p) = 1$.

b) Beschränkte Mengen in L^p sind relativ schwach kompakt. Jede schwach abzählbar-kompakte Teilmenge von L^p ist schwach kompakt und schwach folgenkompakt.

Lemma IX.3: *Für $1 < p < \infty$ gilt:*

a) $f \to \|f\|_p$ ist eine schwach unterhalbstetige Funktion auf L^p.

b) Für $1 \leqslant q < p$ ist $f \to \|f\|_q$ auf $L^p \cap L^q$ eine unterhalbstetige Funktion bezüglich der schwachen Topologie auf L^p; folglich sind Mengen der Form $\{f \in L^p \mid \|f\|_q \leqslant R < +\infty\}$ schwach abgeschlossen in L^p.

c) Schwache Konvergenz in L^p und Beschränktheit bezüglich $\|\cdot\|_p + \|\cdot\|_q$ $1 \leqslant q < p$ implizieren schwache Konvergenz in L^r für alle $r \in (q, p)$.

Beweis: Zunächst beachte man:

$$\frac{1}{p'} + \frac{1}{p} = 1, \qquad \frac{1}{q'} + \frac{1}{q} = 1,$$

$$\|f\|_p = \sup\{\langle g, f\rangle_2 \mid g \in L^{p'}, \|g\|_{p'} = 1\},$$

$$\|f\|_q = \sup\{\langle g, f\rangle_2 \mid g \in L^{p'} \cap L^{q'}, \|g\|_{q'} = 1\};$$

denn $L^{p'} \cap L^{q'}$ ist dicht in $L^{q'}$. Dabei ist

$$\langle g, f\rangle_2 = \int_{\mathbb{R}^n} g(x) f(x)\, dx.$$

Da das Supremum stetiger Funktionen unterhalbstetig ist (Anhang 2), folgen a) und b).

Wenn ein Netz $\{f_\alpha\}_{\alpha \in A} \subset L^p$ schwach in L^p gegen f konvergiert und $\|f_\alpha\|_p + \|f_\alpha\|_q \leqslant c, \forall \alpha \in A$ erfüllt, so folgt mit b): $\|f\|_p + \|f\|_q \leqslant c$. Zu zeigen bleibt, daß $(\langle g, f - f_\alpha\rangle_2)_{\alpha \in A}$ in $\mathbb{C}$ für alle $g \in L^{r'}, (1/r) + (1/r') = 1, q < r < p$, gegen Null konvergiert. Da $L^{r'} \cap L^{p'}$ in $L^{r'}$ dicht liegt, gibt es zu jedem $\varepsilon > 0$ und beliebigem $g \in L^{r'}$ ein g_ε in $L^{r'} \cap L^{p'}$ mit $\|g - g_\varepsilon\|_{r'} \leqslant (\varepsilon/4c)$. Für alle $\alpha \in A$ folgt mittels Lemma IX.12

$$\begin{aligned} |\langle g, f - f_\alpha\rangle_2| &\leqslant |\langle g_\varepsilon, f - f_\alpha\rangle_2| + |\langle g - g_\varepsilon, f - f_\alpha\rangle_2| \\ &\leqslant |\langle g_\varepsilon, f - f_\alpha\rangle_2| + \|g - g_\varepsilon\|_{r'}[\|f\|_r + \|f_\alpha\|_r] \\ &\leqslant |\langle g_\varepsilon, f - f_\alpha\rangle_2| + \frac{\varepsilon}{2}; \end{aligned}$$

und so die Behauptung, weil $g_\varepsilon \in L^{p'}$.

IX.3 Minimierung des Thomas-Fermi-Energiefunktionals

Unter Ausnützung der obigen allgemeinen Resultate bereiten wir die Anwendung der Version I.8 des Fundamentalsatzes der Variationsrechnung auf das TF-Energiefunktional vor, indem wir eine Reihe von Eigenschaften des Funktionals beweisen. Ein erster Schritt ist

Lemma IX.4: *a) Die Funktion*

$$W: \mathbb{R}^3 \to \mathbb{R}, \qquad W(x) = \frac{1}{|x|}, \qquad x \neq 0,$$

erfüllt

$$W = W_1 + W_2, \qquad W_j \in L^{p_j}(\mathbb{R}^3), \qquad 1 \leqslant p_1 < 3 < p_2 \leqslant \infty;$$

z. B.

$$W_1(x) = \begin{cases} \dfrac{1}{|x|}, & |x| \leqslant R, \qquad x \neq 0 \\ 0, & |x| > R > 0. \end{cases}$$

b)
$$(f,g) \to \langle f,g \rangle \equiv \langle f, W * g \rangle_2 = \int_{\mathbb{R}^3} \frac{f(x)g(y)}{|x-y|}\, dx\, dy$$

erklärt ein Skalarprodukt auf $L^1 \cap L^{5/3}$; es gilt

$$|\langle f,g \rangle| \leqslant \|f\|_{q_1^1} \|W_1\|_{q_2^1} \|g\|_{q_3^1} + \|f\|_{q_1^2} \|W_2\|_{q_2^2} \|g\|_{q_3^2}$$

für alle $\{q_j^i \mid i = 1,2, j = 1,2,3\}$ mit

$$2 = \sum_{j=1}^{3} \frac{1}{q_j^i}, \qquad i = 1,2 \qquad \text{und} \qquad q_1^i, q_3^i \in [1, \tfrac{5}{3}], \qquad q_2^1 < 3 < q_2^2.$$

Also ist $\langle\, , \rangle$ insbesondere bezüglich der Norm

$$\|\cdot\|_{5/3} + \|\cdot\|_r, \qquad 1 \leqslant r < \tfrac{5}{3}$$

stetig.

Beweis: Der Beweis von a) ist eine elementare Rechnung. Die Abschätzung in b) ergibt sich aus einer einfachen Kombination der Hölderschen und der Youngschen Ungleichungen unter Beachtung von a). Damit ist $\langle \cdot, \cdot \rangle$ eine wohldefinierte Bilinearform auf $L^1 \cap L^{5/3}$, welche symmetrisch ist und die behauptete Stetigkeit aufweist. Fouriertransformation liefert die Darstellung

$$\langle f,g \rangle = c \int \frac{\overline{\tilde{f}(p)}\tilde{g}(p)}{p^2}\, d^3p, \qquad c > 0.$$

Mithin ist $\langle\, , \rangle$ ein Skalarprodukt.

Lemma IX.1.a zeigt, daß wir unter Beibehaltung des Definitionsbereiches M gemäß (9.3) alle Potentiale

$$V \in \operatorname{lin} \bigcup_{q \in [(5/2), \infty]} L^q(\mathbb{R}^3) \qquad \text{in} \qquad A(\rho) = \langle V, \rho \rangle_2$$

zulassen können. Um etwas konkreter zu sein, behandeln wir den Fall

$$V = V_1 + V_2, \qquad V_1 \in L^{5/2}(\mathbb{R}^3), \qquad V_2 \in L^q(\mathbb{R}^3), \qquad \tfrac{5}{2} < q < \infty. \tag{9.5}$$

($V_2 \in L^\infty$ ist auch zugelassen und in einigen Punkten einfacher zu behandeln.) Für

Potentiale der Form (9.5) ergibt sich für alle $f \in L^1 \cap L^{5/3}$:

$$|A(f)| = |\langle V, f\rangle_2| \leqslant \|V_1\|_{5/2}\|f\|_{5/3} + \|V_2\|_q\|f\|_{q'}$$
$$\leqslant \|V_1\|_{5/2}\|f\|_{5/3} + \|V_2\|_q\|f\|_1^{\alpha}\|f\|_{5/3}^{1-\alpha}, \tag{9.6}$$
$$\frac{1}{q'} + \frac{1}{q} = 1, \qquad 0 < \alpha < 1$$

gemäß

$$\frac{1}{q'} = \alpha + \frac{1-\alpha}{\frac{5}{3}}$$

nach Lemma IX.1.a, also

$$\alpha = 1 - \frac{\frac{5}{2}}{q}.$$

Im folgenden Satz sind die wichtigsten Eigenschaften des TF-Energiefunktionals $\mathscr{E}$ zusammengefaßt.

Satz IX.5: Eigenschaften des TF-Energiefunktionals. *Für Potentiale V der Form* (9.5) *ist das TF-Energiefunktional $\mathscr{E} = \mathscr{E}(\cdot, V)$ auf M wohldefiniert und hat folgende Eigenschaften*:

a) $\mathscr{E}$ ist strikt konvex.

b) $\mathscr{E}$ ist stetig bezüglich der Norm

$$\|\cdot\|_{5/3} + \|\cdot\|_r \qquad \textit{mit} \qquad r = r(q) \in [1, \tfrac{5}{3}).$$

Auf allen

$$M_\lambda = \{\rho \in M \mid \|\rho\|_1 \leqslant \lambda\}, \qquad \lambda > 0 \tag{9.7}$$

ist $\mathscr{E}$

c) nach unten beschränkt

d) koerzitiv: $\mathscr{E}(\rho) \to +\infty$, falls $\|\rho\|_{5/3} \to +\infty$,

e) schwach folgen-unterhalbstetig.

Beweis: 1. Setzen wir in Lemma IX.4.b

$$q_1^1 = \tfrac{5}{3}, \qquad q_3^1 = r_1, \qquad q_1^2 = q_3^2 = r_2$$

ein, so folgt mittels (9.6) für

$$\mathscr{E}(\rho) = K(\rho) - A(\rho) + \tfrac{1}{2}\langle \rho, \rho\rangle$$

die Abschätzung

$$|\mathscr{E}(\rho)| \leqslant K(\rho) + \|V_1\|_{5/2}\|\rho\|_{5/3} + \|V_2\|_q\|\rho\|_{q'}$$
$$+ \tfrac{1}{2}[\|\rho\|_{5/3}\|W_1\|_{q_2^1}\|\rho\|_{r_1} + \|W_2\|_{q_2^2}\|\rho\|_{r_2}^2].$$

Dabei sind die Bedingungen

$$2 = \frac{3}{5} + \frac{1}{q_2^1} + \frac{1}{r_1}, \qquad q_2^1 < 3,$$

$$2 = \frac{2}{r_2} + \frac{1}{q_2^2}, \qquad 3 < q_2^2,$$

zu beachten. Falls $1 \leqslant r_j \leqslant \frac{5}{3}$ gilt, so ist $\mathscr{E}$ auf M infolge Lemma IX.1a wohldefiniert, denn $q \in (\frac{5}{2}, +\infty)$ impliziert $q' \in (1, \frac{5}{3})$. Wieder unter Ausnutzung von Lemma IX.1.a ergibt sich die Stetigkeit von $\mathscr{E}$ bezüglich der Norm $\|\cdot\|_{5/3} + \|\cdot\|_r$, wenn wir $1 < r_j \leqslant q' < \frac{5}{3}$ erreichen können und dann $r = \min\{r_1, r_2\}$ setzen. Das ist aber leicht möglich: Für

$$\frac{1}{\frac{2}{5} + \frac{1}{q}} < q_2^1 < \frac{5}{2}$$

folgt

$$\frac{3}{5} < \frac{1}{q'} = 1 - \frac{1}{q} < \frac{7}{5} - \frac{1}{q_2^1} = \frac{1}{r_1} < 1;$$

und aus $2q_2^2 > \max\{q, 6\}$ folgt

$$\frac{3}{5} < \frac{1}{q'} = 1 - \frac{1}{q} < 1 - \frac{1}{2q_2^2} = \frac{1}{r_2} < 1.$$

Schätzen wir nun mit Hilfe von Lemma IX.1.a $\|\rho\|_{q'}$ und $\|\rho\|_{r_j}$ durch $\|\rho\|_r$ und $\|\rho\|_{5/3}$ ab, so ergibt sich in der Tat die Stetigkeit.

2. Da $x \to x^{5/3}$ auf $[0, \infty)$ strikt konvex ist, ist auch $\rho \to K(\rho) = \frac{3}{5}(\|\rho\|_{5/3})^{5/3}$ auf M strikt konvex. $R(\rho) = \frac{1}{2}\langle\rho, \rho\rangle$ ist als Skalarprodukt strikt konvex. Folglich ist $\rho \to \mathscr{E}(\rho)$ strikt konvex auf M.

3. Für $\rho \in M_\lambda$ folgt aus (9.6)

$$\begin{aligned}\mathscr{E}(\rho) &= K(\rho) - A(\rho) + \tfrac{1}{2}\langle\sigma, \rho\rangle \geqslant \tfrac{3}{5}\|\rho\|_{5/3}^{5/3} - |A(\rho)| \\ &\geqslant \tfrac{3}{5}\|\rho\|_{5/3}^{5/3} - \|V_1\|_{5/2}\|\rho\|_{5/3} - \|V_2\|_q \lambda^{1-5/(2q)}\|\rho\|_{5/3}^{5/(2q)},\end{aligned} \tag{9.8}$$

also ist $\mathscr{E}$ auf M_λ nach unten beschränkt und koerzitiv (da $\frac{5}{2} < q$).

4. Eine schwach konvergente Folge in $L^{5/3}$ ist normbeschränkt; konvergiert also eine Folge $\{\rho_n\}_{n\in\mathbb{N}} \subset M_\lambda$ in $L^{5/3}$ schwach, so besagt Lemma IX.3.c, daß $\{\rho_n\}_{n\in\mathbb{N}}$ auch in allen L^r, $1 < r < \frac{5}{3}$, schwach konvergiert. Damit ist

$$\rho \to A(\rho) = \langle V_1, \rho\rangle_2 + \langle V_2, \rho\rangle_2, \qquad V_1 \in L^{5/2}, \qquad V_2 \in L^q, \qquad \tfrac{5}{2} < q < +\infty$$

eine schwach folgenstetige Funktion auf M_λ.

Da $R(\rho) = \frac{1}{2}\langle\rho, \rho\rangle$ durch ein Skalarprodukt gegeben ist, reicht es nach Lemma I.10 und Lemma IX.4.b aus, zu zeigen, daß $\rho \to \langle\rho, \rho_0\rangle$ schwach folgenstetig ist bei beliebigem festem $\rho_0 \in M_\lambda$. Nun ist aber

$$\langle\rho, \rho_0\rangle = \langle\rho, W_1 * \rho_0\rangle + \langle\rho, W_2 * \rho_0\rangle_2$$

mit zum Beispiel $W_1 \in L^{5/2}$, $W_2 \in L^4$, so daß nach Lemma IX.1.b $W_1 * \rho_0 \in L^{5/2}$ und $W_2 * \rho_0 \in L^4$ folgt. Damit ist $\rho \to \langle\rho, W_1 * \rho_0\rangle_2$ schwach stetig in $L^{5/3}$, und mit Lemma IX.3.c folgt auch, daß $\rho \to \langle\rho, W_2 * \rho_0\rangle_2$ schwach folgenstetig ist, denn schwache Konvergenz in $L^{5/3}$ impliziert hier schwache Konvergenz in $L^{4/3}$ für Folgen und $L^4 \cong (L^{4/3})'$.

Nach Lemma IX.3.a ist auch $\rho \to \frac{3}{5}(\|\rho\|_{5/3})^{5/3}$ schwach unterhalbstetig auf $L^{5/3}$. Mithin ist $\mathscr{E}(\rho)$ schwach folgenunterhalbstetig, und Satz IX.5 ist bewiesen.

Nun sind alle Mengen der Form $M_\lambda = \{\rho \in M \mid \|\rho\|_1 \leqslant \lambda\}, \lambda > 0$, nach Lemma IX.3.b schwach abgeschlossen in $L^{5/3}$. Daher stellt Satz IX.5 fest, daß die zweite Version der Voraussetzungen von Theorem I.8 erfüllt ist. Da $\mathscr{E}$ aber auch strikt konvex auf M ist, ist auch die Frage der Eindeutigkeit nach Theorem I.3 geklärt, und wir erhalten

Theorem IX.6: *Für alle Potentiale $V = V_1 + V_2$ der Form (9.5) und alle $\lambda \geqslant 0$ gibt es genau ein $\rho_{\lambda,V} \in M_\lambda$, so daß*

$$\mathscr{E}(\rho_{\lambda,V}; V) = \inf_{\rho \in M_\lambda} \mathscr{E}(\rho; V) \tag{9.9}$$

gilt.

Damit sind wir der Lösung des eigentlichen Problems, nämlich

$$\inf\left\{\mathscr{E}(\rho; V) \,\middle|\, \rho \in M_\lambda,\ \|\rho\|_1 = \int \rho\, dx = \lambda\right\}$$

zu bestimmen, ein gutes Stück nähergekommen. Der Umweg, erst das Infimum auf ganz M_λ zu bestimmen, scheint notwendig zu sein, denn während M_λ in $L^{5/3}$ schwach abgeschlossen ist, ist

$$\left\{\rho \in M_\lambda \,\middle|\, \|\rho\|_1 = \int \rho\, dx = \lambda\right\}$$

es nicht [Anhang 3].

Die Strategie, das Minimierungsproblem

$$E(\lambda) = \inf\left\{\mathscr{E}(\rho; V) \,\middle|\, \rho \in M,\ \|\rho\|_1 = \int \rho\, dx = \lambda\right\} = \mathscr{E}(\rho_{\lambda,V}) \tag{9.10}$$

mit

$$\rho_{\lambda,V} \in M, \qquad \int \rho_{\lambda,V}\, dx = \lambda = \|\rho_{\lambda,V}\|_1$$

mit Hilfe von Theorem IX.6 zu lösen, besteht darin, zunächst

$$\inf\{\mathscr{E}(\rho) \mid \rho \in M_\lambda\} = \inf\left\{\mathscr{E}(\rho) \,\middle|\, \rho \in M,\ \int \rho\, dx = \lambda\right\}$$

zu zeigen (Theorem IX.7) und dann für gewisse Potentiale der Form (9.5) nachzuweisen, wann das $\rho_{\lambda,V} \in M_\lambda$, welches nach Theorem IX.6 eindeutig bestimmt ist, notwendigerweise

$$\int \rho_{\lambda,V}\, dx = \|\rho_{\lambda,V}\|_1 = \lambda$$

erfüllt.

Theorem IX.7: *Für alle Potentiale V der Form* (9.5) *und alle* $\lambda \geqslant 0$ *gilt*

$$\inf\{\mathscr{E}(\rho; V) \mid \rho \in M_\lambda\} = \inf\{\mathscr{E}(\rho; V) \mid \rho \in M, \|\rho\|_1 = \lambda\}.$$

Beweis: Offenbar reicht es,

$$\inf\{\mathscr{E}(\rho) \mid \rho \in M_\lambda\} \geqslant \inf\{\mathscr{E}(\rho) \mid \rho \in M, \|\rho\|_1 = \lambda\}$$

zu zeigen. Da $\mathscr{D}(\mathbb{R}^3)$ in $L^1 \cap L^{5/3}$ dicht ist, gilt nach Theorem IX.6

$$\mathscr{E}(\rho_{\lambda,V}; V) = \inf\{\mathscr{E}(\rho; V) \mid \rho \in M_\lambda \cap \mathscr{D}(\mathbb{R}^3)\}.$$

Also können wir die gewünschte Ungleichung dadurch beweisen, daß wir zeigen: Zu jedem $\varepsilon > 0$ und zu jedem $\rho \in \mathscr{D}(\mathbb{R}^3) \cap M_\lambda$ gibt es ein $\rho_\varepsilon \in M$, $\|\rho_\varepsilon\|_1 = \lambda$, so daß

$$|\mathscr{E}(\rho; V) - \mathscr{E}(\rho_\varepsilon; V)| < \varepsilon$$

gilt. Sei also $\rho \in M_\lambda \cap \mathscr{D}(\mathbb{R}^3)$ gegeben. Zu jedem $n \in \mathbb{N}$ gibt es dann eine Lebesgue-meßbare Menge $A_n \subset \mathbb{R}^3$ mit

(i) $$A_n \cap \operatorname{supp} \rho = \emptyset,$$

(ii) $$|A_n| = \int_{A_n} dx = n(\lambda - \|\rho\|_1),$$

weil ρ einen kompakten Träger hat. Es bezeichne χ_n die charakteristische Funktion der Menge A_n. Dann gilt für $\rho_n = \rho + (1/n)\chi_n$:

(i) $$0 \leqslant \rho_n \in L^1 \cap L^{5/3},$$

(ii) $$\|\rho_n\|_1 = \|\rho\|_1 + \frac{1}{n}|A_n| = \lambda;$$

also $\rho_n \in M$ und $\|\rho_n\|_1 = \lambda, \forall n$. Darüber hinaus approximiert diese Folge die gegebene Funktion ρ in der $(\|\cdot\|_{5/3} + \|\cdot\|_r)$-Norm $(r > 1)$ gemäß Satz IX.5:

$$\|\rho - \rho_n\|_{5/3} + \|\rho - \rho_n\|_r = \frac{1}{n}\|\chi_n\|_{5/3} + \frac{1}{n}\|\chi_n\|_r$$

$$= \frac{1}{n}[n(\lambda - \|\rho\|_1)]^{3/5} + \frac{1}{n}[n(\lambda - \|\rho\|_1)]^{1/r} \underset{n \to +\infty}{\to} 0.$$

Da $\mathscr{E}$ nach Satz IX.5 bezüglich dieser Norm stetig ist, gibt es zu gegebenem $\varepsilon > 0$ ein n_ε, so daß für alle $n \geqslant n_\varepsilon$ gilt:

$$|\mathscr{E}(\rho; V) - \mathscr{E}(\rho_n; V)| < \varepsilon.$$

Zum Abschluß dieses Abschnittes wollen wir einige Folgerungen besprechen, die sich im Zusammenhang mit der strikten Konvexität von $\mathscr{E}$ aus den Sätzen IX.6 und IX.7 ergeben. Diese Sätze besagen, daß wir zu einem festen Potential V der Form (9.5) eine Funktion $E(\cdot) = E(\cdot\,; V)$ auf $[0, \infty)$ durch

$$E(\lambda) = \inf\{\mathscr{E}(\rho; V) \mid \rho \in M, \|\rho\|_1 = \lambda\} = \min\{\mathscr{E}(\rho) \mid \rho \in M_\lambda\} = \mathscr{E}(\rho_\lambda)$$

definieren können. Dabei ist $\rho_\lambda \in M_\lambda$ eindeutig bestimmt und erfüllt

$$0 \leqslant \lambda_1 = \|\rho_\lambda\|_1 \leqslant \lambda.$$

Zunächst einige einfache Feststellungen über $E(\lambda)$:

Lemma IX.8: *a)* $E(\cdot)$ *ist konvex und monoton fallend auf* $[0, \infty)$.

b) Wenn das $\rho_\lambda \in M$, *welches* $\mathscr{E}$ *nach Theorem IX.6 auf* M_λ *minimiert,* $\|\rho_\lambda\|_1 = \lambda_1 < \lambda$ *erfüllt, so ist* $E(\cdot)$ *auf* $[\lambda_1, \infty]$ *konstant.*

Beweis: a) Da $\mathscr{E}(\cdot)$ strikt konvex ist, folgt die Konvexität von $E(\cdot)$ als Infimum von $\mathscr{E}(\cdot)$ über eine konvexe Menge sofort. Da $\lambda_2 > \lambda_1$ auch $M_{\lambda_2} \supset M_{\lambda_1}$ bedeutet, ist klar, daß $E(\cdot)$ monoton fällt.

b) Wenn $\lambda_1 = \|\rho_\lambda\|_1 < \lambda$ gilt, so folgt

$$E(\lambda_1) \leqslant \mathscr{E}(\rho_\lambda) = E(\lambda),$$

und daher mit a) $E(\lambda_1) = E(\lambda)$. Wiederum mit a) folgt, daß $E(\cdot)$ nicht nur auf $[\lambda_1, \lambda]$, sondern auf $[\lambda_1, \infty)$ konstant ist.

Mit Hilfe dieser einfachen Feststellungen und einer natürlichen zusätzlichen Voraussetzung an das Potential V können wir die Lösung des Minimierungsproblems (9.1) schon ziemlich vollständig beschreiben.

Wenn V ein Potential der Form (9.5) ist und $V(x) \leqslant 0$ fast überall erfüllt, so ist

$$-A_V(\rho) = \langle -V, \rho\rangle_2 \geqslant 0, \qquad \forall \rho \in M.$$

Für solche Potentiale ist aber das Minimierungsproblem (9.1) trivial lösbar, es gilt nämlich

$$\mathscr{E}(\rho) \geqslant 0 = \mathscr{E}(0), \qquad \forall \rho \in M.$$

Also sind nur solche Potentiale V interessant, die nicht fast überall negativ sind.

Theorem IX.9: *Es sei* V *ein Potential von der Form* (9.5); *auf einer offenen nichtleeren Teilmenge* $U \subseteq \mathbb{R}^3$ *sei* V *fast überall positiv. Dann gibt es genau ein* $\lambda_0 = \lambda_0(V)$, $0 < \lambda_0 < \infty$ *mit folgenden Eigenschaften*:

(i) *Für alle* $\lambda \in [0, \lambda_0]$ *gilt*:

$$E(\lambda) = \mathscr{E}(\rho_\lambda) \quad \text{mit} \quad \rho_\lambda \in M \quad \text{und} \quad \|\rho_\lambda\|_1 = \lambda.$$

(ii) $E(\cdot)$ *ist auf* $[\lambda_0, \infty)$ *konstant.*

Beweis: a) Unter diesen Bedingungen an das Potential V gibt es eine stetige Funktion $\rho \geqslant 0$ mit kompaktem Träger in U, so daß

$$\langle V, \rho\rangle_2 = \int_U V\rho\, d^3x = \alpha > 0$$

gilt. Für alle $t > 0$ folgt für dieses ρ

$$\mathscr{E}(t\rho) = t^{5/3}K(\rho) - t\alpha + t^2 R(\rho).$$

Also wird $\mathscr{E}(t\rho)$ für hinreichend kleine $t > 0$ negativ.

b) Nun sei $\lambda > 0$ und $\rho_\lambda \in M_\lambda$ gemäß Theorem IX.6 so bestimmt, daß

$$E(\lambda) = \min\{\mathscr{E}(\rho) \mid \rho \in M_\lambda\} = \mathscr{E}(\rho_\lambda)$$

gilt. Dann ist auch $\lambda_1 = \|\rho_\lambda\|_1$ eindeutig bestimmt und erfüllt $0 \leqslant \lambda_1 \leqslant \lambda$. Wäre $\lambda_1 = 0$, so wäre auch $\rho_\lambda = 0 \in M_\lambda$ und somit $\mathscr{E}(\rho_\lambda) = 0$. Aus a) folgt aber durch

Skalierung, daß $\mathscr{E}(\rho)$ auf M_λ für $\lambda > 0$ auch negative Werte annimmt. Das ist ein Widerspruch zur Minimierungseigenschaft von ρ_λ. Es folgt $0 < \lambda_1$. Mithin minimiert $\rho_1 = \rho_\lambda$ das TF-Energiefunktional $\mathscr{E}$ auf $\{\rho \in M \mid \|\rho\|_1 = \lambda_1\}$.

c) Wir zeigen nun, daß $\mathscr{E}(\cdot)$ für alle $\lambda \in (0, \lambda_1)$ durch ein $\rho \in M$, $\|\rho\|_1 = \lambda$ auf M_λ minimiert wird. Dazu sei $0 < \lambda < \lambda_1$ beliebig und $\rho \in M_\lambda$ das eindeutig bestimmte $\rho \in M_\lambda$ mit $E(\lambda) = \mathscr{E}(\rho_\lambda)$. Wäre $\lambda' = \|\rho\|_1 < \lambda$, so wäre $E(\cdot)$ auf $[\lambda', \infty)$ konstant (Lemma IX.8.b), und nach a) ist $\lambda' > 0$. Es folgt

$$E(\lambda') = E(\lambda) = E(\lambda_1), \qquad \text{also} \qquad \mathscr{E}(\rho) = \mathscr{E}(\rho_1):$$

das heißt ρ und ρ_1 würden $\mathscr{E}$ auf M_{λ_1} minimieren. Das aber ist ein Widerspruch zur Eindeutigkeit, denn

$$\|\rho\|_1 = \lambda' < \lambda_1 = \|\rho_1\|_1.$$

Also gilt $\|\rho\|_1 = \lambda$ wie behauptet.

d) Falls $\lambda_1 < \lambda$ (λ und λ_1 gemäß b)) gilt, so folgt die Konstanz von $E(\cdot)$ auf $[\lambda_1, \infty)$, und nach c) besitzt dann $\lambda_0(V) = \lambda_1$ die gewünschten Eigenschaften. Falls $\lambda_1 = \lambda$ in b) gilt, so betrachte das Minimierungsproblem auf $M_{\lambda'}$, für $\lambda' > \lambda$. Falls für alle $\lambda' > \lambda$ das minimierende ρ_λ die Bedingung $\|\rho_{\lambda'}\| = \lambda'$ erfüllt, so setze $\lambda_0(V) = +\infty$. Somit gibt es ein $\lambda' > \lambda$, für das $\lambda \leqslant \lambda_1' = \|\rho_{\lambda'}\| < \lambda'$ gilt. Nach c) gilt die Bedingung (i) auf $[0, \lambda_1']$ und die Bedingung (ii) auf $[\lambda_1', \infty)$. In diesem Fall setzen wir $\lambda_0(V) = \lambda_1'$.

Bemerkung: Brezis hat in [IX.7] den Wert und die Interpretation von $\lambda_0(V)$ mit detaillierteren Methoden genauer bestimmt.

Korollar IX.10: *Unter den Voraussetzungen von Satz IX.9 gibt es ein $\lambda_0(V) > 0$, so daß $E(\cdot)$ auf $[0, \lambda_0(V)]$ strikt konvex ist und streng monoton fällt. Das nach Satz IX.9 bestimmte ρ_{λ_0} minimiert $\mathscr{E}(\rho)$ auf ganz M.*

Beweis: *Das* $\lambda_0 = \lambda_0(V)$ wird natürlich wie im Satz IX.9 gewählt. Nun sei $0 < \lambda_1 < \lambda_2 < \lambda_0$ und $0 < t < 1$. Dann ist

$$E(t\lambda_1 + (1-t)\lambda_2) \leqslant \mathscr{E}(t\rho_{\lambda_1} + (1-\lambda)\rho_{\lambda_2}),$$

wenn $\rho_{\lambda_j}, j = 1, 2$, das minimierende ρ von $\mathscr{E}$ in $\{\rho \in M \mid \|\rho\| = \lambda_j\}$ ist. Da $\mathscr{E}$ strikt konvex ist, folgt

$$E(t\lambda_1 + (1-\lambda)t_2) < t\mathscr{E}(\rho_{\lambda_1}) + (1-t)\mathscr{E}(\rho_{\lambda_2}) = tE(\lambda_1) + (1-t)E(\lambda_2).$$

Mit Lemma IX.8.a folgt die Behauptung. Da $E(\lambda)$ auf $[\lambda_0, \infty)$ konstant ist und den Wert $E(\lambda_0) = \mathscr{E}(\rho_{\lambda_0})$ hat, ergibt sich auch die zweite Behauptung.

IX.4 Thomas-Fermi-Gleichungen und Minimierungsproblem für das TF-Funktional

Ziel dieses Abschnitts ist der Nachweis, daß es äquivalent ist, das Minimierungsproblem (9.10) oder die TF-Gleichungen (9.2) zu lösen. Es handelt sich um ein Variationsproblem mit Nebenbedingungen, und deshalb versucht man, den Satz von Ljusternik (Satz IV.3) auf das Variationsproblem (9.10) anzuwenden. Dazu hätte man das TF-Energiefunktional $\mathscr{E}$ in der Form

$$\mathscr{E}(\rho) = \tfrac{3}{5}\|\rho\|_{5/3}^{5/3} - \langle V, \rho\rangle_2 + \tfrac{1}{2}\langle \rho, \rho\rangle$$

als Funktion auf $X = L^1 \cap L^{5/3}$ aufzufassen und hätte die Nebenbedingungen

$$\text{(i)} \qquad \|\rho\|_1 = \int \rho \, dx = \lambda,$$

$$\text{(ii)} \qquad \rho \geqslant 0$$

zu beachten. Die erste Nebenbedingung wird durch eine im Sinne des Satzes von Ljusternik (siehe Kapitel IV) reguläre Abbildung $\psi: X \to \mathbb{R}$

$$\psi(\rho) = \int \rho \, dx$$

mit der Fréchet-Ableitung

$$\psi'(\rho)(h) = \int h \, dx, \qquad \forall \rho, h \in X$$

beschrieben. Der Einbau der zweiten Nebenbedingung gelingt nur über Abänderung des Definitionsbereiches von X zu M, wie in (9.3) angegeben.

Dennoch können wir leicht die Fréchet-Ableitung der Funktion

$$\mathscr{E}: X \to \mathbb{R}$$

berechnen:

$$\rho \in X \Rightarrow |\rho|^{2/3} \in L^{5/2} \Rightarrow \operatorname{sign} \rho(x) |\rho(x)|^{2/3} \in L^{5/2};$$

folglich ist

$$h \to \mathscr{E}'(\rho)(h) = \int \operatorname{sign} \rho(x) |\rho(x)|^{2/3} h(x) \, dx - \langle V, h \rangle_2 + \langle \rho, h \rangle$$
$$= \langle \operatorname{sign} \rho |\rho|^{2/3} - V + W * \rho, h \rangle_2$$

in der Tat eine stetige lineare Abbildung $X \to \mathbb{R}$ bezüglich der Norm $\|\cdot\|_{5/3} + \|\cdot\|_1$ auf X.

Berücksichtigen wir nur die erste Nebenbedingung, so besagt der Satz von Ljusternik: Zu einem minimierenden Punkt ρ_0 von $\mathscr{E}$ gibt es eine Konstante, etwa $-\phi_0$, so daß

$$\mathscr{E}'(\rho_0) = -\phi_0 \psi'(\rho_0)$$

gilt, das heißt

$$\operatorname{sign} \rho_0 |\rho_0|^{2/3} - V + W * \rho_0 = -\phi_0. \tag{9.11}$$

Falls wir $\rho_0 > 0$ wüßten, so ergäben sich in der Tat die TF-Gleichungen (9.2).

Beachten wir die zweite Nebenbedingung $\rho \geqslant 0$ dadurch, daß wir das TF-Energiefunktional $\mathscr{E}$ nur als Funktion auf $M = \{f \in X \mid f \geqslant 0\}$ auffassen, so ist $\mathscr{E}$ nicht Fréchet-differenzierbar, sondern besitzt in allen Punkten $\rho \in M$ nur noch einseitige Gâteaux-Ableitungen in Richtungen $h \in M$.

$$\left.\frac{d^+}{dt} \mathscr{E}(\rho + th)\right|_{t=0} = \lim_{t \to 0} \frac{1}{t} [\mathscr{E}(\rho + th) - \mathscr{E}(\rho)] = \left\langle \frac{\delta \mathscr{E}}{\delta \rho}, h \right\rangle_2; \tag{9.12}$$

dabei gilt für Potentiale der Form (9.5) nach Lemma IX.1

$$\frac{\delta\mathscr{E}}{\delta\rho} = \rho^{2/3} - V + W * \rho \in L^{5/2} + L^q + L^\infty, \qquad \forall \rho \in M. \tag{9.13}$$

Der folgende Satz bestätigt die obigen heuristischen Überlegungen und gibt ihnen die folgende Fassung:

Theorem IX.11: *Es sei V ein Potential der Form* (9.5). *Für* $\rho_0 \in M$ *mit* $\|\rho_0\|_1 = \int \rho_0 \, dx = \lambda$ *gilt*

$$\mathscr{E}(\rho_0) \equiv \mathscr{E}(\rho_0; V) = \inf\left\{\mathscr{E}(\rho; V) \,|\, \rho \in M, \int \rho \, dx = \lambda\right\}$$

genau dann, wenn $\rho_0 \in M$ *die Thomas-Fermi-Gleichungen* (9.2) *löst und* $\int \rho_0 \, dx = \lambda$ *erfüllt.*

Beweis: Wenn $\rho_0 \in M$ das TF-Energiefunktional $\mathscr{E}$ auf M unter der Nebenbedingung $\int \rho \, dx = \lambda$ minimiert, so folgt

$$0 \leqslant \lim_{t \to 0} \frac{1}{t}[\mathscr{E}(\rho_0 + t(\rho - \rho_0)) - \mathscr{E}(\rho_0)] = \frac{d^+}{dt}\mathscr{E}(t\rho + (1-t)\rho_0)\Big|_{t=0};$$

und daher mittels (9.12)

$$0 \leqslant \left\langle \frac{\delta\mathscr{E}}{\delta\rho_0}, \rho - \rho_0 \right\rangle_2, \qquad \forall \rho \in M, \qquad \int \rho \, dx = \lambda. \tag{9.14}$$

Beachten wir die Charakterisierung

$$\begin{aligned} \mathscr{F} &= \left\{\rho - \rho_0 \,|\, \rho \in M, \int \rho \, dx = \lambda\right\} \\ &= \left\{f \in L^1 \cap L^{5/3} \,\middle|\, \int f \, dx = 0, f \upharpoonright [\rho_0 > 0]^c > 0\right\} \end{aligned}$$

und den Umstand, daß für die Teilmenge

$$\mathscr{F}_0 = \{f \in \mathscr{F} \,|\, f \upharpoonright [\rho_0 > 0]^c = 0\}$$

die Relation $-\mathscr{F}_0 = \mathscr{F}_0$ gilt, so folgt

$$0 = \left\langle \frac{\delta\mathscr{E}}{\delta\rho_0}, f \right\rangle_2, \qquad \forall f \in \mathscr{F}_0. \tag{9.15}$$

Diese Gleichung reicht aus, um

$$\frac{\delta\mathscr{E}}{\delta\rho_0} \upharpoonright [\rho_0 > 0] = \text{const} \qquad \text{fast überall}$$

zu zeigen. Gemäß (9.13) ist $\delta\mathscr{E}/\delta\rho_0$ fast überall auf $\mathbb{R}^3$ beschränkt. Daher besitzt $[\rho_0 > 0]$ folgende Darstellung:

$$[\rho_0 > 0] = \bigcup_{n=1}^{\infty} C_n, \qquad C_n \subseteq C_{n+1}, \qquad |C_n| < +\infty$$

für alle $n \in \mathbb{N}$ und $0 < |C_n|$ für $n \geqslant n_0$ etwa, wobei zum Beispiel

$$C_n = \left\{ x \in \mathbb{R}^3 \,\middle|\, \frac{1}{n} \leqslant \rho_0(x) \leqslant n \text{ fast überall}, \left| \frac{\delta \mathscr{E}}{\delta \rho_0(x)} \right| \leqslant n \text{ fast überall}, |x| \leqslant n \right\}$$

gewählt ist.

Da $\delta \mathscr{E} / \delta \rho_0$ auf C_n fast überall beschränkt ist und da $L^1 \cap L^{5/3}$ in L^1 dicht ist, besitzt das Funktional

$$f \to \left\langle \frac{\delta \mathscr{E}}{\delta \rho_0}, f \right\rangle_2 \qquad \text{auf} \qquad \{ f \in \mathscr{F}_0 \,|\, \operatorname{supp} f \subseteq C_n \}$$

eine eindeutige Erweiterung zu einem stetigen linearen Funktional

$$f \to \left\langle \frac{\delta \mathscr{E}}{\delta \rho_0}, f \right\rangle_2 \qquad \text{auf} \qquad \left\{ f \in L^1(C_n) \,\middle|\, \int f\, dx = 0 \right\}.$$

Nach (9.15) muß das aber das Nullfunktional sein. Mithin gilt

$$\left\langle \frac{\delta \mathscr{E}}{\delta \rho_0}, f \right\rangle_2 = 0, \qquad \forall f \in L^1(C_n), \qquad \int f\, dx = 0.$$

Ist nun $g \in L^1(C_n)$ beliebig und $n \geqslant n_0$, so ist

$$f_g \equiv g - \frac{1}{|C_n|} \int g\, dx\, \chi_{C_n}$$

ein Element von $L^1(C_n)$, welches $\int f_g\, dx = 0$ erfüllt. Also folgt

$$\left\langle \frac{\delta \mathscr{E}}{\delta \rho_0}, g \right\rangle_2 = \int g\, dx \left\langle \frac{\delta \mathscr{E}}{\delta \rho_0}, \frac{1}{|C_n|} \chi_{C_n} \right\rangle_2, \qquad \forall g \in L^1(C_n).$$

Der Dualraum von $L^1(C_n)$ ist bekanntlich $L^\infty(C_n)$. Folglich gilt in $L^\infty(C_n)$

$$\frac{\delta \mathscr{E}}{\delta \rho_0} \upharpoonright C_n = \left\langle \frac{\delta \mathscr{E}}{\delta \rho_0}, \frac{1}{|C_n|} \chi_{C_n} \right\rangle = \alpha_n = \text{constant}.$$

$C_n \subseteq C_{n+1}$ impliziert $\alpha_n = \alpha_{n+1}$. Somit gibt es eine n-unabhängige Konstante, etwa $-\phi_0$, so daß

$$\frac{\delta \mathscr{E}}{\delta \rho_0(x)} = -\phi_0 \qquad \text{fast überall auf} \qquad [\rho_0 > 0] \tag{9.16}$$

gilt. Die Relation (9.14) besagt weiterhin

$$\left\langle \frac{\delta \mathscr{E}}{\delta \rho_0}, \rho \right\rangle_2 \geqslant \left\langle \frac{\delta \mathscr{E}}{\delta \rho_0}, \rho_0 \right\rangle_2 = -\phi_0 \lambda;$$

und so

$$\left\langle \frac{\delta \mathscr{E}}{\delta \rho_0} + \phi_0, \rho \right\rangle_2 \geqslant 0, \qquad \forall \rho \in M, \qquad \int \rho\, dx = \lambda.$$

Durch Skalierung mit $\|\rho\|_1$ erhält man

$$\left\langle \frac{\delta \mathscr{E}}{\delta \rho_0} + \phi_0, \rho \right\rangle_2 \geqslant 0, \qquad \forall \rho \in M;$$

und so mit bekannten Argumenten

$$\frac{\delta \mathscr{E}}{\delta \rho_0} + \phi_0 > 0 \qquad \text{fast überall auf } \mathbb{R}^3. \tag{9.17}$$

Unter Beachtung der Gl. (9.13) kann man die Relationen (9.16) und (9.17) auch so ausdrücken

$$\rho_0^{2/3} = \max\{\phi_{\rho_0} - \phi_0, 0\},$$
$$\phi_{\rho_0} = V - W * \rho_0,$$

was mit $\int \rho_0 \, dx = \lambda$ gerade die TF-Gleichungen (9.2) ausmacht.

Umgekehrt sei $\rho_0 \in M$ eine Lösung der TF-Gleichungen. Es folgt

$$\frac{\delta \mathscr{E}}{\delta \rho_0} = \rho_0^{2/3} - \phi_{\rho_0} = \begin{cases} -\phi_0 & \text{auf} \quad [\rho_0 > 0], \\ \geqslant -\phi_0 & \text{auf} \quad [\rho_0 > 0]^c \end{cases}$$

und somit nach (9.12) für alle $\rho \in M$, $\int \rho \, dx = \lambda$:

$$\frac{d^+}{dt} \mathscr{E}(t\rho + (1-t)\rho_0)\bigg|_{t=0} = \left\langle \frac{\delta \mathscr{E}}{\delta \rho_0}, \rho - \rho_0 \right\rangle_2 \geqslant \langle -\phi_0, \rho - \rho_0 \rangle_2 = 0.$$

Da $\mathscr{E}$ nach Satz IX.5 strikt konvex ist, folgt

$$0 \leqslant \frac{d^+}{dt} \mathscr{E}(t\rho + (1-t)\rho_0)\bigg|_{t=0} \leqslant \mathscr{E}(\rho) - \mathscr{E}(\rho_0);$$

und so

$$\mathscr{E}(\rho_0) = \min\left\{\mathscr{E}(\rho) \mid \rho \in M, \int \rho \, dx = \lambda\right\},$$

das heißt eine Lösung der TF-Gleichungen (9.2) minimiert auch das TF-Energiefunktional (jeweils zur selben „Teilchenzahl“ λ).

Bemerkung: Als Konsequenz der strikten Konvexität von $\mathscr{E}$ zeigt dieser Satz auch, daß die TF-Gleichungen zur festen „Teilchenzahl“ λ höchstens eine Lösung haben, selbst dann, wenn wir in diesen Gleichungen verschiedene Konstanten $\phi_0, \phi_0', \ldots$ erlauben.

Die folgenden Ausführungen über die Differenzierbarkeit von $E(\lambda)$ und den Wert der Ableitung $(dE/d\lambda)(\lambda)$, die sich wesentlich auf die Konvexität von $\mathscr{E}(\cdot)$ stützten, sind natürlich nur für den Fall von Potentialen interessant, für die man $\lambda_0(V) > 0$ beweisen kann. Da aber keine speziellen Eigenschaften des Potentials in diesen Beweis eingehen, können wir dieses Ergebnis auch gut in dieser Allgemeinheit erklären. Wenn wir $\lambda_0(V) > 0$ annehmen, so heißt das auch, daß wir für $0 < \lambda < \lambda_0$ die eindeutige Lösbarkeit der TF-Gleichungen sicherstellen (Theorem IX.11). Diese Gleichungen enthalten einen Parameter $\phi_0 = \phi_0(\lambda) = \phi_0(\lambda, V)$, den wir durch den folgenden Satz interpretieren können.

Theorem IX.12: *Es sei V ein Potential von der Form (9.5), für welches $\lambda_0 = \lambda_0(V) > 0$ gelte. Dann ist $E(\lambda)$ auf $[0, \lambda_0]$ differenzierbar mit der Ableitung*

$$\frac{dE}{d\lambda}(\lambda) = -\phi_0(\lambda), \qquad \forall \lambda \in [0, \lambda_0]. \tag{9.18}$$

Es gilt $\phi_0(\lambda) > 0$ für $\lambda \in [0, \lambda_0)$ und $\phi_0(\lambda_0) = 0$.

Beweis: Wir beweisen die Differenzierbarkeit von $E(\lambda)$, indem wir zeigen, daß die rechtsseitige und die linksseitige Ableitung in einem Punkt $\lambda_1 \in (0, \lambda_0)$ existieren und gleich sind. Es sei also $\lambda_1 \in (0, \lambda_0)$. Nach Theorem IX.9 und Theorem IX.8 gibt es dann genau eine Lösung ρ_1 der TF-Gleichungen mit $\int \rho_1 \, dx = \lambda_1$ und $\mathscr{E}(\rho_1) = E(\lambda_1)$. Für ein beliebiges anderes $\lambda \in (0, \infty)$ ergibt sich aus der Konvexität von $\mathscr{E}$ für alle $\rho \in M$ mit $\int \rho \, dx = \lambda$:

$$\mathscr{E}(\rho) - \mathscr{E}(\rho_1) \geqslant \frac{d^+}{dt} \mathscr{E}(t\rho + (1-t)\rho_1) = \left\langle \frac{\delta \mathscr{E}}{\delta \rho_1}, \rho - \rho_1 \right\rangle_2 \geqslant -\phi_0(\lambda_1)(\lambda - \lambda_1)$$

wegen (9.12) und weil ρ_1 die TF-Gleichung löst. Es folgt

$$E(\lambda) - E(\lambda_1) \geqslant -\phi_0(\lambda_1)(\lambda - \lambda_1); \tag{9.19}$$

und so

$$\frac{d^+ E}{d\lambda}(\lambda_1) \geqslant -\phi_0(\lambda_1) \qquad \text{und} \qquad \frac{d^- E}{d\lambda}(\lambda_1) \leqslant -\phi_0(\lambda_1).$$

Da wir $\mathscr{E}$ in den Richtungen aus M als Gâteaux-differenzierbar erkannt haben, folgt für $|t| < 1$:

$$\begin{aligned} \mathscr{E}(\rho_1 + t\rho_1) &= \mathscr{E}(\rho_1) + t \left\langle \frac{\delta \mathscr{E}}{\delta \rho_1}, \rho_1 \right\rangle_2 + o(t) \\ &= E(\lambda_1) - t\phi_0(\lambda_1)\lambda_1 + o(t); \end{aligned}$$

und so

$$E(\lambda_1 + t\lambda_1) \leqslant E(\lambda_1) - \lambda_1 t \phi_0(\lambda_1) + o(t), \tag{9.20}$$

was sogleich

$$\frac{d^+ E}{d\lambda}(\lambda_1) \leqslant -\phi_0(\lambda_1) \qquad \text{und} \qquad \frac{d^- E}{d\lambda}(\lambda_1) \geqslant -\phi_0(\lambda_1)$$

impliziert.

Alle vier Ungleichungen zusammen besagen gerade: $(dE/d\lambda)(\lambda_1)$ existiert, und es gilt

$$\frac{dE}{d\lambda}(\lambda_1) = -\phi_0(\lambda_1), \qquad \forall \lambda_1 \in (0, \lambda_0).$$

Da $E(\cdot)$ in $[0, \lambda_0]$ strikt monoton fällt, folgt $\phi_0(\lambda) > 0$ für $\lambda \in [0, \lambda_0)$.

Die Relationen (9.19) und (9.20) gelten offensichtlich auch an der Stelle λ_0. Für $\lambda > \lambda_0$ liefert (9.19) in Verbindung mit Theorem IX.9

$$0 \geqslant -\phi_0(\lambda_0)(\lambda - \lambda_0),$$

und entsprechend (9.20) für $1 > t > 0$

$$0 \geqslant -t\lambda\phi_0(\lambda_0).$$

Es folgt $\phi_0(\lambda_0) = 0$.

Die Minimierungseigenschaft von ρ_0 auf M ist aufgrund von Satz IX.9 klar, ebenso wie die Monotonieeigenschaft von $\phi_0(\lambda)$ als Ableitung einer strikt konkaven Funktion.

Bemerkung: Durch Gl. (9.18) erhält $\phi_0(\lambda)$ als das Negative der Ableitung der Energie nach der Teilchenzahl die Interpretation des chemischen Potentials des Systems.

IX.5 Lösung der TF-Gleichungen für Potentiale der Form $V(x) = \sum_{j=1}^{k} \frac{z_j}{|x - x_j|}$

Der variationstheoretische Teil des Beweises der eindeutigen Lösbarkeit der TF-Gleichungen ist, wie schon im vorigen Abschnitt klar wurde, beendet. Potentiale der Form (9.4), das heißt

$$V(x) = \sum_{j=1}^{k} \frac{z_j}{|x - x_j|}, \qquad z_j > 0,$$

erfüllen nach Lemma IX.4.a die Voraussetzungen von Theorem IX.9. Daher wissen wir aufgrund der Theoreme IX.9 – IX.12, daß ein $\lambda_0 = \lambda_0(V) > 0$ existiert mit folgenden Eigenschaften:

Für $0 \leqslant \lambda \leqslant \lambda_0$ sind die TF-Gleichungen

$$\rho^{2/3} = \max\{\phi_\rho - \phi_0, 0\},$$

$$\phi_\rho = V - W * \rho, \qquad \int \rho\, dx = \lambda,$$

eindeutig durch ein $\rho_\lambda \in M$ lösbar, welches das TF-Energiefunktional $\mathscr{E}(\cdot) = \mathscr{E}(\cdot\,; V)$ minimiert:

$$\mathscr{E}(\rho_\lambda) = \min\left\{\mathscr{E}(\rho) \,\middle|\, \rho \in M, \int \rho\, dx = \lambda\right\} = E(\lambda). \tag{9.21}$$

Es gilt

$$\phi_0 = \phi_0(\lambda) = -\frac{dE}{d\lambda}(\lambda) > 0 \qquad \text{für} \qquad 0 \leqslant \lambda < \lambda_0$$

und $\phi_0(\lambda_0) = 0$.

Zur Vollständigkeit wollen wir für Potentiale der Form (9.4) auch die explizite Form von $\lambda_0(V)$ bestimmen. Zur Orientierung klären wir zunächst für beliebige Potentiale V der Form (9.5), wie diese mit der zulässigen Teilchenzahl $\lambda = \int \rho\, dx$ einer Lösung der TF-Gleichungen zusammenhängen. Falls nämlich $\phi_\rho = V - W * \rho$ gilt, so folgt durch Mittelung über die Einheitssphäre S^2 im $\mathbb{R}^3$ unter

Beachtung von

$$\frac{1}{4\pi}\int\limits_{S^2}\frac{d\omega}{|r\omega - y|} = \frac{1}{\max\{r,|y|\}}:$$

$$\hat{\phi}_\rho(r) = \frac{1}{4\pi}\int\limits_{S^2} d\omega\,\phi(r\omega) = \hat{V}(r) - \int\frac{\rho(y)\,dy}{\max\{r,|y|\}};$$

und so

$$\hat{V}(r) - \frac{\lambda}{r} \leqslant \hat{\phi}_\rho(r) \leqslant \hat{V}(r) - \frac{1}{r}\int\limits_{|y|\leqslant r}\rho(y)\,dy \tag{9.22}$$

oder

$$\lambda = \lim_{r\to+\infty} r[\hat{V}(r) - \hat{\phi}_\rho(r)].$$

Für Potentiale der Form (9.4) kennt man $\hat{V}(r)$ explizit:

$$\hat{V}(r) = \sum_{j=1}^{k} z_j \int\limits_{S^2}\frac{d\omega}{4\pi}\frac{1}{|r\omega - x_j|} = \sum_{j=1}^{k}\frac{z_j}{\max\{r,|x_j|\}};$$

also

$$\lim_{r\to\infty} r\hat{V}(r) = \sum_{j=1}^{k} z_j \equiv Z. \tag{9.23}$$

Mithin ist eine Kontrolle des asymptotischen Verhaltens des TF-Potentials ϕ_ρ erforderlich.

Lemma IX.13: *Es gelte*

$$V(x) = \sum_{j=1}^{k} z_j|x - x_j|^{-1}, \qquad z_j > 0.$$

a) Für alle $\rho\in M$ *ist* $\phi_\rho = V - W*\rho$ *eine auf* $\dot{\mathbb{R}}^3 = \mathbb{R}^3\backslash\{x_1, x_2, \ldots, x_k\}$ *stetige Funktion mit* $\phi_\rho(x)\to 0$ *für* $|x|\to+\infty$.

b) Ist $\rho\in M$ *überdies Lösung der TF-Gleichungen, das heißt gilt auch* $\rho^{2/3} = \max\{\phi_\rho - \phi_0, 0\}$ *mit einem gewissen* $\phi_0 > 0$, *so folgt* $\phi_\rho(x)\geqslant 0$, $\forall x\in\dot{\mathbb{R}}^3$.

Beweis: a) Da die Faltung $f_1 * f_2$ zweier Funktionen

$$f_j\in L^{p_j}, \qquad 1 < p_j < +\infty, \qquad \frac{1}{p_1} + \frac{1}{p_2} = 1$$

eine stetige Funktion ist, welche im Unendlichen verschwindet, ergibt sich die Behauptung aus der Zerlegung

$$W*\rho = W_1*\rho + W_2*\rho, \qquad W_1\in L^{5/2}, \qquad W_2\in L^4$$

und der Beachtung von Lemma IX.1.a; das heißt

$$\rho \in M \Rightarrow \rho \in L^p, \qquad \forall p \in [1, \tfrac{5}{3}]$$

und den entsprechenden Eigenschaften von V.

b) Wir beweisen die Behauptung indirekt, indem wir die Annahme, daß die Menge

$$A = [\phi_\rho < 0] = \{x \in \mathbb{R}^3 \mid \phi_\rho(x) < 0\}$$

nicht leer sei, zu einem Widerspruch führen.

Zunächst ist A eine offene Menge in $\mathbb{R}^3$, weil offensichtlich $A \subset \dot{\mathbb{R}}^3$ gilt und weil nach a) ϕ_ρ auf $\dot{\mathbb{R}}^3$ stetig ist. $\phi_0 > 0$ impliziert $\phi_\rho - \phi_0 < 0$ auf A und so $\rho \restriction A = 0$, und somit gilt:

$$\Delta \phi_\rho = \Delta V + 4\pi\rho = 0$$

auf A. Also ist ϕ_ρ eine harmonische Funktion auf A, welche nach a) auf dem Rand von A verschwindet. Das Maximumprinzip für harmonische Funktionen liefert den Widerspruch $\phi_\rho \restriction A = 0$.

Theorem IX.14: *Für Potentiale der Form*

$$V(x) = \sum_{j=1}^{k} z_j |x - x_j|^{-1}, \qquad z_j > 0,$$

hat das nach Theorem IX.9 eindeutig bestimmte $\lambda_0(V)$ den Wert

$$\lambda_0(V) = \sum_{j=1}^{k} z_j = Z. \tag{9.24}$$

Beweis: a) Für $\lambda_0 = \lambda(V) > Z$ gibt es nach Theorem IX.9 und Theorem IX.11 zu allen $\lambda \in (Z, \lambda_0)$ Lösungen ρ_λ der TF-Gleichungen zur Teilchenzahl $\lambda = \int \rho_\lambda \, dx$. Für hinreichend große r wird dann nach (9.23)

$$\hat{V}(r) - \frac{1}{r} \int_{|x| \leqslant r} \rho_\lambda(y) \, dy \qquad \left(\approx \frac{Z - \lambda}{r} \right)$$

negativ im Widerspruch zu Lemma IX.13.b und der Relation (9.22). Also ist $\lambda_0 \leqslant Z$.

b) Nach Theorem IX.12 besitzt die zur Teilchenzahl λ_0 gehörige Lösung der TF-Gleichungen das chemische Potential $\phi_0(\lambda_0) = 0$; das heißt es gilt:

$$\rho_0^{2/3} = \max\{\phi_{\rho_0}, 0\},$$
$$\phi_{\rho_0} = V - W * \rho_0$$

und

$$\lambda_0 = \int \rho_0 \, dx = 4\pi \int_0^R dr \, r^2 \hat{\rho}_0(r) + 4\pi \int_R^{+\infty} dr \, r^2 \hat{\rho}_0(r).$$

Aus der Hölderschen Ungleichung folgt

$$\hat{\rho}_0(r) \geqslant \hat{\phi}_{\rho_0}(r)^{3/2};$$

und nach (9.22) und (9.23) besitzt $\hat{\phi}_{\rho_0}$ für hinreichend große r die Abschätzung

$$\hat{\phi}_0(r) \geqslant \frac{Z - \lambda_0}{r},$$

so daß die Annahme $\lambda_0 < Z$ zur Divergenz von $\int_R^{+\infty} dr\, r^2 \hat{\rho}_0(r)$ und so zu einem Widerspruch führt. Folglich ist $\lambda_0 = Z$.

Bemerkung: a) In [IX.2] wird gezeigt, daß alle Potentiale der Form

$$V(x) = \sum_{j=1}^{k} z_j |x - x_j|^{-1} + V_0(x),$$

$z_j > 0$, $V_0 \in L^{5/2}$, supp V_0 kompakt und $V_0(x) \leqslant 0$ dasselbe $\lambda_0(V) = \sum_{j=1}^k z_j = Z$ besitzen, und daß im Falle $V_0(x) \geqslant 0$ durchaus $\lambda_0(V) > Z$ möglich ist.

b) Aus Lemma IX.13 und Theorem IX.14 kann man leicht Eigenschaften der Lösungen der TF-Gleichungen zur Teilchenzahl $\int \rho_\lambda dx = \lambda \leqslant Z$ gewinnen:

(i) ρ_λ ist stetig auf $\dot{\mathbb{R}}^3$.

(ii) Für $0 < \lambda < Z$ (das heißt ionisiertes Molekül) hat ρ_λ einen kompakten Träger.

(iii) Für $\lambda = Z$ gilt $\rho_z(x) \to 0$ für $|x| \to +\infty$.

(iv) Für $x \to x_j$ erfüllt ρ_λ:

$$\rho_\lambda(x) = \frac{z_j^{2/3}}{|x - x_j|^{3/2}} + \frac{\gamma_j}{|x - x_j|} + O(|x - x_j|^{1/2}), \qquad j = 1, 2, \ldots, k.$$

Literatur

[IX.1] W. Thirring: Lehrbuch der Mathematischen Physik, 4. Band: Quantenmechanik großer Systeme. Wien-New York: Springer. 1980.

[IX.2] E. Lieb, B. Simon: The Thomas-Fermi theory of atoms, molecules and solids. Adv. in Math. **23**, 22–116 (1977).

[IX.3] E. Lieb: The stability of matter. Rev. Mod. Phys. **48**, 553–569 (1976).

[IX.4] E. Lieb, W. Thirring: Bounds for the kinetic energy of fermions which proves the stability of matter. Phys. Rev. Lett. **35**, 687–689; Errata **35**, 1116 (1975).

[IX.5] E. Lieb: Thomas-Fermi and related theories of atoms and molecules. Rev. Mod. Phys. **53**, 603–641 (1981).

[IX.6] W. Thirring: A lower bound with the best possible constant for Coulomb Hamiltonians. Commun. Math. Phys. **79**, 1–7 (1981).

[IX.7] H. Brezis: Nonlinear Problems Related to the Thomas-Fermi Equation. In: Contemporary Development in Continuum Mechanics and Partial Differential Equations (G. M. de la Penha, L. A. Medreiros, eds.). North Holland. 1978.

[IX.8] F. J. Dyson: In: Brandeis University Summer Institute in Theoretical Physics 1966, Vol. 1 (M. Chretien, E. P. Gross, S. Deser, eds.). New York: Gordon and Breach. 1978.

[IX.9] A. Lenard: In: Statistical Mechanics and Mathematical Problems, Lecture Notes in Physics, Vol. 20. Berlin-Heidelberg-New York: Springer. 1973.

[IX.10] M. Reed, B. Simon: Methods of Modern Mathematical Physics II. Fourier Analysis, Self-Adjointness. New York: Academic Press. 1975.

Anhang 1. Banach-Räume

In diesem Anhang stellen wir, wie in den drei folgenden Anhängen, die für unseren „Bedarf" grundlegenden Begriffe und Ergebnisse der Theorie der Banach-Räume zusammen. Für die Beweise wird auf bekannte Lehrbücher verwiesen. Eine kleine Auswahl ist am Ende der jeweiligen Anhänge aufgeführt. Wir setzen generell die topologischen Grundbegriffe (Topologie, Umgebung, Umgebungsbasis, offen, Berührungspunkt, ..., etc.) als bekannt voraus und beweisen nur wenige, für unsere Anwendungen zentrale Resultate der Theorie der Banach-Räume.

In der Regel legen wir einen reellen Vektorraum zugrunde. Um in einem Vektorraum X wie im Euklidischen Raum $\mathbb{R}^n$ von offenen Mengen, Häufungspunkten, konvergenten Folgen, Cauchy-Folgen und anderen topologischen Begriffen sprechen zu können, setzen wir voraus, daß auf X ein verallgemeinerter „Längenbegriff" oder eine „Halbnorm" p gegeben ist. Eine *Halbnorm* ist eine Funktion $p: X \to [0, \infty)$ mit den Eigenschaften $p(\lambda x) = |\lambda| p(x)$ und $p(x + y) \leqslant p(x) + p(y)$ für alle $\lambda \in \mathbb{R}$ und alle $x, y \in X$. Falls $p(x) = 0$ stets $x = 0$ impliziert, heißt eine Halbnorm p eine *Norm*, welche vorzugsweise als $p(x) = \|x\|$ geschrieben wird. Ein Vektorraum X, versehen mit einer Norm $\|\cdot\|$, heißt ein *normierter Raum*. In einem normierten Raum $(X, \|\cdot\|)$ erhalten wir eine Topologie und damit alle topologischen Grundbegriffe, indem wir die folgenden Mengen als offene Mengen erklären. Eine Teilmenge $A \subset X$ heiße *offen*, wenn zu jedem $x \in A$ ein $r = r_x > 0$ existiert, so daß die *offene Kugel*

$$B_r(x) = \{y \in X \mid \|y - x\| < r\}$$

mit Mittelpunkt x und Radius r in A liegt: $B_r(x) \subset A$.

In einem normierten Raum $(X, \|\cdot\|)$ *konvergiert* eine Folge $(x_n)_{n \in \mathbb{N}}$ genau dann gegen einen Punkt $x \in X$, wenn zu jedem $\varepsilon > 0$ ein n_ε existiert, so daß $\|x_n - x\| < \varepsilon$ für alle $n \geqslant n_\varepsilon$ gilt. Eine Folge $(x_n)_{n \in \mathbb{N}}$ heißt genau dann eine *Cauchy-Folge*, wenn zu jedem $\varepsilon > 0$ ein n_ε existiert, so daß für alle $n, m \geqslant n_\varepsilon$, $\|x_n - x_m\| < \varepsilon$ gilt. Ein normierter Raum, in dem jede Cauchy-Folge konvergiert, heißt *vollständig* oder ein *Banach-Raum*. Ein Banach-Raum, der eine abzählbare dichte Teilmenge enthält, heißt *separabel*.

Zwei Normen $\|\cdot\|_1$ und $\|\cdot\|_2$ auf einem Vektorraum X heißen *äquivalent*, falls es positive Zahlen c, c' gibt, so daß $\|x\|_1 \leqslant c\|x\|_2$ und $\|x\|_2 \leqslant c'\|x\|_1$ für alle $x \in X$ gilt. Äquivalente Normen erzeugen dieselbe Topologie. Eine Teilmenge M eines normierten Raumes $(X, \|x\|)$ heißt *beschränkt*, falls die Norm auf M beschränkt ist: $\sup\{\|x\| \mid x \in M\} < \infty$. Äquivalente Normen haben dieselben beschränkten Mengen. Vollständige normierte Räume, die als (unendlich dimensionale) Analoga der Euklidischen Räume $\mathbb{R}^n$ angesehen werden können, erhält man folgendermaßen: Auf einem Vektorraum X sei ein *Skalarprodukt* $\langle \cdot, \cdot \rangle$ gegeben; das ist eine

Funktion $\langle\cdot,\cdot\rangle: X \times X \to \mathbb{R}$ mit folgenden Eigenschaften:

$$\langle x, \lambda_1 y_1 + \lambda_2 y_2\rangle = \lambda_1\langle x, y_1\rangle + \lambda_2\langle x, y_2\rangle, \qquad \langle x, y\rangle = \langle y, x\rangle$$

für alle $x, y_1, y_2, y \in X$ und alle $\lambda_j \in \mathbb{R}$, $\langle x, x\rangle \geqslant 0$, für alle $x \in X$ und $\langle x, x\rangle = 0$ genau dann, wenn $x = 0$. Ein Vektorraum X mit Skalarprodukt $\langle\cdot,\cdot\rangle$ heißt ein *Prä-Hilbert-Raum.* In einem Prä-Hilbert-Raum $(X, \langle\cdot,\cdot\rangle)$ ist durch $x \to \|x\| = +\sqrt{\langle x, x\rangle}$ eine Norm erklärt. Sie heißt die durch das Skalarprodukt induzierte Norm. Ist der normierte Raum $(X, \|\cdot\| = \sqrt{\langle\cdot,\cdot\rangle})$ vollständig, so heißt $(X, \langle\cdot,\cdot\rangle)$ ein *Hilbert-Raum.*

Der *Satz von Jordan und von Neumann* charakterisiert diejenigen Normen, die von einem Skalarprodukt induziert werden. Für diese Normen ist das Parallelprogrammgesetz

$$\|x_1 + x_2\|^2 + \|x_1 - x_2\|^2 = 2\|x_1\|^2 + 2\|x_2\|^2$$

für alle $x_j \in X$ charakteristisch.

In jedem Prä-Hilbert-Raum $(X, \langle\cdot,\cdot\rangle)$ gilt die *Cauchy-Schwarzsche Ungleichung* $|\langle x, y\rangle| \leqslant \|x\|\,\|y\|$ für alle $x, y \in X$.

Wie in jedem endlich-dimensionalen Euklidischen Raum gilt auch in jedem Hilbert-Raum der *Projektionssatz*: Es sei M ein Unterraum (das ist ein abgeschlossener Untervektorraum) eines Hilbert-Raumes $\mathscr{H}$. Dann besitzt jeder Vektor $x \in \mathscr{H}$ die eindeutig bestimmte Darstellung $x = u_x + v_x$ mit $u_x \in M$ und $v_x \in M^\perp = \{y \in \mathscr{H} \mid \langle x, y\rangle = 0, \forall y \in M\}$, und es gilt

$$\|v_x\| = d(x, M) = \inf_{u \in M} \|x - u\| = \|x - u_x\|.$$

Wir schreiben dann $\mathscr{H} = M \oplus M^\perp$ und sagen, daß $\mathscr{H}$ die *direkte orthogonale Summe* von M und $M^\perp$ ist. Ist der zu M orthogonale Unterraum $M^\perp$ endlich-dimensional, so sagt man, daß M eine *endliche Kodimension* hat.

Wir erwähnen einige *Beispiele*:

1. Die Euklidischen Räume $\mathbb{R}^n$, $n \in \mathbb{N}$

Auf dem Vektorraum $\mathbb{R}^n$ kann man z. B. die folgenden Normen einführen: Für eine beliebige Zahl $p \in [1, \infty)$ und $x \in \mathbb{R}^n$ setze man

$$\|x\|_p = \left(\sum_{i=1}^n |x_i|^p\right)^{1/p} \qquad \text{und} \qquad \|x\|_\infty = \sup_{1 \leqslant i \leqslant n} |x_i|.$$

Aus den Ungleichungen $\|x\|_\infty \leqslant \|x\|_p \leqslant n^{1/p}\|x\|_\infty$, $x \in \mathbb{R}^n$, folgt, daß alle diese Normen äquivalent sind. $(\mathbb{R}^n, \|\cdot\|_p)$ ist ein Banach-Raum für $1 \leqslant p \leqslant +\infty$. Nur für $p = 2$ ist $(\mathbb{R}^n, \|\cdot\|_p)$ ein Hilbert-Raum mit dem Skalarprodukt

$$\langle x, y\rangle = \sum_{i=1}^n x_i y_i.$$

2. Die Folgenräume $l^p(\mathbb{R})$, $1 \leqslant p \leqslant \infty$

Mit $l^p(\mathbb{R})$ wird der Vektorraum aller Folgen $x = (x_n)_{n \in \mathbb{N}}$ reeller Zahlen x_n bezeichnet, für die

$$\sum_{n=1}^{\infty} |x_n|^p < \infty, \qquad 1 \leqslant p < \infty, \qquad \text{bzw.} \qquad \sup_{n \in \mathbb{N}} |x_n| < \infty, \qquad p = +\infty,$$

gilt. Versehen mit den Normen

$$\|x\|_p = \left(\sum_{n=1}^{\infty} |x_n|^p \right)^{1/p}, \qquad 1 \leqslant p < \infty, \qquad \text{bzw.} \qquad \|x\|_\infty = \sup_{n \in \mathbb{N}} |x_n|$$

sind die Folgenräume $(l^p(\mathbb{R}), \|\cdot\|_p)$ vollständige normierte Räume. In diesem Fall liefern verschiedene p auch inäquivalente Normen. Wiederum ist nur der Folgenraum $l^2(\mathbb{R})$ ein Hilbert-Raum. Sein Skalarprodukt ist $\langle x, y \rangle = \sum_{n=1}^{\infty} x_n y_n$. Für $1 \leqslant p \leqslant +\infty$ ist der zu p *duale Exponent* p' durch die Gleichung $(1/p') + (1/p) = 1$ erklärt. Für alle $x \in l^p(\mathbb{R})$ und alle $y \in l^{p'}(R)$ gilt $x \cdot y = (x_n y_n)_{n \in \mathbb{N}} \in l^1(\mathbb{R})$ und

$$\|x \cdot y\|_1 = \sum_{n=1}^{\infty} |x_n y_n| \leqslant \|x\|_p \|y\|_{p'} \qquad (\textit{Höldersche Ungleichung}).$$

3. Räume stetiger Funktionen

Es sei K ein kompakter topologischer Raum (vergleiche Anhang 3). $\mathscr{C}(K; \mathbb{R}) = \mathscr{C}(K)$ bezeichne die Menge aller stetigen Funktionen $f: K \to \mathbb{R}$. $\mathscr{C}(K)$ ist in natürlicher Weise ein reeller Vektorraum, und $\|f\|_K = \sup_{x \in K} |f(x)|$ erklärt eine Norm auf $\mathscr{C}(K)$. Mit dieser Norm ist $\mathscr{C}(K)$ vollständig, also ein Banach-Raum, aber kein Hilbert-Raum.

4. Räume differenzierbarer Funktionen

Für ein kompaktes Intervall $I = [a, b]$ sei $\mathscr{C}^1(I; \mathbb{R}^n)$ der Raum aller n-Tupel von in (a, b) stetig differenzierbaren reellen Funktionen, die wie ihre Ableitungen stetige Fortsetzungen nach $t = a$ und $t = b$ besitzen. Der reelle Vektorraum $\mathscr{C}^1(I; \mathbb{R}^n)$ ist mit der Norm

$$\|q\|_{1,I} = \sup_{t \in I} \{|q(t)|, |\dot{q}(t)|\}$$

ein Banach-Raum. (Für $q(t) = (q_1(t), \ldots, q_n(t))$, $q_i \in \mathscr{C}^1(I, \mathbb{R})$, sei

$$\dot{q}(t) = (\dot{q}_1(t), \ldots, \dot{q}_n(t)), \quad \dot{q}_i(t) = \frac{dq_i}{dt}(t) \quad \text{und} \quad |q(t)| = \left(\sum_{i=1}^{n} |q_i(t)|^2 \right)^{1/2}$$

gesetzt.) Eine zu $\|\cdot\|_{1,I}$ äquivalente Norm ist

$$\|q\|'_{1,I} = \sup_{t \in I} \sup_{1 \leqslant i \leqslant n} \{|q_i(t)|, |\dot{q}_i(t)|\}.$$

5. Die Lebesgue-Räume $L^p(\mathbb{R}^n)$

Für jede reelle Zahl $p \geqslant 1$ sei $\mathscr{L}^p(\mathbb{R}^n) = \{f: \mathbb{R}^n \to \mathbb{R} \mid f \text{ meßbar}, |f|^p \text{ summierbar}\}$. $\mathscr{L}^p(\mathbb{R}^n)$ ist ein reeller Vektorraum und $f \to \|f\|_p$,

$$\|f\|_p = \left(\int_{\mathbb{R}^n} |f(x)|^p \, dx \right)^{1/p}$$

ist eine Halbnorm auf $\mathscr{L}^p(\mathbb{R}^n)$. Es gilt: $\|f\|_p = 0 \Leftrightarrow f = 0$ fast überall. Bezeichnen wir mit N den Unterraum aller Funktionen aus $\mathscr{L}^p(\mathbb{R}^n)$, die fast überall Null sind, so ist der Quotientenraum

$$L^p(\mathbb{R}^n) = \mathscr{L}^p(\mathbb{R}^n)/N$$

mit der von $\|\cdot\|_p$ induzierten Norm (die wieder mit $\|\cdot\|_p$ bezeichnet wird) ein Banach-Raum (*Satz von Riesz-Fischer*).

Ähnlich erklärt man für $p = +\infty$

$$\mathscr{L}^\infty(\mathbb{R}^n) = \{f\colon \mathbb{R}^n \to \mathbb{R} \mid f \text{ meßbar und fast überall beschränkt}\}$$

$$\|f\|_\infty = \inf\{c \mid c > 0, \text{ außerhalb einer Nullmenge gilt } |f(x)| < c\}$$

und weiter

$$L^\infty(\mathbb{R}^n) = \mathscr{L}^\infty(\mathbb{R}^n)/N.$$

Auch $L^\infty(\mathbb{R}^n)$ ist ein Banach-Raum.

Wie im Beispiel der Folgenräume gilt die *Höldersche Ungleichung*, das heißt, falls $f \in L^p(\mathbb{R}^n)$, $g \in L^{p'}(\mathbb{R}^n)$ und p' der zu $p \geqslant 1$ duale Exponent ist, so ist $f \cdot g \in L^1(\mathbb{R}^n)$, und es gilt

$$\|f \cdot g\|_1 \leqslant \|f\|_p \|g\|_{p'}.$$

Wiederum erhalten wir nur für $p = 2$ einen Hilbert-Raum. $L^2(\mathbb{R}^n)$ ist mit dem Skalarprodukt

$$\langle f, g \rangle_2 = \int_{\mathbb{R}^n} f(x) g(x)\, dx$$

ein Hilbert-Raum. Die davon induzierte Norm ist $\|\cdot\|_2$. (In unserer Bezeichnungsweise berücksichtigen wir die Unterscheidung zwischen Äquivalenzklasse und Repräsentanten der Äquivalenzklasse nicht explizit.)

Ersetzt man $\mathbb{R}^n$ durch eine andere meßbare Menge $G \subseteq \mathbb{R}^n$, so erhält man die Banach-Räume $L^p(G)$, $1 \leqslant p \leqslant +\infty$, von Lebesgue. Für $1 \leqslant p < \infty$ sind die Banach-Räume $L^p(G)$ separabel.

Für reelle Vektorräume X_1 und X_2 bezeichne $L(X_1, X_2)$ die Gesamtheit der linearen Abbildungen oder Operatoren von X_1 nach X_2. $L(X_1, X_2)$ ist in natürlicher Weise wieder ein reeller Vektorraum. Falls $X_2 = \mathbb{R}$, so heißt $X_1^* = L(X_1, \mathbb{R})$ der *algebraische Dualraum* von X_1. Im Falle normierter Räume interessiert meistens der Untervektorraum $\mathscr{L}(X_1, X_2)$ der stetigen linearen Abbildungen von X_1 in X_2. Es stellt sich heraus, daß eine lineare Abbildung $T\colon X_1 \to X_2$ genau dann stetig ist, wenn sie *beschränkt* ist, das heißt, wenn sie beschränkte Teilmengen von X_1 auf beschränkte Teilmengen von X_2 abbildet. Eine nicht-lineare beschränkte Abbildung ist nicht notwendigerweise stetig.

Der Vektorraum $\mathscr{L}(X_1, X_2)$ wird durch

$$T \to \|T\| = \sup\{\|Tx\|_2 \mid \|x\|_1 \leqslant 1\}$$

normiert. Dabei bezeichnet $\|\cdot\|_i$ die Norm des Raumes X_i. Falls X_2 ein Banach-Raum ist, so ist auch $(\mathscr{L}(X_1, X_2), \|\cdot\|)$ ein Banach-Raum. Speziell ist also der Raum

$\mathscr{L}(X, \mathbb{R})$ aller stetigen linearen Operatoren von einem normierten Raum $(X, \|\cdot\|)$ in $\mathbb{R}$ ein Banach-Raum. Die Norm des (topologischen) *Dualraumes* $X' = \mathscr{L}(X, \mathbb{R})$ von X ist durch

$$\|T\|' = \sup\{|Tx| \mid \|x\| \leqslant 1\}$$

gegeben.

Ein Operator $T \in \mathscr{L}(X_1, X_2)$ heißt ein *Homöomorphismus* von X_1 auf X_2, falls T bijektiv und T^{-1} stetig ist. Falls ein Homöomorphismus von X_1 auf X_2 existiert, so heißen die normierten Räume X_1 und X_2 *homöomorph*. Falls X_1 und X_2 Banach-Räume sind, so ist jeder bijektive Operator $T \in \mathscr{L}(X_1, X_2)$ ein Homöomorphismus (*Satz vom inversen Operator*).

Der (topologische) Dualraum $(X')'$ eines Dualraumes X' heißt der *Bi-Dualraum* X'' des normierten Raumes X, also $X'' = \mathscr{L}(X', \mathbb{R})$. Leicht ersichtlich ist X in natürlicher Weise in X'' eingebettet vermöge der folgenden kanonischen Abbildung

$$J: X \to X'', \qquad J(x)(f) = f(x) = \langle f, x\rangle, \qquad f \in X', \qquad x \in X.$$

Dabei bezeichnet $\langle\cdot,\cdot\rangle$ die *Dualität* zwischen X' und X, das heißt die bilineare Abbildung $X' \times X \to \mathbb{R}$, die durch $\langle f, x\rangle = f(x)$ erklärt ist. Da die kanonische Einbettung J von X in X'' isometrisch ist, das heißt J ist linear, und es gilt $\|J(x)\|'' = \|x\|$, $\forall x \in X$, ist sie immer injektiv und stetig. Falls X ein Banach-Raum und J surjektiv ist, so ist J folglich ein Homöomorphismus von X auf X''. In diesem Fall heißt der Banach-Raum X *reflexiv*. Ein reflexiver Banach-Raum ist also durch $J(X) = X''$ gekennzeichnet. Üblicherweise identifiziert man $J(X)$ und X. Dann kann man mit A. J. Plessner feststellen: Entweder gilt $X = X''$, oder es sind alle Räume $X', X'', X''', \ldots$ verschieden.

Ein Banach-Raum X ist genau dann reflexiv, wenn sein Dualraum X' reflexiv ist. *Beispiele reflexiver Banach-Räume* sind alle endlich-dimensionalen Banach-Räume und alle Hilbert-Räume, denn es gilt der *Satz von Riesz-Fréchet*: Ist $\mathscr{H}$ ein Hilbert-Raum und T ein Element des Dualraums $\mathscr{H}'$ von $\mathscr{H}$, so gibt es genau ein $u \in \mathscr{H}$, so daß für alle $x \in \mathscr{H}$, $T(x) = \langle u, x\rangle$ und damit $\|T\|' = \|u\|$ gilt.

Jeder abgeschlossene Teilraum eines reflexiven Banach-Raumes ist selbst ein reflexiver Banach-Raum.

Die meisten in den Anwendungen benutzten Banach-Räume X sind *gleichmäßig konvex*, das heißt zu jedem $\varepsilon \in (0, 2)$ gibt es ein $\delta = \delta_\varepsilon \in (0, 1)$, so daß für alle $r > 0$ gilt:

$$x, y \in X, \quad \|x\| \leqslant r, \quad \|y\| \leqslant r \quad \text{und} \quad \|x - y\| \geqslant \varepsilon r \Rightarrow \|x + y\| \leqslant 2(1 - \delta)r.$$

Die gleichmäßige Konvexität ist eine metrische Eigenschaft. Gleichmäßig konvexe Banach-Räume besitzen die *Approximationseigenschaft*, das heißt, ist $K \subseteq X$ eine abgeschlossene *konvexe* ($x_i \in K$, $0 \leqslant \lambda \leqslant 1 \Rightarrow \lambda x_1 + (1 - \lambda)x_2 \in K$) Teilmenge, so wird jedes $x \in X$ durch ein $u_x \in K$ „optimal approximiert“ in dem Sinne, daß

$$d(x, K) = \inf_{y \in K} \|x - y\| = \|x - u_x\|$$

gilt. Diese Banach-Räume sind daher für die Approximationstheorie sehr wichtig.

Jeder gleichmäßig konvexe Banach-Raum ist reflexiv (*Satz von Milman*). Wichtige Beispiele gleichmäßig konvexer Räume sind die Lebesgue-Räume $L^p(G)$,

$G \subseteq \mathbb{R}^n$ meßbar, $1 < p < \infty$ (*Satz von Clarkson*). Die Reflexivität dieser Räume ergibt sich auch direkt durch die explizite Bestimmung des Dualraumes und des Bi-Dualraumes: Für $1 < p < \infty$ gilt nämlich: $(L^p(G))'$ und $L^{p'}(G)$, $(1/p) + (1/p') = 1$, sind isometrisch isomorph vermöge der kanonischen Abbildung

$$j\colon L^{p'}(G) \to (L^p(G))', \qquad j(f)(g) = \int_G f(x)g(x)\,dx$$

für alle $g \in L^p(G)$ und alle $f \in L^{p'}(G)$.

Ähnlich ist $L^\infty(G)$ isometrisch isomorph zu $(L^1(G))'$; jedoch ist $L^1(G)$ nicht zu $(L^\infty(G))'$ isomorph.

Bisher wurde stets die durch die Norm induzierte Topologie eines normierten Raumes zugrundegelegt. Diese Topologie heißt die *Norm-Topologie* oder auch die *starke Topologie*. Eine andere wichtige Topologie auf einem normierten Raum X ist die *schwache Topologie* $\sigma = \sigma(X, X')$. Sie wird durch die Halbnormen $\{q_f \mid f \in X'\}$ erzeugt, wobei q_f durch $q_f(x) = |f(x)|$, $x \in X$, erklärt ist. *Schwache Umgebungen* eines Punktes x haben also typischerweise die Form

$$U^\varepsilon_{f_1,\ldots,f_n} = \{x' \in X \mid q_{f_i}(x' - x) < \varepsilon,\ i = 1, \ldots, n\}, \qquad f_i \in X', \qquad \varepsilon > 0.$$

Die schwache Topologie $\sigma(X, X')$ ist die gröbste lokal-konvexe Topologie auf X, bezüglich der alle $f \in X'$ stetig sind.

Eine Folge $\{x_n\}_{n \in \mathbb{N}}$ *konvergiert schwach* gegen einen Punkt $x \in X$, falls für jedes $f \in X'$ $\lim_{n\to\infty} f(x_n) = f(x)$ gilt. Wir schreiben hierfür kurz

$$x = \operatorname*{w-lim}_{n\to\infty} x_n \qquad \text{oder} \qquad x_n \xrightarrow[n\to\infty]{w} x.$$

Analog ist der Begriff einer *schwachen Cauchy-Folge* erklärt. Ein Banach-Raum X heißt *schwach vollständig*, wenn jede schwache Cauchy-Folge in X schwach konvergiert. Genauer sollte man hier von *schwach folgenvollständig* sprechen. Jeder Hilbert-Raum ist schwach vollständig.

Es sollte klar sein, daß die *starke Konvergenz* (das heißt die Konvergenz bezüglich der starken Topologie) stets die *schwache Konvergenz* impliziert. Die Umkehrung gilt nicht immer. In jedem endlich-dimensionalen Raum stimmen jedoch die starke und die schwache Topologie überein.

Eine Menge $M \subset X$ heißt *schwach beschränkt*, falls sie bezüglich der schwachen Topologie $\sigma(X, X')$ beschränkt ist. Eine Menge $M \subset X$ ist genau dann schwach beschränkt, wenn sie „punktweise" beschränkt ist, das heißt, falls die Mengen $f(M) = \{f(x) \mid x \in M\}$ für jedes $f \in X'$ in $\mathbb{R}$ beschränkt sind. Natürlich sind stark beschränkte Mengen schwach beschränkt. Die Umkehrung ist auch richtig; der Beweis basiert auf einem fundamentalen Resultat der Funktionalanalysis, nämlich auf dem *Prinzip der gleichmäßigen Beschränktheit* (*Satz von Banach-Steinhaus*): Es sei X_1 ein Banach-Raum und X_2 ein normierter Raum und $\mathscr{F} \subset \mathscr{L}(X_1, X_2)$ eine Familie stetiger linearer Abbildungen von X_1 in X_2. Falls $\mathscr{F}$ *punktweise beschränkt* ist, das heißt falls

$$\sup_{f \in \mathscr{F}}\{\|f(x)\|_2\} = c_x < \infty$$

für jedes $x \in X_1$ gilt, so ist $\mathscr{F}$ in $\mathscr{L}(X_1, X_2)$ beschränkt, also Norm-beschränkt, das heißt

$$\sup_{f\in\mathscr{F}}\|f\| = \sup_{f\in\mathscr{F}} \sup_{\substack{x\in X_1\\ \|x\|_1\leqslant 1}} \|f(x)\|_2 = c < \infty.$$

Dieses Ergebnis läßt sich auch so formulieren: Falls $\sup_{f\in\mathscr{F}}\|f\| = +\infty$ gilt, so gibt es ein $x\in X_1$ mit $\sup_{f\in\mathscr{F}}\|f(x)\|_2 = +\infty$.

Wir deuten den *Beweis* dieses vielbenutzten Resultates an: Daß $\mathscr{F}$ punktweise beschränkt ist besagt gerade, daß jeder Punkt $x\in X_1$ in einer der Mengen

$$A_n = \{y\in X_1 \mid \|f(y)\|_2 \leqslant n, \forall f\in\mathscr{F}\}$$

liegt, also $X_1 = \bigcup_{n=1}^{\infty} A_n$. Die Stetigkeit der $f\in\mathscr{F}$ impliziert die Abgeschlossenheit aller A_n. Damit ist der Banach-Raum X_1 die abzählbare Vereinigung abgeschlossener Mengen A_n. Also enthält eine der Mengen A_n eine offene Kugel, etwa $B_{r_{n_0}}(x) \subset A_{n_0}$ (Satz von Baire). Es folgt $\|f(x)\|_2 \leqslant n_0$ für alle $x\in B_{r_{n_0}}(x_0)$ und alle $f\in\mathscr{F}$ und so $\|f\| \leqslant 2n_0/r$ für alle $f\in\mathscr{F}$.

Das Prinzip der gleichmäßigen Beschränktheit ist also eine wichtige Konsequenz des *Satzes von Baire*: Ist ein Banach-Raum X die abzählbare Vereinigung $X = \bigcup_{n=1}^{\infty} E_n$ abgeschlossener Mengen E_n, so hat wenigstens eine der Mengen E_n ein nicht-leeres Inneres. (Dieser Satz gilt in jedem vollständigen metrischen Raum.)

Der *Beweis* dieses Satzes kann so geführt werden: Falls die abgeschlossenen Mengen E_n alle ein leeres Inneres haben, so folgt $\bigcup_{n=1}^{\infty} E_n \subsetneq X$. Zum Beweis dieser Aussage wird eine Folge abgeschlossener Kugeln $\overline{B_{r_n}(x_n)}$ in X konstruiert mit

$$\overline{B_{r_n}}(x_n) \subset B_{r_{n-1}}(x_{n-1}), \qquad \overline{B_{r_n}}(x_n) \cap E_n = \emptyset \qquad \text{und} \qquad r_n \underset{n\to\infty}{\to} 0.$$

Diese Konstruktion gelingt so: Da $E_1^c = X\setminus E_1$ offen ist, existiert eine abgeschlossene Kugel $\bar{B}_{r_1}(x_1) \subset E_1^c$. Wenn wir diese Kugeln bis zur Nummer $n-1$, $n>1$, konstruiert haben, konstruieren wir die Kugel $B_{r_n}(x_n)$ so: Da E_n^c eine offene und in X dichte Menge ist, ist der Durchschnitt $B_{r_{n-1}}(x_{n-1}) \cap E_n^c$ eine offene nicht-leere Menge und enthält folglich eine abgeschlossene Kugel $\overline{B_{r_n}}(x_n)$ mit $0 < r_n < \frac{1}{2}r_{n-1}$. Per Konstruktion gilt $x_m\in B_{r_n}(x_n)$ für alle $m\geqslant n$; es folgt $\|x_i - x_j\| \leqslant 2r_n$ für alle $i,j\geqslant n$. Also ist $(x_n)_{n\in\mathbb{N}}$ eine Cauchy-Folge, die infolge der Vollständigkeit von X gegen einen Punkt $x_0\in X$ konvergiert. Es folgt $x_0\in\overline{B_{r_n}}(x_n)$ für alle n und damit per Konstruktion $x_0\notin E_n$ für alle $n\in\mathbb{N}$, das heißt $x_0\in X\setminus\bigcup_{n=1}^{\infty} E_n$.

Als einfache, aber wichtige Anwendung des Satzes von Banach-Steinhaus beweisen wir, daß jede schwach beschränkte Teilmenge M eines normierten Raumes X stark beschränkt ist. Fassen wir M vermöge der kanonischen Isometrie $J: X\to X''$ als Teilmenge $J(M)$ von $X'' = \mathscr{L}(X', \mathbb{R})$ auf, so ist sie punktweise beschränkt: Für alle $x\in M$ gilt $|J(x)(f)| = |f(x)| \leqslant c_f < \infty$ für jedes $f\in X'$. Da $(X', \|\cdot\|')$ ein Banach-Raum ist, folgt $\sup_{x\in M}\|J(x)\|'' = c < \infty$; die Isometrie von J gibt die Behauptung. Nun ergibt sich weiter die folgende vielbenutzte Aussage: Jede schwach konvergente Folge eines normierten Raumes ist beschränkt (bezüglich der Norm). Denn eine schwach konvergente Folge ist schwach beschränkt.

Allgemein verfügt man über keine hilfreichen Kriterien, um den Zusammenhang von starker und schwacher Konvergenz kontrollieren zu können. Eine Ausnahme bilden die Hilbert-Räume. Für diese Räume zeigte Kadez: Eine Folge $(x_n)_{n\in\mathbb{N}}$ konvergiert in einem Hilbert-Raum $\mathscr{H}$ genau dann stark gegen ein $x \in \mathscr{H}$, wenn sie schwach gegen x konvergiert und wenn die Folge der Normen konvergiert: $\lim_{n\to\infty} \|x_n\| = \|x\|$. Diese Aussage gilt in jedem uniform konvexen Raum, insbesondere also in jedem L^p-Raum mit $1 < p < +\infty$.

Eine vielfach benutzte Eigenschaft *konvexer* Mengen A eines normierten Raumes $(X, \|\cdot\|)$ ist die Tatsache, daß ihr Abschluß bezüglich der schwachen Topologie gleich ihrem Abschluß bezüglich der Normtopologie ist. Das ist eine einfache Konsequenz des Trennungssatzes von Hahn-Banach.

Literatur

1. F. Hirzebruch, W. Scharlau: Einführung in die Funktionalanalysis. BI Hochschultaschenbücher, Band 216. Mannheim 1971.
2. L. A. Ljusternik, W. I. Sobolew: Elemente der Funktionalanalysis. Berlin: Akademie-Verlag. 1968.
3. J. Wloka: Funktionalanalysis und Anwendungen. Berlin: W. de Gruyter. 1971.
4. R. D. Richtmyer: Principles of Advanced Mathematical Physics, Vol. 1. Berlin-Heidelberg-New York: Springer. 1978.
5. M. Reed, B. Simon: Methods of Modern Mathematical Physics, Vol. 1: Functional Analysis. Revised and enlarged Edition. New York: Academic Press. 1980.
6. J. L. Kelley, I. Namioka: Linear Topological Spaces. Berlin-Heidelberg-New York: Springer. 1974.
7. G. Köthe: Topological Vector Spaces, Vol. I. Berlin-Heidelberg-New York: Springer. 1969.
8. E. Hille: Methods in Classical and Functional Analysis. Reading, Massachusetts: Addison-Wesley. 1972.

Anhang 2. Stetigkeit und Halbstetigkeit

Der Begriff der halbstetigen reellen Funktion wurde Anfang dieses Jahrhunderts von *Baire* eingeführt. Er ergibt sich als natürliche Verallgemeinerung des Begriffs einer stetigen Funktion.

Wir erinnern daran, daß eine reelle Funktion f auf einem Hausdorff-Raum X genau dann in einem Punkt $x_0 \in X$ *stetig* ist, wenn es zu jedem $\varepsilon > 0$ eine Umgebung $U = U_\varepsilon(x_0) \subset X$ von x_0 gibt, so daß für alle $x \in U$ gilt:

$$f(x_0) - \varepsilon < f(x) < f(x_0) + \varepsilon,$$

das heißt

$$U_\varepsilon(x_0) \subset [f > f(x_0) - \varepsilon] \cap [f < f(x_0) + \varepsilon],$$

wenn wir $[f > \lambda] = \{x \in X \mid f(x) > \lambda\}$ und entsprechend $[f < \lambda]$ setzen.

Fordert man diese Bedingung nur für eine der Mengen $[f > f(x_0) - \varepsilon]$ und $[f < f(x_0) + \varepsilon]$, so erhält man die Definition einer halbstetigen Funktion:

Eine Funktion $f: X \to \mathbb{R} \cup \{+\infty\}$ *heißt in einem Punkt* $x_0 \in X$ *unterhalbstetig*, falls zu jedem $\varepsilon > 0$ eine Umgebung $U_\varepsilon(x_0)$ von x_0 existiert mit

$$U_\varepsilon(x_0) \subset [f > f(x_0) - \varepsilon].$$

$f: X \to \mathbb{R} \cup \{-\infty\}$ heißt *in* $x_0 \in X$ *oberhalbstetig*, falls zu jedem $\varepsilon > 0$ eine Umgebung $U_\varepsilon(x_0)$ von x_0 existiert mit

$$U_\varepsilon(x_0) \subset [f < f(x_0) + \varepsilon].$$

Es folgt: f ist in x_0 genau dann oberhalbstetig, wenn $-f$ in x_0 unterhalbstetig ist. f ist in x_0 genau dann stetig, wenn f in x_0 oberhalb- und unterhalbstetig ist.

f heißt *auf* X *unterhalb*-(oberhalb-)*stetig*, falls f in allen Punkten von X unterhalb-(oberhalb-)stetig ist.

f ist auf X genau dann unterhalbstetig, wenn alle Mengen $[f > \lambda]$, $\lambda \in \mathbb{R}$, offen sind.

Halbstetigkeit ist wie die Stetigkeit eine lokale Eigenschaft.

Um die Stetigkeit einer Funktion zu testen, benutzt man gerne das Folgekriterium. Ein entsprechendes Kriterium ist für Unterhalbstetigkeit bekannt.

Lemma I.1: *Es sei X ein Hausdorff-Raum und $f: X \to \mathbb{R} \cup \{+\infty\}$ eine Funktion auf X. Dann gilt*:

a) Falls f in $x_0 \in X$ unterhalbstetig ist, so gilt für jede gegen x_0 konvergente Folge $(x_n)_{n \in \mathbb{N}} \subset X$

$$f(x_0) \leqslant \liminf_{n \to \infty} f(x_n).$$

b) Falls X das erste Abzählbarkeitsaxiom erfüllt, so gilt auch die Umkehrung der Aussage a).

Beweis: Zunächst erinnern wir an die folgende Charakterisierung des $\liminf_{n\to\infty} a_n$ einer Folge $(a_n)_{n\in\mathbb{N}} \subset \mathbb{R}$:

$$a = \liminf_{n\to\infty} a_n \Leftrightarrow \text{für jedes } \varepsilon > 0 \text{ gilt:} \begin{cases} \text{(i)} \ a - \varepsilon < a_n \text{ für fast alle } n \text{ und} \\ \text{(ii)} \ a_n < a + \varepsilon \text{ für unendlich viele } n. \end{cases}$$

a) Es sei f in $x_0 \in X$ unterhalbstetig und $(x_n)_{n\in\mathbb{N}} \subset X$ eine gegen x_0 konvergente Folge. Dann setze man

$$A = \liminf_{n\to\infty} f(x_n).$$

Wäre $A < f(x_0)$, so gäbe es ein $\varepsilon > 0$ mit $A + \varepsilon < f(x_0)$. Da f in x_0 unterhalbstetig ist, gibt es eine Umgebung U von x_0 mit $f(x) > A + \varepsilon$ für alle $x \in U$. Es folgt, daß ein n_0 existiert, so daß $x_n \in U$ und damit $f(x_n) > A + \varepsilon$ für alle $n \geqslant n_0$ gilt im Widerspruch zur Bedingung (ii) in der Charakterisierung von A.

b) Jetzt gelte

$$f(x_0) \leqslant \liminf_{n\to\infty} f(x_n)$$

für alle gegen x_0 konvergenten Folgen $(x_n)_{n\in\mathbb{N}} \subset X$. Wäre f in x_0 nicht unterhalbstetig, so gäbe es ein $\lambda \in \mathbb{R}$, $\lambda < f(x_0)$, so daß x_0 kein innerer Punkt von $[f > \lambda]$ ist, so daß also für jede Umgebung U von x_0 ein Punkt $x_U \in U$ existiert, der nicht in $[f > \lambda]$ liegt. x_0 ist dann ein Häufungspunkt von $[f \ngtr \lambda]$; und da X das erste Abzählbarkeitsaxiom erfüllt, ist x_0 Limes einer Folge $(x_n)_{n\in\mathbb{N}} \subset [f \leqslant \lambda]$. Also gilt $f(x_n) \leqslant \lambda$ und damit

$$\liminf_{n\to\infty} f(x_n) \leqslant \lambda < f(x_0)$$

im Widerspruch zur Voraussetzung. Folglich ist x_0 ein innerer Punkt von allen Mengen $[f > \lambda]$, $\lambda < f(x_0)$, das heißt f ist in x_0 unterhalbstetig.

Falls X nicht das erste Abzählbarkeitsaxiom erfüllt, so heißt eine Funktion $f: X \to \mathbb{R} \cup \{+\infty\}$, die die Bedingung des Kriteriums I.1 erfüllt, *folgenunterhalbstetig*.

Anhang 3. Kompaktheit in Banach-Räumen

Die direkten Methoden der Variationsrechnung beruhen wesentlich auf den Eigenschaften kompakter Mengen und der (Halb-)Stetigkeit von Funktionen auf solchen Mengen. Daher geben wir hier einen Überblick über die für unsere Zwecke wichtigsten Aspekte der Kompaktheit.

a) *Die wichtigsten Kompaktheitsbegriffe*: Die einfachsten Mengen sind intuitiv diejenigen, die nur aus endlich vielen Punkten bestehen. Als eine natürliche Verallgemeinerung erscheinen dann diejenigen Mengen, die aus endlich vielen „einfachen" Mengen „bestehen". Durch Präzisierung der Aussage dieses Satzes erhalten wir die Definition der kompakten Mengen: Ein Hausdorffscher topologischer Raum X heißt *kompakt*, wenn jede offene Überdeckung

$$X = \bigcup_{\alpha \in A} 0_\alpha, \qquad 0_\alpha \text{ offen},$$

von X eine endliche Teilüberdeckung

$$X = \bigcup_{j=1}^{N} 0_{\alpha_j}, \qquad \alpha_j \in A,$$

besitzt. Eine Teilmenge M von X heißt *kompakt*, falls M mit der Relativtopologie versehen ein kompakter Raum ist. $M \subset X$ heißt *relativ kompakt*, falls der Abschluß $\bar{M}$ von M kompakt ist. Jede kompakte Menge ist abgeschlossen.

Die schwache Topologie $\sigma(X, X')$ eines normierten Raumes X erfüllt nicht immer das 1. Abzählbarkeitsaxiom (das heißt, jeder Punkt von X besitzt eine abzählbare Umgebungsbasis) oder das 2. Abzählbarkeitsaxiom (das heißt $\sigma(X, X')$ besitzt eine abzählbare Basis). Daher benutzt man oft auch die folgenden Kompaktheitsbegriffe, die sich im allgemeinen vom oben eingeführten unterscheiden. Eine Teilmenge M eines Hausdorff-Raumes X heißt *abzählbar kompakt*, falls jede offene Überdeckung von M durch abzählbar viele Mengen eine endliche Teilüberdeckung besitzt. Eine Teilmenge M eines Hausdorff-Raumes X ist genau dann abzählbar kompakt, wenn jede unendliche Teilmenge von M mindestens einen Häufungspunkt besitzt.

Eine Teilmenge M eines Hausdorff-Raumes X heißt *folgenkompakt*, wenn jede Folge in M eine konvergente Teilfolge besitzt. Die Begriffe *relativ abzählbar kompakt* und *relativ folgenkompakt* sind analog zum Begriff relativ kompakt gebildet.

b) *Zur Äquivalenz dieser Kompaktheitsbegriffe*: Die folgenden Beziehungen zwischen diesen Kompaktheitsbegriffen sind offensichtlich: Jede kompakte Menge ist abzählbar kompakt. Jede folgenkompakte Menge ist abzählbar kompakt. Allgemein gilt die Umkehrung in beiden Fällen nicht. Jedoch gibt es auch viele wichtige Beispiele, in denen alle drei Kompaktheitsbegriffe zusammenfallen. Dazu beachte man zunächst:

Gilt im Hausdorff-Raum X das 1. Abzählbarkeitsaxiom, so ist jeder Berührungspunkt einer Teilmenge $M \subset X$ Limes einer konvergenten Folge in M. Also folgt: Gilt im Hausdorff-Raum X das 1. Abzählbarkeitsaxiom, so ist jede abzählbar kompakte Menge folgenkompakt. Gilt überdies das 2. Abzählbarkeitsaxiom, so ist jede abzählbar kompakte Menge kompakt. Falls das 1. Abzählbarkeitsaxiom gilt, so ist auch jede kompakte Menge folgenkompakt.

Das folgende Diagramm veranschaulicht noch einmal die Beziehung der Kompaktheitsbegriffe zueinander:

kompakt

2. AA ⇗⇙   1. AA   ⇖⇘ 2. AA

abzählbar kompakt ⇆ folgenkompakt

1. AA

(AA = Abzählbarkeitsaxiom).

Es folgt, daß in einem separablen Banach-Raum die Begriffe „kompakt" und „folgenkompakt" zusammenfallen, was in der Variationsrechnung entscheidend ausgenützt wird.

c) *Beispiele kompakter Mengen*: Im $\mathbb{R}^n$ ist eine Teilmenge bekanntlich genau dann kompakt, wenn sie beschränkt und abgeschlossen ist (*Überdeckungssatz von Heine-Borel*).

In unendlich-dimensionalen normierten Räumen ist diese Charakterisierung kompakter Mengen nicht mehr richtig, denn es gilt der *Satz von F. Riesz*: Ein normierter Raum ist genau dann endlich-dimensional, wenn seine abgeschlossene Einheitskugel kompakt ist. Also besitzt in einem unendlich-dimensionalen normierten Raum jede kompakte Menge ein leeres Inneres.

Um die Kompaktheit einer beschränkten abgeschlossenen Menge zu garantieren, sind also zusätzliche vom Raum abhängige Eigenschaften erforderlich. Wir illustrieren dieses durch die bekannten Kompaktheitskriterien für die Banach-Räume $\mathscr{C}(K)$ und $L^p(\mathbb{R}^n)$, $1 \leqslant p < \infty$.

Der *Satz von Arzela-Ascoli* charakterisiert die kompakten Mengen des Banach-Raumes $\mathscr{C}(K)$ der stetigen reellen Funktionen auf einem kompakten Raum K. Eine beschränkte abgeschlossene Teilmenge M von $\mathscr{C}(K)$ ist genau dann kompakt, wenn sie gleichgradig stetig ist, das heißt genau dann, wenn zu jedem $\varepsilon > 0$ und zu jedem $x_0 \in K$ eine Umgebung $U_\varepsilon(x_0)$ von x_0 in K existiert, so daß $|f(x) - f(x_0)| < \varepsilon$ für alle $x \in U_\varepsilon(x_0)$ und alle $f \in M$ gilt.

Ähnlich charakterisiert der *Satz von Kolmogoroff und M. Riesz* die kompakten Teilmengen des separablen Banach-Raumes $L^p(\mathbb{R}^n)$, $1 \leqslant p < \infty$: Eine abgeschlossene beschränkte Menge $M \subset L^p(\mathbb{R}^n)$ ist genau dann kompakt, wenn gleichmäßig in $f \in M$ gilt:

(i) $$\lim_{y \to 0} \int_{\mathbb{R}^n} |f(x+y) - f(x)|^p \, dx = 0,$$

(ii) $$\lim_{R \to +\infty} \int_{|x| > R} |f(x)|^p \, dx = 0.$$

Dieses Kompaktheitskriterium gilt mit den offensichtlichen Modifikationen auch für die Banach-Räume $L^p(\Omega)$, $\Omega \subset \mathbb{R}^n$ meßbar. Falls Ω beschränkt ist, so ist die Bedingung (ii) automatisch erfüllt.

d) *Kompaktheit und Konvexität*: Unter Voraussetzung einer speziellen Geometrie sind kompakte Mengen bereits durch „sehr kleine" ausgezeichnete Teilmengen bestimmt. Dazu erinnere man sich daran, daß im $\mathbb{R}^n$ ein konvexes Polyeder durch seine Eckpunkte und eine Kugel durch ihren Rand bestimmt ist. In unendlich-dimensionalen Banach-Räumen besitzen kompakte Mengen die entsprechende Eigenschaft (*Satz von Krein-Milman*): Eine konvexe kompakte Menge M eines Banach-Raumes X ist die abgeschlossene konvexe Hülle $\overline{\mathrm{ch}\,\mathscr{E}(M)}$ ihrer Extremalpunkte $\mathscr{E}(M) = \{x \in M \mid x$ besitzt keine Darstellung der Form $x = tx_1 + (1-t)x_2,\ x_i \in M,\ x_1 \neq x_2,\ 0 < t < 1\}$.

e) *Abbildungen kompakter Mengen*: Das Bild einer kompakten Menge unter einer stetigen Abbildung in einen Hausdorff-Raum ist kompakt. Eine stetige reellwertige Funktion nimmt also auf einer kompakten Menge ihr Maximum und ihr Minimum an. Jede stetige Abbildung eines kompakten metrischen Raumes in einen metrischen Raum ist gleichmäßig stetig. Eine bijektive stetige Abbildung eines kompakten Raumes auf einen Hausdorff-Raum ist ein Homöomorphismus.

Eine nicht-notwendig lineare *Abbildung* A eines normierten Raumes X in einen normierten Raum Y heißt *kompakt*, falls sie die beschränkten Mengen von X auf relativ kompakte Mengen von Y abbildet. Eine stetige kompakte Abbildung heißt *vollstetig*.

Eine lineare Abbildung von X in Y ist genau dann kompakt, wenn sie die Einheitskugel von X auf eine relativ kompakte Menge von Y abbildet. Jede relativ kompakte Menge eines normierten Raumes ist beschränkt. Also ist jede kompakte lineare Abbildung zwischen zwei normierten Räumen beschränkt und damit stetig. Für lineare Abbildungen zwischen normierten Räumen fallen also die Begriffe kompakt und vollstetig zusammen.

Eine kompakte Abbildung eines normierten Raumes X in einen normierten Raum Y bildet jede schwach konvergente Folge in X auf eine stark konvergente Folge in Y ab.

Das Zusammenspiel von Konvexität und Vollstetigkeit hat in einem Banach-Raum eine sehr wichtige Konsequenz: Jede vollstetige Abbildung A, die eine abgeschlossene, beschränkte und konvexe Menge $K \neq \emptyset$ eines Banach-Raumes X in sich abbildet, besitzt einen Fixpunkt x in K, das heißt $Ax = x$ (*Fixpunktsatz von J. Schauder*). Dieser Satz ist als das unendlich-dimensionale Analogon des *Fixpunktsatzes von Brouwer* (*1910*) anzusehen: Jede stetige Abbildung f einer kompakten konvexen nicht-leeren Menge K des $\mathbb{R}^n$ besitzt einen Fixpunkt in K.

f) *Schwache Topologien und Kompaktheit*: Zunächst notieren wir einige weitere Eigenschaften der schwachen Topologien. Kompaktheit, Beschränktheit, Konvergenz etc. bezüglich der schwachen Topologie $\sigma(X, X')$ eines normierten Raumes X mit Dualraum X' werden dadurch ausgedrückt, daß wir von *schwacher Kompaktheit, schwacher Beschränktheit, schwacher Konvergenz* etc. sprechen. In endlich-dimensionalen Räumen stimmen die schwache und die starke (Norm-) Topologie überein. Das ist jedoch in einem unendlich-dimensionalen normierten Raum nicht mehr der Fall. Die schwache Topologie ist dann echt gröber als die starke Topologie. So gibt es z. B. in einem unendlich-dimensionalen Banach-Raum X Folgen $(x_n)_{n\in\mathbb{N}}$ mit $\|x_n\| = 1$ für alle n, die schwach gegen Null konvergieren. Das impliziert:

i) Die offene Einheitskugel $B_1 = \{x \in X \mid \|x\| < 1\}$ eines unendlich-dimensionalen Banach-Raumes X ist nicht schwach offen.

ii) Die Einssphäre $S_1(X) = \{x \in X \mid \|x\| = 1\}$ ist nicht schwach abgeschlossen.

In Analogie zur schwachen Topologie $\sigma(X, X')$ auf einem normierten Raum X wird die *schwache $*$-Topologie* $\sigma(X', X)$ auf dem Dualraum X' von X eingeführt. $\sigma(X', X)$ ist die gröbste lokal-konvexe Topologie auf X', für die alle linearen Funktionen $F: X' \to \mathbb{R}$, $F \in J(X) \subset X''$, stetig sind. $\sigma(X', X)$ ist eine Hausdorffsche konvexe Topologie auf X', die im allgemeinen gröber als die schwache Topologie $\sigma(X', X'')$ ist.

Die schwache $*$-Konvergenz einer Folge $\{f_n\}_{n\in\mathbb{N}} \subset X'$ gegen $f \in X'$ ist zu „$\lim_{n\to\infty} f_n(x) = f(x)$ für alle $x \in X$" äquivalent.

Die Konvergenz einer Folge bezüglich der Normtopologie von X' impliziert ihre schwache $*$-Konvergenz mit demselben Limes. Schwach-$*$-konvergente Folgen in X' sind stark beschränkt. Beschränkte Mengen von X bzw. X' sind schwach bzw. schwach-$*$-beschränkt und umgekehrt.

Die abgeschlossene Einheitskugel $\bar{B}_1(X') = \{f \in X' \mid \|f\|' \leqslant 1\}$ im Dualraum X' eines normierten Raumes X ist $\sigma(X', X)$-kompakt. Das gibt folgende Charakterisierung der schwach-$*$-kompakten Mengen (*Satz von Banach-Alaoglu-Bourbaki*), die der Charakterisierung der kompakten Mengen in einem endlich-dimensionalen Raum entspricht. Eine Menge $M \subset X'$ ist genau dann schwach-$*$-kompakt, wenn sie schwach-$*$-abgeschlossen und beschränkt ist.

g) *Schwache Kompaktheit in reflexiven Banach-Räumen*: Für einen reflexiven Banach-Raum X können X und der Bi-Dualraum X'' identifiziert werden vermöge der kanonischen Einbettung $J: X \to X''$. Es folgt, daß die schwache und die schwache $*$-Topologie auf X' übereinstimmen und somit die Ergebnisse für die schwache $*$-Topologie auf die schwache Topologie auf X übertragen werden können:

In einem reflexiven Banach-Raum ist eine Teilmenge genau dann schwach kompakt, wenn sie schwach abgeschlossen und beschränkt ist.

Da eine konvexe Menge in einem Banach-Raum genau dann abgeschlossen ist, wenn sie schwach abgeschlossen ist, ergibt sich die folgende Verschärfung:

Eine konvexe Teilmenge eines reflexiven Banach-Raumes ist genau dann schwach kompakt, wenn sie abgeschlossen und beschränkt ist (bezüglich der Normtopologie).

Die Reflexivität eines Banach-Raumes kann als Kompaktheitseigenschaft der abgeschlossenen Einheitskugel $\bar{B}_1(X) = \{x \in X \mid \|x\| \leqslant 1\}$ aufgefaßt werden, denn es gilt:

Ein Banach-Raum X ist genau dann reflexiv, wenn
(i) *$\bar{B}_1(X)$ schwach kompakt ist oder*
(ii) *die schwache Topologie und die schwache $*$-Topologie von X' übereinstimmen.*

h) *Äquivalenz der verschiedenen schwachen Kompaktheitsbegriffe*: Allgemein erfüllt die schwache Topologie eines normierten Raumes das erste Abzählbarkeitsaxiom nicht, so daß eine schwach kompakte Menge nicht automatisch schwach folgenkompakt ist.

Die Sätze von *Šmulian* und *Kaplansky* liefern zunächst folgende Charakterisierung: Eine Teilmenge M eines normierten Raumes X ist genau dann schwach kompakt, wenn sie relativ schwach kompakt und schwach folgenabgeschlossen ist. Für die Zwecke der Variationsrechnung ist schließlich das folgende sehr tiefliegende Resultat, dessen Beweis bei Köthe [Satz 9, § 24.3, Seite 321] zu finden ist, von entscheidender Bedeutung:

In einem Banach-Raum sind die schwach kompakten Teilmengen identisch mit den schwach abzählbar kompakten und den schwach folgenkompakten.

Damit erhält man sofort ein neues Reflexivitätskriterium:

Ein Banach-Raum ist genau dann reflexiv, wenn seine abgeschlossene Einheitskugel schwach folgenkompakt (oder schwach abzählbar kompakt) ist.

Die Banach-Räume in unseren Anwendungen sind reflexiv, und wir benutzen als entscheidendes Argument, daß ihre abgeschlossenen Einheitskugeln schwach folgenkompakt sind. Daher geben wir für diese zentralen Eigenschaften einen direkten Beweis, indem wir die folgende Aussage zeigen:

In einem reflexiven Banach-Raum sind die beschränkten Mengen relativ schwach folgenkompakt.

Beweis: Zu zeigen ist, daß jede (Norm-)beschränkte Folge $(x_n)_{n\in\mathbb{N}}$ in einem reflexiven Banach-Raum X eine schwach konvergente Teilfolge besitzt. Es bezeichne E den von dieser Folge $(x_n)_{n\in\mathbb{N}}$ erzeugten Unterraum von X. Dann ist E ein separabler Banach-Raum und als Unterraum eines reflexiven Banach-Raumes selbst reflexiv. Das später folgende Lemma zeigt, daß auch der Dualraum E' von E ein separabler reflexiver Banach-Raum ist. Wir können also annehmen, daß E' von einer Folge $(f_n)_{n\in\mathbb{N}}$ von Einheitsvektoren f_n, $\|f_n\|' = 1$, erzeugt wird. Die gleichmäßige Beschränktheit aller Folgen $(f_n(x_j))_{j\in\mathbb{N}}$, $n \in \mathbb{N}$, erlaubt eine Standardanwendung des Diagonalfolgentricks (Cantor). Es resultiert eine Teilfolge $(x_{j(i)})_{i\in\mathbb{N}}$ mit der Eigenschaft, daß alle reellen Folgen $(f_n(x_{j(i)})_{i\in\mathbb{N}}$, $n \in \mathbb{N}$, einen Limes haben:

$$\lim_{i\to\infty} f_n(x_{j(i)}) = a_n, \qquad n \in \mathbb{N}.$$

Nun seien $\varepsilon > 0$ und $f \in E'$ beliebig vorgegeben; dann gibt es ein

$$f_\varepsilon \in \text{lin}\{f_1, f_2, \ldots\} \quad \text{mit} \quad \|f - f_\varepsilon\|' < \frac{\varepsilon}{4c}, \quad c = \sup_{i \in \mathbb{N}} \|x_{j(i)}\|.$$

Es folgt

$$\begin{aligned} |f(x_{j(i)}) - f(x_{j(k)})| &\leqslant |(f - f_\varepsilon)(x_{j(i)} - x_{j(k)})| + |f_\varepsilon(x_{j(i)} - x_{j(k)})| \\ &\leqslant \|f - f_\varepsilon\|' \|x_{j(i)} - x_{j(k)}\| + |f_\varepsilon(x_{j(i)} - f_\varepsilon(x_{j(k)})| \\ &\leqslant \frac{\varepsilon}{2} + |f_\varepsilon(x_{j(i)}) - f_\varepsilon(x_{j(k)})| < \varepsilon \end{aligned}$$

falls nur $i, k \geqslant i_\varepsilon$.

Erklären wir

$$G(f) = \lim_{i \to \infty} f(x_{j(i)}), \qquad f \in E',$$

so ergibt sich sogleich, daß G eine stetige lineare Funktion $E' \to \mathbb{R}$ ist (denn es gilt $|G(f)| \leqslant c\|f\|'$), also $G \in E''$. Da E reflexiv ist, hat G die Form $G = J(x)$ mit einem eindeutig bestimmten $x \in E$. Das zeigt

$$f(x_{j(i)}) \underset{i \to \infty}{\to} J(x)(f) = f(x), \qquad f \in E'$$

und damit die schwache Konvergenz der Folge $(x_{j(i)})_{i \in \mathbb{N}}$ in E und folglich in X.

Lemma: *Ist* $(X, \|\cdot\|)$ *ein separabler, reflexiver Banach-Raum, so ist auch der Dualraum* $(X', \|\cdot\|')$ *ein separabler, reflexiver Banach-Raum.*

Beweis: Zunächst ist $(X', \|\cdot\|')$ ein Banach-Raum. Mit X ist auch X' reflexiv, denn wenn X zu X'' isomorph ist, so ist auch X' zu $X''' = (X')''$ isomorph (unter der kanonischen Einbettung). Wir können annehmen, daß X von einer Folge von Einheitsvektoren x_n, $\|x_n\| = 1$, erzeugt wird. Der Fortsetzungssatz von Hahn-Banach impliziert: Für alle $n \in \mathbb{N}$ gibt es $f_n \in X'$, $\|f_n\|' = 1$, $f_n(x_n) = 1$.

Wir zeigen, daß die f_n, $n \in \mathbb{N}$ ganz X' erzeugen. Dazu sei E' der von den f_n, $n \in \mathbb{N}$, erzeugte Unterraum von X'. Angenommen es gibt ein $f' \in X'$, $f' \notin E'$. Der Trennungssatz von Hahn-Banach liefert ein $F \in X''$ mit $F(f') = 1$ und $F(g) = 0$ für alle $g \in E'$. Da X reflexiv ist, hat F die Form $F = J(x)$, $x \in X$. Für alle $n \in \mathbb{N}$ folgt

$$\|x - x_n\| = \|J(x - x_n)\|'' \geqslant |J(x - x_n)(f_n)| = |F(f_n) - f_n(x_n)| = 1$$

im Widerspruch zur Voraussetzung, daß die $(x_n)_{n \in \mathbb{N}}$ X erzeugen. Daher gilt $E' = X'$. Also ist X' separabel.

Wir beenden diesen Anhang mit dem *Beweis* des wichtigen *Satzes von F. Riesz*: Wenn X endlich-dimensional ist, so ist X isomorph zu $\mathbb{R}^{\dim X}$. Der Satz von Heine-Borel impliziert, daß die abgeschlossene Einheitskugel von X kompakt ist. Wenn umgekehrt die abgeschlossene Einheitskugel $\bar{B}_1(0)$ von X kompakt ist, so gibt es zu jedem ε, $0 < \varepsilon < 1$, Punkte $a_1, \ldots, a_N \in X$, so daß

$$\bar{B}_1(0) \subseteq \bigcup_{j=1}^{N} B_\varepsilon(a_j) = \bigcup_{j=1}^{N} \{a_j + \varepsilon B_1(0)\}$$

gilt, denn $B_\varepsilon(a) = a + \varepsilon B_1(0)$. Bezeichnet V den von $a_1, \ldots, a_N$ erzeugten endlichdimensionalen Unterraum von X, so folgt

$$\bar{B}_1(0) \subseteq V + \varepsilon B_1(0) \subseteq V + \varepsilon \bar{B}_1(0).$$

Durch Iteration erhält man

$$B_1(0) \subseteq V + \varepsilon(V + \varepsilon B_1(0)) = V + \varepsilon^2 B_1(0);$$

und so

$$\bar{B}_1(0) \subseteq V + \varepsilon^n B_1(0), \qquad n \in \mathbb{N},$$

also

$$\bar{B}_1(0) \subseteq \bigcap_n (V + \varepsilon^n B_1(0)) = \bar{V} = V.$$

Da die Einheitskugel die Punkte von X absorbiert, folgt die Behauptung:

$$X = \bigcup_{n=1}^{\infty} n\bar{B}_1(0) \subseteq \bigcup_{n=1}^{\infty} nV = V.$$

Literatur

1. J. Dieudonné: Grundzüge der modernen Analysis I. Berlin 1972.
2. F. Hirzebruch, W. Scharlau: Einführung in die Funktionalanalysis I, BI-Hochschultaschenbuch 296. Mannheim 1971.
3. N. Dunford, J. T. Schwarz: Linear Operator. Part I: General Theory. New York: Interscience Publishers. 1958.
4. H. Heuser: Funktionalanalysis. Stuttgart: Teubner. 1975.
5. H. H. Schaefer: Topological Vector Spaces. Berlin-Heidelberg-New York: Springer. 1971.
6. K. Yosida: Functional Analysis. Berlin-Heidelberg-New York: Springer. 1965.
7. G. Köthe: Topologische lineare Räume. Berlin-Heidelberg-New York: Springer. 1966.

Anhang 4. Die Sobolev-Räume $W^{m,p}(\Omega)$

1. Definition und Eigenschaften

Wir beginnen mit der „klassischen" Definition der Sobolev-Räume $W^{m,p}(\Omega)$, $m = 0, 1, 2, \ldots, 1 \leqslant p < \infty$, für eine beliebige offene nicht-leere Teilmenge $\Omega \subset \mathbb{R}^n$. Durch die Bedingung

$$\int_\Omega |D^\alpha u(x)|^p \, dx < \infty, \qquad |\alpha| = \sum_{j=1}^n \alpha_j \leqslant m$$

wird ein Untervektorraum $\mathscr{C}^m(\Omega)_p$ des Vektorraumes aller $\mathscr{C}^m$-Funktionen auf Ω erklärt. Dieser Untervektorraum wird durch

$$u \to \|u\|_{m,p} = \left(\sum_{|\alpha| \leqslant m} \int_\Omega |D^\alpha u(x)|^p \, dx \right)^{1/p} = \left(\sum_{|\alpha| \leqslant m} \|D^\alpha u\|_p^p \right)^{1/p}$$

normiert. Der normierte Raum $(\mathscr{C}^m(\Omega)_p, \|\cdot\|_{m,p})$ ist jedoch nicht vollständig.

Der *Sobolev-Raum* $W^{m,p}(\Omega)$ ist definitionsgemäß die Vervollständigung des normierten Raumes $(\mathscr{C}^m(\Omega)_p, \|\cdot\|_{m,p})$. Aus der Definition ergeben sich sofort die folgenden Relationen zwischen den Sobolev-Räumen $W^{m,p}(\Omega), m = 0, 1, 2, \ldots$

$$W^{m+1,p}(\Omega) \subseteq W^{m,p}(\Omega) \subseteq \cdots \subseteq W^{0,p}(\Omega) = L^p(\Omega).$$

Die identischen Einbettungen dieser Banach-Räume sind stetig, denn für alle $u \in W^{m+1,p}(\Omega)$ gilt

$$\|u\|_{m,p} \leqslant \|u\|_{m+1,p}, \qquad m = 0, 1, 2, \ldots .$$

Die Separabilität und die Reflexivität der Sobolev-Räume ergeben sich aus den entsprechenden Eigenschaften der Lebesgue-Räume und der Tatsache, daß abgeschlossene Teilräume eines separablen bzw. reflexiven Banach-Raumes separabel bzw. reflexiv sind: Die direkte Summe $\dotplus_{|\alpha| \leqslant m} L^p(\Omega)$ der Banach-Räume ist versehen mit der Norm

$$\dotplus_{|\alpha| \leqslant m} L^p(\Omega) \ni \underline{v} = (v_\alpha)_{|\alpha| \leqslant m} \to \|\underline{v}\|_{m,p} = \left(\sum_{|\alpha| \leqslant m} \|v_\alpha\|_p^p \right)^{1/p}$$

ein Banach-Raum. Vermöge

$$W^{m,p}(\Omega) \ni u \to \underline{u} = (D^\alpha u)_{|\alpha| \leqslant m} \in \dotplus_{|\alpha| \leqslant m} L^p(\Omega)$$

kann $W^{m,p}(\Omega)$ mit einem abgeschlossenen Teilraum dieses Banach-Raumes identifiziert werden.

Da der Banach-Raum $L^p(\Omega)$ für $1 \leqslant p < \infty$ separabel ist, folgt, daß auch $W^{m,p}(\Omega)$ für $1 \leqslant p < \infty$ und $m = 0, 1, 2, \dots$ separabel ist, denn die endliche direkte Summe separabler Räume ist separabel.

Der Banach-Raum $L^p(\Omega)$ ist für $1 < p < \infty$ reflexiv, folglich ist auch die endliche direkte Summe $(\dotplus_{|\alpha| < m} L^p(\Omega), \|\cdot\|_{m,p})$ reflexiv, und damit ist der Sobolev-Raum $W^{m,p}(\Omega)$, $1 < p < \infty$, $m = 0, 1, 2, \dots$, reflexiv.

Der Raum $\mathscr{D}(\Omega)$ aller $\mathscr{C}^\infty$-Funktionen auf Ω, die einen kompakten Träger in Ω haben, ist natürlich in $W^{m,p}(\Omega)$ enthalten; der Abschluß von $\mathscr{D}(\Omega)$ in $W^{m,p}(\Omega)$ wird mit $W_0^{m,p}(\Omega)$ bezeichnet. Im allgemeinen ist $W_0^{m,p}(\Omega)$ ein echter Unterraum von $W^{m,p}(\Omega)$. Für $\Omega = \mathbb{R}^n$ jedoch gilt die Gleichheit. In jedem Fall sind auch die Sobolev-Räume $W_0^{m,p}(\Omega)$, $1 < p < \infty$, $m = 0, 1, 2, \dots$ separable reflexive Banach-Räume und wie $W^{m,p}(\Omega)$ uniform konvex.

Insbesondere sind die Räume $W^{m,2}(\Omega)$ und $W_0^{m,2}(\Omega)$ mit dem Skalarprodukt

$$\langle u, v \rangle_{m,2} = \sum_{|\alpha| \leqslant m} \int_\Omega D^\alpha u(x)\, D^\alpha v(x)\, dx$$

Hilbert-Räume. Für diese Räume benutzt man oft auch die folgenden Bezeichnungen

$$H^m(\Omega) = W^{m,2}(\Omega), \qquad H_0^m(\Omega) = W_0^{m,2}(\Omega).$$

In der ursprünglichen Definition von Sobolev (1938) werden die Räume $W^{m,p}(\Omega)$ als Unterräume des Raumes aller regulären Distributionen auf Ω erklärt. Dieser Zugang ist im Rahmen der Lösungstheorie von partiellen Differentialgleichungen recht vorteilhaft. Daher werden wir ihn ebenfalls kurz erläutern. Dazu erklären wir zunächst, was eine Distribution auf Ω ist.

Eine *Distribution* auf Ω ist ein stetiges lineares Funktional auf dem Raum $\mathscr{D}(\Omega)$ aller $\mathscr{C}^\infty$-Funktionen auf Ω mit kompaktem Träger, wobei $\mathscr{D}(\Omega)$ mit der folgenden Topologie versehen ist. Für jede kompakte Teilmenge $K \subset \Omega$ wird der Untervektorraum

$$\mathscr{D}_K(\Omega) = \{\varphi \in \mathscr{D}(\Omega) \mid \operatorname{supp} \varphi \subseteq K\}$$

von $\mathscr{D}(\Omega)$ durch die Normen

$$\varphi \to q_{K,l}(\varphi) = \sup_{|\alpha| \leqslant l} \sup_{x \in K} |D^\alpha \varphi(x)|, \qquad l = 0, 1, 2, \dots$$

topologisiert. Dann werde

$$\mathscr{D}(\Omega) = \bigcup_{\substack{K \subset \Omega \\ K \text{ kompakt}}} \mathscr{D}_K(\Omega)$$

mit der Topologie des „induktiven Limes“ der Räume $\mathscr{D}_K(\Omega)$ versehen, das heißt eine lineare Abbildung A von $\mathscr{D}(\Omega)$ in einem normierten Raum X ist genau dann stetig, wenn alle $A \upharpoonright \mathscr{D}_K(\Omega)\colon \mathscr{D}_K(\Omega) \to X$, $K \subset \Omega$, K kompakt, stetig sind. Also ist eine lineare Funktion $T\colon \mathscr{D}(\Omega) \to \mathbb{R}$ (oder $\mathbb{C}$) genau dann eine Distribution, wenn es zu jeder kompakten Teilmenge $K \subset \Omega$ eine Konstante $C = C_{T,K}$ und eine Zahl $l = l_{T,K} \in \mathbb{N}$ gibt, so daß

$$|T(\varphi)| \leqslant C q_{K,l}(\varphi), \qquad \forall \varphi \in \mathscr{D}_K(\Omega)$$

gilt. Die Gesamtheit aller Distributionen auf Ω ist dann gerade der topologische Dualraum $\mathscr{D}'(\Omega)$ von $\mathscr{D}(\Omega)$. Danach kann z. B. jede lokal integrierbare Funktion f auf Ω, das heißt $f: \Omega \to \bar{\mathbb{R}}$ ist meßbar, und $|f|$ ist über jede kompakte Teilmenge K von Ω integrierbar, als Distribution I_f aufgefaßt werden: Für $\varphi \in \mathscr{D}(\Omega)$ sei

$$I_f(\varphi) = \int_\Omega f(x)\varphi(x)\,dx$$

erklärt. Für alle $\varphi \in \mathscr{D}_K(\Omega)$ folgt

$$|I_f(\varphi)| \leqslant \|f\|_{1,K} q_{K,0}(\varphi), \qquad \|f\|_{1,K} = \int_K |f(x)|\,dx < \infty.$$

$L^1_{\text{lok}}(\Omega)$ bezeichne den Vektorraum aller lokal integrierbaren Funktionen auf Ω. Die lineare Abbildung $L^1_{\text{lok}}(\Omega) \ni f \to I_f \in \mathscr{D}'(\Omega)$ ist injektiv, das heißt $I_f = 0$ in $\mathscr{D}'(\Omega)$ impliziert $f = 0 \in L^1_{\text{lok}}(\Omega)$. Also ist I eine Einbettung von $L^1_{\text{lok}}(\Omega)$ in $\mathscr{D}'(\Omega)$. Man nennt

$$\mathscr{D}'_{\text{reg}}(\Omega) = I(L^1_{\text{lok}}(\Omega))$$

den Raum der *regulären Distributionen* auf Ω. Vermöge dieser Einbettung können wir auch alle Lebesgue-Räume $L^p(\Omega) \subset L^1_{\text{lok}}(\Omega), 1 \leqslant p \leqslant \infty$, in $\mathscr{D}'(\Omega)$ einbetten. Wird $\mathscr{D}'(\Omega)$ mit der schwachen Topologie versehen, so ist diese Einbettung stetig, denn wenn $f_n \to f$ in $L^p(\Omega)$ gilt, so folgt für jedes feste $\varphi \in \mathscr{D}_K(\Omega)$ mit Hilfe der Hölderschen Ungleichung

$$|\langle I_{f_n} - I_f, \varphi \rangle| \leqslant q_{K,0}(\varphi) \int_K |f_n - f|\,dx \leqslant q_{K,0}(\varphi)|K|^{1/p'}\|f - f_n\|_p \underset{n\to\infty}{\to} 0$$

($|K|$ = Volumen der kompakten Menge $K \subset \Omega, (1/p') + (1/p) = 1$).

Bekanntlich liegt $\mathscr{D}(\Omega)$ für $1 \leqslant p < \infty$ dicht in $L^p(\Omega)$. Die identische Abbildung von $\mathscr{D}(\Omega)$ in $L^p(\Omega)$ ist aber auch stetig, erklärt also eine stetige Einbettung.

Eine wichtige und in den Anwendungen sehr bequeme Eigenschaft von Distributionen ist die Tatsache, daß Distributionen gemäß der Formel

$$(D^\alpha T)(\varphi) = (-1)^{|\alpha|} T(D^\alpha \varphi), \qquad \varphi \in \mathscr{D}(\Omega),$$

beliebig oft differenzierbar sind. Es folgt, daß alle Funktionen f aus $L^p(\Omega)$ $1 \leqslant p < \infty$, in $\mathscr{D}'(\Omega)$ beliebig oft differenzierbar sind, aber natürlich gilt allgemein nicht:

$$f \in L^p(\Omega) \Rightarrow D^\alpha I_f \in I(L^p(\Omega)).$$

Die Gesamtheit derjenigen f aus $L^p(\Omega)$, für die diese Aussage für $|\alpha| \leqslant m$ richtig ist, ergibt gerade den Raum $W^{m,p}(\Omega)$ (Sobolev, 1938):

$$W^{m,p}(\Omega) = \{f \in L^p(\Omega) \mid D^\alpha I_f = I_{f_\alpha}, f_\alpha \in L^p(\Omega), |\alpha| \leqslant m\}.$$

Die Äquivalenz beider Definitionen wurde 1964 von N. Meyers und J. Serrin gezeigt.

Die Tatsache, daß $W_0^{m,p}(\Omega)$ im allgemeinen ein echter Unterraum von $W^{m,p}(\Omega)$ ist, spielt in der variationstheoretischen Formulierung von Randwertproblemen eine entscheidende Rolle. Wir wollen den Unterschied beider Räume in einem etwas einfacheren Fall $p = 2$ bestimmen.

Dann ist $H_0^m(\Omega) = W_0^{m,2}(\Omega)$ ein Unterraum des Hilbert-Raumes $H^m(\Omega) = W^{m,2}(\Omega)$ mit einem orthogonalen Komplement $\mathscr{K}^m(\Omega)$. $u \in \mathscr{K}^m(\Omega)$ ist durch

$$0 = \langle u, v \rangle_{m,2} = \sum_{|\alpha| \leqslant m} \int_\Omega D^\alpha u(x)\, D^\alpha v(x)\, dx, \qquad \forall v \in H_0^m(\Omega)$$

gekennzeichnet, oder da $\mathscr{D}(\Omega)$ in $H_0^m(\Omega)$ dicht liegt, durch

$$0 = \sum_{|\alpha| \leqslant m} \int_\Omega D^\alpha u(x)\, D^\alpha \varphi(x)\, dx, \qquad \forall \varphi \in \mathscr{D}(\Omega),$$

also

$$0 = \sum_{|\alpha| \leqslant m} (-1)^{|\alpha|} D^{2\alpha} u \qquad \text{in } \mathscr{D}'(\Omega).$$

Das zeigt

$$H^m(\Omega) = H_0^m(\Omega) \oplus \mathscr{K}^m(\Omega)$$

mit

$$\begin{aligned} \mathscr{K}^m(\Omega) &= \left\{ u \in H^m(\Omega) \,\middle|\, \sum_{|\alpha| \leqslant m} (-1)^{|\alpha|} D^{2\alpha} u = 0 \text{ in } \mathscr{D}'(\Omega) \right\} \\ &= \operatorname{Ker}\left(\sum_{|\alpha| \leqslant m} (-1)^{|\alpha|} D^{2\alpha} \right), \end{aligned}$$

wobei der Differentialoperator $\sum_{|\alpha| \leqslant m} (-1)^{|\alpha|} D^{2\alpha}$ als Abbildung von $H^m(\Omega)$ in $\mathscr{D}'(\Omega)$ angesehen wird.

Der Unterschied zwischen $H^m(\Omega)$ und $H_0^m(\Omega)$ ist also unter Umständen recht groß, denn zum Beispiel gehören für $m = 1$ und für ein beschränktes Gebiet Ω alle Funktionen der Form

$$x \to \exp\left(\sum_{j=1}^n \alpha_j x_j \right), \qquad \alpha_j \in \mathbb{R},$$

zu $H^1(\Omega)$. Von diesen Funktionen gehören alle diejenigen zu $\mathscr{K}^m(\Omega)$, deren Parameter die Bedingung $\sum_{j=1}^n \alpha_j^2 = 1$ erfüllen.

Aufgrund der Definition sollte klar sein, daß sich Elemente von $W^{m,p}(\Omega)$ und $W_0^{m,p}(\Omega)$ durch ihr Verhalten auf dem Rand unterscheiden. Anschaulich sollte $W_0^{m,p}(\Omega)$ gerade diejenigen u aus $W^{m,p}(\Omega)$ enthalten, die auf dem Rand von Ω verschwinden. Die Schwierigkeit, diese Aussage zu präzisieren, besteht zunächst darin, daß eine Funktion in $W^{m,p}(\Omega)$ für $n \geqslant 2$ nicht notwendig stetig ist, insbesondere nicht stetig auf $\bar{\Omega}$, so daß ihre Einschränkung auf dem Rand $\Gamma = \partial\Omega$ von Ω nicht so ohne weiteres definiert ist. Eine genauere Untersuchung dieser

Einschränkung auf den Rand Γ wird nicht ohne weitere Glattheitsannahmen über den Rand auskommen. Zum Beispiel sei

$$\Omega = \{x \in \mathbb{R}^2 \mid |x| < R\}, \qquad R < 1, \qquad m = 1 \quad \text{und} \quad p = 2.$$

Dann gehört die Funktion

$$x \to v(x) = (-\log|x|)^k \quad \text{für} \quad 0 < k < \tfrac{1}{2}$$

zu $H^1(\Omega)$, besitzt aber für $x = 0$ eine Singularität.

Falls der Rand Γ von Ω hinreichend glatt ist, läßt sich die obige Vermutung bestätigen. Wir erwähnen ein typisches Ergebnis in dieser Richtung.

Satz: *Es sei $\Omega \subset \mathbb{R}^n$ eine offene, beschränkte Teilmenge, deren Rand $\Gamma = \partial\Omega$ stückweise $\mathscr{C}^1$ ist. Dann gilt:*

(i) *Jedes $v \in H^1(\Omega)$ besitzt eine Einschränkung $\gamma_0 v = v \restriction \Gamma$ auf den Rand.*
(ii) $H_0^1(\Omega) = \operatorname{Ker}\gamma_0 = \{v \in H^1(\Omega) \mid \gamma_0 v = 0\}$.

Bemerkung: Unter Ausnutzung der Tatsache, daß die Fouriertransformation $\mathscr{F}$ eine unitäre Abbildung des $L^2(\mathbb{R}^n)$ ist, lassen sich die Sobolev-Räume $H^m(\mathbb{R}^n)$ in bequemer Weise auch folgendermaßen charakterisieren:

$$H^m(\mathbb{R}^n) = \{u \in L^2(\mathbb{R}^n) \mid \int_{\mathbb{R}^n} |p^\alpha \mathscr{F}u(p)|^2\, dp < \infty,\ |\alpha| \leqslant m\}$$

$$= \{u \in L^2(\mathbb{R}^n) \mid \int_{\mathbb{R}^n} |\mathscr{F}u(p)|^2 (1 + p^2)^m\, dp < \infty\}.$$

In dieser Form sehen wir, daß der Exponent m nicht notwendig eine ganze Zahl zu sein braucht. Für beliebiges $s \in \mathbb{R}$ können wir die Hilbert-Räume

$$H^s(\mathbb{R}^n) = \{u \in L^2(\mathbb{R}^n) \mid \int_{\mathbb{R}^n} |\mathscr{F}u(p)|^2 (1 + p^2)^s\, dp < \infty\}$$

einführen.

2. Die Ungleichung von Poincaré

Diese Ungleichung gibt an, wann und wie die $L^2(\Omega)$-Norm durch die $L^2(\Omega)$-Norm der Ableitungen kontrolliert werden kann. Wenn eine offene Menge $\Omega \subset \mathbb{R}^n$ in einem Streifen endlicher Breite enthalten ist, so lassen sich die $L^2(\Omega)$-Normen aller Funktionen $f \in H_0^l(\Omega)$, $l = 1, 2, \ldots$ durch die $L^2(\Omega)$-Normen der Ableitungen abschätzen.

Ohne Einschränkung können wir annehmen, daß Ω in einem Streifen $\{x \in \mathbb{R}^n \mid 0 < x_1 < b\}$ enthalten ist. Da $\mathscr{D}(\Omega)$ in $H_0^l(\Omega)$ dicht liegt, reicht es, die entscheidende Abschätzung für $f \in \mathscr{D}(\Omega)$ zu zeigen: Eine einfache partielle Integration gibt

$$\|f\|_2^2 = \int_\Omega |f(x)|^2\, dx = -\int_\Omega x_1 \frac{\partial}{\partial x_1}(|f(x)|^2)\, dx = -2\int_\Omega x_1 f(x) \frac{\partial f}{\partial x_1}(x)\, dx.$$

Es folgt

$$\|f\|_2^2 \leqslant 2b \int_\Omega |f(x)| \left| \frac{\partial f}{\partial x_1}(x) \right| dx \leqslant 2b\|f\|_2 \left\| \frac{\partial f}{\partial x_2} \right\|_2$$

und so

$$\|f\|_2 \leqslant 2b \left\| \frac{\partial f}{\partial x_1} \right\|_2 \leqslant 2b \left(\sum_{|\alpha|=1} \|D^\alpha f\|_2^2 \right)^{1/2} = 2b\|\nabla f\|_2.$$

Da alle Normen, die in dieser Ungleichung vorkommen, bezüglich der $\|\cdot\|_{l,2}$-Norm, $l \leqslant 1$, stetig sind, überträgt sich diese Ungleichung auf alle $f \in H_0^l(\Omega)$, $l = 1, 2, \ldots$. Durch Iteration dieser Ungleichung lassen sich leicht verschiedene Versionen der Ungleichung von Poincaré gewinnen.

Diese Ungleichung gilt insbesondere für alle beschränkten offenen Mengen.

3. Stetige Einbettungen für Sobolev-Räume

Die variationstheoretische Lösung der Rand- und Eigenwertprobleme beruht wesentlich auf der Existenz geeigneter stetiger und kompakter Einbettungen für die Sobolev-Räume. Wir wollen hier nur die wichtigsten Einbettungssätze anführen, die Beweisidee zum Teil angeben und die Bedeutung dieser Einbettungen kommentieren.

Sind X_1 und X_2 topologische Räume und ist X_1 in X_2 enthalten, so können wir die *identische Einbettung* i von X_1 in X_2 betrachten, die jedem $x \in X_1$ dasselbe Element x in X_2 zuordnet. Die identische Einbettung heißt genau dann *stetig* (*kompakt*, *vollstetig*), wenn diese Abbildung $i: X_1 \to X_2$ stetig (kompakt, vollstetig) ist. Im Falle normierter Räume X_1 und X_2 ist die identische Einbettung linear, so daß kompakte Einbettungen automatisch stetig sind, und somit die Begriffe kompakt und vollstetig zusammenfallen.

Wir beginnen mit zwei Regularitätssätzen von Sobolev, die als wichtige und typische Ergebnisse über die Differenzierbarkeitseigenschaften der Funktionen aus $H^l(\Omega)$ im klassischen Sinne anzusehen sind.

Satz (Sobolev): *Es seien $k \in \mathbb{N}$ und $s > k + (n/2)$. Dann ist $H^s(\mathbb{R}^n)$ stetig im Raum*

$$\mathscr{C}_b^k(\mathbb{R}^n) = \{f \in \mathscr{C}^k(\mathbb{R}^n) \mid \|f\|_{k,\infty} = \sup_{x \in \mathbb{R}^n} \sup_{|\alpha| \leqslant k} |D^\alpha f(x)| < \infty\}$$

eingebettet. Für jedes $u \in H^s(\mathbb{R}^n)$ gilt:

$$\lim_{|x| \to \infty} |D^\alpha u(x)| = 0, \qquad |\alpha| \leqslant k,$$

$$\|u\|_{k,\infty} \leqslant C\|u\|_{s,2}.$$

Beweis: Die Fouriertransformierte einer $L^1(\mathbb{R}^n)$-Funktion ist stetig und verschwindet im Unendlichen (Lemma von Riemann-Lebesgue). Für $|\alpha| \leqslant k$ und $s > k + (n/2)$ gilt

$$\int_{\mathbb{R}^n} \frac{|p^{2\alpha}|}{(1+p^2)^s} dp = C_\alpha^2 < \infty.$$

Also folgt für $u \in H^s(\mathbb{R}^n)$

$$\int_{\mathbb{R}^n} |p^\alpha(\mathscr{F}u)(p)|\,dp \leqslant C\left(\int_{\mathbb{R}^n} (1+p^2)^s|\mathscr{F}u(p)|^2\,dp\right)^{1/2} = C_\alpha\|u\|_{s,2}$$

und so für alle $x \in \mathbb{R}^n$

$$|D^\alpha u(x)| = \left|\int_{\mathbb{R}^n} e^{ipx}p^\alpha(\mathscr{F}u)(p)\,dp\right| \leqslant C_\alpha\|u\|_{s,2},$$

also $\|u\|_{k,\infty} \leqslant C\|u\|_{s,2}$.

Gegenbeispiele zeigen, daß diese Abschätzung nicht verbessert werden kann.

Satz (Sobolev): *Es sei $l > k + (n/2)$ und $\Omega \subset \mathbb{R}^n$ beliebig. Dann gilt $H^l(\Omega) \subseteq \mathscr{C}_b^k(\Omega)$ und für $u \in H_0^l(\Omega)$:*

$$\|u\|_{k,\infty} \leqslant C\|u\|_{l,2}.$$

Diese Regularitätssätze von Sobolev beinhalten unter anderem die folgenden Aussagen: In jeder Äquivalenzklasse $u \in H^s(\Omega)$ existiert ein Repräsentant $\bar{u}$ in $\mathscr{C}_b^k(\Omega)$; und jede Folge in $\mathscr{C}_b^k(\Omega)$, die in $H^s(\Omega)$ eine Cauchy-Folge ist, ist auch in $\mathscr{C}_b^k(\Omega)$ eine Cauchy-Folge.

Wir erwähnen eine weitere Regularitätsaussage dieses Typs, die einfach zu beweisen ist: Es sei $n < p$ und $\alpha = 1 - (n/p)$. Dann ist jedes Element $u \in W^{1,p}(\mathbb{R}^n)$ eine Hölder-stetige Funktion mit Exponent α. Darüber hinaus gilt:

$$|u(x) - u(y)| \leqslant C|x-y|^\alpha\|\nabla u\|_p.$$

Ob eine stetige Einbettung eines Sobolev-Raumes $W^{m,p}(\Omega)$ in einen normierten Raum $X(\Omega)$ von Funktionen auf Ω existiert, hängt naturgemäß vom Bereich Ω und von den Exponenten m, p ab. Es stellt sich heraus, daß die Glattheit des Randes $\Gamma = \partial\Omega$ und die Beschränktheit des Bereiches Ω die entscheidenden Bedingungen für dieses Problem sind.

Sobolevscher Einbettungssatz: *Es sei $\Omega \subset \mathbb{R}^n$ eine offene nicht-notwendig beschränkte Menge und $1 \leqslant p < \infty$, $m = 0, 1, \ldots$.*

a) Falls der Rand von Ω hinreichend glatt ist (das heißt genauer, falls Ω die Kegeleigenschaft hat [siehe Adams]), existieren die folgenden Einbettungen und sind stetig:

i) $mp < n$: $W^{m,p}(\Omega) \hookrightarrow L^q(\Omega)$, $p \leqslant q \leqslant q_0 = \dfrac{np}{n-mp}$,

ii) $mp = n$: $W^{m,p}(\Omega) \hookrightarrow L^q(\Omega)$, $p \leqslant q < \infty$,

iii) $mp > n$: $W^{m,p}(\Omega) \hookrightarrow \mathscr{C}_b^0(\Omega)$.

b) Für den Unterraum $W_0^{m,p}(\Omega)$ existieren die stetigen Einbettungen i)–iii) *für beliebige offene Teilmengen Ω.*

c) Falls Ω beschränkt ist (genauer, falls Ω endliches Volumen hat), existieren die stetigen Einbettungen i) *und* ii) *in a) und b) auch für die Exponenten q, $1 \leqslant q < p$.*

Bemerkungen: i) Wie Beispiele zeigen, ist die Einbettung von $W^{m,p}(\Omega)$ in $L^q(\Omega)$ für $q < p$ nur möglich, falls Ω ein endliches Volumen hat.

ii) Die Stetigkeit der obigen Einbettungen bedeutet, daß es jeweils Konstanten $K = K(\Omega, m, p, n, q)$ gibt, so daß die Abschätzungen

$$\|u\|_q \leqslant K\|u\|_{m,p} \qquad \text{bzw.} \qquad \|u\|_{0,\infty} \leqslant K\|u\|_{m,p}$$

für alle $u \in W^{m,p}(\Omega)$ gelten.

iii) Als Kern des relativ elementaren, doch recht umfangreichen Beweises hat man Ungleichungen des Typs

$$\|u\|_q \leqslant K\|\nabla u\|_p \equiv K\left(\sum_{j=1}^{n}\left\|\frac{\partial u}{\partial x_j}\right\|_p^p\right)^{1/p}$$

zu beweisen. Diese sehr wichtige *Ungleichung* stammt von *Sobolev*.

4. Kompakte Einbettungen der Sobolev-Räume

Die wichtigsten Ergebnisse über die Kompaktheit der Einbettungen von Sobolev-Räumen stammen von Kondrachov und basieren auf einem bekannten Lemma von Rellich. Man spricht daher vom Rellich-Kondrachov-Theorem. Die Kompaktheit der Einbettungen kann für einen Teil der Fälle bewiesen werden, für den wir die Stetigkeit oben festgestellt haben.

Theorem von Rellich-Kondrachov: *Es sei $\Omega \subset \mathbb{R}^n$ ein Gebiet und $\Omega_0 \subset \Omega$ ein beschränktes Teilgebiet. Ferner sei $1 \leqslant p < \infty$ und $m = 1, 2, \ldots$.*

a) Ω habe die Kegeleigenschaft. Dann sind die folgenden Einbettungen kompakt:

i) $\quad mp < n: \quad W^{m,p}(\Omega) \hookrightarrow L^q(\Omega_0), \quad 1 \leqslant q < q_0 = \dfrac{np}{n - mp},$

ii) $\quad mp = n: \quad W^{m,p}(\Omega) \hookrightarrow L^q(\Omega_0), \quad 1 \leqslant q < \infty,$

iii) $\quad mp > n: \quad W^{m,p}(\Omega) \hookrightarrow \mathscr{C}_b^0(\Omega).$

b) Für den Unterraum $\overset{0}{W}{}^{m,p}(\Omega)$ sind die Einbettungen i) – iii) *für beliebige offene Mengen Ω kompakt.*

c) Falls Ω beschränkt ist, können wir in a) und b) für die Einbettungen i) *und* ii) *$\Omega_0 = \Omega$ setzen.*

Wir geben den *Beweis* der Kompaktheit der Einbettung i), wobei wir die stetige Einbettung voraussetzen. Eine einfache Anwendung der Hölderschen Ungleichung zeigt für $u \in W^{m,p}(\Omega)$:

$$\|u\|_q \leqslant \|u\|_1^{\alpha}\|u\|_{q_0}^{1-\alpha}, \qquad \alpha = \frac{1}{q}\frac{q_0 - q}{q_1 - 1}, \qquad 1 - \alpha = \frac{q_0}{q}\frac{q - 1}{q_0 - 1}.$$

Da wir die stetige Einbettung $W^{m,p}(\Omega) \hookrightarrow L^{q_0}(\Omega)$ voraussetzen, ist noch $\|u\|_{q_0} \leqslant K\|u\|_{m,p}$ bekannt.

Um die Kompaktheit der Einbettung i) zu zeigen, benutzen wir das Kriterium von Kolmogorov und M. Riesz und zeigen, daß jede abgeschlossene und beschränkte Teilmenge M von $W^{m,p}(\Omega)$ die Bedingung (i) dieses Kriteriums erfüllt.

Infolge $1 \leqslant q < q_0$ ist $\alpha > 0$, so daß für alle $u \in M$ eine Abschätzung der Form $\|u\|_q \leqslant C_M \|u\|_1^\alpha$ resultiert. Also reicht es, die Bedingung (i) bezüglich der L^1-Norm zu zeigen. Für $j = 1, 2, \ldots$ setze

$$\Omega_j = \left\{ x \in \Omega_0 | d(x, \partial\Omega)| > \frac{2}{j} \right\},$$

wobei $d(x, \partial\Omega)$ den Abstand des Punktes x vom Rand $\partial\Omega$ bezeichnet. Mit Hölder folgt für alle $u \in M$:

$$\int\limits_{\Omega_0 \setminus \Omega_j} |u(x)|\, dx \leqslant \left(\int\limits_{\Omega_0 \setminus \Omega_j} |u(x)|^{q_0} \right)^{1/q_0} \left(\int\limits_{\Omega_0 \setminus \Omega_j} dx \right)^{1-(1/q_0)} \leqslant \|u\|_{q_0} |\Omega_0 \setminus \Omega_j|^{1-(1/q_0)}$$

$$\leqslant K \|u\|_{m,p} |\Omega_0 \setminus \Omega_j|^{1-(1/q_0)} \leqslant C'_M |\Omega_0 \setminus \Omega_j|^{1-(1/q_0)}.$$

Zu gegebenem $\varepsilon > 0$ können wir also ein $j = j_\varepsilon$ finden, so daß

$$\int\limits_{\Omega_0 \setminus \Omega_j} |u(x)|\, dx < \frac{\varepsilon}{4}$$

für alle $u \in M$ gilt. Für $u \in M$ setze

$$\hat{u}(x) = \begin{cases} u(x), & x \in \Omega_0, \\ 0, & \text{sonst.} \end{cases}$$

Es folgt

$$\int\limits_{\Omega_0} |\hat{u}(x+y) - \hat{u}(x)|\, dx = \int\limits_{\Omega_j} |\hat{u}(x+y) - \hat{u}(x)|\, dx + \int\limits_{\Omega_0 \setminus \Omega_j} |\hat{u}(x+y) - \hat{u}(x)|\, dx$$

$$\leqslant \frac{\varepsilon}{2} + \int\limits_{\Omega_j} |\hat{u}(x+y) - \hat{u}(x)|\, dx.$$

Nun sei $u \in M \cap \mathscr{C}^1(\Omega)$, $|y| < (1/j)$. Dann folgt $((1/p') + (1/p) = 1)$:

$$\int\limits_{\Omega_j} |\hat{u}(x+y) - \hat{u}(x)|\, dx \leqslant \int\limits_{\Omega_j} dx \int\limits_0^1 dt \left| \frac{d}{dt} u(x+ty) \right| \leqslant |y| \int\limits_0^1 dt \int\limits_{\Omega_{2j}} dz\, |\nabla u(z)|$$

$$\leqslant |y|\, |\Omega_{2j}|^{1/p'} \|\nabla u\|_{L^p(\Omega_{2j})}$$

$$\leqslant |y|\, |\Omega_0|^{1/p'} \|u\|_{m,p} \leqslant |y|\, |\Omega_0|^{1/p'} K'.$$

Da $\mathscr{C}^1(\Omega) \cap W^{m,p}(\Omega)$ in $W^{m,p}(\Omega)$ dicht ist, resultiert

$$\int\limits_{\Omega_j} |\hat{u}(x+y) - \hat{u}(x)|\, dx \leqslant K_0 |y| \quad \text{für alle } u \in M \text{ und alle } y \in \mathbb{R}^n, \quad |y| < \frac{1}{j},$$

wobei $K_0 = |\Omega_0|^{1/p'} K'$ von u unabhängig ist.

Fügen wir beide Abschätzungen zusammen, so folgt leicht die Bedingung (i) des Kriteriums von Kolmogorov und Riesz. Da Ω_0 als beschränkt vorausgesetzt wurde, entfällt die Bedingung (ii), und die Kompaktheit von M in $L^q(\Omega)$, $1 \leqslant q < q_0$, ist bewiesen.

Bemerkungen: (i) Einfache Beispiele zeigen, daß der Satz von Rellich-Kondrachov für unbeschränkte Gebiete Ω_0 falsch ist.

(ii) Der Satz von Rellich und Kondrachov weist eine gewisse Analogie zum Satz von Arzela-Ascoli auf: Wenn wir nämlich von einer abgeschlossenen beschränkten Menge $M \subset \mathscr{C}(K)$, K ein kompakter topologischer Raum, eine gleichmäßige Schranke für die Ableitungen kennen, so ist M gleichgradig stetig und damit kompakt, denn

$$\sup_{f \in M} \sup_{x \in M} \sup_{i=1\cdots n} \left| \frac{\partial f}{\partial x_i}(x) \right| = C < \infty$$

impliziert für alle $f \in M$:

$$|f(x) - f(y)| = \left| \sum_{i=1}^{n} (x_i - y_i) \int_0^1 \frac{\partial f}{\partial x_i}(x + t(x - y))\, dt \right| \leqslant |x - y| C,$$

wobei wir K als konvex vorausgesetzt haben.

Der Satz von Rellich und Kondrachov ist von ähnlicher Art: Falls etwa alle Ableitungen der Funktionen einer in $L^2(\Omega)$ beschränkten Menge $M \subset H^1(\Omega)$ in $L^2(\Omega)$ beschränkt sind, dann ist M in $L^2(\Omega)$ relativ kompakt.

Literatur

1. R. A. Adams: Sobolev Spaces. New York: Academic Press. 1975.
2. J. L. Lions, E. Magenes: Problèmes aux limites non homogènes et applications I. Paris: Dunod. 1968.
3. S. L. Sobolev: Einige Anwendungen der Funktionalanalysis auf Gleichungen der Mathematischen Physik. Berlin: Akademie-Verlag. 1964.

Sachverzeichnis

Computergesteuerter Fotosatz und Umbruch: Dipl.-Ing. Schwarz' Erben KG, A-3910 Zwettl NÖ. –
Reproduktion und Offsetdruck: Novographic, Ing. Wolfgang Schmid, A-1230 Wien.